청소년이 꼭 알아야 할

아름다운 우리나무 220

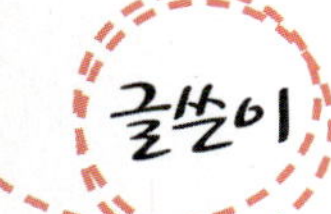 **정진완 아저씨는?**

식물사진작가이자 자연책작가. 지난 20년간 40여 권의 책을 집필했습니다. 식물사진작가로는 10년 정도 활동했고 현재는 식물책작가 겸 자연책작가로 활동 중입니다. 나무와 꽃, 벌, 나비, 곤충, 새를 아주 좋아해서 겨울에는 집필하고 여름에는 산과 식물원에서 자연과 함께 살고 있습니다.

초판 인쇄일 _ 2011년 5월 20일
초판 발행일 _ 2011년 5월 27일
글쓴이 _ 정진완
발행인 _ 박정모
등록번호 _ 제9-295호
발행처 _ 도서출판 혜지원
주 소 _ (130-844) 서울시 동대문구 장안 1동 420-3호
전 화 _ 02)2212-1227, 2213-1227 / **팩 스** _ 02)2247-1227
홈페이지 _ www.hyejiwon.co.kr
ISBN _ 978-89-8379-686-8
정 가 _ 18,000원
디자인 · 본문편집 _ 박혜경
표지디자인 _ 안홍준
영업마케팅 _ 김남권, 황대일, 서지영

아름다운 우리나무 220

정진완 지음

혜지원

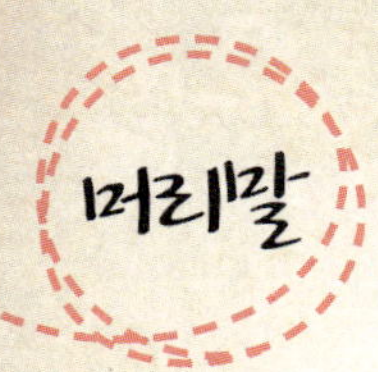

여러분은 수목원에서 나무를 올려다보신 적이 있으신가요?

자연 속에서는 누구나 동심에 빠져들기 마련입니다. 수목원에 가 나무를 보면 떡갈나무 잎으로 떡을 만들거나 벌과 잠자리를 쫓아 뛰어다니던 어린 시절이 떠오르고, 하늘을 올려다보면 하늘보다 멋진 나무 사이사이로 쏟아지는 햇살을 발견할 수 있습니다.

여러분 주위에는 수목원들이 참 많습니다. 서울 홍릉수목원, 광릉 국립수목원, 포천 평강식물원, 가평꽃무지풀무지 수목원, 가평 아침고요수목원, 용인 한택식물원, 오산 물향기수목원, 안양 서울대관악수목원, 춘천 강원도립화목원, 평창 한국자생식물원, 포항 기청산식물원, 포항 경북수목원, 대구 대구수목원, 성주 가야산야생화식물원, 진주 경상남도반성수목원, 의령 목도수목원, 익산 원광대학수목원, 완도 난대수목원, 목포 특정자생식물원, 전주 한국도로공사수목원, 완주 대아수목원, 청양 고운수목원, 태안 천리포수목원, 태안 안면도수목원, 청원 미동산수목원, 아산 세계꽃식물원 등은 나무와 숲을 볼 수 있는 너무도 놀라운 아름다운 수목원입니다.

너무 바쁘고 힘든 날들에 치어 삶이 힘들고도 무료할 때, 이 책을 옆에 끼고 수목원을 방문해 보시면 어떨까요? 이 책은 나무에 대한 설명과 함께 그 나무를 볼 수 있는 수목원과 식물원을 소개하고 있습니다. 따라서 이 책은 우리들이 궁금해 하는 나무의 모든 것을 알려주는 동시에 그 나무에 대한 현장학습의 좋은 길잡이가 될 것입니다. 부디 이 책이 자연을 만나러 가는 가족 나들이의 필독서로서 그 역할을 다할 수 있기를 바랍니다.

자연책 작가, 정진완
btv7@daum.net

PART 1 새들이 좋아하는 열매가 열리는 나무

PART 2 가을산을 붉게 물들이는 단풍나무

PART 3 도토리 열매가 열리는 참나무

PART 25 잎이 바늘처럼 생긴 침엽수

PART 26 키가 정말 큰 교목

PART 27 학습능력을 향상시키는 나무

새들이 좋아하는
열매가 열리는 나무

새들이 좋아하는 열매는 맛과 향기와는 관련이 없는 경우가 많아요. 새들은 하늘에서 자기가 원하는 열매를 찾기 위해 빙빙 돌기 때문에 일단 새들이 알아보기 쉬운 색상을 가진 열매가 새들의 먹이가 되곤 하죠. 대부분 빨간색, 파란색, 검정색 열매들을 새들이 아주 좋아해요.

열매가 보라색으로 익는	작살나무
노란색으로 단풍이 드는	비목나무
산삼나무라고도 불리는 만병통치약	마가목
몸속의 회충을 없앨 수 있는	가막살나무
새들도 사람도 좋아하는 맛있는 열매	산딸나무
가을에 나무 전체에서 빨간 열매가 불타는	낙상홍
겨울철 제주도 새들의 식량인	먼나무
열매가 포도송이처럼 달리는	이나무
겨울철 새들의 마지막 비상식량	남천
새들이 좋아하는 덩굴식물	노박덩굴

열매가 보라색으로 익는

작살나무

과명 마편초과　**학명** *Callicarpa japonica*　**꽃** 6~8월　**열매** 8~10월　**높이** 2~3m

작살나무의 6월 꽃

작살나무는 우리나라 전국의 산에서 볼 수 있는 키 작은 나무예요. 나무 이름은 가지가 원줄기에서 마주 나면서 작살처럼 퍼지기 때문에 붙었다고 해요. 열매가 가을이면 보라색으로 익기 때문에 사람은 물론 새들도 좋아하는 나무라고 할 수 있어요.

꽃은 6~8월에 연분홍색으로 개화를 해요. 우리나라엔 여름에 꽃피는 나무가 별로 없기 때문에 한여름에 아름다운 색으로 피는 이 꽃은 식물애호가들에게 많은 사랑을 받고 있어요. 꽃은 암술과 수술이 같이 있어요. 꽃의 지름은 1.5~3㎝로 아주 작고 수술은 4개, 암술은 1개예요. 화관통엔 잔털이 많은데 만일 화관통에 잔털이 없고 줄기에도 잔털이 없다면 '민작살나무'라고 말해요.

▲ 열매가 흰색인 흰작살나무

▲ 잎 아래쪽의 가장자리에 톱니가 없는 좀작살나무

열매의 지름은 3~4mm 정도이고 BB탄보다 조금 작은 크기예요. 열매는 초록색이었다가 10월에 성숙하여 자주색으로 변하고 새들이 이 열매를 좋아해요. 만일 열매가 흰색이면 '흰작살나무'라고 말해요. 잎은 마주나고 가장자리에 톱니가 있어요. 만일 톱니가 잎의 위쪽 가장자리에만 있고 아래쪽 가장자리에는 없다면 '좀작살나무'예요. 좀작살나무이면서 흰색 열매가 맺히는 품종은 '흰좀작살나무'라고 말하고, 잎의 크기가 1.5~2배 정도 크고 꽃도 약간 큰 품종은 '왕작살나무'라고 말해요. 잎이 붙어있는 가지를 위에서 내려다보면 원줄기에서 가지가 마주보고 작살처럼 퍼진 것을 알 수 있어요.

작살나무의 잎과 줄기는 약용성분이 있어 오줌을 잘 나오게 하거나 항균, 신장염, 해열제로 효능이 있어요. 번식은 가을에 채취한 씨앗을 바로 파종하거나, 전체 포기를 3~4개로 나누어 심어도 번식할 수 있어요.

🌸 볼 수 있는 곳

작살나무는 우리나라 전국의 산에서 흔히 볼 수 있고, 도시 공원에서 조경수로 심은 경우도 많기 때문에 큰 공원에서도 만날 수 있어요. 또한 전국의 도립수목원에서도 볼 수 있어요.

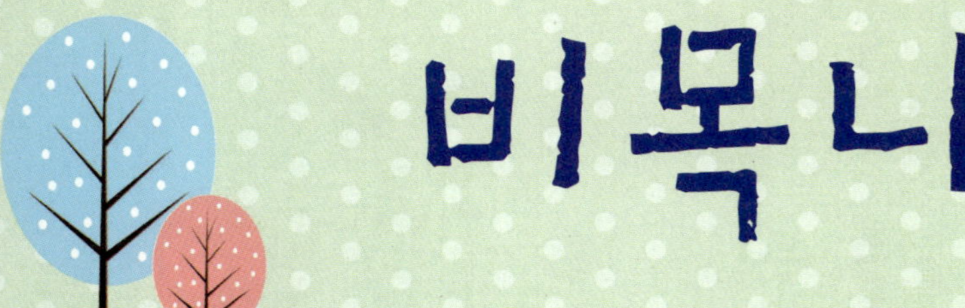

노란색으로 단풍이 드는

비목나무

과명 녹나무과　**학명** *Lindera erythrocarpa*　**꽃** 4~5월　**열매** 5~10월　**높이** 6~15m

비목나무의 4월 꽃

▲ 비목나무의 수형　　　　　　　▲ 비목나무의 수피

"초연이 쓸고 간 깊은 계곡 양지 녘에, 비바람 긴 세월로 이름 모를 비목이여……" 라는 애창가 곡 '비목'을 여러분들도 아실 거예요. 여기서 비목은 나무로 만든 비석을 말하지만 식물애호가들은 항상 이 비목나무를 머릿속에 떠올려요. 이 때문에 강원도 화천은 가곡 비목의 고장이라고 해서 평화의 댐 옆에 비목공원을 만들기도 했어요. 강원도 화천이 가곡 비목의 고장이 된 이유는 노래 가사를 이 지역 비무장지대의 이름 없는 무명용사의 돌무덤을 보고 지었기 때문이에요.

녹나무과 식물들은 대부분 열대와 아열대에서 자라는 난대수목들이 많아요. 그런데 비목나무는 특이하게도 추위를 덜타 황해도나 강화도의 산골짜기에서도 심심치 않게 볼 수 있어요.

꽃은 4~5월에 피고 암수딴그루(자웅이주)예요. 이 꽃은 잎보다 먼저 피거나 잎과 함께 피어요. 꽃은 노란색이고 자잘한 꽃들이 산형화서로 많이 달려요. 수꽃에는 9개의 수술이 있고 암꽃에는 1개의 암술대가 있어요.

▲ 비목나무의 8월 열매

▲ 비목나무의 잎

열매는 5~6월부터 볼 수 있는데 처음에는 녹색이었다가 10월에 빨간색으로 익은 뒤 한 겨울에는 검은색으로 변해요. 이 열매는 새들이 좋아하고 항염증 성분이 함유되어 있어 약용이 가능하나 생으로 먹으면 좀 맵기 때문에 사람이 먹지는 않아요.

잎은 어긋나며 버드나무잎과 비슷하나 그보다 약간 넓고 광택이 있어요. 잎의 가장자리는 톱니가 없어 밋밋하고 가을에는 노란색으로 단풍이 돌기 때문에 아주 예뻐요. 어린 잎은 나물로 무쳐먹을 수 있고 잎과 나뭇가지는 약으로 달여 먹는데 항염증 성분이 있어 타박상, 부종에 효능이 있어요. 번식은 종자를 2년 동안 땅에 묻어 두었다가 다음 해에 파종하는데 꽃은 나무가 자란 뒤 5~6년 지나야 볼 수 있어요.

볼 수 있는 곳

주로 남부지방의 산골짜기에서 볼 수 있어요. 서울 홍릉수목원, 성남 신수대식물원 온실, 태안 안면도수목원, 공주 금강수목원, 전주 한국도로공사 수목원, 대구수목원 등에서도 만날 수 있어요.

산삼나무라고도 불리는 민병통치약

마가목

과명 장미과　　**학명** *Sorbus commixta*　　**꽃** 5~6월　　**열매** 7~10월　　**높이** 5~10m

마가목의 5월 꽃

▲ 마가목의 10월 열매　　　　　　　　▲ 마가목의 잎

봄에 새싹이 말의 이빨처럼 힘차게 돋아난다 해서 마아목(馬牙木)이라고 불리다가 지금의 마가목이란 이름이 되었어요. 우리나라 전국의 산에서 볼 수 있고 고산지대에서도 만날 수 있어요. 원래 야생에서 자라는 나무였으나 약용성분이 많아 특용작물로 기르는 경우도 많아요.

꽃은 5~6월에 볼 수 있고 지름 8~10mm이고 수술은 20개, 암술대는 3개, 꽃잎은 5개예요. 꽃은 꽃대에서 산방화서로 달리고 다시 산방화서로 달리기 때문에 복산방화서의 독특한 꽃차례를 가지고 있고 전체 꽃차례의 길이는 12cm 정도예요. 잎은 '기수우상복엽'으로서 작은 잎이 9~13개씩 달려있고 작은 잎의 가장자리에는 톱니가 있어요.

열매는 지름 5~8mm의 둥근 모양이고 9~10월에 빨간색으로 익어요. 이 열매는 새들이 좋아할 뿐 아니라 사람도 먹을 수 있는데 향기가 좋고 피부와 감기에 좋아요. 생으로도 먹을 수 있지만 보통 술이나 차로 마시는 경우가 많고 자양강장, 원기회복에 효능이 있어요.

마가목은 나무 전체가 만병통치약이라고 하여 산삼과 비견되는 나무예요. 잎, 수피, 꽃, 열매를 약용할 수 있는데 각종 통증과 위장병, 감기, 중풍, 방광염, 불면증, 결석증, 신경통 등 다양한 증상에 효능이 있어요. 푹 달인 액체는 습진 같은 피부병에도 효능이 있어요. 번식은 종자 번식과 꺾꽂이 번식으로 할 수 있어요.

🌼 볼 수 있는 곳

창경궁에서 관상수로 심어놓은 마가목을 많이 만날 수 있어요. 또한 각 지역의 도립수목원에서도 마가목을 만날 수 있어요.

몸속의 회충을 없앨 수 있는

가막살나무

과명 인동과　　**학명** *Viburnum dilatatum*　　**꽃** 5~6월　　**열매** 9~10월　　**높이** 1~4m

가막살나무의 5월 꽃

▲ 가막살나무의 어린 묘목　　　　　　　▲ 가막살나무의 수피

가막살나무는 줄기가 거무틱틱하다고 해서 가막살나무라는 이름이 붙었어요. 옛날에는 감옥을 '가막소'라고도 말했으니까 가막살나무를 볼 때는 항상 감옥이 떠오르곤 해요. 아무래도 지금부터라도 착하게 살아야 하나 봐요.

가막살나무는 이름처럼 줄기도 거무틱틱하고 잎에도 지저분한 털이 참 많은 나무이지만 키가 아담하고 꽃이 예쁘기 때문에 도시 공원의 조경수로 인기가 많아요. 예를 들어 서울 남산한옥마을에 가면 조경수로 심어놓은 가막살나무 군락지가 있는데 꽃이 피는 5월에는 남산의 푸른 하늘을 배경으로 참 예쁜 풍경을 만들어주곤 해요. 원래 키 작은 나무에 핀 꽃은 바로 앞에서 꽃을 볼 수 있으니까 기분이 저절로 상쾌해지거든요.

우리나라 전국의 산에서 볼 수 있는 가막살나무의 꽃은 5~6월에 피는데 보통 5월 말에 활짝 개화를 해요. 꽃은 산형화서로 달리기 때문에 수많은 꽃들이 하나의 꽃자루에서 무리지어 개화를 해요.

▲ 가막살나무의 10월 열매

▲ 가막살나무의 잎

10월에 빨간색으로 익는 열매는 위쪽이 약간 뾰족한 콩 모양이고 새들이 좋아할 뿐 아니라 사람도 먹을 수 있어요. 열매는 맛이 새콤하기 때문에 산골아이들의 즐거운 간식거리였고 피부미용에도 좋을 뿐 아니라 구충 성분이 있어 몸속의 회충을 없애고 싶을 때 따먹으면 아주 좋아요. 또한 열매로 담근 술은 피로회복주로 좋으므로 부모님께 추천할 수도 있어요.

마주난 잎은 둥근 원형이거나 달걀형이고 잎의 윗면과 아랫면에 털이 많고 잎자루에도 털이 많아요. 잎은 등산을 하다 상처가 났을 때 짓이겨 바르면 효과가 좋아요. 만일 잎자루와 잎 윗면에 털이 없고, 아래쪽 맥에만 털이 있다면 '산가막살나무'라고 말해요. 또한 덜꿩나무 잎과 비슷하기 때문에 헷갈리는 경우가 많은데, 덜꿩나무는 잎자루와 줄기가 만나는 부분에 **턱잎**이 있으므로 손쉽게 구분할 수 있어요. 번식은 종자 번식과 꺾꽂이 번식이 좋은데 보통은 꺾꽂이로 하는 것이 좋아요.

턱잎_ 원래는 잎이었으나 퇴화되어 남아있는 것. 턱잎은 여러 형태로 남아있는데 대개는 아주 작은 잎처럼 생긴 경우가 많아요.

🌸 볼 수 있는 곳

우리나라 전국의 산에서 볼 수 있고 각 지방마다 있는 도립수목원에서도 만날 수 있어요. 최근에는 도시공원에서도 가막살나무를 심는 경우가 많으므로 큰 공원에서 가막살나무를 찾아볼 수도 있을 거예요.

산딸나무

과명 층층나무과　**학명** *Cornus kousa*　**꽃** 6~7월　**열매** 8~10월　**높이** 2~12m

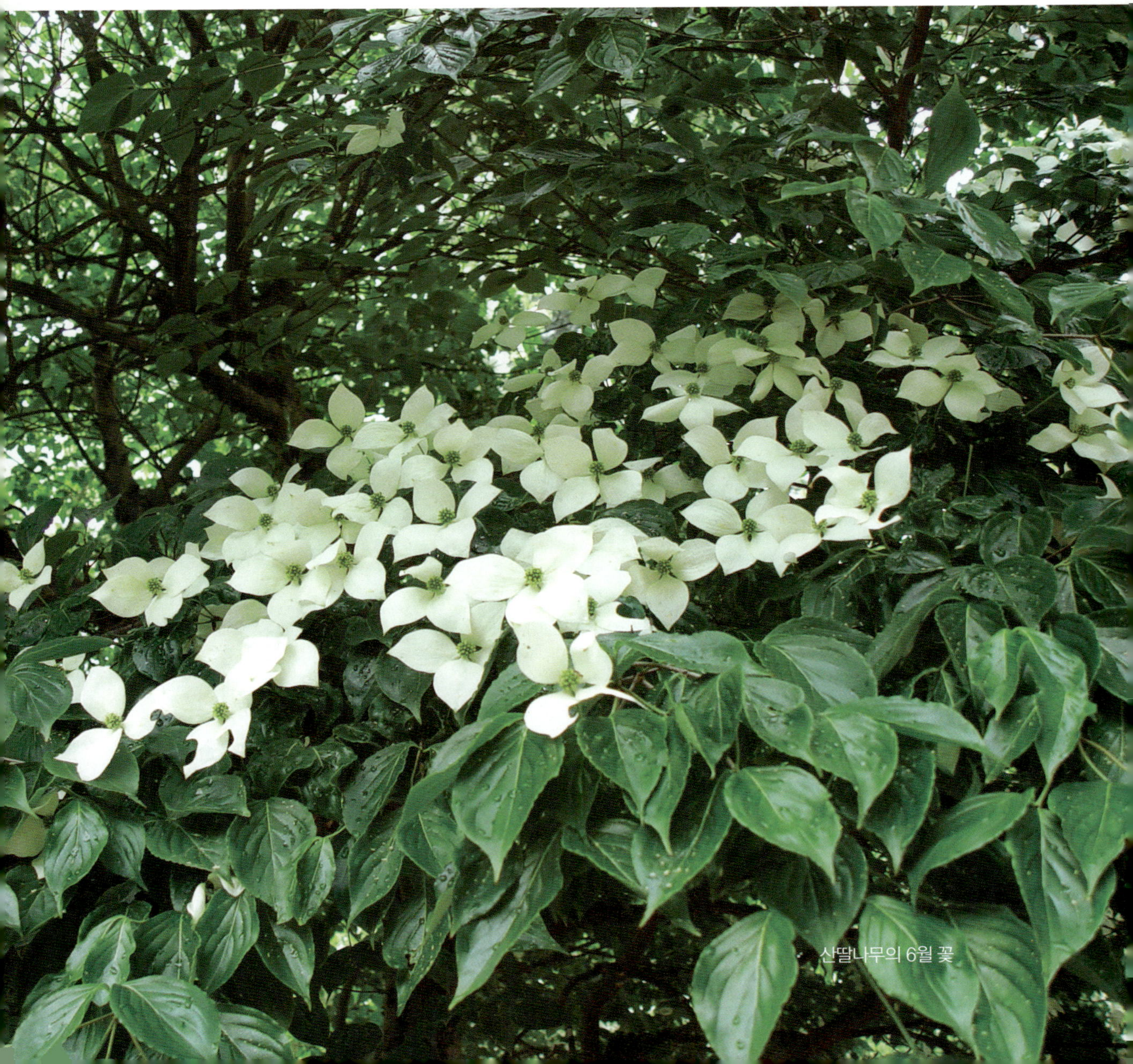

산딸나무의 6월 꽃

▲ 산딸나무의 10월 열매　　　　　　　▲ 측맥이 4~5쌍인 산딸나무의 잎

산딸나무는 중부이남지방과 제주도에서 자생하는 나무이지만 조경수로 인기가 많아 요즘은 서울의 도시공원이나 궁궐, 왕릉에서도 흔히 볼 수 있어요.

꽃은 6월에 피는데 꽃잎처럼 보이는 총포편 4개가 십자가 형태로 퍼지고 그 안에 둥근 형태의 공에 20~30개의 아주 작은 꽃이 깨알같이 붙어있어요. 작은 꽃에는 꽃잎 4개, 수술 4개가 있지만 육안으론 거의 보이지 않아요. 또 산딸나무의 이름은 열매가 딸기와 비슷하다 하여 '산에서 나는 딸기나무'라는 뜻에서 붙은 이름이에요.

잎은 줄기에서 마주나고 달걀형이거나 원형이고 끝 부분이 뾰족해요. 잎의 생김새가 층층나무 잎과 비슷하지만 길이는 5~12cm 정도이고 잎의 표면에 있는 측맥이 4~5쌍으로 있기 때문에 층층나무와 쉽게 구별할 수 있어요.

열매는 둥근 원 모양이고 표면이 울퉁불퉁하고 지름은 1~3cm 정도예요. 이 열매는 10월에 빨간색으로 익고 매우 불쾌하게 생겼지만 껍데기를 까면 홍시처럼 주황색 과육이 있어요. 이 과육은 단맛이 있어 사람이 먹을 수 있는데 커스터드 같은 질감이 있고 칼로리가 매우 낮아 늦여름에 맛있게 먹을 수 있는 열매예요. 실제 우리나라 산골아이들은 먹을 것이 없던 시절 산딸나무 열매를 맛있게 따먹기도 했는데 이 열매는 생으로 먹을 수 있을 뿐 아니라 각종 요리에 사용할 수 있고, 새들도 무척 좋아해요.

번식은 열매 안의 씨앗을 바로 파종해야 하는데 비교적 발아가 잘되는 편이고, 저온도의 축축한 장소에 보관했다가 다음 해 봄에 파종하면 50%의 발아율을 자랑해요.

▲ 산딸나무의 수형   ▲ 서양 산딸나무

기독교에서는 꽃잎처럼 보이는 총포편이 十자 형태로 벌어져있다고 하여 매우 좋아하고, 예수님이 운명하였을 때 십자가의 목재로 산딸나무 목재가 사용되었다고 하여 성스러운 나무로 취급하고 있어요. 비슷한 나무로는 '층층나무'와 '서양산딸나무'가 있는데 서양산딸나무는 총포편이 분홍색이기 때문에 마치 분홍색 꽃을 보는 기분이 들어요.

볼 수 있는 곳

도시의 큰 공원에서 간혹 조경수로 심어놓은 산딸나무를 만날 수 있고 서울의 경우 하늘공원에서도 볼 수 있어요. 또한 창경궁 같은 궁궐이나 왕릉에서도 운 좋으면 만날 수 있어요. 전국의 도립수목원에서도 산딸나무를 만날 수 있고, 충청 이남의 산에서는 흔히 볼 수 있는데 특히 지리산에서 많이 볼 수 있어요.

오늘 만난 나무

낙상홍

과명 감탕나무과　**학명** *Ilex serrata*　**꽃** 6월　**열매** 7~11월　**높이** 3~5m

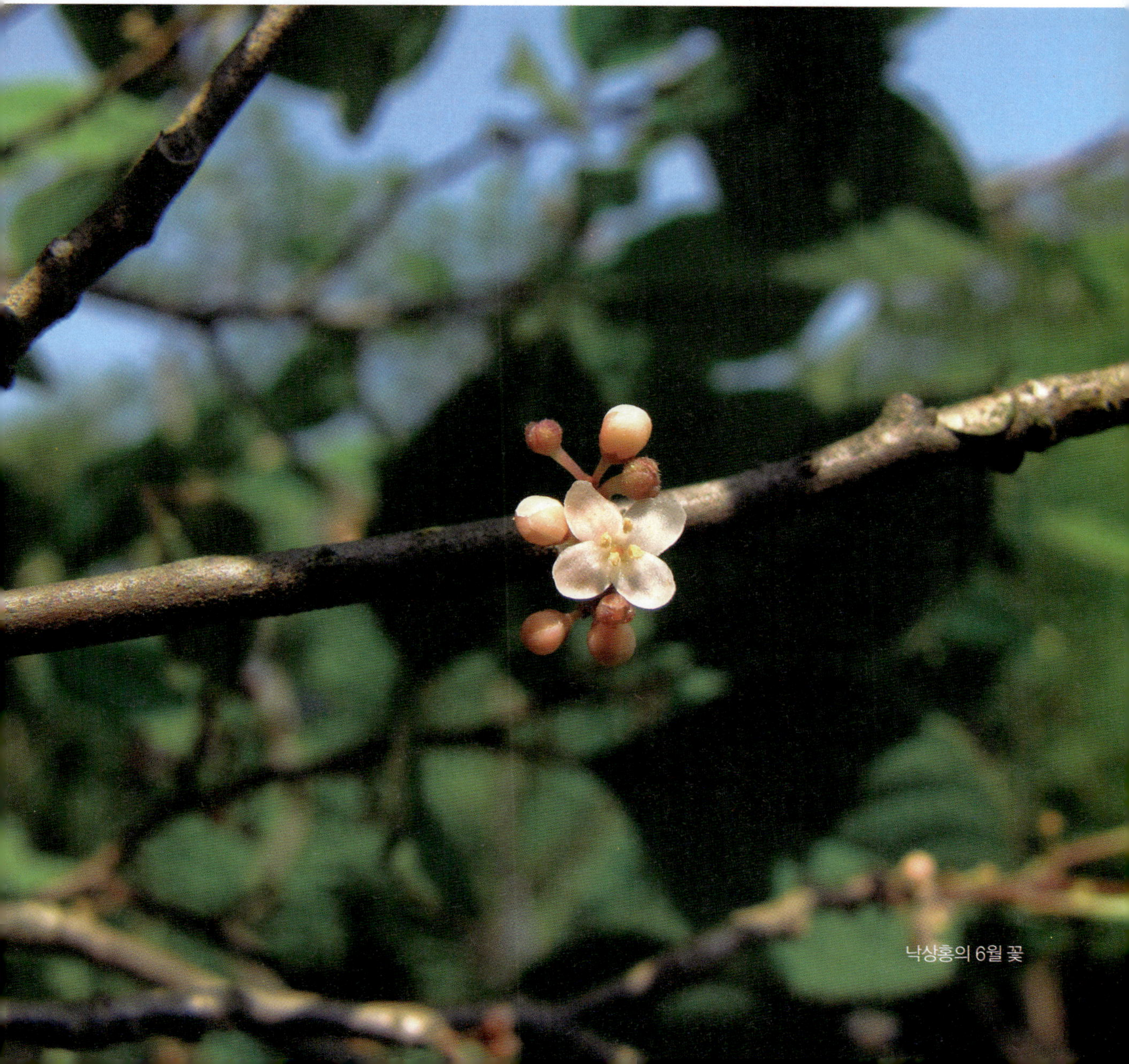

낙상홍의 6월 꽃

▲ 낙상홍의 수형   ▲ 낙상홍의 열매

낙상홍은 꽃이 나뭇가지에 엉겨 붙듯 달리는 나무 중 하나예요. 늦가을에는 이 꽃이 빨간색 열매로 변해 줄기마다 알록달록하게 엉겨 있어요. 이 때문에 새들에게는 아주 표적이 되어 멀리서도 새들의 눈에 보인다고 할 수 있어요. 낙상홍(落霜紅)이란 이름도 서리가 내릴 무렵에도 빨간색 열매가 붙어있다고 해서 붙은 이름이에요.

일본 원산의 낙상홍은 우리나라에서 심어서 기르는 나무라고 할 수 있어요. 꽃은 늦은 봄인 6월에 피는데 이 무렵에는 봄나무 꽃이 지고 여름나무 꽃은 아직 꽃을 피우지 않은 시기라 낙상홍의 꽃이 주요 관심대상이 되곤 해요. 그런데 꽃의 지름이 3~4mm에 불과하고 잎에 가려져 있어 사람들의 눈에 띄지 않아요. 그래서 꽃을 관찰하려면 6월 말에 낙상홍나무의 줄기를 자세히 관찰해야 해요.

열매는 꽃이 지면 녹색으로 자라기 시작해 10월에 빨간색으로 익기 시작해요. 열매의 크기는 5mm 정도이지만 멀리서 보면 가지마다 열매가 달려있기 때문에 장관을 이루고, 이 때문에 낙상홍은 세계적으로 높은 인기를 얻고 있는 관상수예요.

🌺 볼 수 있는 곳

각 지역의 도립수목원마다 낙상홍을 보유하고 있는데 대개 '미국낙상홍' 품종을 보유한 경우가 많아요. 서울 홍릉수목원에서는 2가지 품종의 낙상홍을 볼 수 있고, 광릉 국립수목원에서는 4~5가지 품종의 낙상홍을 만날 수 있어요.

먼나무

과명 감탕나무과   **학명** *Ilex rotunda*   **꽃** 5~6월   **열매** 10~13월   **높이** 10m

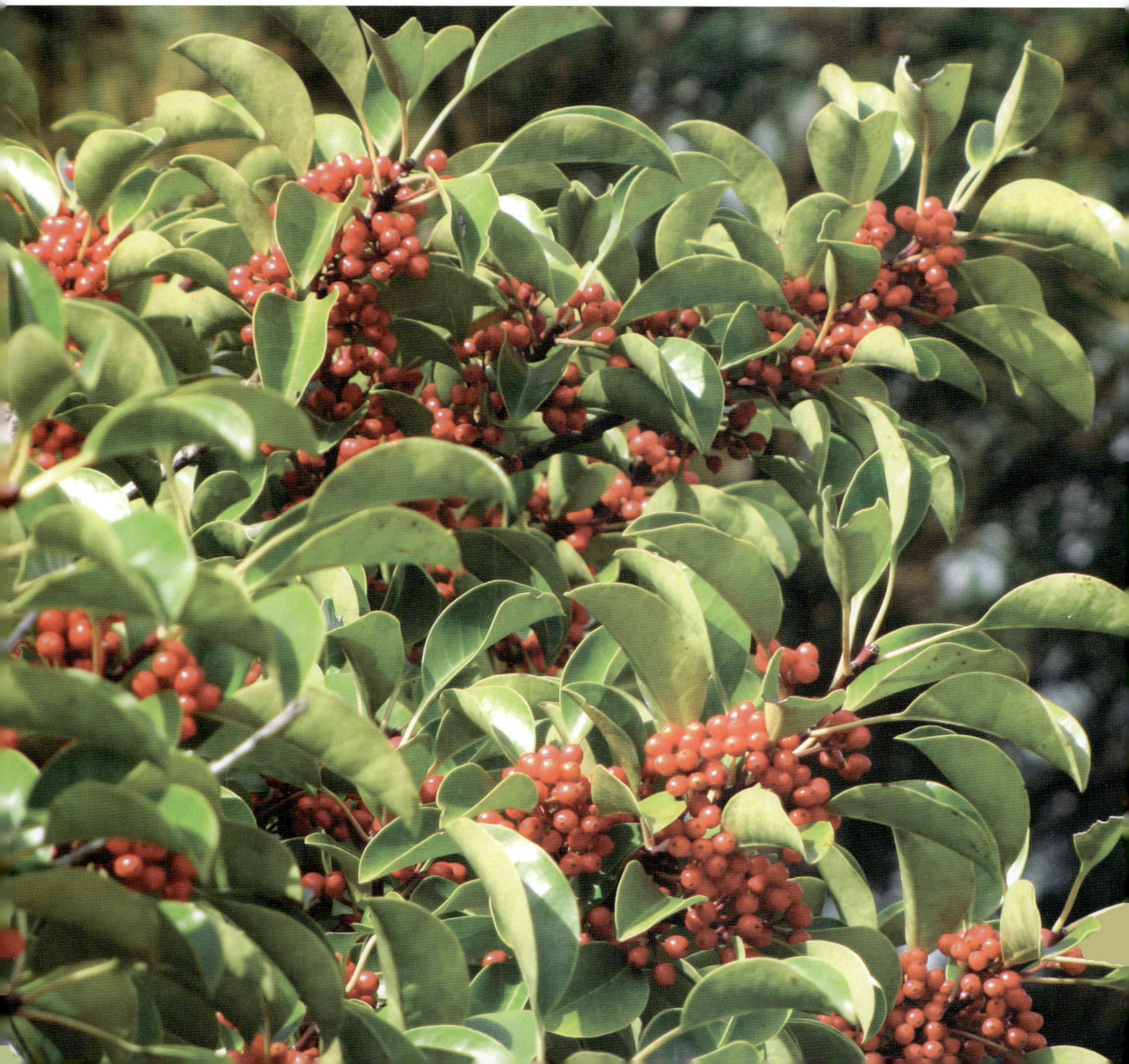

▲ 먼나무의 잎

▲ 먼나무의 수피

"저 나무가 뭔 나무인가요?"라고 물어보면 "먼나무요"라고 대답해 사람들이 어리둥절한 나무가 바로 먼나무예요. 검은빛이 많은 나무껍질이 먹물 같다고 해서 제주도 사람들은 '먹낭나무'라고 불렀는데 이것이 굳어져 지금의 먼나무라는 이름이 되었어요. 제주도에서 볼 수 있는 먼나무는 빨간색 열매가 다발처럼 열리는 것으로 유명한 나무예요. 겨울 내내 매달려있는 이 열매는 겨울철 먹을거리가 없는 새들에게 좋은 먹이가 되곤 해요. 아마 제주도에 먼나무가 없었다면 새들이 굶어죽었을지도 몰라요.

꽃은 암수딴그루이고 5~6월에 개화를 하고 지름 4mm 내외로 아주 작아요. 언뜻 보면 낙상홍 꽃과 비슷하지만 낙상홍의 꽃잎은 4개이고, 먼나무의 꽃잎은 4~5개씩 달려요. 마주나는 잎은 가죽질이고 광택이 있고 가장자리가 밋밋하고 잎의 길이는 4~11cm 정도예요. 열매는 10~11월 사이에 빨간색으로 익어요. 이 열매는 다음 해 봄까지 달려있으므로 3~5월에 열매를 채취한 뒤 과육을 제거하고 바로 파종하면 번식을 할 수 있어요. 약용성분이 함유된 수피는 위장, 각종 통증, 해열, 관절통 약으로 달여 먹을 수 있고 달인 액은 화상에도 바를 수 있어요.

볼 수 있는 곳

전형적인 난대식물로서 우리나라 제주도와 보길도에서 볼 수 있어요. 수도권에서는 식물원 온실에서 볼 수 있고 영호남의 도립수목원에서는 야외에서 먼나무를 볼 수 있어요.

이나무

과명 이나무과　**학명** *Idesia polycarpa*　**꽃** 4~5월　**열매** 6~11월　**높이** 15m

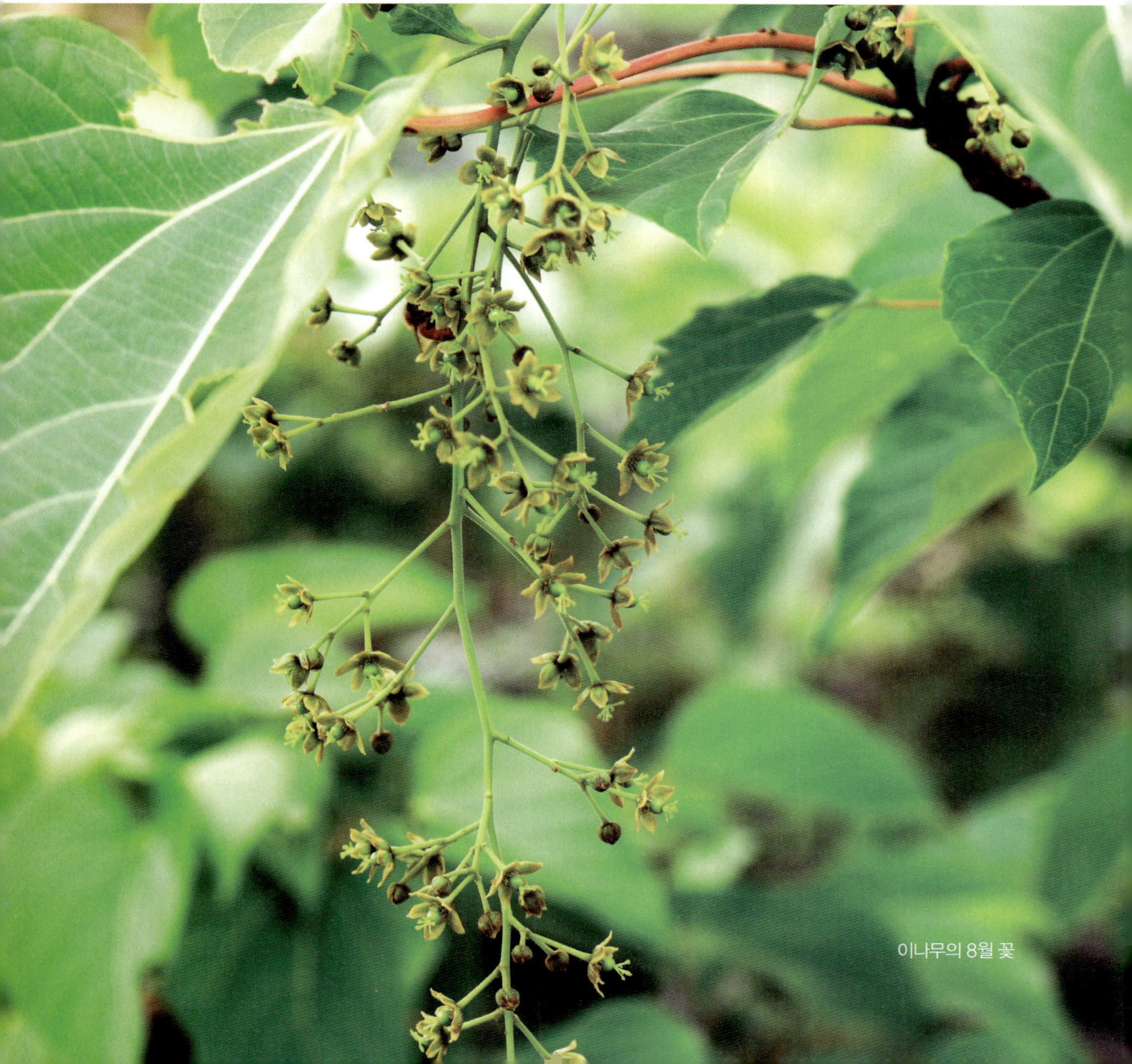

이나무의 8월 꽃

▲ 이나무의 수형　　　　　　　　　　　▲ 이나무의 포도송이 같은 열매

전라도와 제주도의 산에서 볼 수 있는 '이나무'는 나무껍질의 무늬가 멀리서 보면 '이가 스물스물 기어가는 것' 같다고 해서 붙은 이름이에요. 겨울이면 열매가 빨간색으로 익기 때문에 남부지방의 새들이 아주 좋아해요.

▲ 이가 기어가는 것 같은 이나무의 수피

꽃은 황색이고 길이 20~30cm의 원추화서에 달리고 암수딴그루예요. 수나무에 비해 암나무가 상대적으로 많아 자연교배가 안 되고 있고 이 때문에 자생지가 점점 줄어들고 있어요. 열매는 포도송이처럼 열리고 11월에 빨간색으로 익어요. 이 열매는 새들이 좋아할 뿐 아니라 사람도 먹을 수 있지만 맛이 없어요. 잎은 어긋난 하트형이고 가장자리에 둔한 톱니가 있어요. 잎의 길이는 10~25cm로 꽤 큰 편이고 잎자루는 빨간색이에요. 번식은 종자, 꺾꽂이, 뿌리삽목으로 할 수 있어요.

🌼 볼 수 있는 곳

전라도와 제주도의 숲에서 볼 수 있지만 볼 수 있는 곳이 한정되어 있어요. 태안 안면도수목원, 전주 한국도로공사수목원, 완도 난대수목원, 대구수목원, 포항 경북수목원 등 주로 남부지방의 수목원에서 만날 수 있어요. 더운 지방에서 자라는 나무이므로 중부지방의 수목원에서는 만날 기회가 없지만 몇몇 수목원은 온실에서 키우는 경우도 있어요.

남천

과명 매자나무과   **학명** *Nandina domestica*   **꽃** 6~7월   **열매** 7~12월   **높이** 1~3m

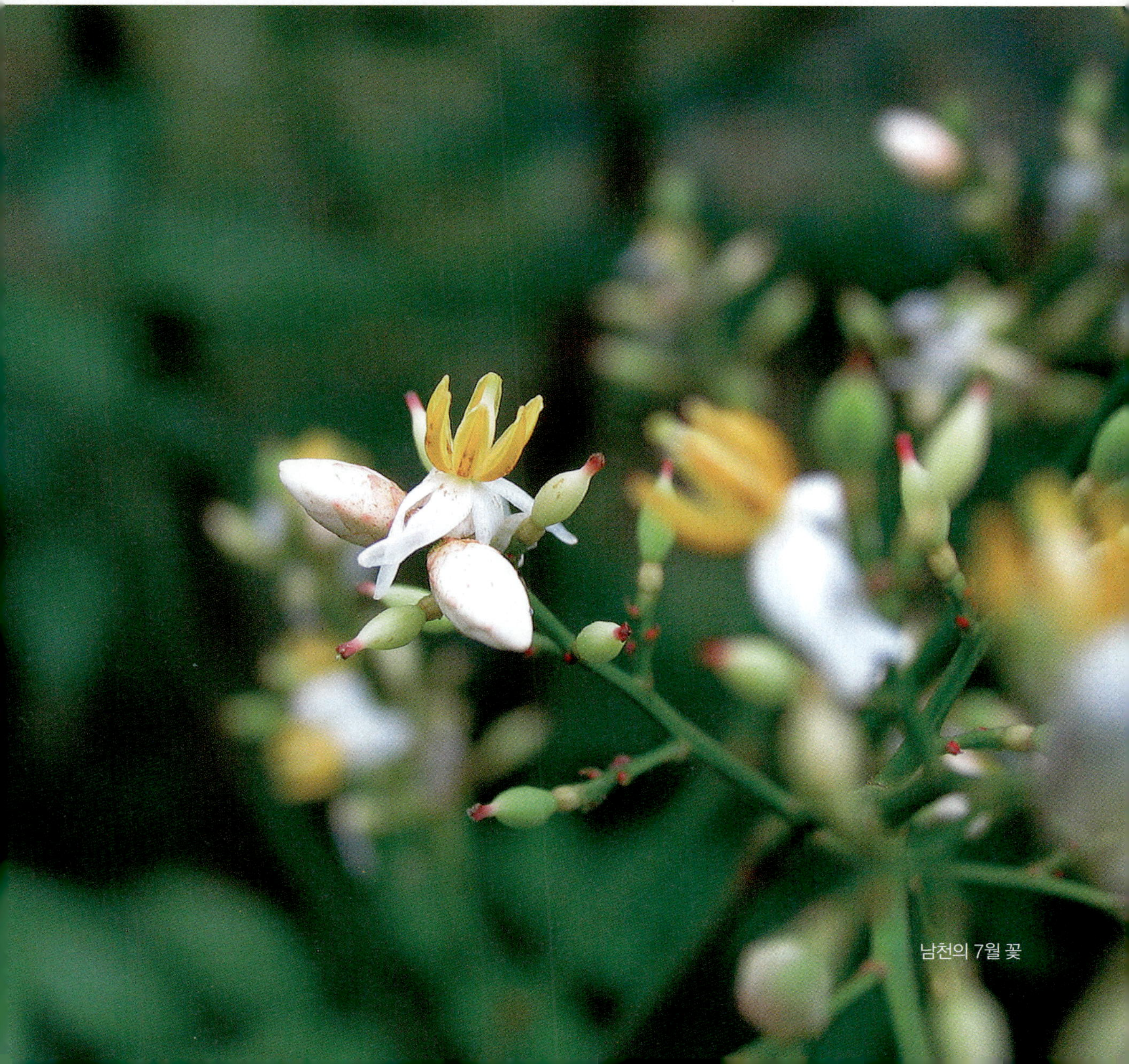

남천의 7월 꽃

▲ 남천의 11월 열매　　　　　　　　　　　▲ 남천의 잎

남천은 중국이 원산지이지만 오래전부터 우리나라의 남부지방에서 정원수로 심은 나무예요. 최근에 공기정화능력을 인정받아 화원에서도 공기정화식물로 판매하는 남천을 흔히 볼 수 있어요.

남천의 가장 큰 매력은 한 겨울에도 열매가 남아있는 것인데, 이 때문에 겨울철 식량을 구하기 힘든 새들에게 아주 좋은 먹이가 되고 있어요. 중국에서는 중국남부지방에서 열매가 빨간 촛불처럼 불타듯 자란다고 하여 남천축(南天燭)이라 부르는데, 이 이름이 우리나라에 오면서 남천이라는 이름이 되었어요.

꽃은 암수술이 한 꽃에 있고 6~7월에 피는데 길이 20~30cm의 원추화서에 자잘한 꽃들이 다닥다닥 달려요. 각각의 꽃은 꽃잎이 6개, 수술도 6개, 암술대는 1개인데 짧고 굵어요. 열매는 7월경부터 볼 수 있는데 10월에 빨갛게 익고 이 열매는 독성 성분이 있어 사람이 먹지 않는 까닭에 한 겨울까지 남아있는 경우가 많고 이 때문에 겨울새들의 좋은 먹이가 되고 있어요. 또한 열매에는 약용 성분이 풍부해 잘 말린 뒤 달여 먹으면 위장염, 백일해, 말라리아, 기침에 효능이 있어요. 번식은 종자 번식과 꺾꽂이 번식으로 할 수 있어요.

🌸 볼 수 있는 곳

꽃집에서 남천의 어린 묘목을 공기정화식물로 판매하는 것을 흔히 볼 수 있어요. 관상수로 인기가 많기 때문에 전국의 도립수목원에서도 쉽게 만날 수 있어요.

노박덩굴

과명 노박덩굴과　　**학명** *Celastrus orbiculatus*　　**꽃** 5~6월　　**열매** 10월　　**높이** 10m

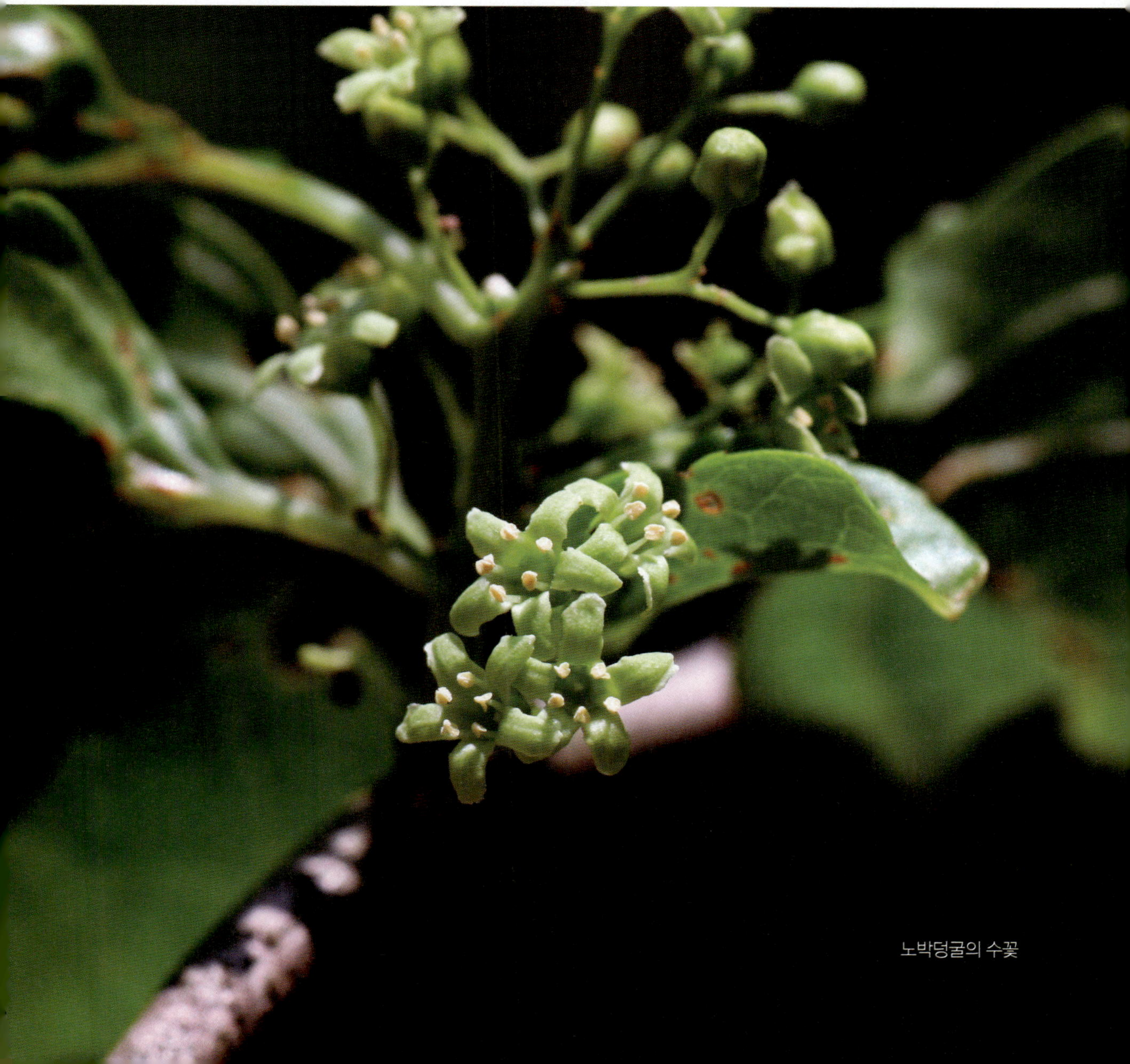

노박덩굴의 수꽃

▲ 노박덩굴의 1월 열매

▲ 노박덩굴의 잎

노박덩굴은 대도시 근처의 산 아래에서도 볼 수 있는 덩굴식물이에요. 이 덩굴식물의 열매는 가을이 되면 저절로 껍질이 벗겨지고 빨간색 과육이 노출되어 새들의 좋은 먹이가 되곤 해요. 번식력이 뛰어나 수레가 다니는 길까지 번식하여 통행을 방해한다고 하여 노박폐(路泊廢)덩굴로 불렸다가 지금의 노박덩굴이란 이름이 되었어요.

꽃은 5~6월에 개화하는데 암수딴그루이거나 잡성이고 꽃의 크기는 3~5mm 정도일 정도로 아주 작아요. 수꽃에는 긴 수술이 5개 있고 암꽃에는 암술대가 길고 짧고 퇴화된 수술 5개가 있어요. 열매는 10월경부터 익기 시작해 잘 익으면 저절로 껍질이 벗겨지면서 빨간색 과육이 노출되어 아름다운 열매로 소문나있어요. 잎은 타원형이거나 끝 부분이 뾰족한 형태이고 길이 5~10cm, 가장자리에 둔한 톱니가 있어요. 유사종인 푼지나무는 노박덩굴과 잎의 생김새가 거의 비슷하지만 잎 가장자리 톱니가 아주 날카롭기 때문에 노박덩굴과 푼지나무를 구별하는 주요 요소가 되곤 해요.

노박덩굴의 어린잎은 나물로 먹을 수 있는데 맛이 좋은 편이고, 약용 성분이 있는 열매는 관절통 같은 근육통이나 치통, 생리통, 장티푸스, 이질에 효능이 있어요. 또한 노박덩굴은 산에서 독사에 물렸을 때 응급처치로 잎을 짓이겨 바르기도 해요. 번식은 종자 번식과 꺾꽂이 번식으로 할 수 있어요.

🌸 볼 수 있는 곳

전국의 산이나 들판에서 볼 수 있어요. 도립수목원중에는 덩굴식물을 모아서 따로 키우는 덩굴식물원을 가지고 있는 경우가 있는데 덩굴식물원에 가면 노박덩굴을 만날 수 있어요.

가을산을 붉게 물들이는
단풍나무

가을이 오면 가을산을 붉게 물들이는 나무 중 가장 화려한 색을 자랑하는 나무가 단풍나무예요. 그런데 단풍나무는 품종이 너무 많아요. 우리나라에만 150여가 지나 있으니 단풍나무를 구별하려면 책을 펴놓고 공부해야 해요. 여기서는 구별이 비교적 쉬울 뿐 아니라 우리들이 흔히 보는 단풍나무에 대해 알아보기로 해요.

가장 흔하게 알려진 단풍나무의 이름은 바로 '단풍나무'라고 불리는 것이에요. 잎의 모양이 손바닥처럼 갈라져있는데 갈라진 깊이와 개수에 따라 이름이 달라져요. 대부분의 단풍나무들은 봄과 여름에 초록색이었다가 가을이 오면 빨간색으로 물드는데 1년 내내 초록색이거나 빨간색인 단풍나무도 있어요. 예를 들어 1년 내내 초록색인 단풍나무는 '청단풍나무'라 부르고, 1년 내내 빨간색인 단풍나무는 '홍단풍나무'라고 불러요.

산에서 볼 수 있는 단풍나무 종류로는 그냥 '단풍나무', '당단풍나무', '좁은잎단풍나무'가 있어요. 섬에서 자라는 단풍나무로는 '섬단풍나무'가 있어요. 그 외에 특정 지역에서만 자라거나 외국에서 들어온 '삼손단풍나무', '서울단풍나무', '모미지단풍나무', '내장단풍나무'가 있어요. '네군도단풍나무'와 '은단풍나무'는 미국에서 수입한 나무이고 '중국단풍나무'는 중국이 원산지이지만 남부지방에서 심어키우고 있어요.

단풍나무라는 이름으로 불리지 않지만 단풍나무처럼 취급하는 나무들도 있어요. '고로쇠나무', '신나무', '복자기나무', '복장나무', '시닥나무'들은 이름에 단풍이란 글자가 없지만 모두 단풍나무의 친척들이에요.

우리나라는 내장산 진입로에 단풍나무가 참 많아요. 그래서 가을이 되면 단풍 구경을 하기 위해 전국에서 수많은 관광객들이 내장산으로 몰려와요. 중국에서는 궁궐이나 사찰에 단풍나무를 많이 심었어요. 캐나다에는 국기에 단풍나무 잎이 그려져 있을 정도로 단풍나무가 참 많아요.

캐나다의 메이플시럽은 단풍나무 수액을 말하는데 일반 단풍나무가 아닌 '사탕단풍나무'에서 추출한 수액이에요. 나무껍질에 흠을 내어 호수를 박으면 고로쇠 수액처럼 사탕단풍나무의 수액이 흘러나와요. 이 수액을 잘 끓이면 메이플시럽이 되는데 단맛과 독특한 풍미 때문에 설탕 대신 팬케이크 등을 만들어먹으면 맛있어요.

가을이면 빨갛게 물드는	단풍나무
고로쇠 수액이 나오는	고로쇠나무
잎이 3갈래로 갈라지는 단풍나무	복자기나무
잎이 3갈래로 갈라지는	신나무
잎이 가느다랗게 갈라지는	세열단풍

식물원에서 단풍나무를 구별해 보아요

▲단풍나무

▲당단풍나무

▲고로쇠나무

▲신나무

▲복자기나무

▲복장나무

▲중국단풍

▲은단풍

▲시닥나무

식물의 잎이 가을에 붉게 물드는 이유는 무엇일까요?

식물의 잎은 원래 녹색이에요. 잎에는 동물에는 없는 엽록체라는 것이 있는데 이는 색소의 일종으로 녹색을 띠기 때문이에요. 녹색을 띤 이유는 광합성을 잘하기 위해서인데, 식물의 잎에 함유된 엽록소 a, 엽록소 b, 카로틴, 크산토필 등의 광합성 색소가 광합성을 전담하는 물질이에요. 이중 카로틴과 크산토필은 광합성 보조 색소 기능을 담당해요.

가을이 되면 식물은 겨우살이를 준비해야 해요. 날씨가 추워지고 땅속 양분도 부족하기 때문에 나무는 양분을 많이 모을 생각을 하게 돼요. 다람쥐들이 겨울철에 도토리를 많이 모아놓는 것과 같은 이치예요. 나무는 겨울철을 견딜 양분이 부족하기 때문에 쓸데없이 양분을 많이 먹는 잎을 떨어트려서 자기 몸을 보호해요. 그래서 나무는 나뭇잎과 줄기 사이에 떨겨층을 만들기 시작하고, 떨겨층이 생성되면 나뭇잎이 하나씩 떨어지게 돼요.

▲ 초록색 잎은 잎에 엽록소가 많아요

▲ 빨간색 잎은 잎에 안토시아닌이 많아요

▲ 노란색 잎은 잎에 색소가 많아요

떨겨층이 생성되면 광합성으로 만든 잎 속의 당이나 전분이 떨겨층 때문에 나무줄기로 느리게 이동하거나 이동하지 못하는 현상이 발생해요. 이때 엽록소가 파괴되고 카로틴이나 크산토필같은 색소만 남게 돼요. 그런 뒤 줄어든 엽록소만큼 안토시아닌 색소가 증가하는데 그 이유는 잎에 남아있는 당이 안토시아닌 색소를 만드는 좋은 재료이기 때문이에요.

안토시아닌 색소의 색상은 빨간색이에요. 그러므로 안토시아닌 색소가 증가할수록 나뭇잎은 빨간색으로 단풍이 드는 것이라고 할 수 있어요. 즉 단풍이 노란색, 빨간색, 형형색색으로 물드는 이유는 잎에 있는 카로틴, 크산토필, 안토시아닌 색소 때문인 셈이에요. 간혹 어린잎이 빨간색을 띠는 나무도 있는데 아직 엽록소를 생성시키지 않았기 때문이에요. 엽록체가 생성되면 어린잎이 점점 녹색으로 변하고 광합성을 잘하게 되어 잎에서 당분과 전분 등을 만들어 뿌리나 줄기의 보관 장소로 보내고, 식물이 무럭무럭 자라게 되는 거예요. 항상 빨간색 잎을 가진 '홍단풍'이나 '차즈기' 같은 식물들도 있는데 이런 식물들은 잎 속에서 안토시아닌과 엽록소가 서로 잘 어우러져 공존하기 때문이에요.

단풍나무

과명 단풍나무과　학명 *Acer palmatum*　꽃 4~5월　열매 5~10월　높이 15m

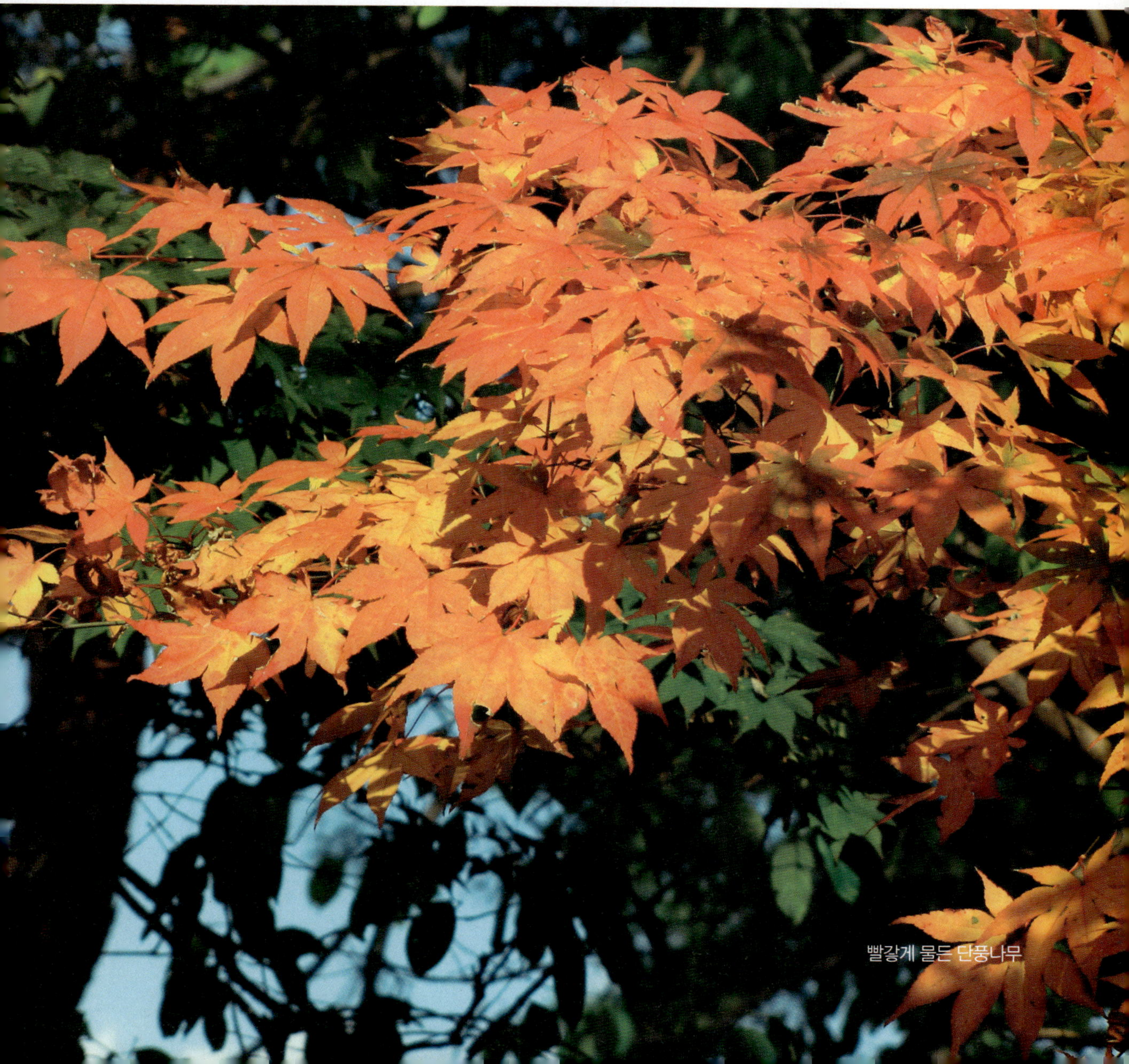

빨갛게 물든 단풍나무

▲ 단풍나무의 4월 꽃   ▲ 단풍나무의 8월 열매

단풍나무는 우리나라와 중국, 일본 등지에서 자생하는 나무예요. 손가락 모양의 잎 때문에 누구나 손쉽게 구별할 수 있지만 우리나라에만 150종이나 있어 일일이 구분하는 것은 조금 힘들어요. 단풍나무는 가을이 되면 붉게 물드는 특성 때문에 세계적으로 인기 있는 나무예요.

꽃은 4~5월에 산방화서로 피는데 약간 검붉은 색이에요. 암술과 수술이 하나의 꽃에서 같이 달리거나 잡식성으로 피어요. 수꽃은 수술 8개, 꽃받침잎 5개예요. 잎은 줄기에서 서로 마주 나고 잎의 끝이 5~7개로 갈라져 있어요. 옛날 사람들은 어린잎을 삶아서 먹기도 하였는데 요즘은 잘 먹지 않아요. 불교에서는 다 자란 잎을 차로 마시는데 이를 '감로차'라고 불러요.

▲ 단풍나무의 잎

단풍나무 잎은 바람에 잘 흔들려 변덕이 심한 나무라고도 불려요. 바람이 심하면 태풍이 몰려오기 때문에 단풍나무를 한자로는 바람 풍(風)이라고 불러요. 바람에 잘 흔들릴 뿐 아니라 가을에는 다른 나무에 비해 색상이 화려하게 변하기 때문에 사람들은 단풍나무를 변덕이 심한 나무라고 놀리곤 해요. 그래서인지 몰라도 어떤 마을에서는 비바람을 몰고 온다고 하여 기우제를 올릴 때 단풍나무에서 올리는 경우가 많아요.

열매는 5~10월 사이에 열리는데 처음에는 녹색이었다가 점점 빨간색으로 익어요. 열매에 프로펠러 모양의 날개가 있으므로 누구나 손쉽게 알 수 있어요. 만일 단풍나무를 키우고 싶다면

10월쯤 열매가 완전히 익기 전 수확해서 땅에 묻어두었다가 다음 해 봄에 뿌리면 발아를 해요.

단풍나무 목재는 집을 짓거나 악기를 만들 수 있고 수레나 배를 만들 때 사용할 수 있어요. 사람들에게 인기가 많아 동네 놀이터나 아파트, 공원, 식물원 등 우리 주변 어디에서나 흔히 볼 수 있어요.

단풍나무는 키가 15m 내외로 자라기 때문에 아주 큰 나무는 아니에요. 집에 마당이 있다면 집에서도 키울 수 있어요. 염분에는 약하므로 바닷가가 아니라면 전국 어디서나 키울 수 있어요. 양지 음지를 구분하지 않고 잘 자라요. 10월에 열매를 수확해 땅에 묻은 뒤 이듬해 봄에 캐내어 심어 보세요. 마당에 단풍나무가 있을 경우 다른 단풍나무의 줄기를 꺾어 붙여서 '접목법'으로 번식시킬 수도 있어요.

볼 수 있는 곳

단풍나무는 우리 주변의 공원에서 흔히 볼 수 있어요.

맛있는 메이플시럽과 고로쇠 수액 이야기

캐나다에는 '메이플시럽'이라는 유명한 시럽이 있어요. 팬케이크를 만들 때 메이플시럽을 넣으면 우리나라 호떡만큼 달콤한 맛이 나요. 이 메이플시럽은 단풍나무에서 축출한 수액을 말하는데 일반 단풍나무가 아닌 '사탕단풍나무'에서 뽑아낸 수액을 말해요. 캐나다에선 사탕단풍나무를 Sugar Maple(슈거 메이플) 나무라고 불러요. 사탕단풍나무의 학명은 Acer saccharum이므로 생김새가 궁금하면 인터넷에서 찾아보세요.

사탕단풍나무에서 메이플 수액을 받는 방법을 최초로 알아낸 사람들은 캐나다의 인디언들이에요. 캐나다 인디언들은 도끼로 나무 표면에 V자 홈을 파고 고무 줄기를 꽂아서 메이플 수액을 받을 수 있어요. 전설에 따르면 캐나다의 어느 사냥꾼이 사슴을 잡아온 뒤 부인에게 사슴 요리를 해달라고 했대요. 그런데 그만 물이 없었어요. 근처에 우물이 없었기 때문에 사냥꾼의 부인은 급한 김에 사탕단풍나무에 구멍을 내고 수액을 받아 사슴 요리를 했다고 해요. 남편이 집에 돌아와 사슴고기를 먹고 보니 참 맛있었대요.

메이플시럽은 사탕단풍나무에서 받은 수액을 바로 먹지 않고 물에 푹 고아야 해요. 오래 고을수록 당도가 농축되어 단 맛이 많이 나고 품질 좋은 시럽이 된다고 해요. 우리나라에서도 수액을 받아먹는 나무가 있는데 그 가운데 가장 유명한 것이 고로쇠 수액이에요. 지금도 고로쇠나무 표피에 투명호스를 꽂고 마을까지 연결한 뒤 큰 물통에 수액을 받은 뒤 이것을 '고로쇠 약수'라는 이름으로 판매하고 있어요. 고로쇠 수액은 일반 물을 마시는 것처럼 마실 수 있어요. 맛도 약간 달고 뼈를 튼튼하게 한다는 전설이 있어 할아버지 할머니들이 좋아해요.

고로쇠나무

과명 단풍나무과　**학명** *Acer pictum subsp*　**꽃** 4~5월 연한 황록색　**열매** 5~9월　**높이** 20m

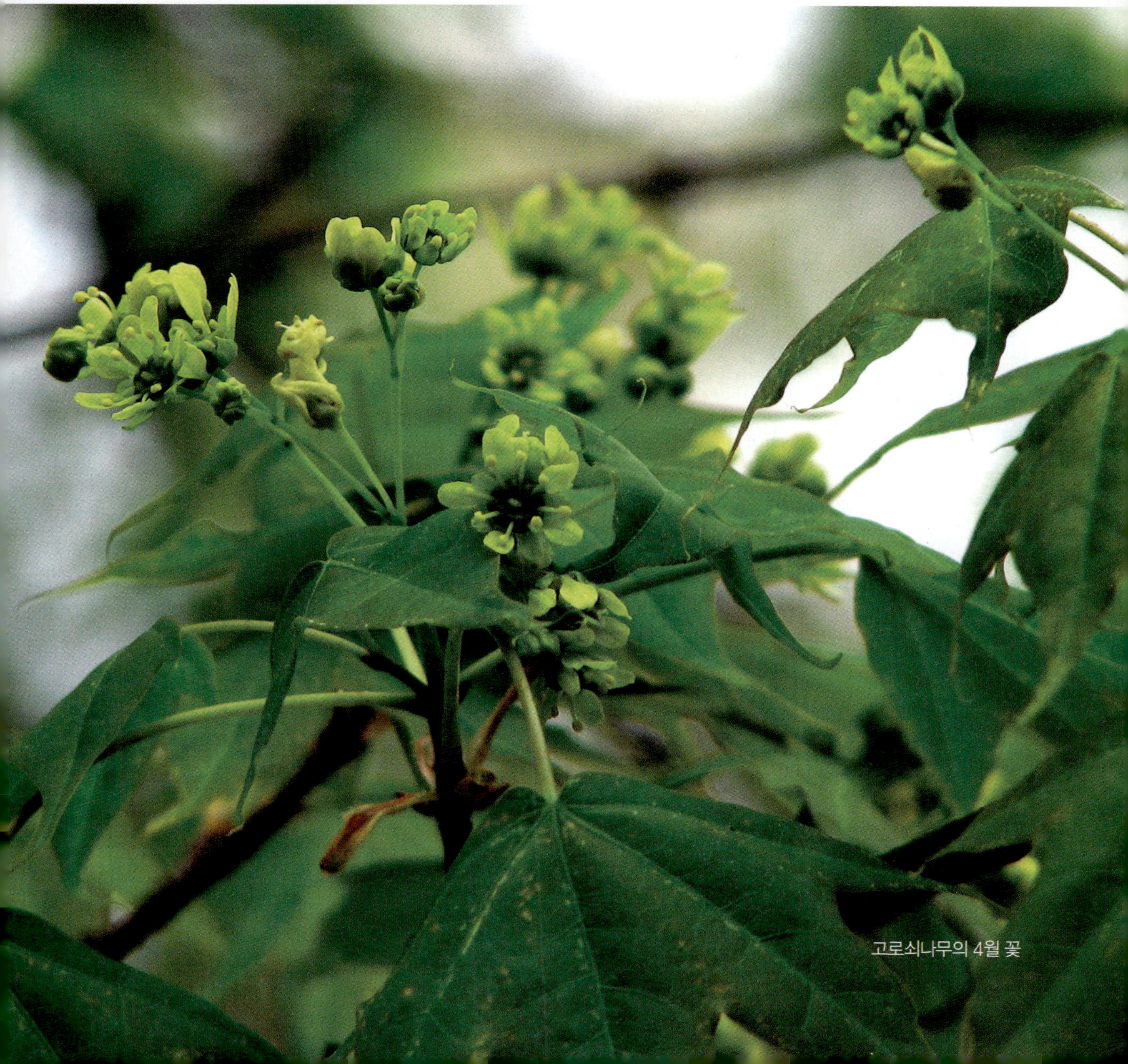

고로쇠나무의 4월 꽃

▲ 고로쇠나무의 5월 열매　　　　　　　　▲ 고로쇠나무의 수피

고로쇠나무는 우리나라와 중국, 일본 등에서 자라는 키가 큰 단풍나무의 하나예요. 우리나라에서는 고로쇠 수액을 받아먹을 수 있는 나무로 유명해요. 이 나무에서 채취한 수액은 흔히 고로쇠약수라고 불리며 다리뼈나 등뼈가 쑤시는 관절염, 신경통, 위장염, 당뇨병, 치질, 허약체질에 효능이 있어요. 먼 옛날 우리나라 병사들은 전투 중 다리뼈나 팔목 뼈가 다치면 고로쇠 수액을 받아 마셨다는 전설이 있어요.

▲ 고로쇠나무의 잎

고로쇠나무의 잎은 줄기에서 서로 마주나고 잎의 끝이 5~7갈래로 갈라지는데 보통 5갈래로 갈라져요. 꽃은 단풍나무와 달리 녹색으로 피기 때문에 손쉽게 구분할 수 있어요. 주로 높은 산이나 깊은 산에서 볼 수 있어요. 꽃은 산방상 원추화서이고 4~5월에 어린잎과 함께 개화해요. 꽃의 색상은 연한 황록색이고 지름 5-7mm 내외예요. 꽃받침잎과 꽃잎은 각각 5개씩 달려있고 수술은 8개, 암술은 1개예요. 열매는 단풍나무 열매처럼 날개가 있고 5~10월 사이에 열려요.

고로쇠수액은 초봄인 경칩 전후 새 눈이 나올 때 나무표피에 구멍을 내서 받아 마실 수 있어요. 구멍에는 호스를 연결하고 물통에다 연결하면 수액이 물방울처럼 똑똑 떨어지는 것 볼 수 있어요. 어린 나무보다는 오래된 나무에서 받은 수액이 더 효과가 좋아요. 수액에는 당분 약 2% 외에 철분, 마그네슘, 망간, 비타민 등이 들어있는데 농축시킨 물이 아니므로 일반 물맛하고 비

숫해요. 낮 기온이 12도 이상으로 올라가면 수액 양이 점점 떨어지기 때문에 고로쇠 수액을 받을 수 없어요.

고로쇠나무는 한자로 골이수(骨利樹)라고 하는데 이는 뼈를 이롭게 하는 나무라는 뜻이에요. 목재는 집을 짓거나 수레를 만들 때 사용할 수 있어요. 고로쇠나무는 어두운 계곡 가의 축축하고 비옥한 땅에서 잘 자라요. 가을에 열매를 수확한 뒤 모래와 섞어 땅에 묻어둔 뒤 이듬해 봄에 씨앗을 뿌리면 번식시킬 수 있어요. 하지만 보통은 어린 묘목을 구입해 키우는 것이 더 좋아요.

볼 수 있는 곳

집 근처 해발 600m 쯤 되는 산이나 높은 산의 음습한 계곡 가에서 고로쇠나무를 볼 수 있고 식물원에서 고로쇠나무를 만날 수 있어요.

백운산 도선국사와 고로쇠나무 이야기

백운산은 전라남도 광양에 있는 해발 1,218m의 아주 높은 산이에요. 식물학자들에겐 고로쇠나무 군락지가 있는 산으로 무척 유명한 산이에요. 통일신라시대 때 스님인 도선국사는 백운산과 가까운 전라남도 영암에서 출생한 사람이에요. 성은 김씨이고 《〈도선비기〉》라는 책을 지을 정도로 풍수지리설로 유명한 사람이에요.

전설에 따르면 도선국사는 고씨 성을 가진 처녀가 낳은 아들이라고 해요. 이 처녀는 어느 날 냇물에서 떠내려온 복숭아를 먹고 아기를 잉태하게 돼요. 아기를 낳자 겁이 난 이 처녀는 아이를 냇가에 버리고 말았어요. 냇가에 버려진 아이는 수십 일이 지나도 굶어죽지 않았어요. 이것을 괴이하게 여긴 처녀의 어머니가 아이를 집으로 데려온 뒤 복숭아 때문에 생긴 손자라는 뜻에서 복숭아 도(桃), 손자 손(孫)자의 '도선'이라는 이름을 지었대요. 도선은 15세에 승려가 된 뒤 월유산, 동리산, 운봉산 등 전국의 산을 돌아다니며 불교를 공부했어요.

백운산 또한 도선국사가 수도를 한 산으로 유명한데 이곳에서 도선국사는 득도의 경지에 이르렀다고 해요. 마침내 득도의 깨달음을 얻은 도선국사는 자리에서 일어서려 했지만, 너무 오랫동안 앉아서 수도를 한 상태라 다리가 펴지지 않았다고 해요. 그래서 도선국사는 눈앞에 있는 나뭇가지를 붙잡고 자리에서 일어서려고 했는데 그만 나뭇가지가 부러지고 말았어요. 그 나무가 바로 고로쇠나무였다고 해요.

목이 말랐던 도선국사는 부러진 나뭇가지에서 수액이 흘러내리자 그것을 무의식중에 받아마셨다고 해요. 그러자 무릎의 통증이 감쪽같이 사라지고 다리를 펴고 일어설 수 있었대요. 이 전설 때문에 지금도 많은 사람들이 관절염 치료 목적으로 매년 봄이면 고로쇠나무 수액을 먹기 위해 높은 산을 찾고 있어요.

▲ 고로쇠나무 수액을 먹고
아픈 다리가 완치된 도선국사

복자기나무

과명 단풍나무과　　**학명** *Acer triflorum*　　**꽃** 4~5월 노란색　　**열매** 10월　　**높이** 20m

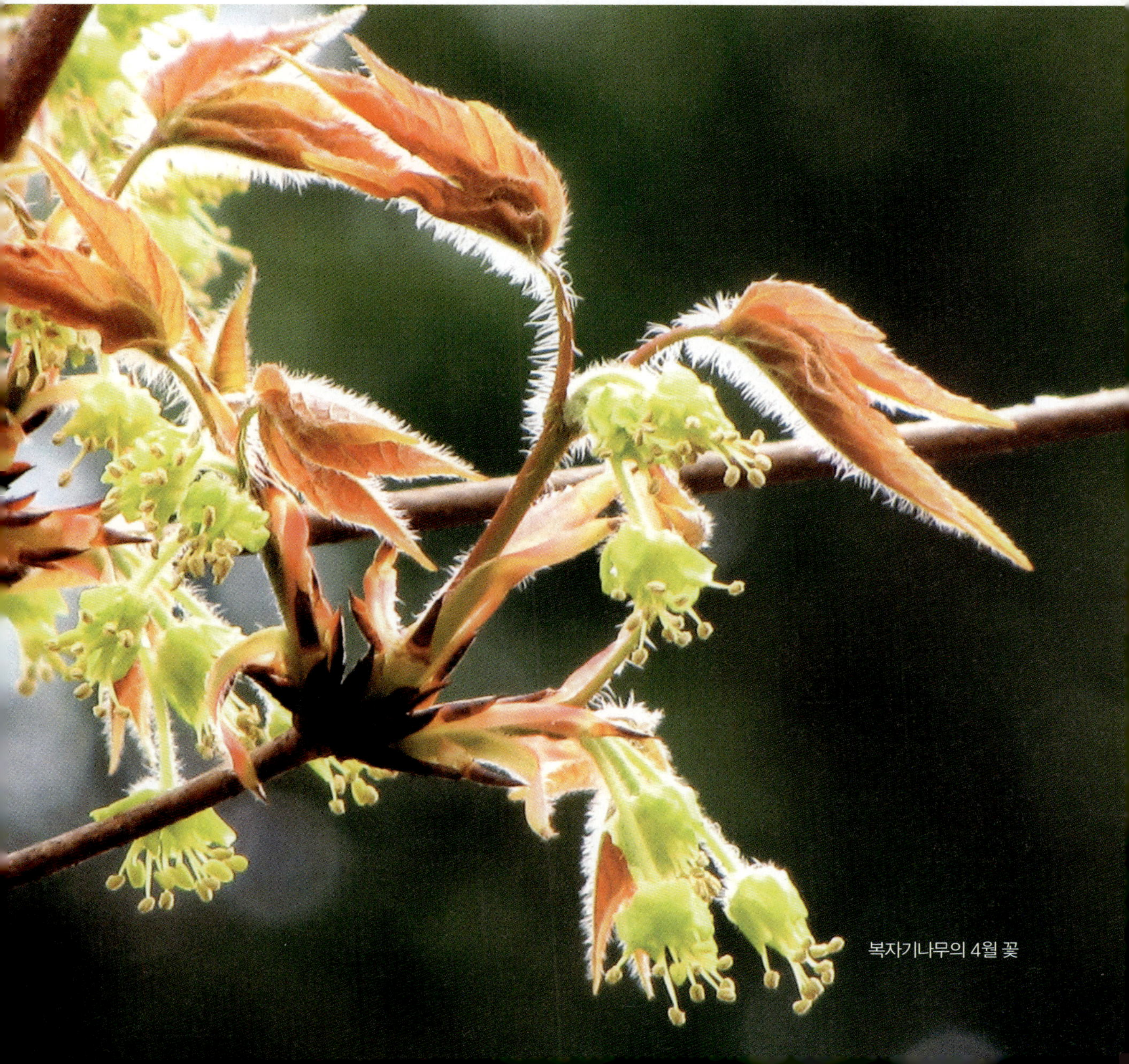

복자기나무의 4월 꽃

▲ 복자기나무의 5월 열매   ▲ 복자기나무의 수피

복자기나무는 우리나라 남쪽 지방에서 자생하는 단풍나무예요. 다른 단풍나무에 비해 단풍이 빠르고 색상이 매우 화려할 뿐 아니라 나무껍질이 잘 벗겨진다는 특징이 있어요.

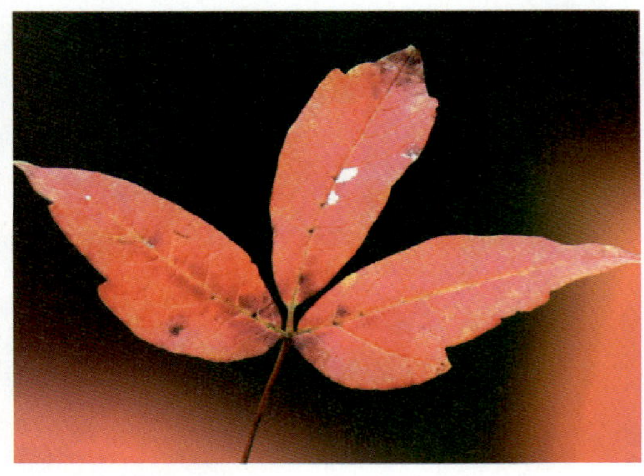

▲ 복자기나무의 잎

꽃은 4~5월에 산방화서에 3개씩 달리고 암수 꽃이 잡식성으로 피어요. 잎은 줄기에서 마주 나고 작은 잎이 3개씩 달려 있으므로 다른 단풍나무에 비해 손쉽게 구분할 수 있어요. 열매는 단풍나무처럼 날개가 있어요. 다른 단풍나무와 달리 나무껍질이 잘 벗겨지고 껍질 색상은 회백색인데 어린 줄기는 붉은색이 돌아요. 목재는 단단하고 좋아 가구나 합판을 만들 때 사용해요.

복자기나무는 가정에서도 키울 수 있어요. 열매를 6~7월에 수확해 바로 땅에 심으면 발아율이 26%예요. 종자 10개를 심으면 2~3개가 발아를 하는 거예요. 보통은 어린 묘목을 구입해 심는 것이 가장 좋아요.

 볼 수 있는 곳

복자기나무는 우리나라 남부지방의 높은 산에서 볼 수 있지만 중부지방에서는 수목원이나 식물원에서도 만날 수 있어요. 단풍이 매우 아름다우므로 가을엔 복자기나무를 꼭 한번 만나보세요.

복자기나무

신나무

과명 단풍나무과　　**학명** *Acer tataricum*　　**꽃** 4~6월 황백색　　**열매** 6~10월　　**높이** 10m

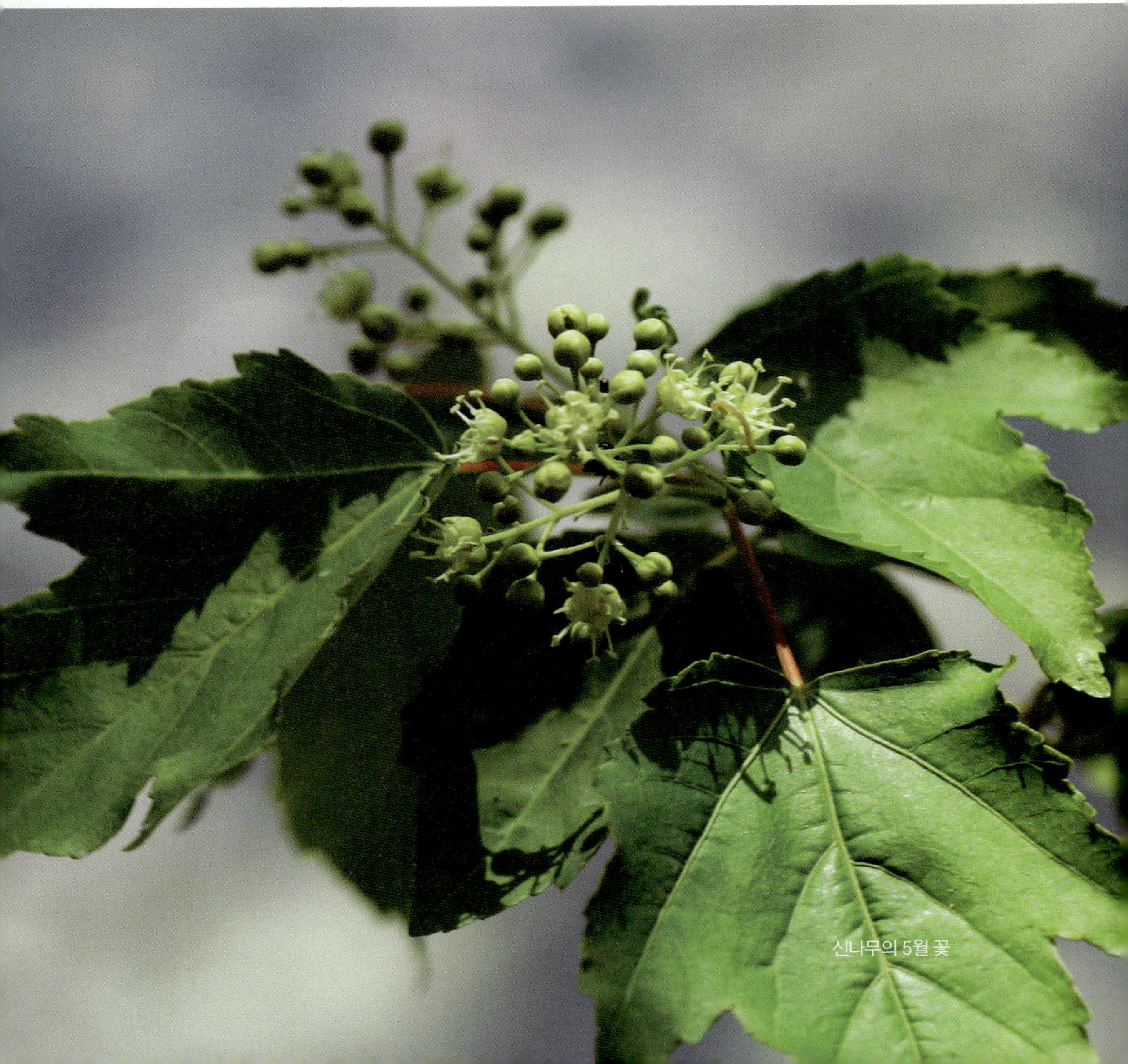

신나무의 5월 꽃

▲ 신나무   ▲ 신나무의 7월 열매

신나무는 우리나라 전국과 일본, 중국 등에서 자라는 나무예요. 꽃은 4~6월에 황백색으로 피는데 복산방화서이며 암수술이 하나의 꽃에 있거나 따로 피는 잡식성이에요. 잎은 줄기에서 마주나고 길이는 4~8cm 내외, 잎의 끝부분이 3갈래로 깊게 갈라져요. 열매는 6~10월 사이에 볼 수 있는데 다른 단풍나무 열매처럼 날개가 있어요.

신나무는 다른 단풍나무와 비교하면 키가 10m 안팎으로 자라기 때문에 가정집 마당에서도 키울 수 있어요. 목재는 망치자루 같은 각종 기구를 만들 때 사용하고, 분재로도 키울 수 있어요.

신나무의 이름에서 '신'은 '변하다'라는 뜻을 가지고 있어요. 가을이 되면 단풍이 들어 잎의 색상이 변하는 나무라는 뜻이에요. 민간에서는 어린잎을 눈병이나 간장병 등에 사용했다는 기록이 있지만 한의사와 상담한 뒤 사용하는 것이 좋아요. 나무의 늙은 잎들은 대개 벌레를 퇴치하기 위한 독성 성분이 있으므로 치료 목적으로 사용하지 않는 것이 좋거든요. 번식은 신나무 줄기를 꺾어 심거나 열매로 할 수 있어요.

▲ 신나무의 잎 뒷면

▲ 신나무의 수피

세열단풍 (공작단풍)

과명 단풍나무과　　**학명** *Acer palmatum*　　**꽃** 4~5　　**열매** 5~10월　　**높이** 3~5m

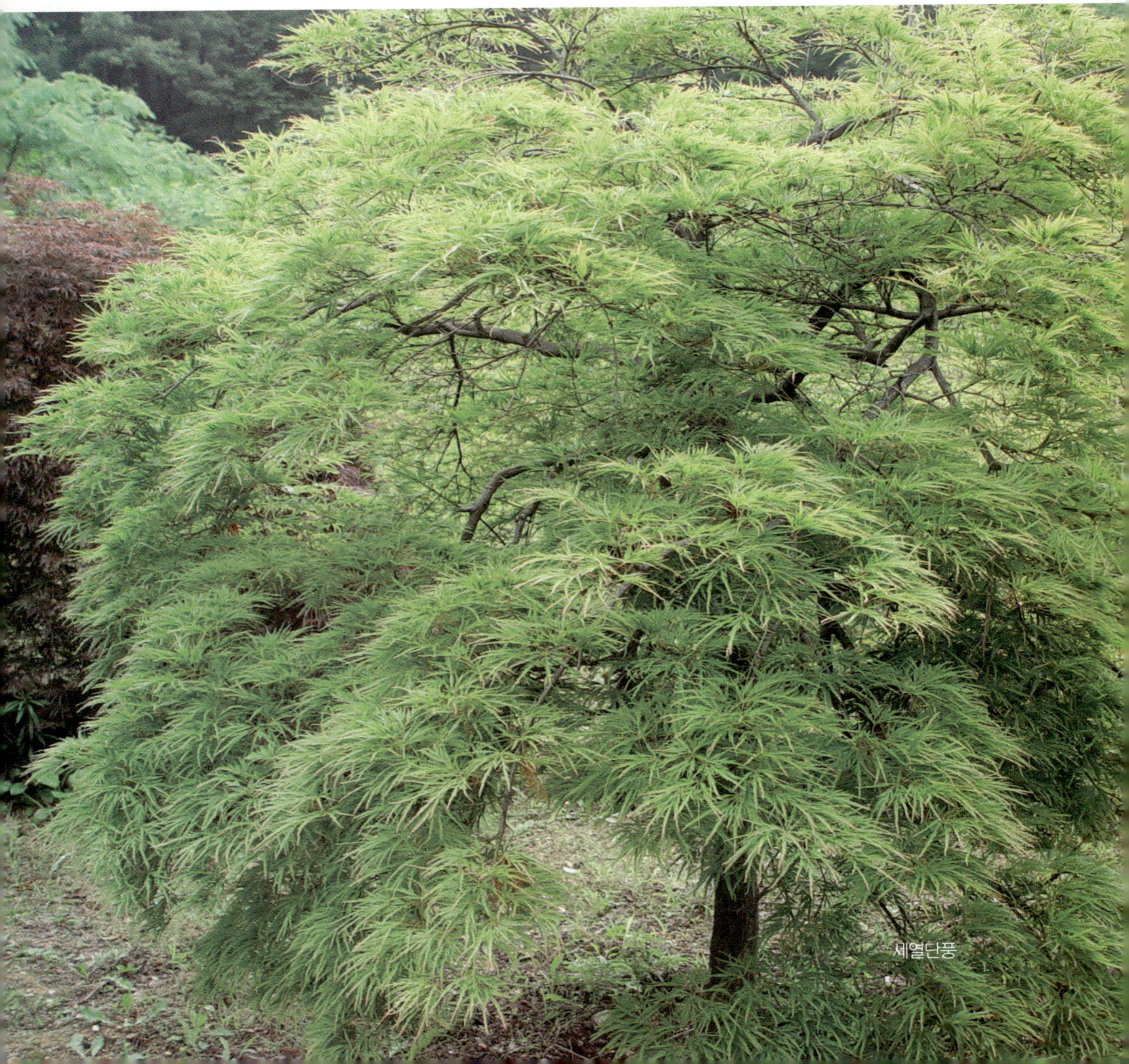

세열단풍

세열단풍은 가느다란 잎이 공작새의 꼬리를 보는 것처럼 달려 있어요. 자연적으로 번식된 나무가 아니라 일본 원예학자들이 만든 원예종 나무예요. 다른 단풍나무와 달리 봄에는 빨간색이고 가을에는 녹색으로 잎 색상이 변해요. 홍세열단풍(Acer palmatum 'Akashidare')은 1년 내내 잎의 색상이 빨간색인 희귀종이에요. 잎이 공작새 꼬리처럼 축 늘어지기 때문에 정원에서 세열단풍을 키우는 사람들이 많아요.

세열단풍의 잎은 7~11갈래로 갈라지고 갈라진 잎이 다시 갈라져요. 세열단풍과 비슷한 나무로는 '공작단풍'이 있는데 세열단풍에 비해 잎이 조금 적게 갈라지고 개개별 잎도 조금 넓은 편이에요. 원래 서로 다른 나무이지만 우리나라에서는 둘 다 '세열단풍' 혹은 '공작단풍'이라고 혼동해서 부르는 경우가 많아요.

세열단풍은 보통 씨앗보다는 화원에서 어린 묘목을 구입해 키우는 경우가 많아요. 또한 분재애호가들은 세열단풍을 분재로 키우는 경우도 많이 있어요. 햇빛에 잘 노출시키면 빨간색이 더 아름답게 나온다고 해요.

🌸 볼 수 있는 곳

원예종 나무이기 때문에 산에서는 볼 수 없고 그 대신 식물원이나 도시공원, 가정집 정원 등 조경수가 많은 곳에서 많이 만날 수 있어요.

도토리 열매가 열리는 참나무

참나무는 어느 한 나무를 말하는 것이 아니라 도토리 열매가 달리는 나무 전체를 말하는 것이에요. 그런데 지구상에는 참나무로 불리는 나무가 약 250종이 있고 우리나라에도 참나무라고 불리는 나무가 수십 종이 있어요. 참나무 중에서 가장 유명한 '상수리나무'를 포함해 '갈참나무', '떡갈나무', '굴참나무', '졸참나무', '신갈나무'는 흔히 참나무의 기본이 되는 6가지 나무라고 말해요.

참나무들은 서로 결혼을 잘해요. 예를 들어 '떡갈나무'와 '갈참나무'가 자연스럽게 교배를 하면 '떡갈참나무'라는 잡종나무가 태어나요. 우리나라에서는 참나무끼리 교배해서 태어난 잡종나무들도 모두 참나무라고 불러요. 그래서 참나무를 구별하는 것은 정말 어려워요. 잎 모양을 보고 구별이 안 되면 잎 뒤에 털이 있는지 확인하고 그것으로도 구분 안 되면 열매 모양을 봐야 해요. 얼마나 어려운지 식물학자들도 참나무를 구별할 때는 식물도감을 보고 공부하는 경우가 많아요.

참나무들의 임금님	상수리나무
도토리가 마구마구 잘 열리는	갈참나무
도토리가 털모자를 쓰고 있는	떡갈나무
참나무 중에서 가장 높이 자라는	신갈나무
굴피집 지붕을 만들 때 사용한 목재	굴참나무
참나무 중에서 잎이 가장 작은	졸참나무

식물원에서 참나무를 구별해 보아요

참나무의 대표인 '상수리나무', '갈참나무', '떡갈나무', '굴참나무', '졸참나무', '신갈나무' 등의 6가지 기본종 나무는 우리 친구들도 잎과 열매를 보면 혼자서도 구별할 수 있어요.

▲상수리나무 잎

▲갈참나무 잎

▲신갈나무 잎

▲떡갈나무 잎

▲굴참나무 잎

▲졸참나무 잎

상수리나무

과명 참나무과　**학명** *Quercus acutissima*　꽃 4~5월 초록색　**열매** 5~10월　**높이** 20~25m

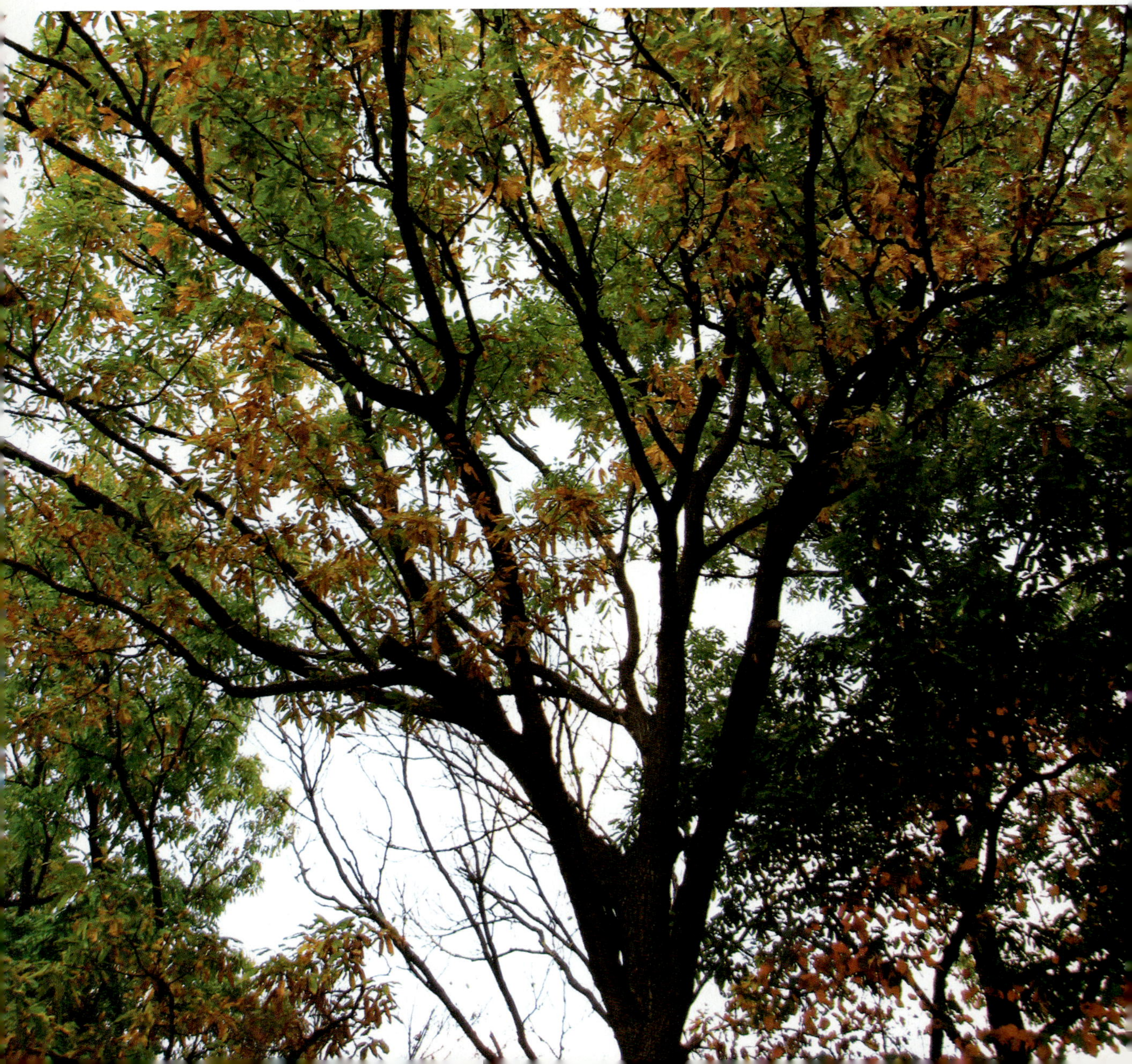

▲ 상수리나무 4월 수꽃　　　　　　　▲ 상수리나무 10월 열매

상수리나무는 암꽃과 수꽃이 같은 나무에서 피어요. 암꽃과 수꽃이 같은 나무에서 피는 것을 '일가화' 혹은 '자웅동주'라고 말해요.

열매는 우리가 흔히 보는 도토리인데 상수리나무에서 피는 도토리는 품질이 좋을 뿐 아니라 크기도 다른 도토리에 비해 2배 정도 커요. 그리고 수확량이 많아 상수리나무가 많은 시골마을에서는 도토리 열매를 많이 따 한 겨울을 따뜻하게 보낼 수 있었다고 해요. 이 때문에 상수리나무에서 나는 도토리는 도토리라고 말하지 않고 '상수리'라고 부르는 고장도 있어요. 이 도토리는 도토리묵을 만들어 먹거나 잘 말린 뒤 가루를 내어 위장약으로 사용할 수 있어요.

목재는 무겁고 단단해 가구나 마루판을 만들 수 있고 건축재와 배를 만들 수 있어요. 요새는 나무집을 짓지 않기 때문에 표고버섯을 재배할 때 원목으로 많이 사용해요.

▲ 잎 가장자리가 갈색인 상수리나무의 잎

▲ 상수리나무의 수피

잎은 밤나무 잎과 비슷하지만 잎의 가장자리와 톱니, 잎자루 밑의 불룩 튀어나온 옆침에 엽록소가 없기 때문에 이들 여러 부분이 갈색이면 상수리나무, 녹색이면 밤나무라고 흔히 구분해요. 하지만 가을이 되면 둘 다 단풍이 잘 들기 때문에 가을에는 열매를 보고 구분하는 것이 좋아요. 참고로 '도토리'란 이름은 '멧돼지가 잘 먹는 밤'이란 뜻에서 유래되었어요.

번식은 가을에 채취한 도토리를 마른 모래와 섞어 땅에 묻은 뒤 다음에 봄에 어린뿌리가 생기면 뿌리를 절단한 후 종자를 심어야 해요.

볼 수 있는 곳

상수리나무는 어디서나 볼 수 있는데 우리나라에서는 해발 800m 아래에서 만날 수 있어요. 동네 뒷산이나 높은 산에서도 흔히 볼 수 있고 전국의 도립수목원에서도 만날 수 있어요.

●재미있는 나무 이야기●

꿀밤의 유래와 도토리

꿀밤은 밤에서 유래된 말이 아니라 '도토리'가 열리는 참나무에서 유래되었답니다. 경상도에서는 도토리가 열리는 나무를 굴밤나무라고 했고 강원도에서는 도토리 열매를 꿀밤이라고 불렀답니다. 나무에서 도토리 열매가 떨어지면 머리에 맞아도 별로 아프지 않겠죠? 그래서 주먹 끝으로 가볍게 머리를 때리는 것을 '꿀밤'이라고 했답니다.

갈참나무

과명 참나무과　학명 *Quercus aliena*　꽃 5월 초록색　열매 5~10월　높이 25m

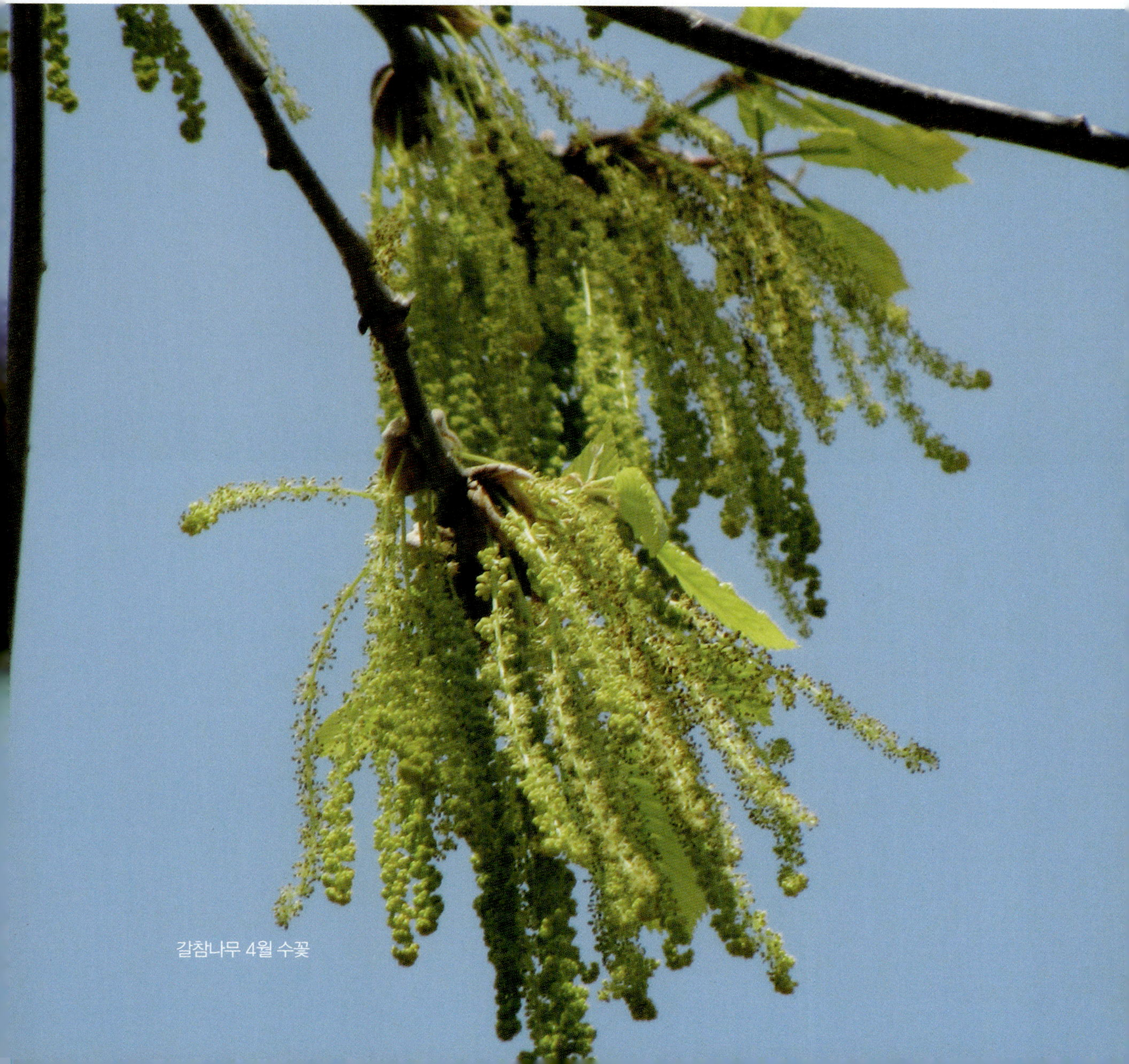

갈참나무 4월 수꽃

갈참나무는 우리나라와 일본, 중국, 인도 등에서 볼 수 있는 참나무의 하나예요. 참나무라고 불리는 나무 중에서 도토리 열매가 가장 많이 열리는 나무예요. 그 때문에 가을이 되면 산꾼들이 도토리 열매를 한꺼번에 많이 따기 위해 갈참나무를 많이 괴롭힌다고 해요. 나무도 생명이 있으니까 도토리 열매를 딸 때 괴롭히지 않고 따는 것이 좋을 것 같아요.

갈참나무의 잎은 떡갈나무잎처럼 정말 크기 때문에 비올 때 우산 대용으로 사용할 수도 있어요. 가장 큰 잎의 경우 길이가 30cm에 달한다고 해요. 시골에서 자란 사람들은 어렸을 때 갈참나무 잎이나 신갈나무 잎으로 모자를 만들어 쓰기도 했어요. 갈참나무의 잎은 줄기에서 어긋나는 방식으로 달리는데 이를 전문용어로 '호생'이라고 말해요.

▲ 갈참나무 11월 열매

▲ 갈참나무 잎

꽃은 암수가 한 나무에서 자라고 목재는 정말 튼튼하고 무거워서 집을 짓거나 배를 만들 때 사용했어요. 나무껍질은 염료 재료로도 사용할 수 있어요.

가을이 되면 잎과 도토리가 많이 떨어지기 때문에 갈참나무가 자라는 곳은 농부들이 비옥한 땅이라고 말해요. 어떤 농부들은 갈참나무가 수분을 많이 먹기 때문에 비옥한 땅에서만 자란다고 말하기도 해요. 번식은 가을에 수확한 종자 10개를 모래와 섞어 양파망에 넣어 땅 속에 묻어 둔 뒤 이듬해 봄에 파종하면 10개중 5개가 발아를 해요.

 볼 수 있는 곳

갈참나무는 우리나라 전국에서 볼 수 있는데 해발 1000m 아래에서만 만날 수 있어요. 높은 산이나 전국의 도립수목원에서 만날 수 있어요. 우리 주변에서는 국립공원 진입로, 식물원, 왕릉, 동네 뒷산에서 흔히 볼 수 있어요.

오늘 만난 나무

떡갈나무

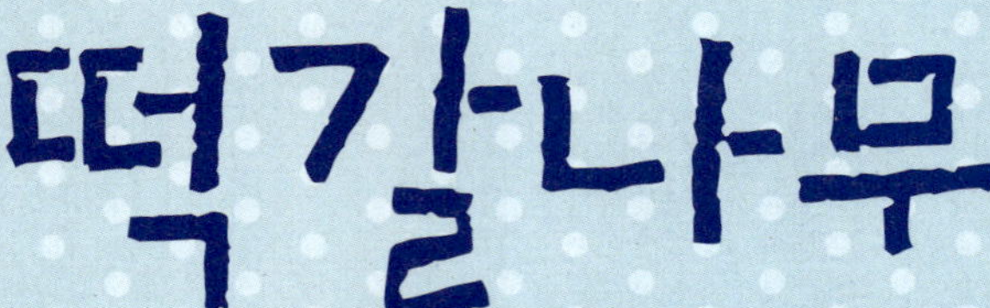

과명 참나무과　　**학명** *Quercus dentata*　　**꽃** 4~5월 초록색　　**열매** 5~10월　　**높이** 20m

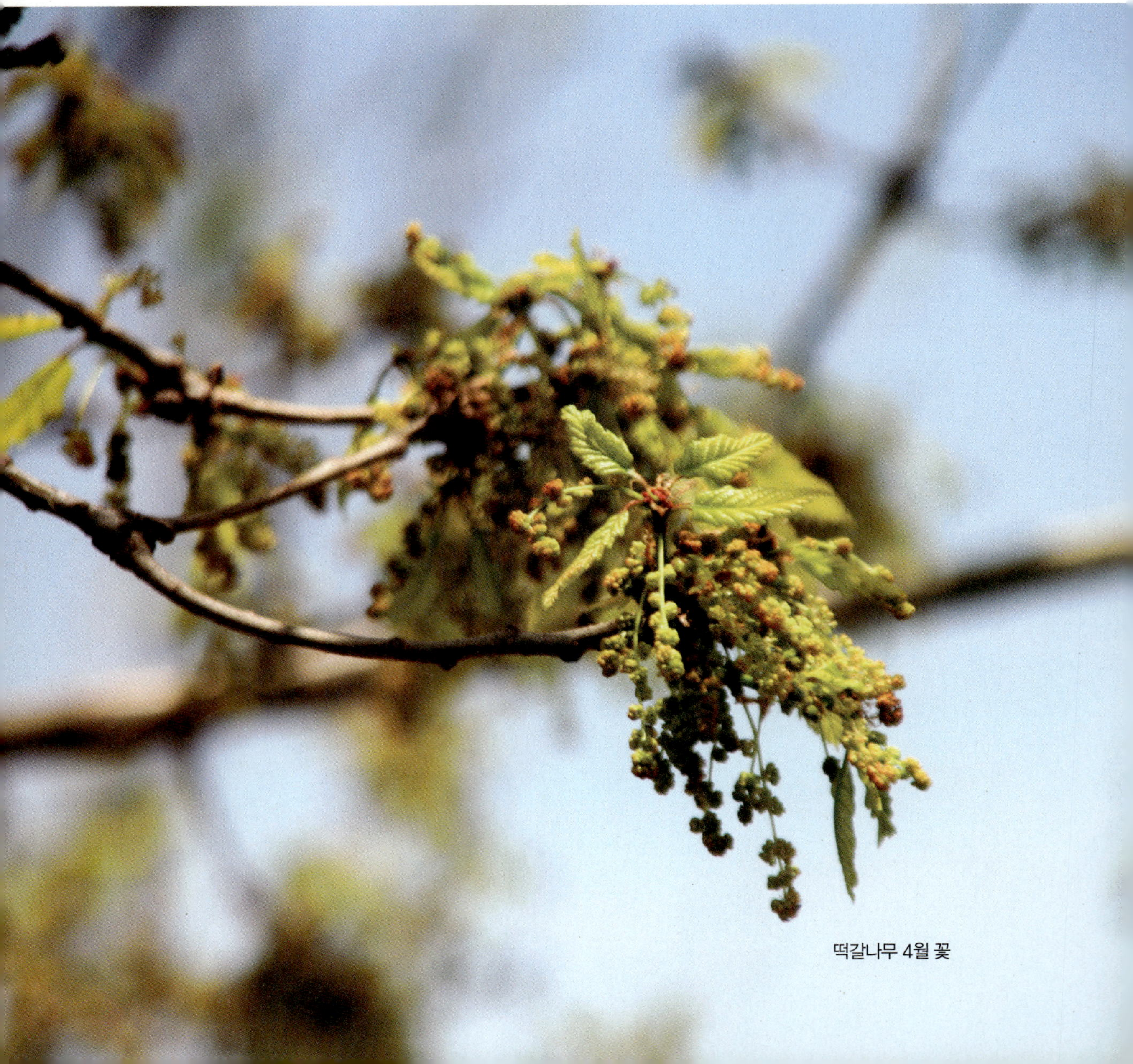

떡갈나무 4월 꽃

▲ 떡갈나무 11월 열매

▲ 떡갈나무 잎

떡갈나무도 도토리 열매가 열리는 나무 중 하나예요. 떡갈나무라는 이름은 먼 옛날 우리 조상들이 떡을 싸서 쪄먹거나 보관했다고 해서 붙은 이름이에요. 이 잎에는 특별한 방부제 성분이 들어있는데 떡을 싸서 쪄 먹을 때는 가급적 어린잎을 사용해야 해요. 앞에서 배운 갈참나무와 비교하면 잎의 크기가 서로 비슷하지만 잎의 가장자리에 있는 물결무늬가 갈참나무에 비해 넓은 편이에요.

▲ 떡갈나무

떡갈나무 열매도 도토리라고 부르는데 다른 도토리와 달리 털모자를 쓰고 있어요. 상수리나무와 굴참나무 열매도 털모자를 쓰고 있으니까 참나무 중에서는 '떡갈나무', '상수리나무', '굴참나무' 도토리가 털모자를 쓰고 있다고 할 수 있어요.

떡갈나무 같은 참나무류는 도토리가 땅에 떨어지면서 자연적으로 발아를 하는데 발아성 공률이 매우 높은 편이에요. 그래서 떡갈나무나 갈참나무가 많은 곳에서는 나비와 바람에 의해 꽃가루가 수분되면서 '떡갈참나무' 같은 잡종나무가 많이 나타난다고 해요.

신갈나무

과명 참나무과　**학명** *Quercus mongolica*　**꽃** 4~5월 초록색　**열매** 5~10월　**높이** 30m

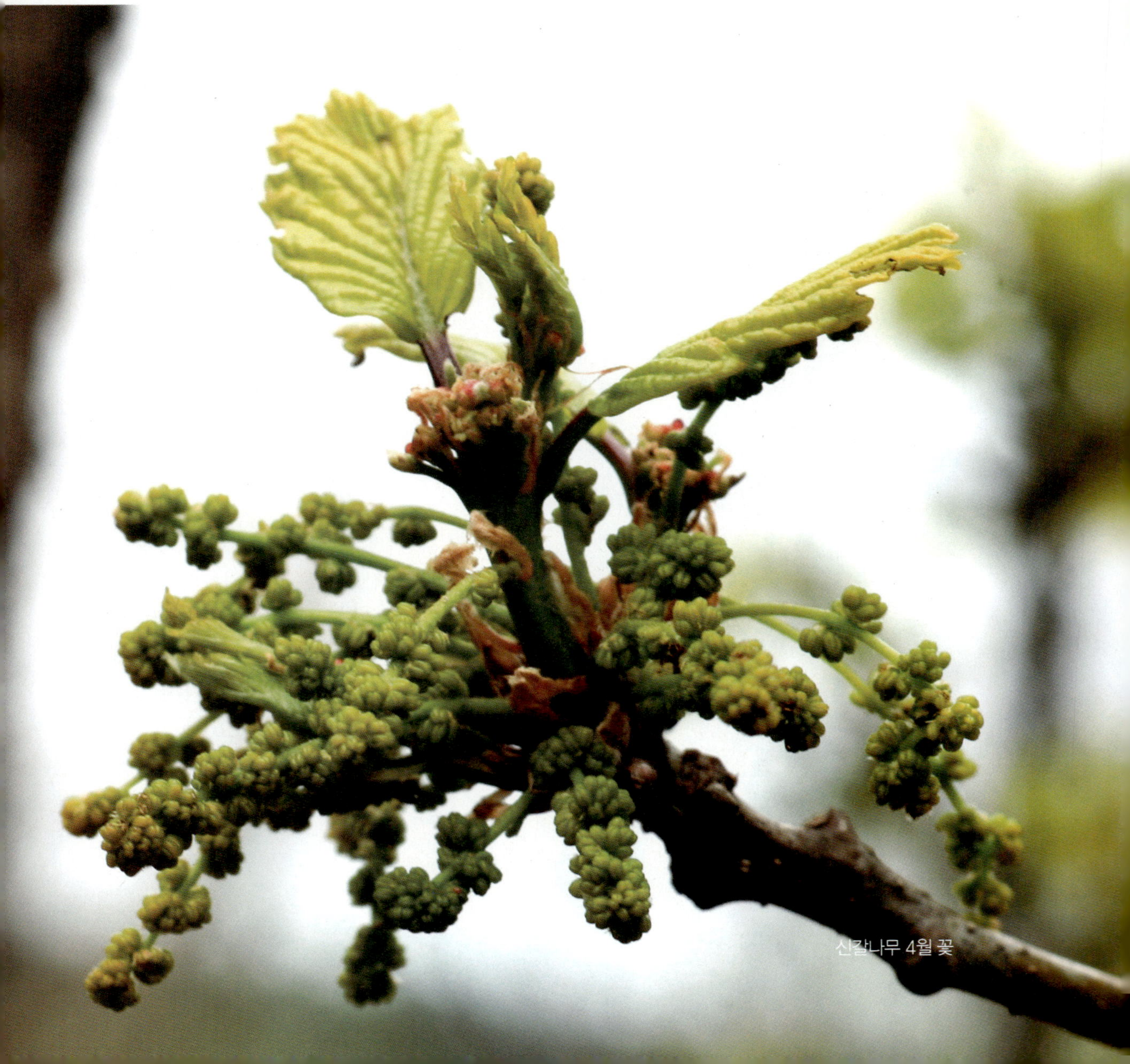

신갈나무 4월 꽃

신갈나무는 참나무 중에서 가장 키가 큰 나무예요. 성숙하게 자라면 키가 30m까지 자란다고 하니 놀라울 지경이에요. 줄기 밑 지름은 1m에 달하므로 어린이 3~4명이 손을 잡고 둘러서야 잡을 수 있는 크기예요. 우리나라 전국에서 볼 수 있는 신갈나무는 다른 참나무와 달리 해발 1800m의 높은 산에서도 만날 수 있어요. 설악산이나 한라산 꼭대기에서 나뭇잎이 큰 참나무를 만났다면 십중팔구 신갈나무예요.

잎의 길이는 7~20cm 내외로 거꾸로 된 달걀모양이에요. 잎의 크기가 갈참나무 잎에 비해 작은 편이지만 얼굴을 가릴 수 있을 정도로 큰 편이에요. 꽃은 4~6월 사이에 피는데 수술과 암술이 한 꽃봉오리 안에서 피어요. 꽃이 지면 도토리 열매가 생기는데 5~10월 사이에 자라고 9~10월경이면 사람이 먹을 수 있도록 알맞게 잘 익어요. 도토리의 모양은 타원형의 납작한 편이에요. 목재는 다양한 기구를 만들거나 땔감이나 숯을 만들어 사용해요. 신갈나무도 다른 참나무와 마찬가지로 동네 뒷산이나 높은 산에서 흔히 볼 수 있고 전국의 수목원에서도 볼 수 있어요.

▲ 신갈나무 잎

▲ 신갈나무의 7월 열매

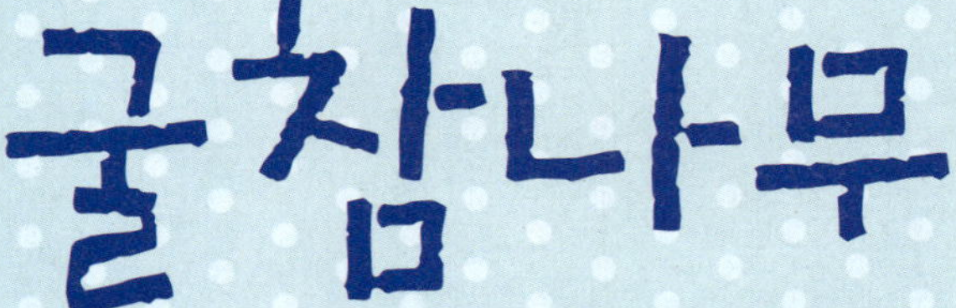

굴피집 지붕을 만들 때 사용한 목재

굴참나무

과명 참나무과　**학명** *Quercus variabilis*　**꽃** 4~5월 초록색　**열매** 5~10월　**높이** 20~25m

굴참나무

상수리나무, 갈참나무, 떡갈나무가 혼합된 숲에서 볼 수 있는 굴참나무는 목재 재질이 무겁고 마찰력이 강해 와인병 마개인 코르크 등에 많이 사용되었어요. 우리나라에서는 울릉도와 강원도의 굴피집 지붕 재료로 상수리나무 속껍질과 굴참나무 속껍질을 사용했는데 주로 굴참나무 속껍질을 많이 사용했다고 해요. 굴참나무 속껍질을 기왓장처럼 잘라낸 뒤 지붕으로 사용하는데 20년을 견딜 수 있다고 해요.

굴참나무 잎은 줄기에서 어긋나게 달리고 긴 타원형이거나 긴 타원상 피침형이에요. 잎의 길이는 8~15cm 내외로 밤나무 잎이나 상수리나무 잎과 비슷해요. 잎의 뒷면은 약간 흰색이고 코르크층이 발달해 있어요. 이 잎은 상수리나무 잎과 비슷한데 잎 뒷면에 노란색이 끼어있는 경우는 상수리나무라고 구별하기도 해요. 꽃은 다른 참나무류와 비슷하고 열매는 도토리열매가 열려요.

▲ 굴참나무 잎

▲ 굴참나무의 수피

경상북도 울진군 근남면에 수령 300년 된 굴참나무가 천연기념물 96호로 지정되어 있어요. 서울 신림동에는 수령 1천년 된 굴참나무가 천연기념물 271호로 지정되어 있어요. 높이 16m, 둘레 2.86m의 이 굴참나무는 강감찬 장군이 지팡이를 꽂은 곳에서 자라났다는 전설이 있어요. 그런데 이 나무는 수령 1천년 된 나무라고 알려져 있지만 사실은 수령 250년 정도로 보고 있고, 원래 나무는 죽고 그 씨앗이 다시 자란 것이라고 해요. 번식은 가을에 수확한 굴참나무 열매를 땅에 묻어두었다가 다음해 봄에 파종하는데 열매를 10개 정도 심으면 5개 정도가 발아를 해요.

🌸 볼 수 있는 곳

동네 뒷산이나 높은 산에서 흔히 볼 수 있고 전국의 도립수목원에서도 만날 수 있어요.

졸참나무

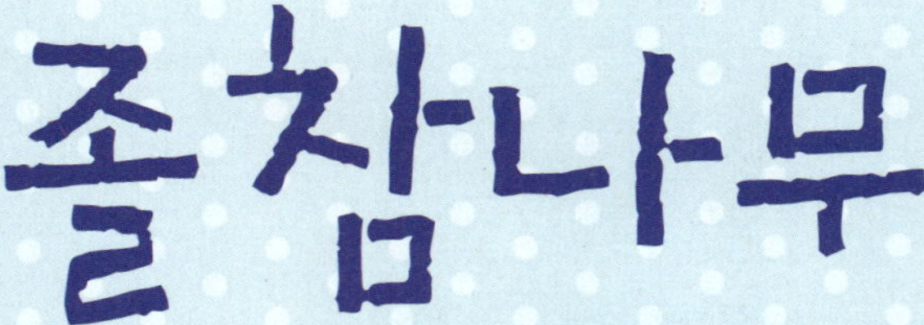

과명 참나무과　**학명** *Quercus serrata*　**꽃** 4~5월 초록색　**열매** 5~10월　**높이** 23m

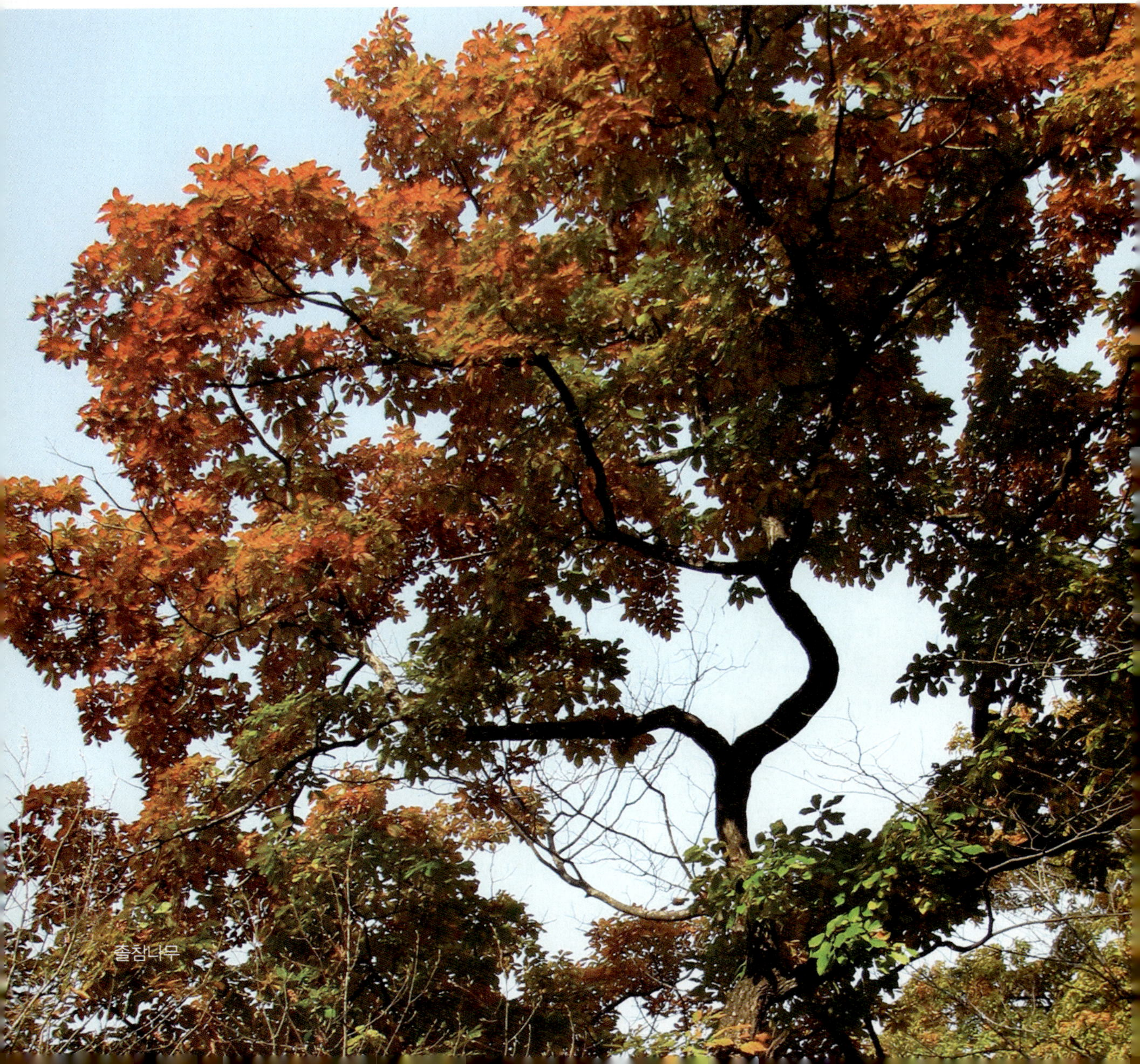

졸참나무

▲ 졸참나무 8월 열매
◀ 10월 중순의 졸참나무 단풍

▲ 졸참나무 잎

졸참나무는 참나무 여섯 친구 중에서 가장 잎의 크기가 작은 크기예요. 열매 모양이 다른 도토리와 달리 매우 길쭉한 편이고 크기도 참나무 열매 중 가장 작아요. 꽃은 수꽃, 암꽃이 따로 피거나 한 꽃에 암술, 수술이 모두 들어 있는 잡식성이에요.

나무의 크기는 23m 안팎으로 자라므로 참나무 여섯 친구 중에서는 가장 작은 편이라고 할 수 있어요. 신갈나무처럼 해발 1,800m 높이에서도 볼 수 있어요. 졸참나무의 열매는 다른 도토리와 달리 크기가 작아 새들도 즐겨 따먹는다고 해요.

졸참나무의 목재는 재질이 단단하여 가구나 마루판을 만들거나 숯을 만들 때 사용할 수 있어요. 나무껍질은 약용하거나 염색제로 사용할 수 있어요. 옛날에는 나무배를 만들 때 배 밑바닥에서 물이 세지 않도록 졸참나무 목재로 물구멍을 막았다고 하니 여러모로 쓸모 있는 나무인 셈이에요.

❀ 볼 수 있는 곳

동네 뒷산이나 높은 산에서 흔히 볼 수 있고 전국의 도립수목원에서도 만날 수 있어요.

오늘 만난 나무

꽃향기가 좋은 나무

나무 중에는 꽃향기가 아주 좋은 나무들이 있어요. 꽃향기가 좋으면 곤충과 벌들이 잘 놀러올 뿐 아니라 사람들도 좋아해요. 향수를 뿌린 것처럼 꽃향기가 많이 나는 나무에 대해 지금부터 공부해 보아요. 대부분의 나무들은 꽃향기가 나는데 지금부터 공부하는 나무들은 가까이에만 가도 꽃향기가 아주 많이 나는 나무들이에요.

향기가 너무 좋은 특산종의 희귀나무	댕강나무
귀신도 놀라는 아름다운 향기를 가진	붓순나무
열매 안에 씨앗이 없는	굴나무
열매가 먼저 나오는	목서
꽃향기가 너무 좋은	정향나무
깊은 산에서 자라는 꽃향기 나무	개회나무
향이 은은하게 퍼지는	후피향나무
어떤 꽃도 이길 수 없는 강한 꽃향기	백서향

꽃에서 꽃향기가 나는 이유

꽃에서 향기가 나는 부분은 아직 어느 곳인지는 정확하게 규명되지 않았어요. 대부분 수술이나 암술 부분, 꿀샘, 꽃잎 등이 복합적으로 작용해서 꽃향기가 난다고 믿고 있어요. 향기가 강한 꽃들은 꽃에서 향기를 강하게 내보내 곤충을 유혹해요. 암술과 수술 밑에는 꿀이 모여 있기 때문에 향기를 맡고 날아온 벌과 곤충들은 꽃에서 꿀을 먹고 수술과 암술에서 놀다가 수술에서 만든 꽃가루를 암술머리에 묻히고 다른 곳으로 날아가게 돼요. 결국 벌과 곤충에 의해 수술가루(화분)가 암술머리에 묻으면서(수분) 꽃은 번식이 되고 열매를 만들 수가 있어요. 이 열매를 수확해서 땅에 심으면 또 다른 나무가 태어나요.

▲ 수술에서 재미있게 놀던 벌과 나비들이 다리에 수술가루가 붙은 상태에서 암술머리로 날아가면 꽃이 열매를 맺을 수 있도록 번식이 돼요.

향기가 너무 좋은 특산종의 희귀나무

댕강나무

과명 인동과　　**학명** *Abelia mosanensis*　　**꽃** 5월 연분홍색　　**열매** 6~9월　　**높이** 3m

댕강나무의 5월 꽃

▲ 댕강나무   ▲ 댕강나무의 줄기

우리나라 특산나무인 댕강나무는 꽃향기가 좋은 나무 중 하나예요. 특산나무란 다른 나라에서는 자생지가 없이 우리나라에만 자생지가 있는 나무를 말해요. 그중 댕강나무는 줄기를 꺾으면 댕강~ 하며 소리가 난다고 하여 댕강나무라는 이름이 붙었어요. 줄기를 꺾어보면 줄기 안이 비어있기 때문에 댕강~ 하는 소리가 들리는 것이에요.

또한 댕강나무는 종자로는 번식이 거의 불가능한 나무라고 알려져 있어요. 열매가 달리면 이 열매가 땅에 떨어져 번식해야 하는데 열매로는 번식할 확률이 아주 낮은 나무라는 것이에요. 그 때문에 스스로는 번식이 잘 안되어 자생지가 점점 줄어들고 있어요. 우리나라에서는 북한땅의 평남 맹산에 자생지가 있다고 해요.

댕강나무의 꽃은 5월에 두상으로 나팔꽃 비슷하게 피어요. 이 꽃은 향기가 아주 좋고 진하며 그 향은 자스민 향과 비슷해요. 열매는 6~9월에 볼 수 있고 열매마다 각각 4개의 날개가 프로펠러처럼 달려있어요. 줄기에는 깊이 팬 세로 줄이 있는데 큰 줄이 보통 6개정도 있고 작은 줄

▲ 댕강나무의 6월 열매

▲ 댕강나무의 잎

도 많이 패여 있어요. 키는 2~3m 안팎으로 자라니까 나무치고는 키가 작은 나무예요.

식물학자들은 키가 작은 나무를 특별히 '관목'이라고 부르고, 키가 큰 나무는 '교목'이라고 말해요. 예를 들어 관목이 많은 산이라고 말하면 키가 작은 나무들이 많이 있는 산을 뜻하는 말이에요. 교목이 많은 산은 키가 큰 나무가 많은 산이라는 뜻이에요.

댕강나무와 비슷한 나무로는 줄댕강나무, 섬댕강나무, 주걱댕강나무가 있고 원예종 나무로는 꽃댕강나무가 있어요. 꽃댕강나무는 댕강나무처럼 향기가 아주 좋고 꽃이 오래갈 뿐 아니라 댕강나무에 비해 구하기가 쉽기 때문에 사람들이 즐겨 심어요. 댕강나무는 줄기가 특이하기 때문에 줄기를 보면 바로 구분할 수 있어요. 우리 주변에서는 식물원에서 댕강나무를 만날 수 있어요.

댕강나무는 보통 꺾꽂이로 번식시킬 수 있어요. 새로 생긴 줄기를 꺾어서 땅에 꽂으면 댕강나무가 번식되어요. 참고로, 댕강나무는 우리나라 특산식물이므로 줄기를 막 꺾으면 야단 맞을 수 있으니 전문가에게 도움을 구하거나, 댕강나무와 비슷한 꽃댕강나무를 키우는 것이 좋아요.

볼 수 있는 곳

댕강나무는 남한 땅에 자생지가 거의 없기 때문에 산에서는 볼 수 없어요. 서울 홍릉수목원, 전주 한국도로공사수목원 등의 유명 수목원에서 볼 수 있어요.

오늘 만난 나무

붓순나무

과명 붓순나무과   **학명** *Illicium anisatum*   **꽃** 3~4월 녹백색   **열매** 4~10월   **높이** 3~5m

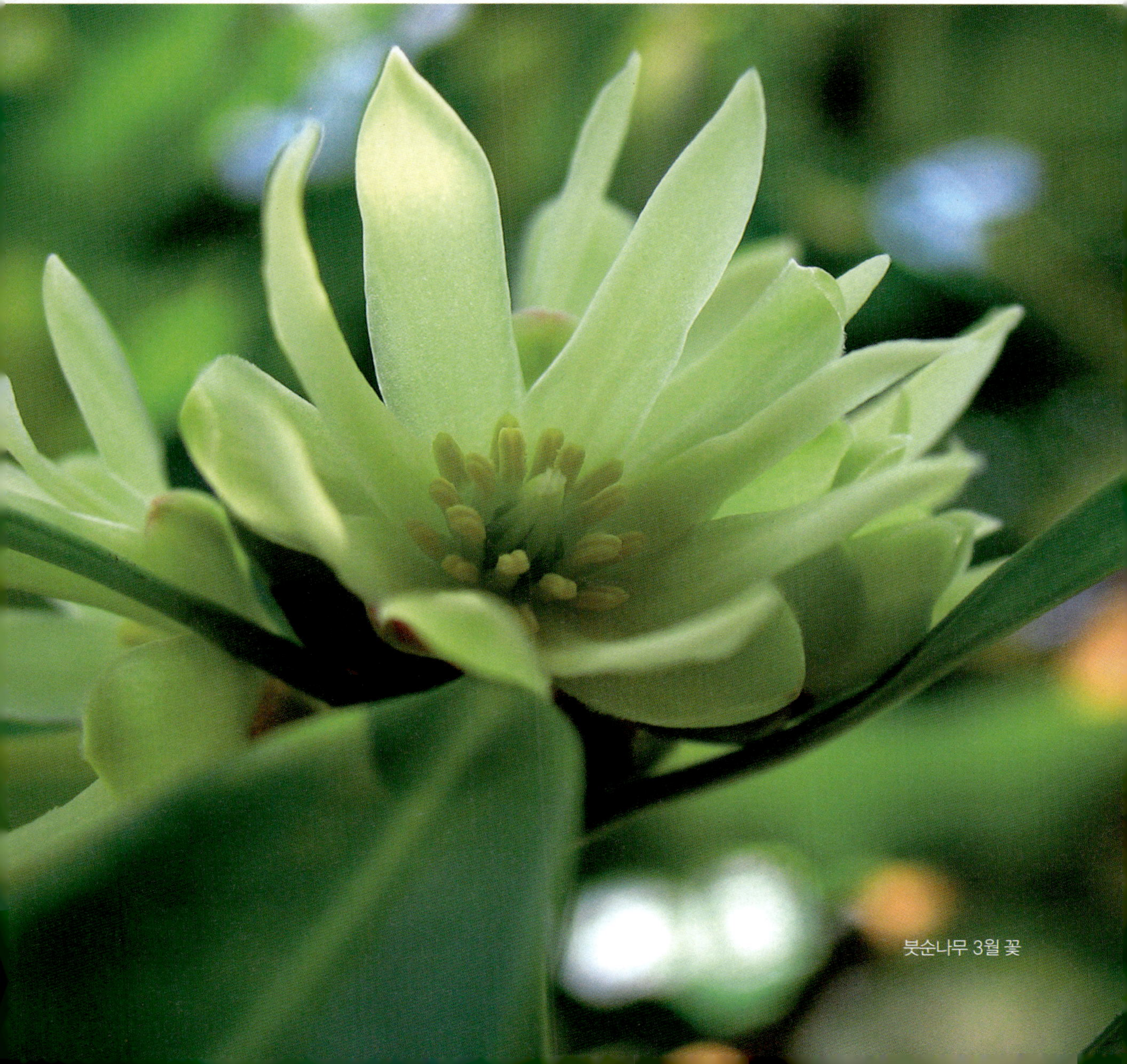

붓순나무 3월 꽃

▲ 식물원 온실의 붓순나무

붓순나무는 우리나라와 일본에서만 자라는 특산나무예요. 우리나라에서는 제주도와 남부지방에 자생지가 있어요. 꽃은 3~4월에 피는데 보통 식물원 온실에서 볼 수 있기 때문에 온실에서 만나는 붓순나무는 겨울에 꽃이 피어요.

꽃은 녹색이 낀 흰색이고 크기는 2.5~4㎝ 내외예요. 꽃의 향기가 아주 진해 자세히 맡아보면 기절할 정도예요. 꽃받침잎은 6개이고 꽃잎은 10~15개씩 달려있어요. 꽃 중앙에 자방이 여러 개 있고 자방 둘레에는 수술이 빙 둘러싸여 있어요. 열매는 피망 모양이고 날카로운 이빨이 위쪽에 6~12개가 있어요. 꽃과 열매는 독성 성분이 있으므로 사람이 먹을 수 없어요. 잎은 줄기에서 어긋나게 달리고 길이 5~10cm 내외예요.

▲ 붓순나무 열매

▲ 붓순나무 잎

붓순나무는 향기가 아주 진하기 때문에 불교에서 향료 대신 사용했다는 기록이 있어요. 일본에서는 귀신을 무찌르는 나무라고 해서 묘지 가에 많이 심는다고 해요. 아마 붓순나무의 아주 진한 꽃향기가 향처럼 귀신을 무찌르는 효과가 있다고 믿나 봐요. 붓순나무 목재는 염주알이나 주판알을 만들 때 사용할 수 있어요.

붓순나무는 12도 이하로 떨어지는 지역에서는 키울 수 없어요. 그래서 중부이북지방에서는 주로 식물원 온실에서 붓순나무를 많이 키우기 때문에 붓순나무를 보고 싶다면 식물원 온실로 찾아가야 해요. 번식은 열매가 터지기 전 씨앗을 수확한 뒤, 햇빛에 잘 건조시킨 뒤 심으면 된다고 해요.

▲ 붓순나무 나무껍질

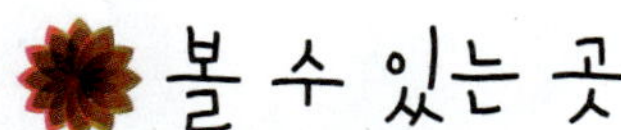 볼 수 있는 곳

우리나라 제주도, 경기도 신구대식물원 온실, 충청북도 미동산수목원 온실, 전주 한국도로공사 수목원, 목포 유달산특정자생식물원에서 만날 수 있어요.

열매 안에 씨앗이 없는

귤나무

과명 운향과   **학명** *Citrus unshiu*   **꽃** 6월 흰색   **열매** 10월   **높이** 5m

귤나무의 꽃

▲ 귤나무

▲ 귤나무의 열매

높이 5m까지 자라는 귤나무는 주로 제주도에서 재배하는 과일 나무예요. 원래 일본이 원산지이지만 삼국시대 이전부터 제주도에서 키웠던 것으로 추정하고 있어요. 흔히 감귤나무라고도 말하므로 감귤과 귤은 같은 과일이에요. 역사적으로는 서기 476년경 지금의 제주도인 탐라국이 백제국에 귤을 진상했다는 기록이 문헌에 나와 있어요.

귤나무의 꽃은 6월에 피는데 향기가 귤껍질을 깔 때 나는 귤냄새보다 훨씬 달콤하고 강해요. 꽃의 중앙에는 암술이 1개 있고 수술은 여러 개, 꽃잎은 5장으로 구성되어 있어요. 열매는 초록색이고 10월에 익는데 아주 잘 익으면 녹황색으로 변해요. 원래 귤 열매의 색상은 초록색이거나 녹황색이지만 다 익을 때까지 기다릴 수 없어 초록색일 때 수확한 뒤 나중에 먹음직스럽게 보이도록 황색으로 처리하는 경우가 많아요. 다 익은 후 수확하면 열매를 운송 중일 때 썩기 때문에 미리 수확하는 것이죠. 사람들은 귤의 속알맹이를 많이 먹지만 껍질도 먹을 수 있어요. 껍질을 그냥 먹으면 텁텁하고 쓰기 때문에 껍질을 잘 말린 뒤 차로 마시는 것이 좋아요. 귤껍질로 만든 차는 한자로 '굴피차'라고 부르는데 다이어트에 아주 좋기 때문에 요즘 인기가 많아요.

시장에서 판매하는 귤에는 씨앗이 없으므로 귤나무는 씨앗으로 번식할 수가 없어요. 그러므로 집에서 키우고 싶다면 화원에서 어린 귤나무 묘목을 구입하는 것이 좋아요. 원래 씨앗은 귤의 정중앙에 완두콩 크기만 하게 들어있는데 야생귤나무 열매에서만 볼 수 있어요. 야생귤나무 열매는 맛이 없기 때문에 과일용 귤나무를 만들었는데 과일용 귤나무는 열매 안에 씨앗이 없으므로 번식도 접목법이란 방식으로 번식해요. 만일 귤 열매의 씨앗이 어떻게 생겼는지 궁금하다면 구하기 어려운 야생귤 대신 낑깡 열매를 구입한 뒤 열매 안쪽을 까보면 알아요.

볼 수 있는 곳

창경궁 온실과 유명 식목원 온실에서 귤나무를 만날 수 있어요.

목 서 (은목서, 금목서)

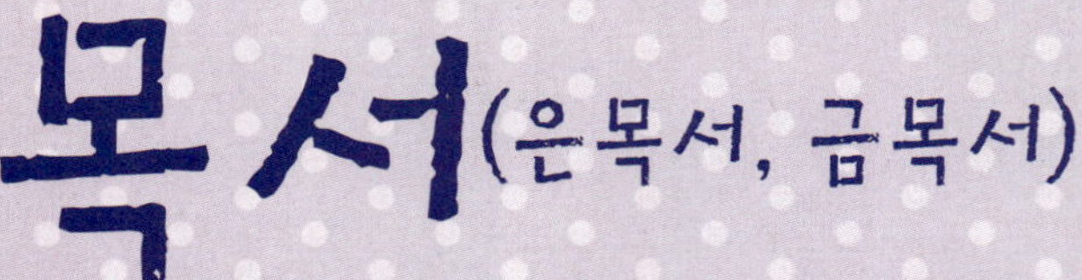

과명 물푸레나무과 **학명** *Osmanthus fragrans* **꽃** 9~10월 **열매** 5~6월 **높이** 3m

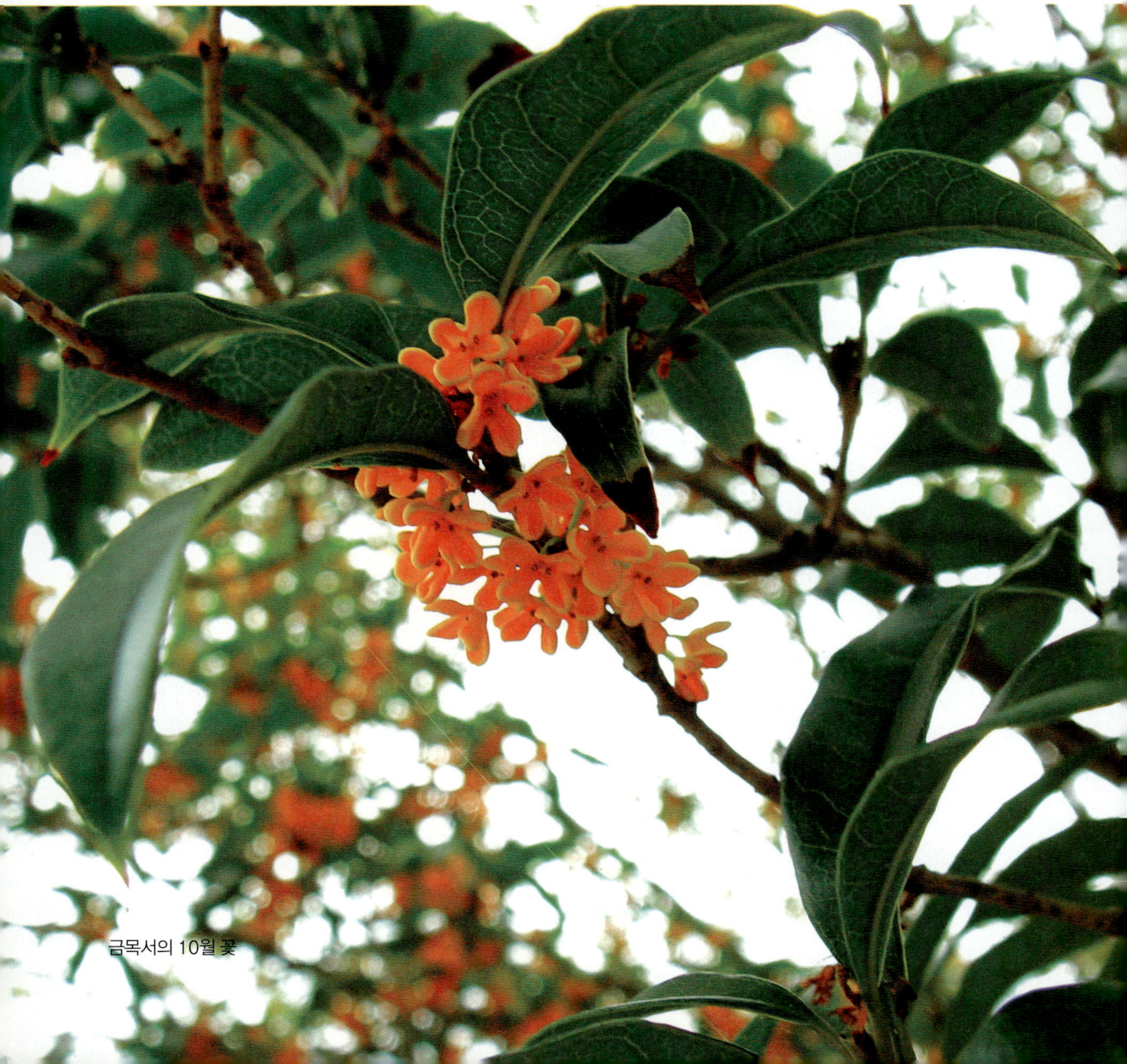

금목서의 10월 꽃

목서나무는 금목서, 은목서, 박달목서 등의 3가지 품종이 있어요. 보통 목서나무라고 말하면 흰색 꽃이 피는 은목서를 지칭하고, 황금색 꽃이 피는 목서나무는 금목서라고 말해요.

원래 목서나무는 우리나라에 자생지가 없고 중국에서 들어온 나무예요. 추운 지방에서는 자라지 않기 때문에 남부지방에서 많이 심었는데 꽃향기가 아주 좋아 관상수로 인기가 높아요. 향기는 금목서가 가장 좋지만 은목서나 박달목서의 꽃향기도 좋은 편이에요. 이들 목서나무들은 추운 지방에서는 자랄 수 없기 때문에 식물원 온실에서 키우는 경우가 많고, 남부지방에서는 관광지 등에 금목서와 은목서를 심어놓는 경우가 많아요. 이 가운데 박달목서는 우리나라에서 자생하는 나무로 거문도 등의 섬에서 볼 수 있어요.

목서나무는 공통적으로 '이가화' 방식으로 꽃이 피어요. 이가화란 암꽃과 수꽃이 같은 나무에서 피는 것이 아니라 다른 나무에서 핀다는 뜻이에요. 식물학자들은 암꽃이 피는 나무는 '암나무', 수꽃이 피는 나무는 '수나무'라고 불러요. 목서나무는 재미있게도 꽃보다 열매가 먼저 열려요. 보통 5~6월경에 열매가 열린 뒤 꽃은 10~11월경에 개화해요. 따라서 목서나무의 꽃은 늦가을이 되어야 볼 수 있고, 식물원 온실에서 만나는 목서나무는 한겨울인 12~2월 사이에 꽃을 개화해요. 목서나무의 잎은 줄기에서 마주나는데 긴 타원형이고 잎의 가장자리에 톱니가 있거나 없어요. 예를 들어 은목서나무는 톱니가 아주 강하게 발달한 경우가 많고, 금목서나무의 잎은 가장자리에 톱니가 약하게 발달했거나 안 보이는 경우도 많아요.

▲ 목서나무(은목서) 꽃

▲ 목서나무(은목서) 잎의 톱니

목서나무는 키가 3m 안팎으로 자라기 때문에 가정집 정원수로 안성맞춤이에요. 목재는 매우 단단해 조각재를 만들 때 사용하고 꽃은 잘 말린 뒤 각종 차를 끓일 때 향료로 사용할 수 있어요. 목서나무는 그 해에 자란 줄기를 손바닥길이보다 조금 길게 잘라낸 뒤 모래 섞인 진흙에 꽂으면 실패율이 높지만 비교적 잘 자라요. 씨앗으로도 번식할 수 있지만 2년 정도의 시간이 필요해요.

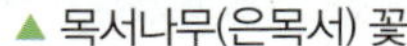 볼 수 있는 곳

충남 안면도수목원, 전주 한국도로공사수목원, 완도 난대수목원, 경남 반성수목원 등에서 볼 수 있어요. 통영의 유명한 관광지인 충렬사에서도 볼 수 있어요. 중부이북지방은 춘천 화목원 온실처럼 식물원 온실 중에서 목서나무를 키우는 곳이 있어요.

오늘 만난 나무

정향나무

과명 물푸레나무과　　**학명** *Syringa patula var. kamibayshii*　　**꽃** 4월　　**열매** 5~9월　　**높이** 1.5m

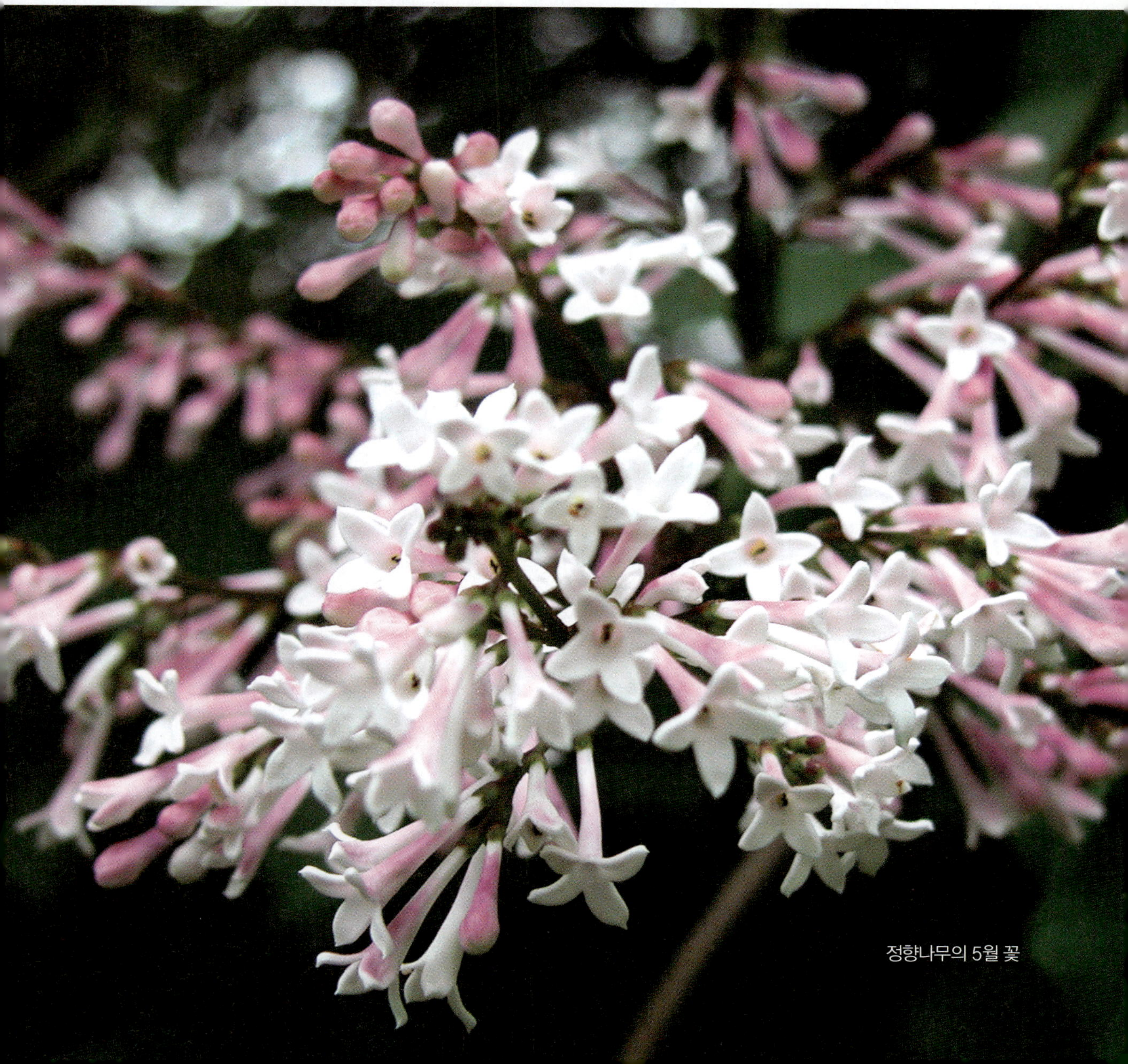

정향나무의 5월 꽃

정향나무는 우리나라와 중국에서만 볼 수 있는 키가 1.5m까지 자라는 키 작은 나무예요. 우리나라 희귀식물이므로 보호에 신경을 써야 해요.

자주색 꽃은 5월에 개화하고 향기가 아주 진하고 작은 나팔꽃과 비슷한 꽃이 원추화서로 피어나요. 각각의 꽃 길이는 7~8mm 내외이고 꽃잎이 뒤로 젖혀지고 수술이 있어요. 열매는 꽃이 지면 나타나는데 9월쯤이면 익어요. 잎은 줄기에서 마주나고 넓은 난형이고 잎자루에 털이 있거나 없어요.

정향나무는 아주 향기가 진하기 때문에 가정집 정원에 관상수로 심을 수 있어요. 꽃향기는 라일락 향기와 비슷하지만 향기가 더욱 좋아요. 정향나무는 줄기가 약하고 꽃이 무겁기 때문에 넘어지는 경우도 많아요. 따라서 관상수로 심을 때는 울타리 용도로 심으면 도둑이 정향나무를 넘어오다 발이 걸려 넘어지는 경우가 많을 거예요.

한의사들은 정향나무를 약으로 사용하는데 꽃봉오리, 뿌리, 나무껍질, 줄기, 열매를 모두 약용할 수 있어요. 주로 구토, 구취에 효과가 있고 신장을 따뜻하게 하거나 기가 높을 때, 냉기나 몸속을 따뜻하게 하는 효능이 있어요.

정향나무는 '미스킴 라일락'이라고도 불리는데 미스킴 라일락은 미국 식물학자가 우리나라에서 정향나무와 비슷한 나무의 씨앗을 미국으로 가져간 뒤 원예종으로 새로 육성한 나무예요. 미

▲ 정향나무의 열매

▲ 정향나무의 잎

스킴 라일락은 향기가 아주 진하기 때문에 미국에서 판매되는 라일락 나무 중에서 가장 인기가 많고, 그 덕분에 우리나라에 다시 역수입되고 있어요.

정향나무는 가을에 씨앗을 수확한 뒤 땅에 매장했다가 이듬해 봄에 뿌리면 발아를 해요. 씨 앗 번식은 비교적 어려우므로 보통은 초여름경 어린 줄기를 꺾어 땅에 심는 방식을 많이 사용 해요.

🌸 볼 수 있는 곳

아주 깊숙한 산 속에서 만날 수 있어요. 서울 홍릉수목원, 광릉 국립수목원, 강원도 한국자생 식물원에서도 만날 수 있어요.

오늘 만난 나무

개회나무

과명 물푸레나무과 **학명** *Syringa reticulata var. mandshurica* **꽃** 5~6월 **열매** 9~10월 **높이** 5m

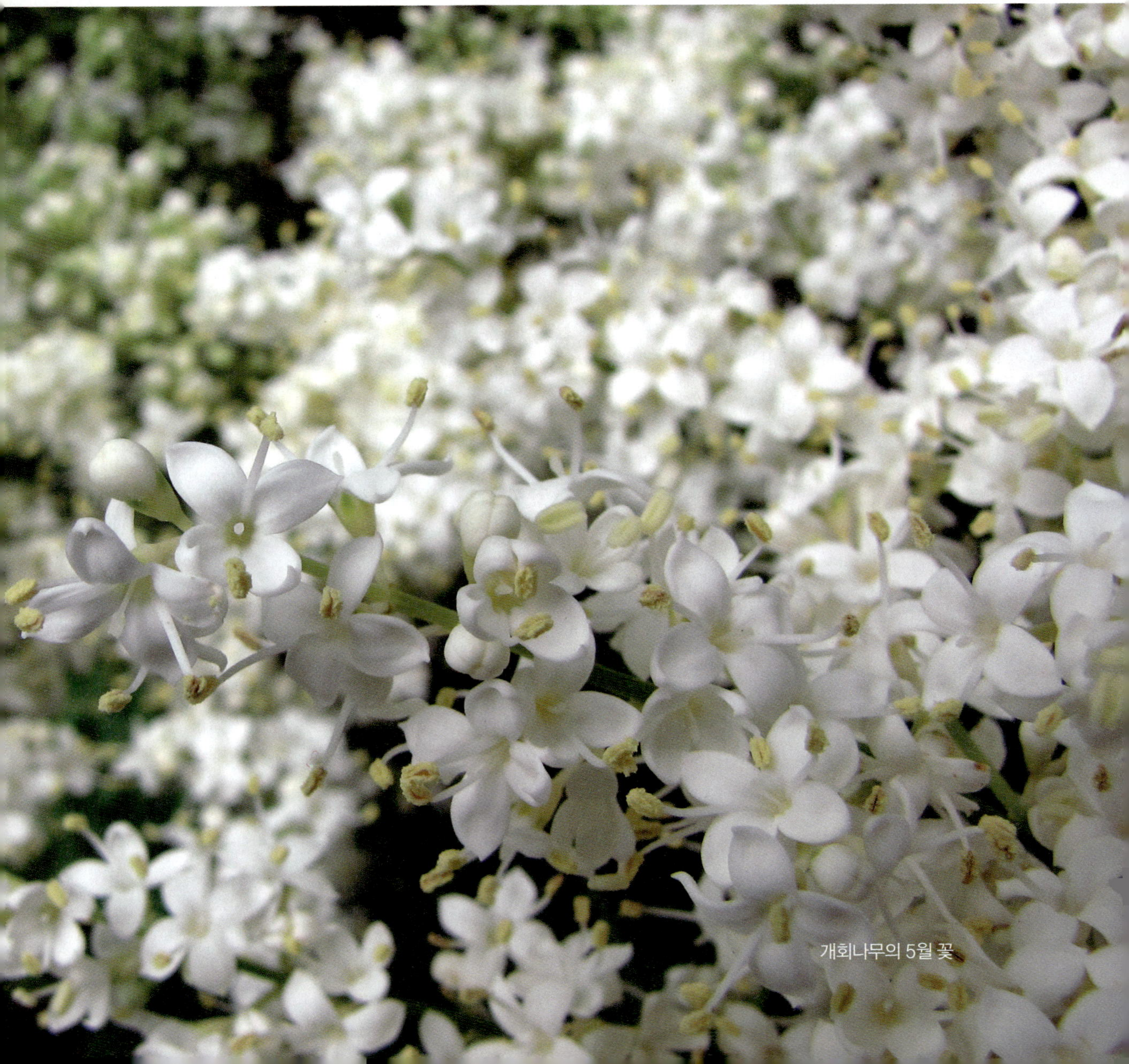

개회나무의 5월 꽃

▲ 개회나무   ▲ 개회나무의 8월 열매

개회나무는 우리나라의 북부지방과 중국, 일본, 러시아에서 자생하는 나무예요. 라일락과 비슷한 나무이지만 우리나라 깊은 산에서 볼 수 있는 토종 라일락 나무라고 할 수 있어요.

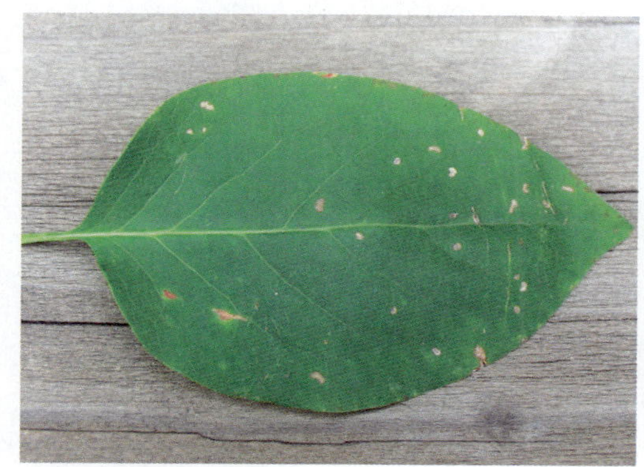

▲ 개회나무의 잎

꽃은 6월에 피며 꽃 한 송이에 암술과 수술이 모두 모여 있어요. 꽃은 원추화서로 달리고 이 꽃은 향기가 아주 좋기 때문에 향료의 재료가 되기도 해요. 열매는 긴 타원형이고 9~10월에 익는데 잘 익으면 끝 부분이 여러 갈래로 갈라져요. 잎은 줄기에서 마주나고 넓은 난형이에요. 목재는 가구를 만들 때 사용하지만 키가 작은 나무이기 때문에 가구 보다는 세공용 목재로 많이 활용해요. 한의사들은 개회나무의 나무껍질을 약으로 사용하는데 종기, 기침, 심장부종, 몸이 부었을 때 효능이 있어요. 보통 약으로 달여 먹기도 하지만 생으로 먹어도 효능이 있어요. 또한 개회나무는 씨앗이나 꺾꽂이, 접목법으로 번식시킬 수 있어요. 씨앗은 가을에 수확한 뒤 이듬해 봄에 뿌려야 해요.

🌸 볼 수 있는 곳

해발 1000m 이상의 깊은 산속에서 개회나무를 만날 수 있어요. 서울 홍릉수목원, 경기도 광릉수목원 등의 유명한 식물원이나 수목원에서도 볼 수 있어요.

후피향나무

과명 차나무과　　**학명** *Ternstroemia gymnanthera*　　**꽃** 7월　　**열매** 10월　　**높이** 7m

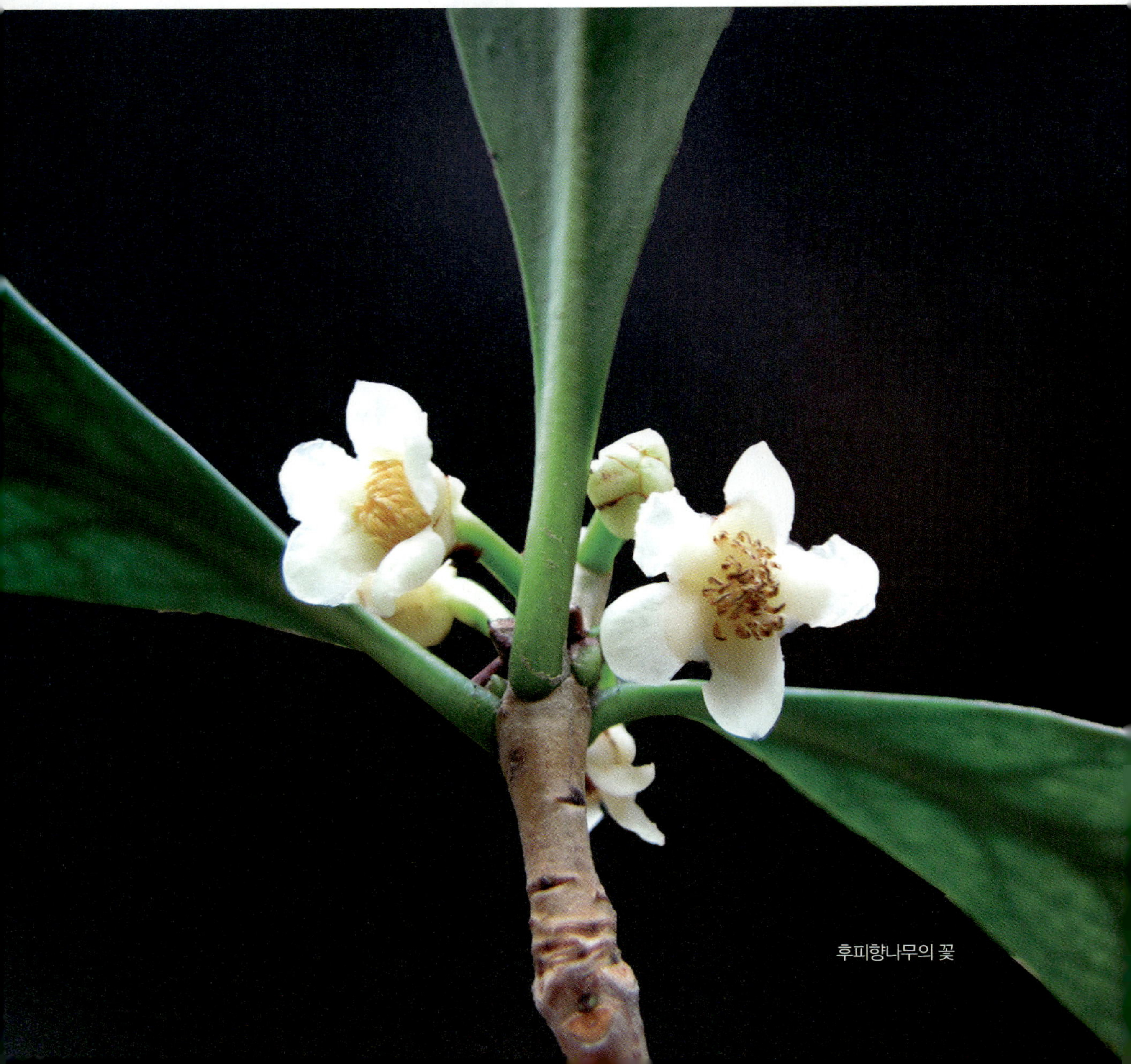

후피향나무의 꽃

▲ 후피향나무

▲ 후피향나무의 열매

후피향나무는 우리나라 남부해안지방과 제주도에서 자라는 나무예요. 추위에 매우 약해 겨울철에도 영상 5도 이상인 지역에서만 키울 수 있어요. 외국에서는 일본, 필리핀, 인도 등에서 볼 수 있는 난대성 나무라고 할 수 있어요.

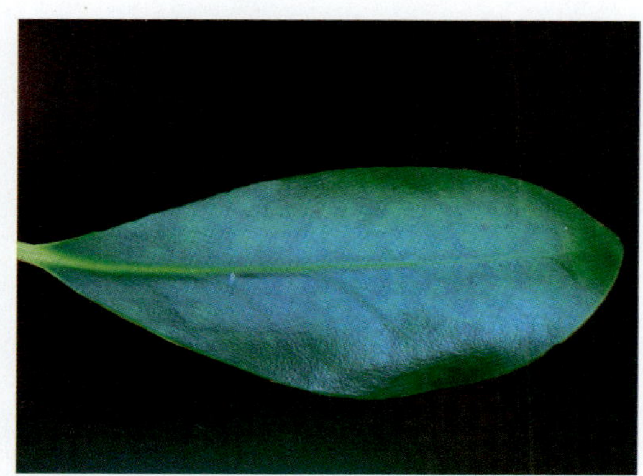

▲ 후피향나무의 잎

후피향나무의 꽃은 7월에 피고 한 꽃에 암술과 수술이 모두 모여 있어요. 꽃의 크기는 지름 2cm정도이고 수술이 많고 2개의 암술머리가 있고 향기는 아주 진하지 않고 은은한 편이에요. 열매는 10월에 빨간색으로 익는데 언뜻 보면 대추열매와 비슷하게 생겼고, 열매를 까면 그 안에 씨앗이 5개 정도 들어있어요. 잎은 줄기 끝에서는 모여서 나고, 줄기 중간에서는 어긋나는 방식으로 달려요. 잎의 길이는 3~7cm 내외이고 가장자리에 톱니가 없어요. 후피향(厚皮香)이란 이름은 잎이 두껍고 향기가 있는 나무라는 뜻에서 붙은 이름이에요.

후피향나무는 씨앗으로 번식시킬 수 있지만 자라는 속도가 매우 더딘 편이에요. 큰 화원에서 어린 묘목을 판매하므로 묘목을 구입해 키우는 것이 더 좋아요.

볼 수 있는 곳

추위에 약하기 때문에 주로 온실에서 키우는 경우가 많아요. 서울숲 온실, 창경궁 온실, 신구대식물원 온실 등에 후피향나무가 있어요. 남부지방에서는 유명 식물원이나 수목원에 가면 야외에서 자라는 후피향나무를 만날 수 있어요.

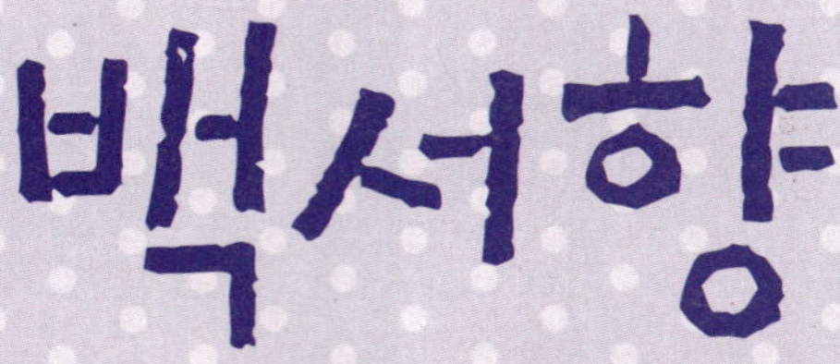

백서향

과명 팥꽃나무과   **학명** *Daphne kiusiana Miq*   **꽃** 3~4월   **열매** 5~6월   **높이** 1m

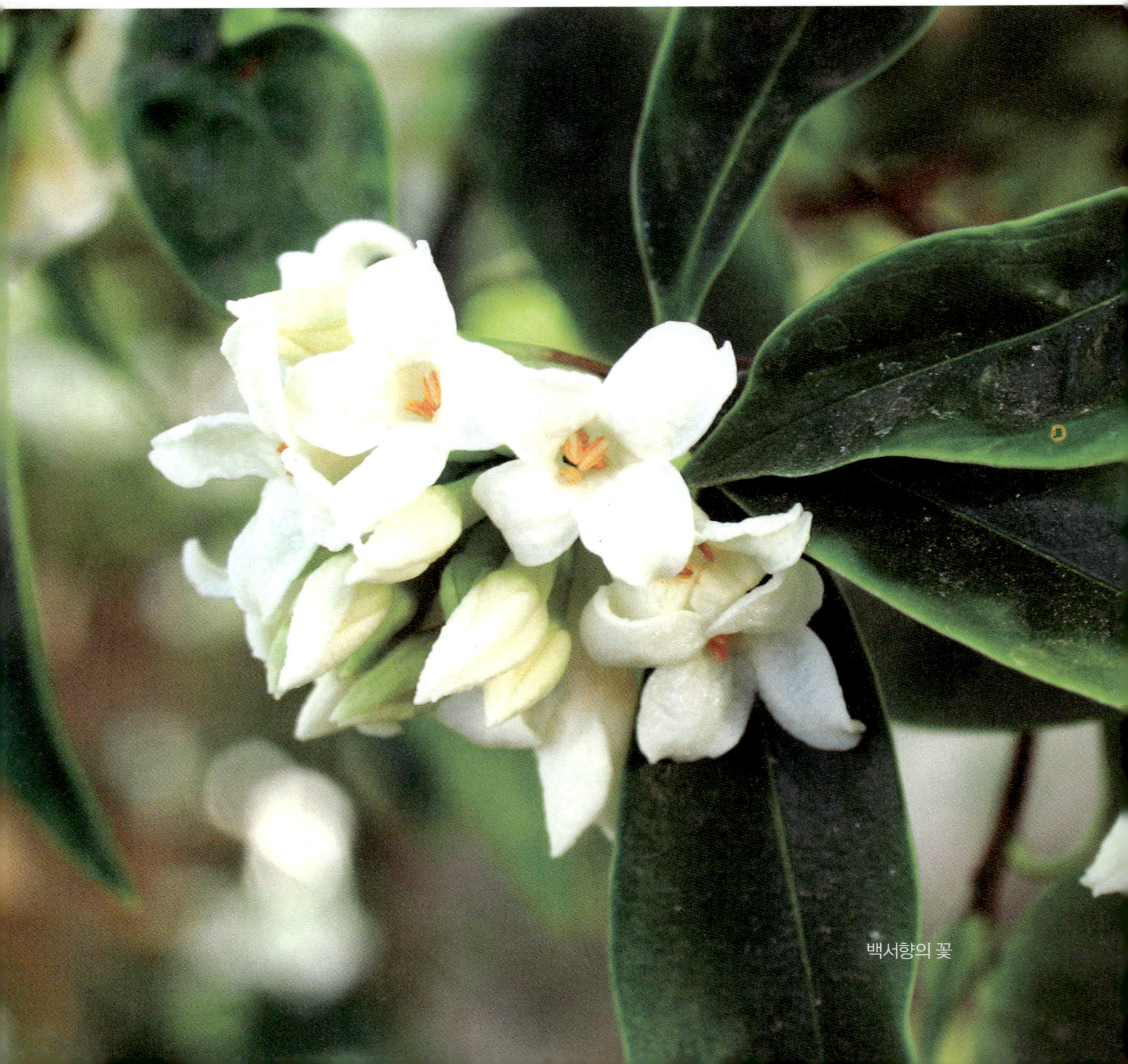

백서향의 꽃

▲ 백서향　　　　　　　　　　　▲ 백서향의 잎

백서향은 키가 1m 내외로 자라는 키 작은 나무예요. 나무가 크지 않고 어두운 곳에서도 잘 자라기 때문에 나무를 많이 키우는 집은 공기정화식물 겸 관상수로 이 나무를 키우는 경우가 많은데 대부분 '백서향'이 아닌 '서향'이라는 나무를 키워요.

백서향의 꽃은 암수꽃이 다른 나무에서 피고 향기가 아주 강해요. 꽃에 코를 가까이 대면 꽃향기가 정신을 잃을 정도이므로 어떤 꽃도 백서향의 꽃향기를 이길 수는 없어요. 열매는 5~6월에 익는데 독성 성분이 있어 먹을 수 없어요. 잎은 줄기에서 어긋나게 달리지만 줄기 끝에서 보면 풍차처럼 모여서 달려있는 것처럼 보여요. 백서향은 우리나라 토종 나무이지만 현재는 멸종 위기 식물이기 때문에 특산식물로 보호받고 있어요. 백서향의 번식은 씨앗이나 꺾꽂이로 할 수 있어요.

유사한 나무로는 고려시대에 중국에서 들어온 '서향'이 있어요. 서향은 흔히 '천리향'이라고 불리는 나무인데 흰색 꽃이 피는 백서향과 달리 분홍색 꽃이 개화해요. 천리향은 꽃향기가 천 리까지 간다고 해서 붙은 이름이니까 백서향보다 꽃향기가 강한 나무인 것은 분명해요. 천리향보다 강한 꽃향기를 가진 나무는 만리향이라고 부르는데 앞에서 배운 '목서나무' 중에서 '금목서'가 만리향이라고 불리는 나무예요. 금목서는 실제 20m 떨어진 곳에서도 꽃향기를 맡을 수 있을 정도로 아주 강렬한 향기가 나지만 아쉽게도 남부지방에서만 만날 수 있어요.

🌸 볼 수 있는 곳

남부해안지방과 제주도, 거제도에서 볼 수 있어요. 중부지방에서는 춘천 화목원 온실같은 유명 식물원 온실에서 볼 수 있어요. 비슷한 나무는 서향(천리향)나무는 꽃집에서도 만날 수 있어요.

냄새가 지독한 꽃이 피는 나무

향기가 있는 꽃 중에는 죽은 동물의 냄새처럼 냄새가 아주 고약한 꽃이 있어요.
그럼 왜 꽃들은 향기가 좋은 꽃도 있고 향기가 나쁜 꽃도 있을까요?

꽃은 자신만의 독특한 향기가 있는데 그 이유는 자신이 원하는 곤충을 유혹하기
위해서라고 할 수 있어요. 악취가 나는 꽃도 사실은 그 악취를 좋아하는 곤충을
유혹하기 위해서인 것인데 대표적으로 파리들이 악취를 좋아해요. 물론 향기가
없는 꽃들도 있어요. 향기가 없는 꽃들은 향기 대신 예쁜 색상으로 곤충들을 유혹
하는 방법을 사용해요. 꽃도 예쁘지 않고 향기도 나지 않는 꽃이 있는데 이런 꽃
들은 바람의 도움으로 번식을 한다고 해요.

참고로, 꽃향기로 곤충을 유혹한 뒤 번식하는 꽃들은 '충매화'라고 말하고, 바람
의 도움으로 번식하는 꽃들은 '풍매화'라고 말해요. 바람으로 번식하는 꽃들은 대
부분 향기가 없어요. 그러므로 모든 꽃에 향기가 있는 것은 아니라는 거죠. 전세
계의 꽃 중 약 10% 정도만 향기가 있고 나머지 꽃들은 향기가 거의 없어요.

색상이 화려하거나 꿀이 많은 꽃
벌이나 나비들이 좋아하는 꽃이에요.

악취나 구린내가 나는 꽃
파리들이 좋아하는 꽃이에요.

색상은 화려하지 않지만 향기가 아주 강한 꽃
풍뎅이 같은 곤충들이 좋아해요.

향기는 없지만 꽃이 크고 색상이 화려한 꽃
하늘에서도 금방 찾을 수 있으므로 새들이 좋아해요.

누린내가 심하게 나는   누리장나무

아주 심한 발냄새가 나는   계요등

꽃에서 은근히 좋지 않은 냄새가 나는   배나무

꽃냄새가 별로 좋지 않은   밤나무

누리장나무

과명 마편초과　　**학명** *Clerodendrum trichotomum*　　**꽃** 8~9월　　**열매** 9~10월　　**높이** 2m

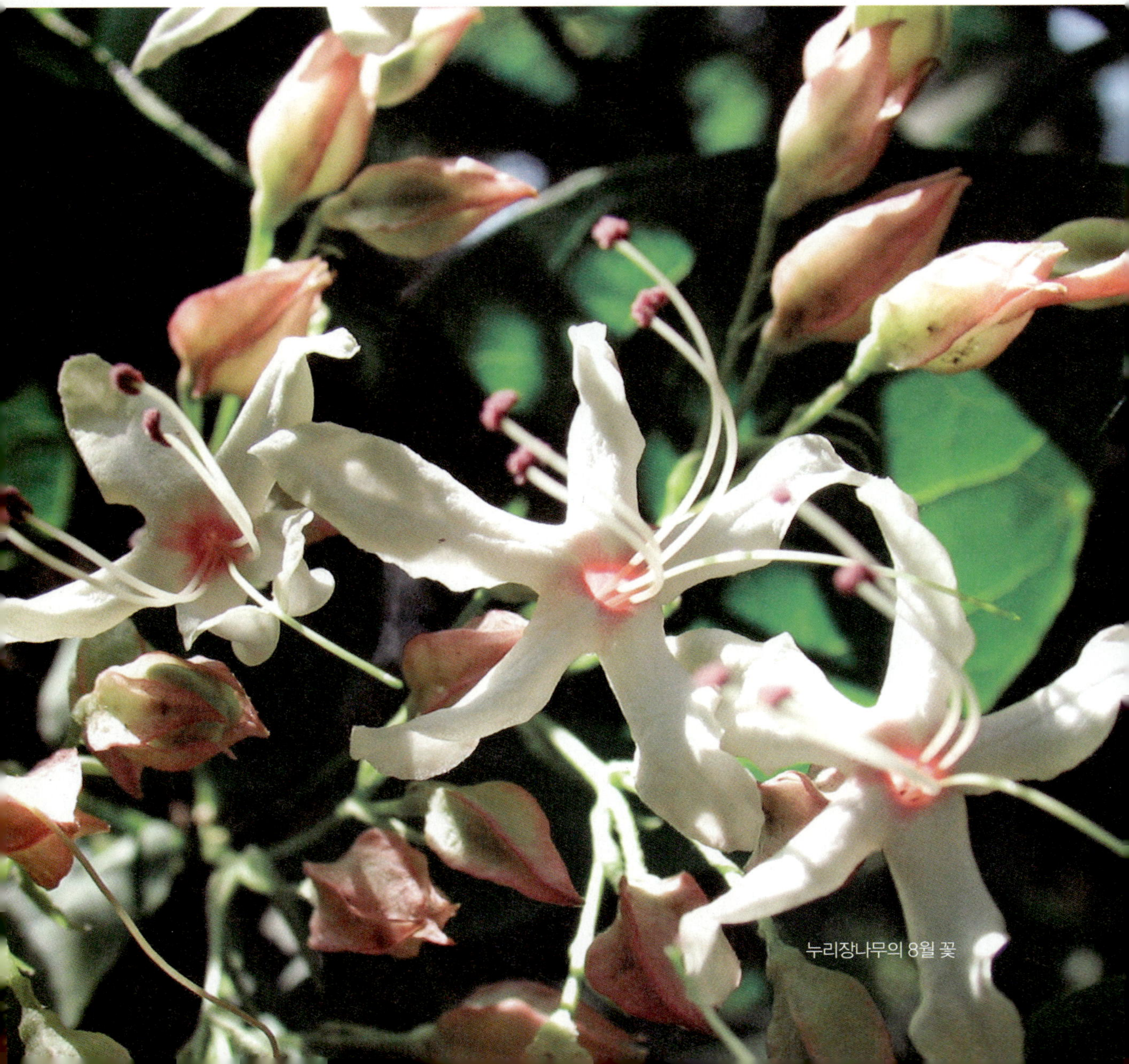

누리장나무의 8월 꽃

▲ 누리장나무

▲ 누리장나무의 나무껍질

나무 전체에서 누린내를 풍기는 나무라고 해서 '누리장나무'라고 불러요. 우리나라 전국에서 볼 수 있는 이 나무는 열매를 먹는 사람도 없고 꽃에서도 누린내가 진동하기 때문에 건드는 사람들이 없어요. 그래서 동네 뒷산에서도 운 좋으면 많이 만날 수 있어요. 꽃은 8~9월에 피고 암수꽃이 하나의 꽃에서 피고 꽃 수십 개가 줄기 끝에서 취산화서로 달려요. 꽃잎은 5갈래로 갈라지고 누린내가 나는 것 같아요. 열매는 10월에 익으며 지름 6~8㎜의 둥근 구슬 모양인데 이 열매가 아름답기 때문에 사진으로 찍는 사람이 많아요.

한의사들은 누리장나무의 어린 잎, 꽃, 뿌리, 나무껍질, 열매를 약으로 사용해요. 누리장나무로 달인 한약은 말라리아, 두통, 감기, 중풍, 이질, 반신불구, 고혈압 등에 효능이 있다고 해요. 어린잎은 봄에 나물로 먹을 수 있고, 번식은 종자로 하거나 꺾꽂이로 할 수 있어요.

▲ 누리장나무의 9월 열매

▲ 누리장나무의 잎

🌺 볼 수 있는 곳

동네 뒷산에서 흔히 볼 수 있어요. 또한 서울 홍릉수목원, 경기 광릉수목원 등의 유명 수목원에서 만날 수 있어요.

계요등

과명 꼭두서니과   **학명** *Paederia scandens*   **꽃** 7~9월   **열매** 9~10월   **높이** 5~8m

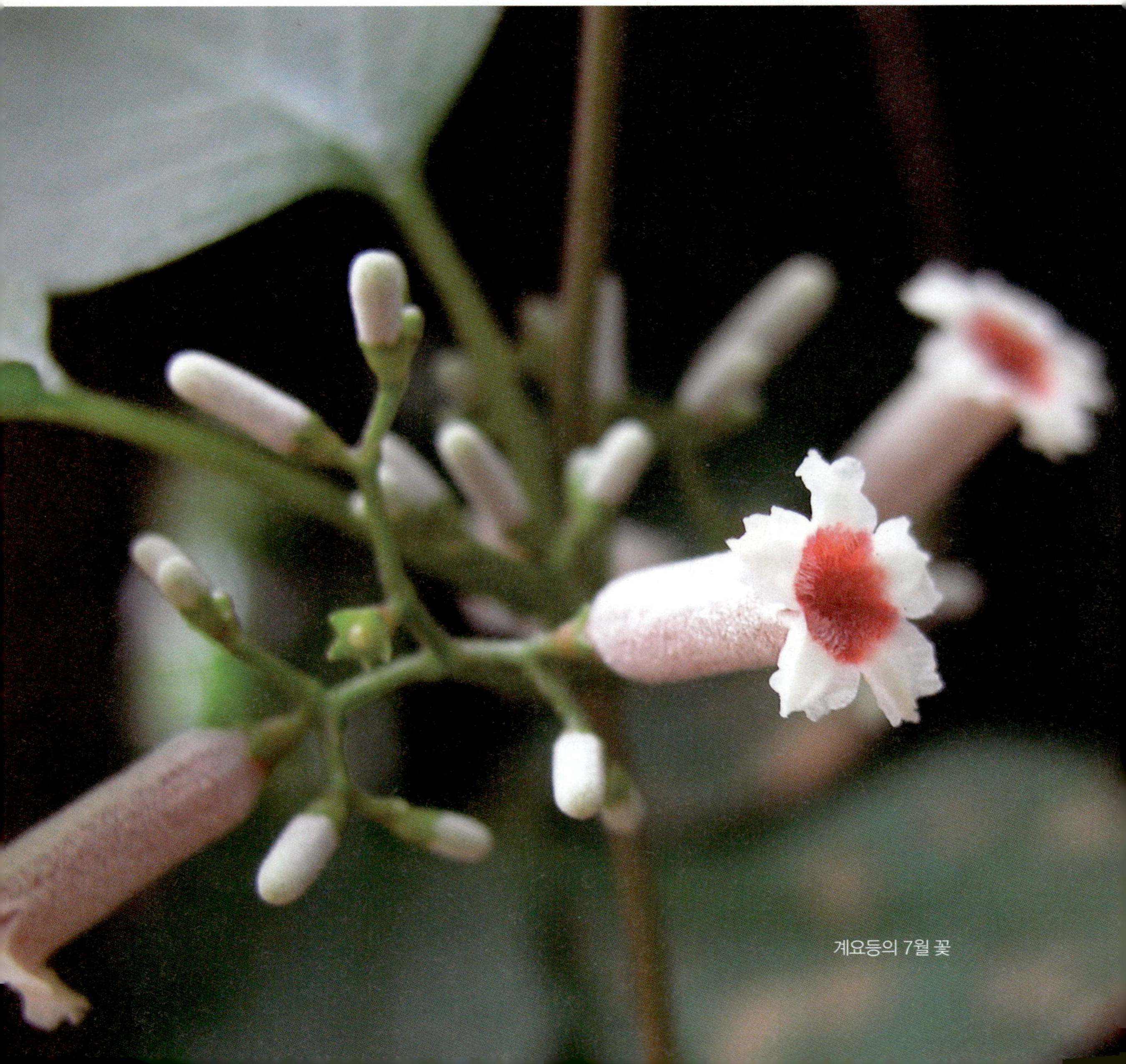

계요등의 7월 꽃

▲ 계요등덩굴

계요등(鷄尿藤)은 '닭오줌 냄새가 나는 덩굴식물'이라는 뜻이에요. 원래는 야산의 초지나 뚝방에서 자생하지만 꽃과 잎이 아름다워 시골집 돌담가나 오솔길에서 흔히 볼 수 있어요.

꽃은 7~9월에 줄기와 잎겨드랑이에 달리는데 꽃의 모양이 매우 독특한 반면 꽃에서 악취를 풍겨 '구렁내덩굴'이라고도 말해요. 냄새는 처음에는 잘나지 않는데 손가락으로 꽃을 조금 누르면 톡 쏘는 듯한 악취가 풍기기 시작해요. 잎과 열매도 손으로 뭉개면 악취를 풍기는데, 이는 식물들이 적의 공격에 방어하기 위해 세포내에 축척된 가스를 내보내는 행위라고 해요. 계요등은 특히 티올(Thiol)이라는 강력한 악취 성분을 가지고 있는데 이 냄새는 아주 지독한 발냄새와도 비슷해요.

계요등은 덩굴성나무예요. 꽃은 수술 5개이고 꽃잎 끝부분이 5개로 갈라지고, 꽃이 있었던 부분에서 열매가 맺히는데 열매 안에는 보통 2개의 씨앗이 들어있어요. 잎은 줄기에서 마주나고 하트형이며 잎의 표면은 맨들맨들해요. 잎은 싹이 나는 힘이 좋아 줄기 곳곳에서 새 잎이 계속 돋아나는 편이에요. 번식은 가을에 채취한 씨앗을 바로 뿌리거나 줄기를 꺾어 꽂으면 잘되는 편이에요.

🌸 볼 수 있는 곳

경기도 이남의 시골 들판이나 산에서 만날 수 있는데 주로 남부지방에서 많이 볼 수 있어요. 서울에서는 홍릉 수목원에서 볼 수 있어요.

배나무

과명 장미과   **학명** *Pyrus pyrifolia*   **꽃** 4~5월   **열매** 5~10월   **높이** 5~10m

▲ 배나무

▲ 배나무의 4월 꽃

배나무는 돌배나무, 콩배나무 등이 있고 과일로 먹는 배나무는 돌배나무와 일본배나무를 개량한 품종을 말해요. 과일나무로 개량한 만큼 크기가 큰 열매가 열리고 열매의 당도도 높은 편이에요.

꽃은 4~5월에 총상화서로 달리고 암수가 한 꽃에 있어요. 꽃의 크기는 3cm 내외이고 꽃잎은 5장, 수술은 많이 있어요. 장미과의 나무꽃들은 대부분 향기가 연하고 부드럽지만 배나무의 꽃향기는 은근히 좋지 않아요. 심할 때는 벌레 썩은 냄새가 꽃에서 나는 경우도 많은데, 배나무라는 이름이 들어간 식물은 특히 꽃에서 역한 냄새가 많이 나요. 이 냄새는 가까이에서는 알 수 없지만 꽃을 코에 대면 바로 알 수 있어요.

▲ 배나무의 잎　　　　　　　　▲ 배나무의 8월 열매

열매는 처음에는 콩알만 했다가 점점 커지고 9~10월경이면 사람이 먹을 수 있을 정도로 크게 성장해요. 열매는 당도가 아주 좋고 구연산 같은 신맛 성분도 조금 들어있어요. 당도가 높은 만큼 칼로리가 높아 배 하나를 먹으면 배가 부를 지경이에요. 한의사들은 배 열매를 섭취하면 체력이 좋아지고 답답한 가슴을 해소하고 기침에도 효능이 있다고 추천해요.

잎은 긴 달걀형이고 끝부분이 뾰족하고 가장자리에 톱니가 있어요. 잎의 길이는 7~12cm 내외이고 표면이 맨들맨들한 편이에요. 어린 줄기에는 털이 있지만 성장하면서 털이 사라지고 없어요.

✿ 볼 수 있는 곳

배나무는 시골 배나무농장에서 많이 볼 수 있어요. 또한 유명 식물원마다 배나무를 키우므로 집 근처 가까운 식물원에서도 손쉽게 만날 수 있어요.

밤나무

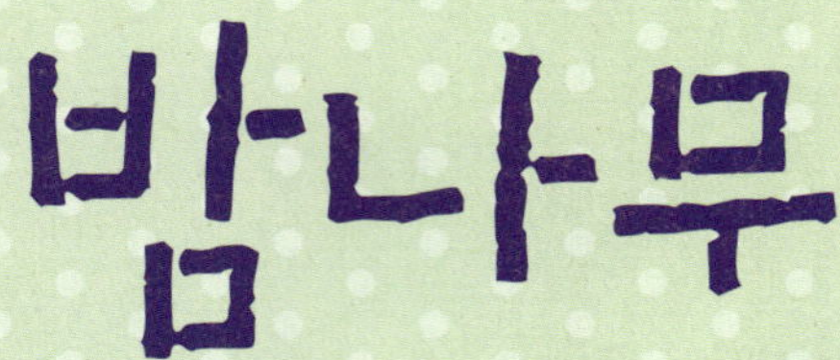

과명 참나무과　　**학명** *Castanea crenata*　　**꽃** 6~8월　　**열매** 9~10월　　**높이** 15m

▲ 밤나무의 9월 열매　　　　　　　　▲ 밤나무의 6월 꽃

밤나무는 우리나라 뿐 아니라 외국에서도 인기가 많은 나무예요. 언뜻 보면 잎 모양이 상수리 나무 잎이나 굴참나무 잎과 비슷하지만 꽃과 열매가 달릴 무렵이면 이들 나무와 손쉽게 구분할 수 있어요. 지리산 같은 높은 산에는 산 중턱에 밤나무 농장이 있을 정도로 우리나라 전국에서 볼 수 있는 나무예요. 그런데 농장에서 키우는 나무는 '밤나무'라고 부르고, 높은 산에서 몰래 자라는 나무는 '산밤나무'라고도 말해요.

꽃은 6~8월에 암꽃과 수꽃이 같은 나무에서 피고 흰색이에요. 작은 꽃이 꼬리모양으로 달리 는데 이를 '꼬리화서'라고 말해요. 꽃에서는 아주 진한 꽃향기가 나지만 마음에 드는 향기는 아 니고 약간 좋지 않은 냄새가 나요.

밤나무 잎은 상수리나무 잎처럼 피침형이고 길이는 10~20cm 내외이고 가장자리에 날카로운 톱니가 있어요. 열매는 9~10월에 볼 수 있고 껍데기에 가시가 있고 속에는 알맹이가 1~3개씩 들어있고 이것을 '밤'이라고 말해요. 밤은 껍질이 잘 벗겨지지 않으므로 먼저 밤을 푹 찐 뒤 바로 찬물에 30초 정도 담갔다가 벗겨야 해요.

▲ 밤나무 나무껍질

밤나무 열매는 한의사들이 율자(栗子)라고 하여 약으로 사용하는데 단백질이 많아 몸이 허약한 사람들에게 밤을 먹을 것을 권장하는 경우가 많아요. 산에서 옻나무 독에 올랐을 경우에는 밤나무 잎을 따서 짓이겨 바르면 옻독이 사라진다고 해요. 밤나무 껍질은 구강염증이나 옻독에 효능이 있지만 그냥 먹지 않고 달여서 먹어야 해요. 밤나무 목재는 잘 썩지 않아 나무교각을 만들거나 관짝을 만들 때 사용했다고 해요. 밤나무는 씨앗으로도 번식할 수 있지만 보통은 어린 묘목을 구입해 키우는 것이 좋아요.

🌸 볼 수 있는 곳

밤나무는 동네 뒷산에서도 흔히 볼 수 있어요. 홍릉수목원이나 광릉수목원처럼 유명한 식물원에서도 밤나무를 만날 수 있어요.

●재미있는 나무 이야기●

전자레인지로 군밤 만들기

밤 20개를 깨끗이 세척한 뒤 밤 하나하나에 일일이 칼집을 내세요. 칼집은 十자 형태로 내거나 밤의 한쪽 면에 구멍을 내도 상관없어요. 만일 칼집을 내지 않으면 밤이 전자레인지 안에서 터지므로 조심하기 바래요. 칼집을 낸 다음에는 신문지 2장을 봉지 형태로 접은 뒤 그 안에 밤 20알을 넣고 봉지를 밀봉하듯 접으세요. 그런 뒤 전자레인지에서 5~6분 정도 돌리면 맛있는 군밤이 나와요. 밤에 칼집을 낼 때는 손가락을 다칠 수도 있으므로 조심하세요.

맛있는 꽃이 피는 나무

식물을 연구하다보니 간혹 꽃의 맛이 궁금해 따먹는 경우가 생겼어요. 예를 들어 진달래꽃이 필 무렵이면 진달래꽃의 맛이 궁금해 진달래꽃을 따먹는 것이에요. 이렇게 하다 보니 맛있는 꽃과 맛없는 꽃을 스스로 구분하게 되었어요.

꽃을 과연 먹을 수 있을까 의심하는 경우도 있는데 대부분의 꽃은 사람이 먹을 수 있어요. 물론 독성 식물로 분류되는 식물의 꽃은 따먹지 말고 만지지도 않는 것이 좋아요. 또한 꽃을 먹으려면 여름이나 가을은 피하고 가급적 봄에 따먹는 것이 좋아요. 여름과 가을에는 벌레나 곤충들이 꽃봉오리 안쪽에다 간혹 알을 까기 때문이에요. 도라지꽃도 사람이 먹을 수는 있지만 도라지 꽃은 개미들이 특히 좋아해 꽃봉오리 안에 개미가 있는 경우가 많아요. 운이 나쁘면 개미까지 먹을 수 있으니 꽃을 먹을 때는 독초인지 아닌지 먼저 확인하고, 곤충 알이 있는지 없는지 조심하는 것이 좋아요.

꽃의 성분은 수술, 암술, 꽃밥, 꿀, 색소로 이루어져 있어요. 꽃잎의 색상은 색소에 의해 결정 나는데 꽃잎에 안토시아닌 색소가 많을수록 꽃잎의 색상은 빨간색이나 검붉은색을 띄게 되어요. 안토시아닌 색소는 시력을 좋게 하는 효과가 있으므로 빨간색 계통의 꽃을 따 먹으면 안토시아닌 색소를 함께 먹는 효과가 있어 시력이 점점 좋아진다고도 말해요.

만일 꽃의 맛이 궁금하다면 꽃 전체를 따먹지 말고 꽃잎 하나만 살짝 따 먹어 보세요. 꽃은 식물의 가장 주요한 번식기관이므로 꽃을 모두 따먹으면 그 식물이 번식하지 못하고 결국 멸종 위기에 처하기 때문이에요. 그러므로 맛있다고 모두 따먹지 말고 호기심을 충족하는 기분으로 따먹길 바랄게요.

지금부터 부모님들이 예로부터 즐겨 따먹었던 꽃 중에서 비교적 맛이 좋은 꽃은 어떤 것들이 있는지 공부해 볼게요.

임금님이 즐겨 먹었던 진달래 화전	진달래
꽃을 튀겨서 먹을 수 있는	아까시나무
새콤시큼달콤한 꽃이 피는	블루베리나무
이상하게 생겼어도 꿀샘이 아주 풍부한	뿔남천
심심풀이로 맛보는 꽃	싸리

꽃잎을 따먹을 때 주의해야 할 이야기들

▲ 독초 꽃은 만지지도 말고 따먹지도 않는 것이 좋아요. 독초는 잘못 먹으면 혀가 팅팅 붓고 생명이 위험할 수 있어요.

▲ 독초인지 아닌지 모를 경우에는 먼저 부모님이나 어른들에게 물어보세요.

▲ 꽃은 식물의 매우 중요한 번식기관이므로 꽃을 따먹을 때는 꽃잎만 한 장 슬쩍 맛보는 기분으로 따 먹으세요.

▲ 꽃을 따 먹기 가장 좋은 시기는 봄철이에요. 봄에는 꽃봉오리 안에 기생충이 없어요.

▲ 여름과 가을에는 꽃봉오리 안에 기생충과 곤충 알이 있을 수 있으므로 꽃을 따 먹지 않는 것이 좋아요.

▲ 식물원에서 꽃을 따먹을 경우에는 크게 야단맞을 수 있어요. 만일 정말 맛있는 꽃을 발견했다면 집에서 키워서 다음 해에 따먹는 것이 좋아요.

임금님이 즐겨 먹었던 진달래 화전

진달래

과명 진달래과　　**학명** *Rhododendron mucronulatum*　　**꽃** 4월　　**열매** 5~10월　　**높이** 2~3m

잎보다 꽃이 먼저 피는 진달래

▲ 진달래는 잎보다 꽃이 먼저 개화해요

▲ 진달래의 10월 열매

진달래는 우리나라의 대표적인 나무로서 매년 봄이면 온 산을 붉게 물들여요. 동네 뒷산에서도 꼭 한두 그루씩은 볼 수 있을 정도로 흔한 나무이기도 해요. 그래서 봄소식을 가장 빨리 알린다고 해서 '봄의 전령사'라고 말하기도 해요.

진달래란 이름은 진짜를 뜻하는 접두어 '진'과 '달래꽃'이 합쳐진 말이에요. 즉 진짜 달래꽃을 말하는데, 달래꽃은 흔히 보는 달래꽃이 아니라 과거에 있었던 꽃을 말해요. 달래꽃이 지금의 어떤 꽃인지는 현재 알려지지 않아요.

진달래꽃은 산철쭉꽃과 아주 비슷해요. 그래서 산철쭉꽃을 따먹는 경우도 있는데 산철쭉꽃은 독성 식물이기 때문에 혀가 퉁퉁 붓고 심하면 구토를 할 수 있어요. 이와 달리 진달래꽃은 꽃잎이 두툼하고 육질이 부드러울 뿐 아니라 단맛이 조금 나는 편이에요. 그래서 기근기가 심했던 봄철에 우리 할머니와 어머니들은 진달래꽃을 따먹으러 산을 올랐어요. 진달래꽃은 그냥 따 먹을 수 있을 뿐 아니라 진달래화전을 만들어먹기도 하고, 술을 담가 먹을 수도 있어요. 진달래술은 '두견주'라고 말해요.

독성식물인 산철쭉과 진달래를 비교하는 방법은 매우 간단해요. 이른 봄에 잎 없이 분홍색꽃이 먼저 피는 것은 진달래꽃이고, 잎이 먼저 난 뒤 꽃이 피는 것은 철쭉꽃이에요. 또한 진달래꽃은 4월에 피지만 산철쭉은 5월에 개화해요. 그러므로 진달래꽃을 따먹고 싶다면 어린잎이 달려있는지 없는지 확인하고 4월에 따먹는 것이 좋은데, 잎이 달려있지 않고 분홍색 꽃만 있다면 진달래가 분명해요. 정 의심이 가면 꽃잎 한쪽만 따서 살며시 맛을 보면 되는데 독성 성분이 느껴지지 않는다면 진달래이고, 쓴맛이 느껴진다면 산철쭉꽃이 분명해요.

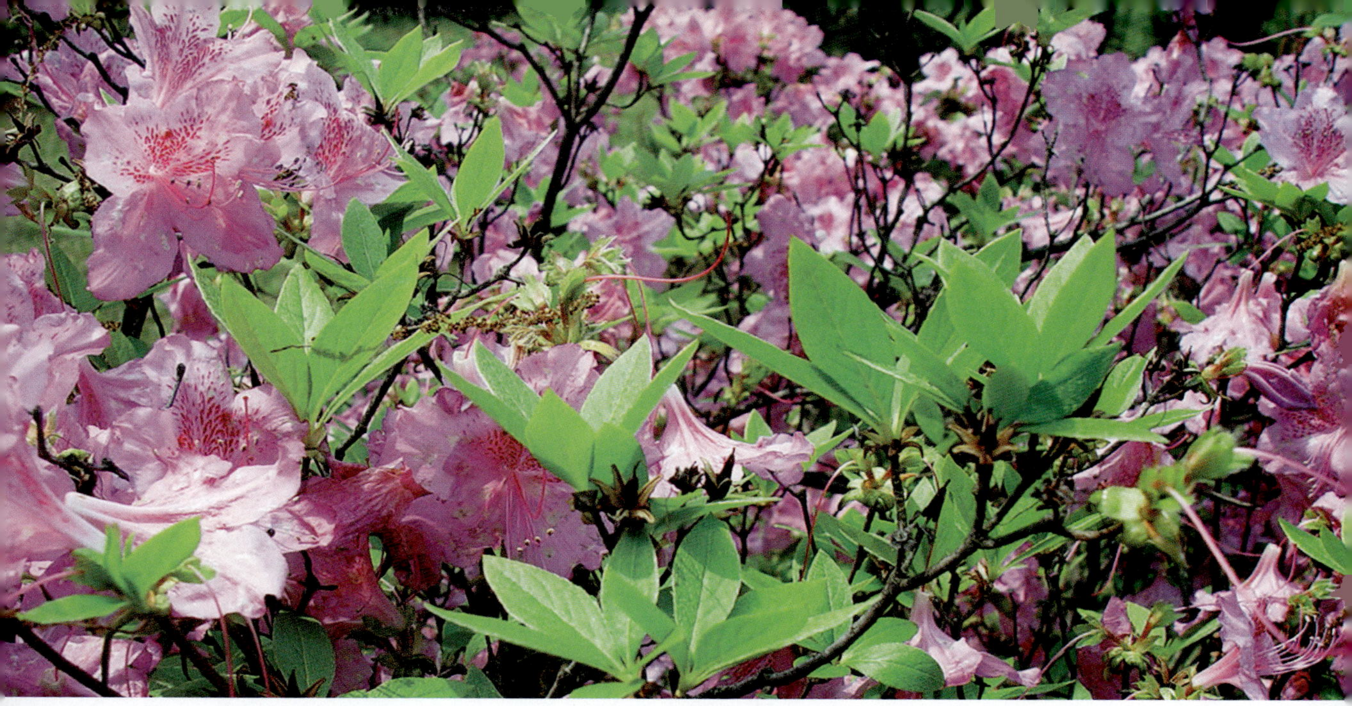

▲ 산철쭉은 꽃이 필 때 잎이 있으므로 진달래와 구분할 수 있어요

진달래는 우리나라 전국의 해발 50~2,000m에서 볼 수 있어요. 동네 뒷산은 물론 아주 높은 산에서도 군락을 이루며 자라고 있어요. 꽃은 암수술이 하나의 꽃에서 달리고 4월에 분홍색으로 개화를 해요. 화관은 깔때기 모양이고 꽃잎 끝부분이 5개로 갈라지고 수술은 10개이고, 암술대가 수술대 보다 길어요. 흰색 꽃이 피는 것은 '흰진달래'라고 말해요. 산철쭉 중에서도 흰색 꽃이 피는 것이 있는데 이것은 '흰산철쭉'이라고 말해요.

열매는 원통형에 길이 2㎝ 정도이고 10월경에 익어요. 잎은 줄기에서 어긋나고 긴 타원형의 피침형으로 끝 부분이 뾰족해요. 잎의 길이는 4~7cm이고 꽃이 진 뒤부터 돋아나기 시작해요. 진달래는 가을에 종자를 수확한 뒤 망에 집어넣고 보관했다가 다음 해 봄에 이끼 위에 파종하면 번식시킬 수 있어요.

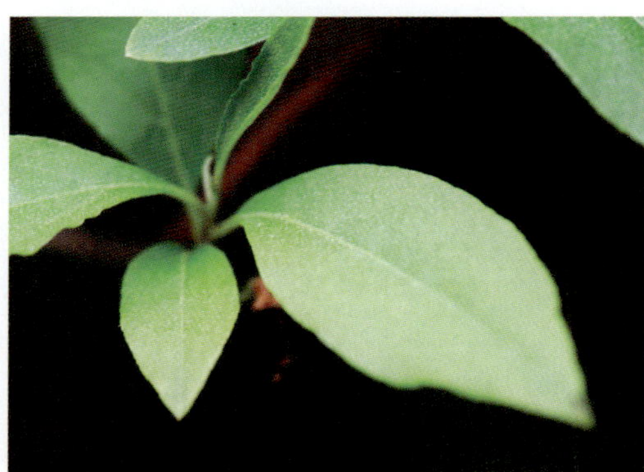

▲ 진달래는 잎이 나올 때면 꽃은 이미 시들고 없어요

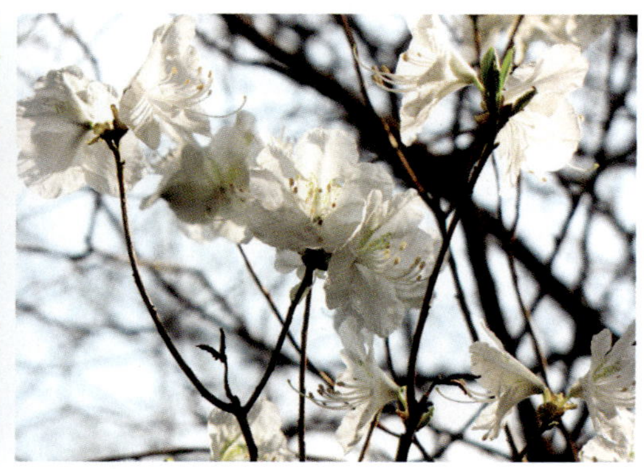

▲ 흰색 꽃이 피는 흰진달래

볼 수 있는 곳

진달래는 동네 뒷산의 암석 지대에서 흔히 볼 수 있어요. 높은 산의 계곡 가, 암석 지대 등 어디에서든 볼 수 있어요. 각 지방의 도립 수목원이나 식물원에서도 진달래를 만날 수 있어요. 도시공원이나 빌딩 조경용으로 심어놓은 진달래 비슷한 나무는 대부분 진달래가 아니라 산철쭉이나 철쭉을 원예종으로 개발한 꽃이에요. 철쭉꽃은 독성 성분이 있으므로 따먹을 수는 없지만 만지는 것은 무방해요.

●재미있는 나무 이야기●

진달래화전 만들기

진달래화전은 찹쌀가루를 반죽하여 호떡 절반 크기로 둥글게 빚은 다음 프라이팬에 호떡처럼 지져야 해요. 수저로 반죽을 눌러가면서 앞과 뒷면을 가볍게 지진 후 다 익어갈 무렵 깨끗하게 씻은 진달래꽃을 윗면에 얹고 뒤집어서 가볍게 지져주고 다시 뒤집어서 밑부분을 노릇노릇하게 지져주세요. 그런 뒤 꿀을 찍어 먹으면 아주 달콤하고 맛있어요. 진달래화전은 조선시대에 임금님이 먹었던 궁중음식이랍니다.

꽃을 튀겨서 먹을 수 있는

아까시나무

과명 콩과　**학명** *Robinia pseudoacacia*　**꽃** 5~6월　**열매** 8~9월　**높이** 25m

아까시나무의 5월 꽃

▲ 놀이공원의 아까시나무

미국 동부지방이 원산지인 아까시나무는 흔히 '아카시아나무'라고도 불러요. 우리나라에서는 심어 기르는데 번식력이 매우 왕성해 시골은 물론 도시에서도 낮은 산이나 거리에서 많이 볼 수 있어요. 아까시나무는 염치없이 묘지에서도 잘 자라기 때문에 묘지에서 발견하면 바로 잘라 버려야 해요. 그렇지 않으면 씨앗이 저절로 발아를 하여 묘지를 훼손시키는 경우가 많기 때문 이에요.

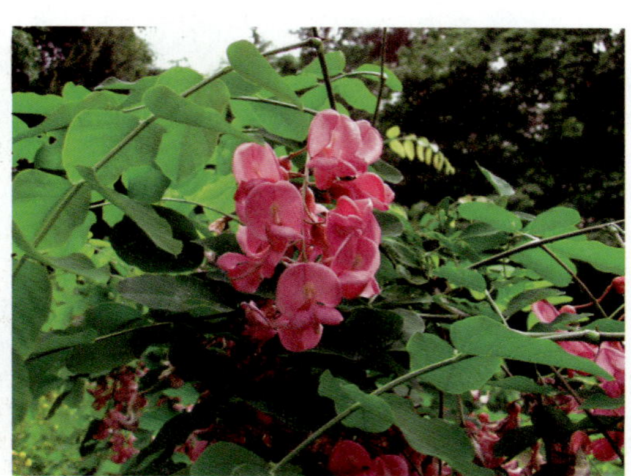

▲ 분홍색꽃이 피는 꽃아까시나무

아까시나무의 꽃은 5월에 길이 10~20cm의 꽃줄기에 총상화서로 개화해요. 꽃은 향기가 좋고 꿀샘이 있어요. 이 꿀샘 때문에 옛날에는 소년소녀들이 아까시꽃을 많이 따 먹었어요. 먼 옛날 먹을 것이 없었던 보릿고개 시절에는 할머니들이 아까시꽃을 따서 밀가루를 묻혀 쪄 먹기도 했어요. 이 꽃에는 당분, 비타민 C, 타닌, 플라보노이드, 아미노산, 아스파라긴 산, 글루타민 등의 성분이 있으므로 그냥 먹어 도 좋아요. 꿀이 좋기 때문에 양봉업자들은 아 까시아꿀을 만들어 팔기도 해요. 어떤 지방에서는 아까시꽃을 딴 뒤 튀김으로 만들어먹기도 했 어요.

아까시나무의 잎은 줄기에서 어긋나고 '기수1회우상복엽'이에요. 잎줄기에 작은 잎들이 9~19 개 달려있는데 전체를 하나의 잎이라고 말해요. 작은 잎들은 타원형이거나 달걀형이고 가장 자리에 톱니가 없어요. 또한 아까시나무 잎은 꽃처럼 사람이 먹을 수 있는데 보통 어린잎만 먹을 수 있고 늙은 잎은 독성이 있어 먹을 수 없어요. 이 잎은 소들이 좋아해 농부들이 아까시잎 과 콩깍지로 여물을 만들어 주기도 해요. 열매는 8~9월에 익는데 긴 선형이고 콩깍지를 까면 5~10개의 씨앗들이 들어있어요. 이 씨앗을 살균한 뒤 이듬해 봄에 뿌리면 발아를 해요. 아까 시나무와 비슷한 나무로는 '꽃아까시나무'와 '민둥아까시나무'가 있어요.

볼 수 있는 곳

우리나라에 아까시나무가 들어온 것은 조선후기로 추정되며 중국에서 들어온 나무예요. 그때 만 해도 지금처럼 아까시나무가 많지 않았지만 1900년 초 땔감용으로 심기 시작하면서 지금 은 어디에서나 볼 수 있는 나무가 되었어요. 아까시나무는 토양을 가리지 않고 잘 자란다는 장 점이 있지만 너무 번식력이 왕성해 우리나라 토종 나무가 자라야 할 땅을 많이 뺏어간 나쁜 나 무이기도 해요.

●재미있는 나무 이야기●

아까시꽃 튀김 먹기

아까시꽃송이를 통째로 물에 잘 흔들어 씻은 뒤 식초물에 잠시 담가두었다가 꺼낸 뒤 물기를 깔끔하 게 털어주세요. 튀김가루를 얼음물에 묽게 탄 뒤 아까시꽃송이를 통째로 담갔다가 꺼내주세요. 그런 뒤 콩기름이 알맞게 끓을 때 얼른 담갔다가 꺼내면 아까시꽃 튀김이 만들어진답니다. 혼자서 만들면 위험하니까 꼭 어머니에게 부탁해서 만들어보세요.

블루베리나무

과명 진달래과　학명 *Vaccinium spp*　꽃 5월　열매 7~8월　높이 1~5m

블루베리나무의 5월 꽃

▲ 블루베리나무　　　　　　　　　　　▲ 블루베리나무의 7월 열매

북아메리카 원산의 블루베리나무는 최근 '블루베리'라고 불리는 열매 때문에 우리나라에서 큰 인기를 얻고 있는 나무예요. 우리나라에는 비슷한 나무인 '정금나무'가 있고 세계적으로는 약 20종의 비슷한 나무가 있어요. 열매도 맛있지만 초롱꽃과 비슷한 꽃도 사람이 먹을 수 있고 맛은 새콤시큼달콤해요. 원래 북아메리카 원산의 나무이지만 우리나라 중부지방에서도 키울 수 있어요.

서울 등의 중부지방에서 키울 경우 꽃은 5월에 피고 열매는 6월부터 나는데 7월이면 열매가 알맞게 익기 때문에 따 먹을 수 있어요. 이 열매에는 눈에 좋은 안토시아닌 색소가 들어있는데 식물중에서 안토시아닌 색소가 가장 많이 들어있는 열매로 유명해요. 그 때문에 블루베리 열매는 항상 비싼 가격에 판매되고 있어요.

블루베리의 꽃은 5월에 총상화서로 개화하고 꽃의 크기는 완두콩보다 조금 큰 편이에요. 이 꽃은 사람이 먹을 수 있지만 꽃을 모두 따먹으면 열매를 얻을 수 없으므로 한두 개씩만 따 먹는 것이 좋아요. 열매는 7~8월에 푸른색으로 익는데 짙은 푸른색일수록 안토시아닌 색소가 많이 들어있어요. 이 열매는 약간 신 맛도 있지만 달고 쫀득한 맛도 있어서 아주 맛있어요. 열매는 그냥 먹거나 잼, 주스를 만들어 먹을 수 있어요.

번식은 씨앗이나 뿌리나누기, 휘묻이로 할 수 있는데 가정에서는 어린 묘목을 구해서 키우는 것이 좋아요. 어린 묘목은 도매 화원이나 인터넷에서 7천원~1만원 안쪽에 구입할 수 있는데 블루베리주스보다 저렴한 가격이에요. 원래 추운 지방에서 자라는 나무이므로 우리나라 남부지방보다는 경기도 이북의 중부지방에서 더 잘 자라는 편이에요. 또한 산성토양에서 더욱 잘 자라기 때문에 전용 흙을 구입하는 경우도 많은데 흙값이 오히려 더 비싼 편이에요.

산에서 자라는 나무가 아니므로 우리나라 산에서는 블루베리 나무를 만날 수 없어요. 보통 블루베리를 많이 키우는 블루베리 농장에서 만날 수 있어요. 수목원 중에는 광릉 국립수목원에서 블루베리나무를 만날 수 있어요.

●재미있는 나무 이야기●

블루베리잼 만들기

여러분들은 홈메이드잼을 아실 거예요. 말 그대로 집(홈)에서 만든(메이드) 잼을 말하는 것이죠. 흑자색으로 익은 블루베리 열매는 이 세상에서 가장 안토시아닌 색소가 많이 들어간 열매라고 할 수 있어요. 안토시아닌 색소는 시력을 아주 좋게 하기 때문에 시력이 나쁜 분에게 딱이라고 할 수 있어요.

과일가게에서 블루베리 열매를 구입한 뒤 한 알씩 먹다보면 어느새 금방 없어지는 것을 알 수 있어요. 가격이 무척 비싸기 때문에 아껴 먹고 싶은 경우가 있는데 이 경우엔 장기간 보관에 유리한 블루베리잼을 만드는 것이 좋아요. 일단 열매를 설탕과 함께 섞어서 그릇에 2~3시간 동안 담아놓으세요. 이때 설탕은 블루베리 열매의 절반 정도만 넣으세요. 2~3시간 뒤면 블루베리 열매에서 즙이 나오기 시작할 거예요. 즙이 흥건하게 나오면 믹서로 신나게 갈아주세요. 그런 뒤 프라이팬에 붓고 처음에는 센 불로 끓여주다가 보글보글 끓기 시작하면 중불로 걸쭉한 상태가 되도록 조려주세요. 그러다가 잼처럼 걸쭉해지면 깨끗한 용기에 담아 냉장고에 보관하면 되는 것이죠. 이렇게 만든 블루베리잼을 식빵에 발라 먹으면 맛이 참 좋아요.

이상하게 생겼어도 꿀샘이 아주 풍부한

뿔남천

과명 매자나무과　　**학명** *Mahonia japonica*　　**꽃** 3월　　**열매** 7~8월　　**높이** 1~3m

뿔남천의 3월 꽃

▲ 뿔남천의 잎   ▲ 뿔남천의 6월 열매

뿔남천은 중국과 대만에서 자생하는 나무이며 우리나라에서는 관상용으로 심어 기르는 나무예요. 원래 매자나무과 식물들은 몇몇 식물들이 독성 성분이 있지만 뿔남천의 경우는 꽃과 열매를 따먹어도 무방할 정도로 독성 성분이 없는 편이에요.

뿔남천의 꽃은 3~4월에 황색으로 개화해요. 아주 이른 봄에 개화하기 때문에 관심을 갖지 않으면 발견할 수 없어요. 꽃은 줄기 끝에서 총상화서로 달리는데 여러 꽃줄기가 문어발처럼 올라와요. 처음에는 징그럽게 보이지만 가까이서 관찰하면 예쁜 노란색 꽃이 망울망울 달려 있어요.

작은 꽃들은 꽃잎 6개, 꽃받침조각 9개이고 꿀샘이 많이 발달해 있어요. 이른 봄에는 나비와 벌이 없으므로 꿀이 온전하게 남아있는 것일까요? 꽃봉오리를 열어보면 꿀이 육안으로 보일 뿐 아니라 꽃을 하나 따 먹어보면 맛이 무척 달콤하고 좋아요. 외국에서는 뿔남천을 비듬, 각질 제거제, 피부진정제의 원료로 사용하고 각종 화장품을 만들기도 해요.

볼 수 있는 곳

뿔남천은 키워서 기르는 나무이기 때문에 산에서는 만날 수 없어요. 서울 홍릉수목원, 충청남도 천리포수목원에서 뿔남천을 볼 수 있어요. 또한 묘목 도매상가에서 어린 묘목을 구입할 수도 있어요.

싸리

과명 콩과　**학명** *Lespedeza bicolor Turcz*　**꽃** 7~8월　**열매** 8~11월　**높이** 1m

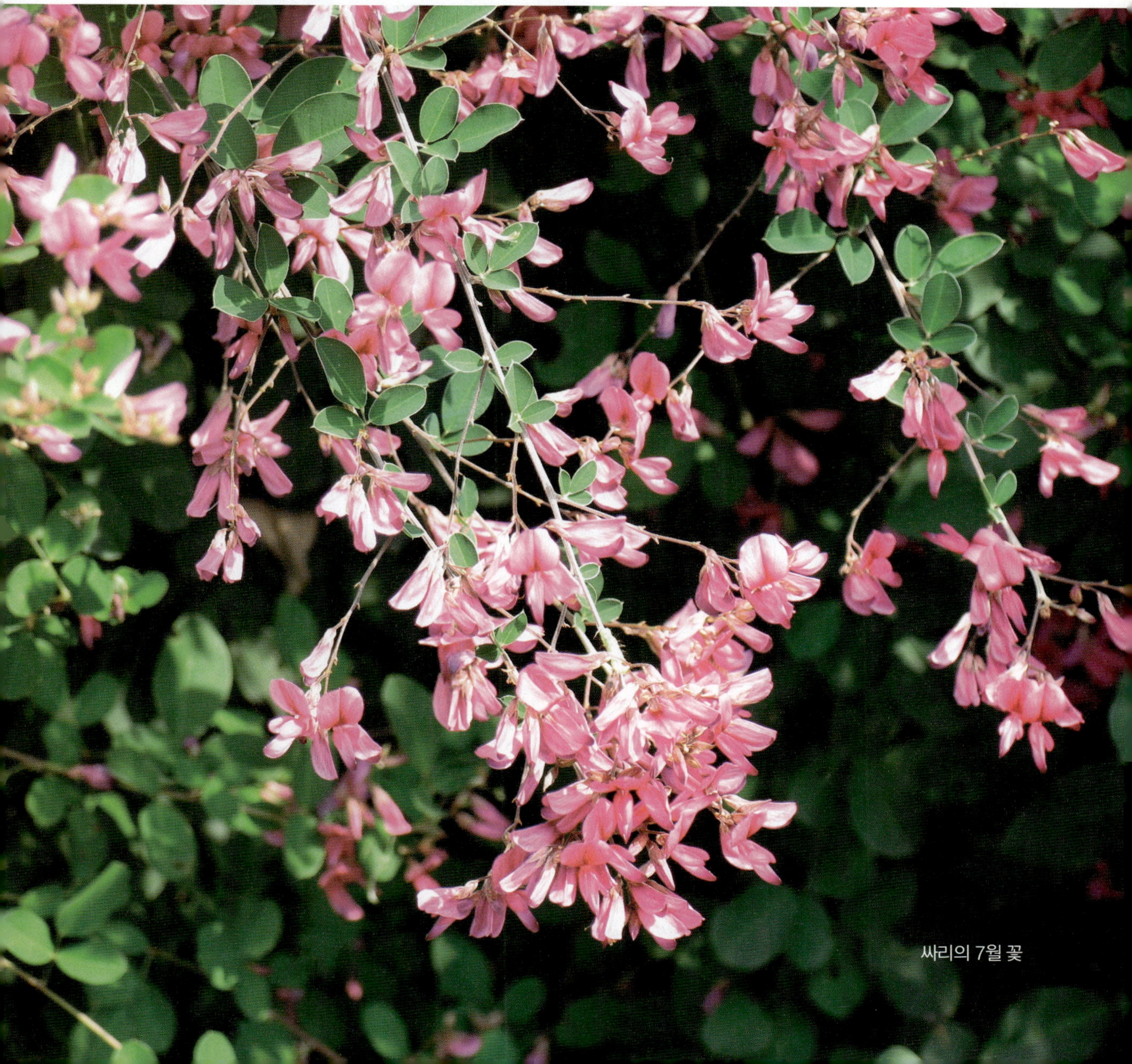

싸리의 7월 꽃

‘싸리나무’라고도 불리는 ‘싸리’는 우리나라 전국에서 볼 수 있는 콩과 식물이에요. 꽃은 약간 쓰고 떫은 맛이 있지만 아주 약간 꿀샘도 있으므로 그럭저럭 먹을 만해요. 꽃은 7월에 피는데 잎겨드랑이와 줄기 끝에서 긴 꽃대가 올라온 뒤 꽃이 달려요. 꽃대가 없거나 짧은 꽃대에서 꽃이 달리는 싸리는 ‘참싸리’라고 불러요.

잎은 줄기에서 어긋나고 작은 잎이 3개씩 붙어있어요. 작은 잎 끝 부분은 요철처럼 움푹 패어 있어요. 만일 작은 잎 끝이 뾰족하면 대개 ‘조록싸리’이거나 다른 싸리나무예요. 열매는 긴 타원형이며 꽃이 있는 부분에 달리는데 11월에 완전히 익어요.

▲ 싸리의 잎

▲ 참싸리의 꽃

볼 수 있는 곳

우리나라에는 싸리나무와 비슷한 나무가 수십 종이 있어요. 따라서 일일이 구분하기 힘든 편이어서 싸리나무만 전문적으로 공부하는 식물학자도 있어요. 흔히 만나는 싸리나무는 ‘싸리’, ‘참싸리’, ‘땅비싸리’ 등이 있어요. 대부분 산이나 들판에서 만날 수 있지만 각 지방의 도립수목원에서도 볼 수 있어요.

커다란 꽃이 피는 나무

식물 중에는 큰 꽃이 피는 나무들이 있어요. 해바라기처럼 사람 얼굴만 한 꽃이 피는 식물들은 대부분 열대지방에서 건너온 식물이에요. 우리나라에서 볼 수 있는 큰 꽃은 보통 주먹만 한 크기를 가지고 있어요. 여기서는 주먹만 한 꽃이 피는 나무에 대해 알아보기로 해요.

목련과 식물 중 가장 큰 꽃이 피는	함박꽃나무
외국에서 들어온 튤립 닮은	튤립나무
양반꽃이라고 불리는	능소화
멸종 위기의 바닷가 나무	황근
우리나라 특산 멸종 위기 식물인	노각나무
바닷가에서 자라며 꽃이 큰	해당화
꽃을 꺾어가지 못하도록 가시가 있는	장미
대한민국 국화인	무궁화

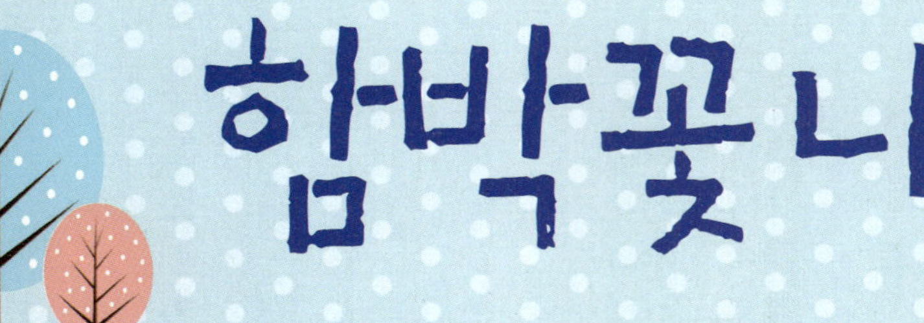

목련과 식물 중 가장 큰 꽃이 피는

함박꽃나무

과명 목련과　**학명** *Magnolia sieboldii K.Koch*　**꽃** 5월　**열매** 6~9월　**높이** 7m

함박꽃나무의 5월 꽃

▲ 함박꽃나무　　　　　　　　　▲ 함박꽃나무의 8월 열매

보통 어떤 물건의 크기가 크면 '함박만하다'고 말해요. '함박'이란 통나무의 속을 파서 만든 '함지박'이란 바가지를 말하는 단어예요. 입을 크게 벌리고 웃으면 함박만하다고 말하기도 해요. 함박꽃은 꽃의 크기가 함박처럼 크기 때문에 붙은 이름이에요. 실제로 꽃의 크기가 함지박처럼 크기는 않지만 꽃의 지름이 10cm 정도이므로 꽤 큰 편이에요. 꽃잎이 벌어져 있으면 꽃의 지름이 거의 20cm 정도 되기도 하므로 처음 이 꽃을 보면 꽃이 꽤 크다고 생각하기 마련이에요.

▲ 함박꽃나무의 잎

함박꽃은 우리나라의 높은 산에서 자라는 나무예요. 꽃은 5월에 흰색으로 피며 암수술이 한 꽃에 있어요. 꽃의 생김새는 목련꽃과 비슷한데 목련꽃에 비해 조금 큰 편이에요. 이 꽃은 향기가 좋지만 꽃의 맛이 매우 쓰기 때문에 사람이 먹을 수는 없어요. 번식은 9월에 열매가 검정색으로 익으면 땅에 묻는 방식으로 할 수 있어요. 비슷한 나무인 목련나무는 함박꽃나무처럼 우리나라에서 자생하는 나무이지만 멸종 위기식물이고, 가정집에서 키우는 목련나무는 대부분 백목련이라고 불리는 외국에서 들어온 나무예요.

🌸 볼 수 있는 곳

높은 산 계곡 가에서 함박꽃나무를 볼 수 있어요. 서울의 홍릉수목원, 포천의 평강식물원, 광릉의 국립수목원에도 함박꽃나무가 있어요. 참고로, 북한의 국화가 바로 함박꽃이라고 해요.

튤립나무(백합나무)

과명 목련과　　**학명** *Liriodendron tulipifera L*　　**꽃** 5~6월　　**열매** 6~11월　　**높이** 15m

▲ 튤립나무의 5월 꽃　　　　　　　▲ 튤립나무

튤립나무는 꽃의 생김새가 튤립꽃과 비슷하다고 해서 붙은 이름이에요. 잎의 모양도 튤립 꽃을 옆에서 본 것처럼 생겼기 때문에 튤립나무라고 불리고, 다른 이름으로는 '백합나무'라고도 말해요. 함박꽃처럼 목련과에 속하는 나무이지만 꽃의 모양이나 열매 모양이 목련과 나무와는 완전히 다르다는 특징이 있어요. 1925년 미국에서 들어온 튤립나무는 주로 남부지방에서 가로수로 많이 심었어요. 그 당시에는 지금처럼 도로가 좋지 않았으니까 오래된 옛길이나 유서 깊은 학교 운동장에서 때때로 튤립나무를 볼 수 있어요.

튤립나무의 꽃은 5~6월에 황록색으로 개화하고 꽃잎은 6개, 꽃받침잎은 3개, 꽃의 지름은 6~10cm 내외예요. 열매는 6월경부터 자라기 시작해 11월경 완전히 익는데 열매 안에는 씨앗이 1~2개씩 들어있어요. 잎은 줄기에서 어긋나고 5~7개로 갈라지며 튤립꽃 단면도처럼 생

▲ 튤립나무의 열매　　　　　　　▲ 튤립나무 잎

겼어요. 번식은 씨앗을 20개 정도 땅속에 모래와 섞어 묻어두었다가 이듬해 봄에 심으면 되는데, 두 달 정도 뒤에 20개중 1~2개만 발아할 정도로 발아율이 무척 낮은 편이에요. 일단 발아를 한 뒤 나무가 자라기 시작하면 성장 속도가 매우 빠른 편이라고 해요.

▲ 튤립나무의 나무껍질

🌸 볼 수 있 는 곳

옛날에 만든 오래된 도로에서 가로수로 심어놓은 튤립나무를 운 좋으면 만날 수 있어요. 홍릉수목원, 광릉수목원, 오산 물향기수목원, 전주 한국도로공사 수목원 등에서도 튤립나무를 만날 수 있어요. 태릉국제사격장에도 가로수로 심어놓은 튤립나무가 있어요.

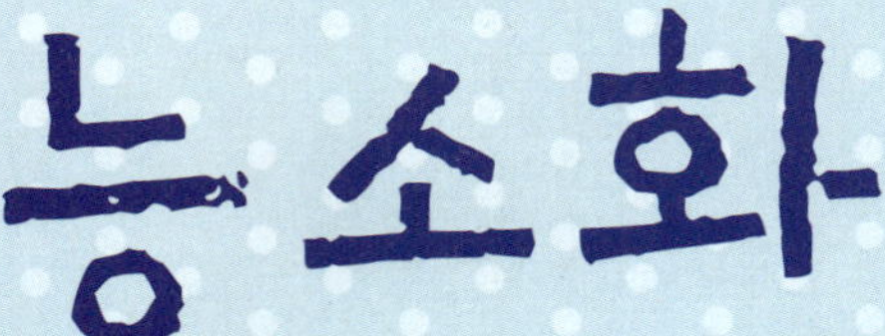

능소화

과명 능소화과　**학명** *Campsis grandifolia*　**꽃** 6~8월　**열매** 9월　**높이** 10m

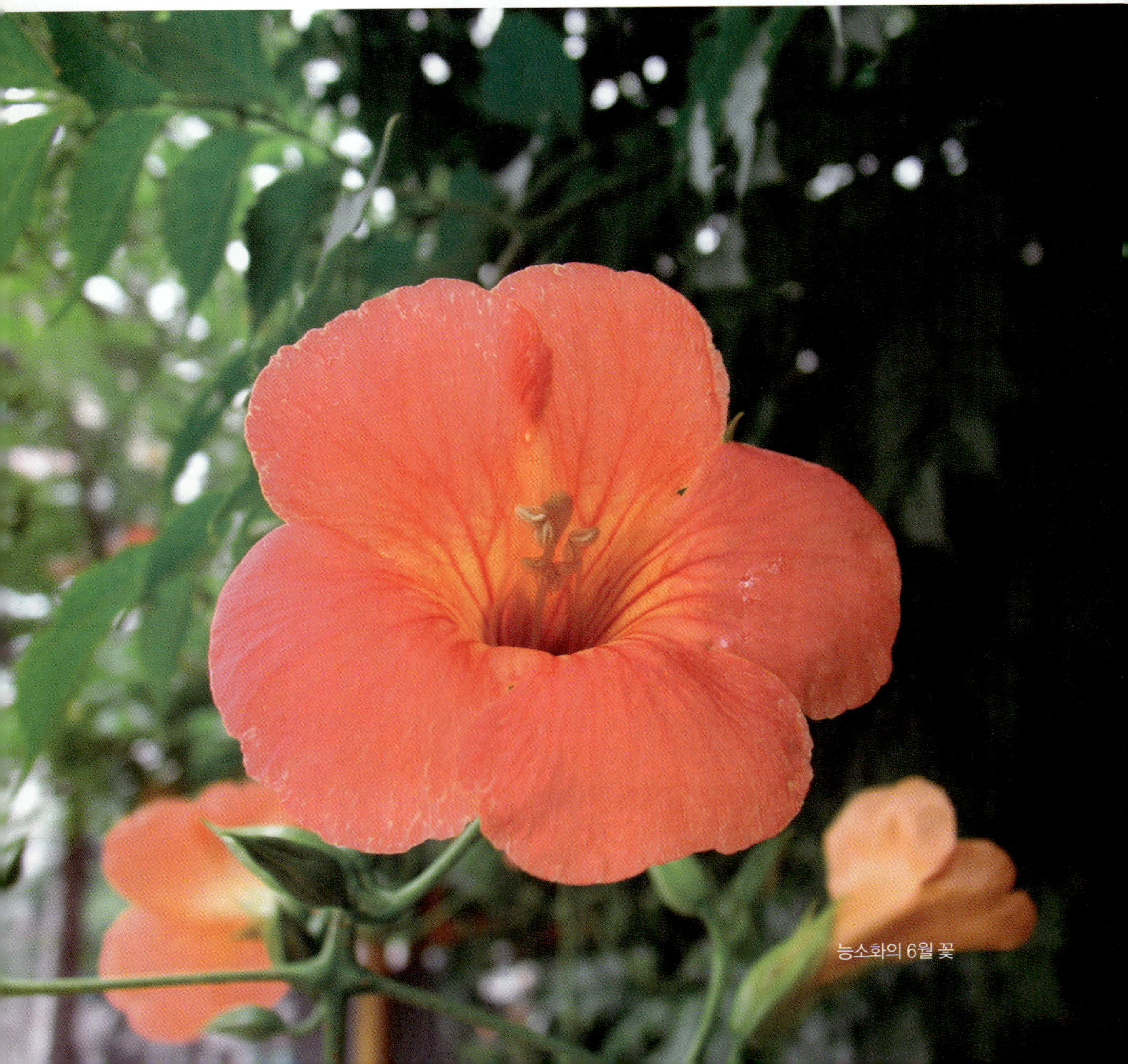

능소화의 6월 꽃

중국에서 가져온 능소화는 우리나라 선비들이 참 좋아한 덩굴성 식물이에요. 조선시대에는 양반들만 이 꽃을 키울 수 있었고 천민은 심을 수가 없었는데, 만일 천민이 능소화를 키우다가 들통나면 동원으로 끌려가 곤장을 흠씬 맞았다고 해요. 원래 능소화는 꽃이 크고 오래가기 때문에 양반들에게 사랑을 받았지만, 나중에는 출세를 할 수 있는 나무라고 소문나 천민들은 감히 심을 수 없었어요.

능소화의 꽃은 6~8월 사이에 개화를 해요. 꽃은 나팔 모양이고 지름은 6~8cm, 1개의 암술과 여러 개의 수술이 있어요. 수술에 붙어있는 갈고리 모양의 꽃가루는 독성 성분이 없지만 눈에 들어가면 통증을 불러올 수도 있어요. 잎은 마주나고 작은 잎이 7~9개씩 붙어있어요.

능소화의 번식은 뿌리를 나누어 심는 '뿌리나누기'와 1년생 줄기를 꺾어 심는 '꺾꽂이'로 할 수 있어요. 원래 남부지방에서는 자라는 식물이지만 중부지방에서도 키울 수 있어요. 유사한 나무로는 꽃이 조금 못생긴 '미국능소화'가 있어요.

볼 수 있는 곳

남부지방에서는 주택가 담장이나 시골집 담장에서 능소화를 많이 볼 수 있어요. 서울에서도 주택가 정원에서 능소화를 키우는 집들이 많으므로 여름철에 주택가 골목길에서 종종 능소화꽃을 볼 수 있어요. 또한 홍릉수목원, 광릉수목원 등의 유명 식물원이나 수목원에서 능소화를 볼 수 있어요.

능소화와 소화궁녀 이야기

아주 먼 옛날에 '소화'라는 예쁜 궁녀가 살았습니다. 어느 날 임금님의 눈에 띄어 소화궁녀는 임금님과 하룻밤을 보내게 되고 빈으로 격상됩니다. 그런데 그날 이후 임금님은 소화궁녀를 찾지 않았습니다. 소화궁녀는 이유를 모른 채 밤이면 밤마다 임금님이 오기를 기다리지만 임금님은 끝내 소화궁녀를 찾지 않았습니다.

임금님이 소화궁녀를 찾지 않자 다른 궁녀들이 그 틈을 타서 소화궁녀를 궁궐의 가장 깊숙한 곳으로 몰아냅니다. 소화궁녀는 임금님이 모르는 사이에 궁궐 가장 깊숙한 장소에 갇히게 되고 그녀를 시샘하는 궁녀들에 의해 감시를 받게 됩니다. 그렇지만 소화궁녀의 마음속에는 임금님을 그리워하는 마음 밖에 없었습니다. 소화궁녀는 임금님을 기다리다 지쳐 상사병에 걸리고 영양실조에 걸리게 됩니다. 죽음을 감지한 소화궁녀는 죽기 전 한 장의 유언장을 남깁니다.

'임금님을 먼발치에서나마 뵐 수 있도록 저를 담장 옆에 묻어 주세요.'

다른 궁녀들은 그제야 잘못을 뉘우치고 소화궁녀를 담장 옆에 묻어줍니다. 그리고 겨울이 지나 봄이 왔습니다. 소화궁녀가 묻혀있던 곳에서 새싹이 돋아나더니 덩굴처럼 무럭무럭 자라기 시작합니다. 그리고 여름이 되자 덩굴에서 달덩이처럼 아름다운 꽃이 피어납니다. 이 꽃은 항상 임금님의 처소를 바라보았다고 합니다. 다른 궁녀들은 그 꽃이 소화공주의 환생이라고 생각하면서 이름을 '능소화'라고 불렀답니다.

능소화(凌宵花)란 이름은 밤을 능가할 정도로 아침마다 새로운 꽃이 많이 피어나기 때문에 붙은 이름이랍니다.

황근 (갯아욱)

과명 아욱과　**학명** *Hibiscus hamabo Siebold*　**꽃** 6~8월　**열매** 9~11월　**높이** 1~2m

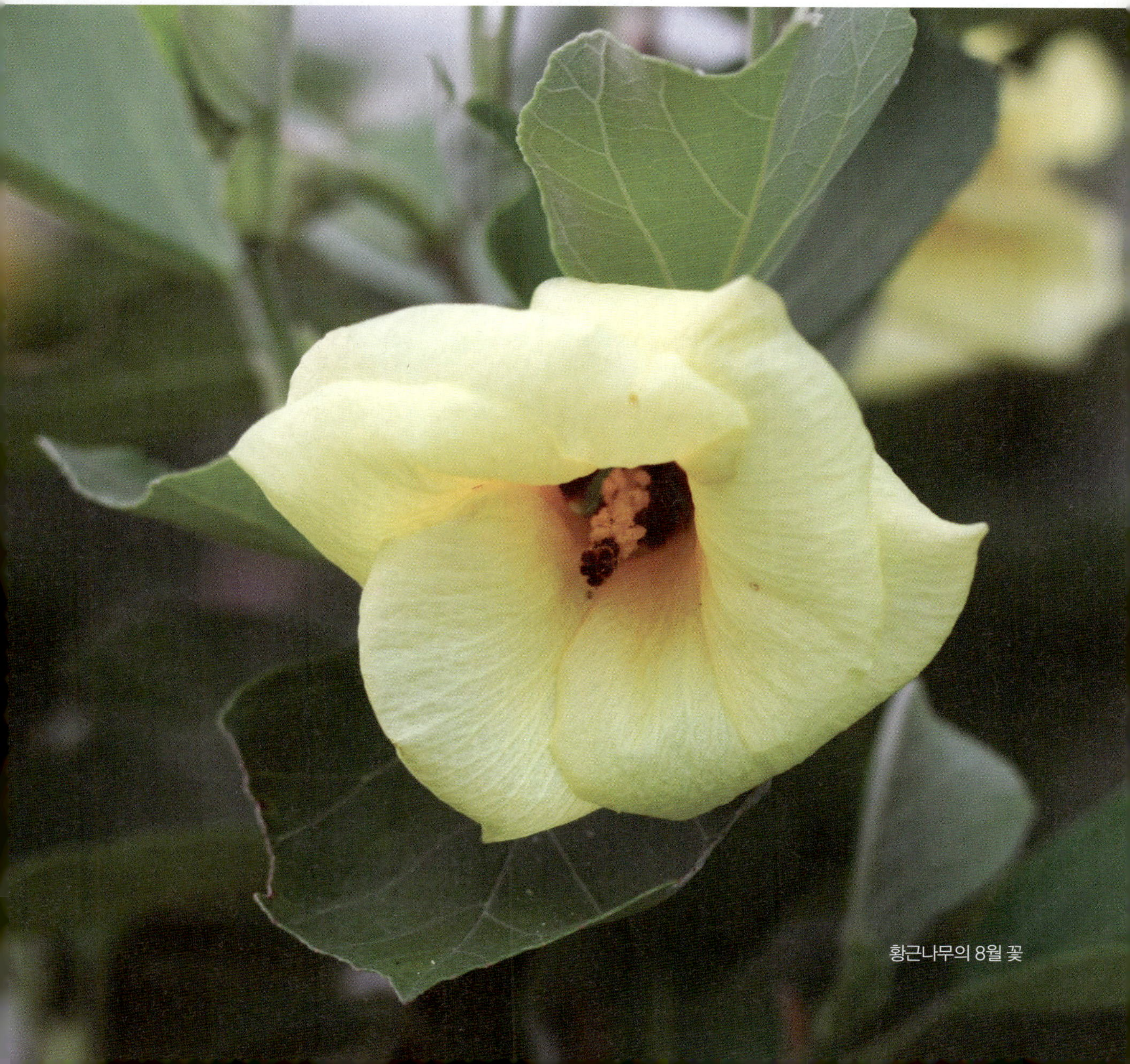

황근나무의 8월 꽃

황근은 전라남도 완도와 제주도에서 자라는 키 작은 나무예요. 우리나라에서는 멸종2급으로 지정될 정도로 희귀한 나무이지만 꽃이 예쁘기 때문에 한번쯤 관심을 가져볼 수 있는 나무예요.

꽃은 6~8월 사이에 개화를 하는데 가지 끝의 잎겨드랑이에 1개씩 달려요. 꽃의 지름은 5cm이고 언뜻 보면 노란 장미꽃과 비슷하지만 꽃잎의 촉감은 무궁화꽃잎과 비슷한 촉감이에요. 잎은 줄기에서 어긋나고 약간 납작한 원형이고 잎의 끝이 뾰족해요.

번식은 10월경 씨앗을 채취한 뒤 모래와 섞어 땅속에 묻어두었다가 다음해 봄에 파종하거나 꺾꽂이로 할 수 있어요.

볼 수 있는 곳

황근은 아주 귀한 나무이기 때문에 식물원 온실에서도 키우는 곳이 별로 없어요. 그렇지만 춘천 화목원 온실, 진주 반성수목원 온실, 완도 난대수목원, 제주 한라수목원에서 황근나무를 만날 수 있어요.

우리나라 특산 멸종 위기 식물인

노각나무

과명 차나무과　　**학명** *Stewartia pseudocamellia*　　**꽃** 6~7월　　**열매** 7~10월　　**높이** 10~15m

노각나무의 6월 꽃

▲ 노각나무의 11월 열매　　　　　　　　　▲ 노각나무의 나무껍질

우리나라 특산나무인 노각나무는 차나무과 식물이에요. 차나무과 식물들은 대개 흰색의 꽃을 피우는데 그중에서 노각나무 꽃이 가장 큰 편이에요. 이 아름다운 꽃은 6~7월에 개화를 하고 지름은 5cm 내외, 꽃잎은 종잇장처럼 투명하고 촉감이 꽤 부드러운 편이에요.

10월에 익는 열매는 하단 부분이 오각형으로 갈라지고 조금씩 벌어지기 시작해요. 벌어진 각 부분마다 씨앗이 들어있지만 손쉽게 끄집어낼 수는 없어요. 아주 단단한 겉껍질은 망치로 두들길 수도 없으므로 손가락이 고생할 거예요. 그 안에는 수박씨처럼 생겼지만 조금 납작해 보이는 씨앗이 들어있어요. 나무껍질은 모과나무 나무껍질처럼 항상 벗겨진 상태이기 때문에 다른 나무에 비해 손쉽게 노각나무를 찾을 수 있어요.

번식은 오각형으로 갈라진 열매에서 종자를 끄집어 낸 뒤 이끼 위에다 뿌리거나 꺾꽂이로 할 수 있어요. 성장속도가 매우 더딘 편이기 때문에 식물원들은 큰 나무를 이식해 키우는 경우가 많아요. 노각(鷺脚)이란 이름은 나무껍질이 백로 다리처럼 매끈하게 생겼다고 해서 붙은 이름이고, 세계적으론 유사종이 7종 밖에 없는 우리나라의 고유 특산식물이라고 해요.

볼 수 있는 곳

노각나무는 충청도 이남의 비교적 높은 산에 자생지가 있어요. 결국 노각나무를 보고 싶다면 덕유산이나 지리산을 올라가야 해요. 그러나 홍릉수목원, 신구대식물원, 가야산식물원, 대연수목원 등 유명 식물원들은 대부분 노각나무를 키우고 있기 때문에 식물원에서도 손쉽게 만날 수 있어요.

해당화

과명 장미과　　**학명** *Rosa rugosa*　　**꽃** 5~9월　　**열매** 8월　　**높이** 1~2m

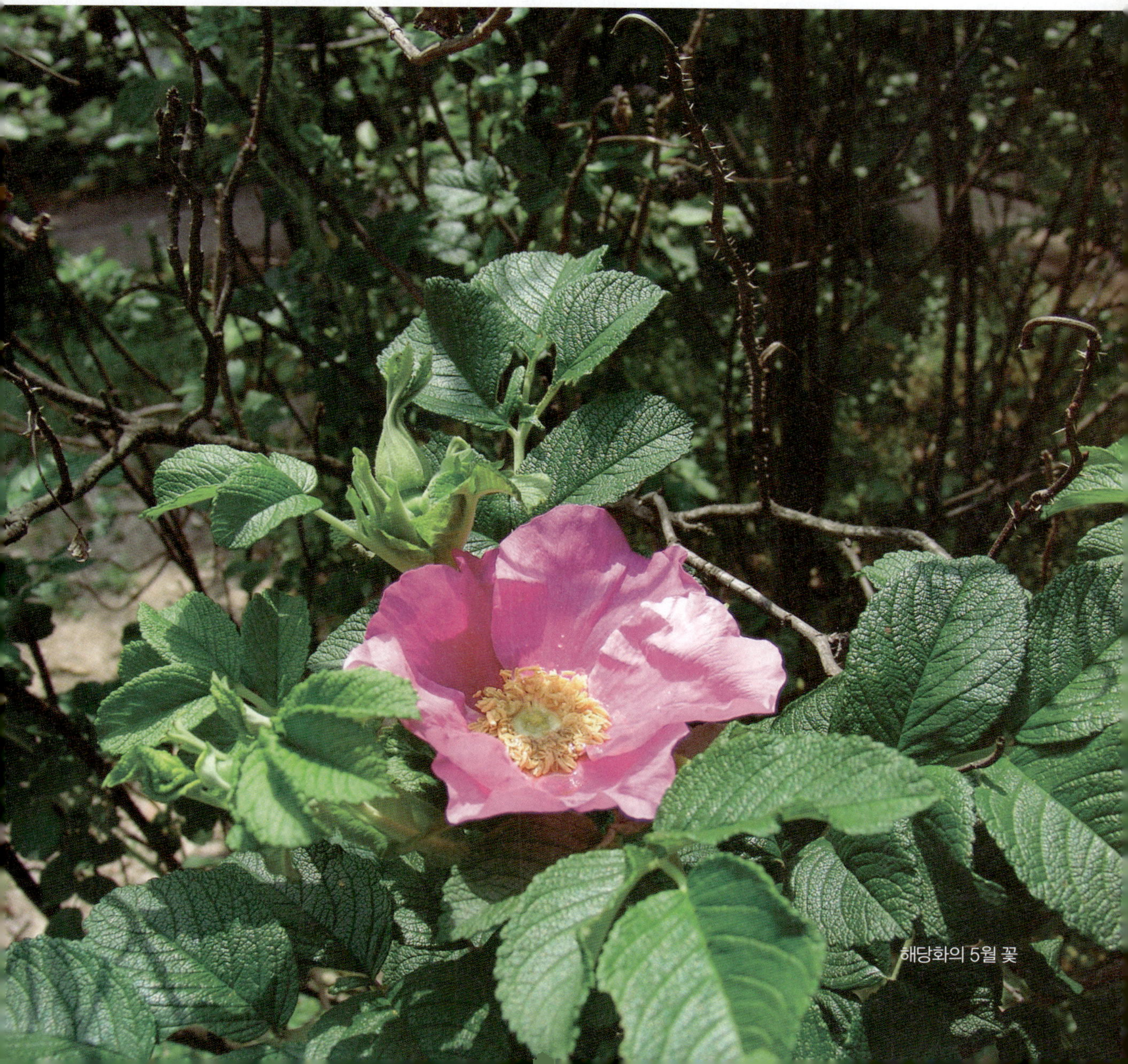

해당화의 5월 꽃

먼 옛날 바닷가 마을에 사이좋은 오누이가 살았다고 해요. 어느 날 궁궐에서 온 아전들이 누나를 궁녀로 스카우트한 뒤 배에 태워 떠났어요. 남동생은 누나의 치맛자락을 붙잡고 엉엉 울었지만 아전들은 누나를 배에 태운 뒤 말없이 떠났던 거죠. 남동생은 며칠을 서럽게 울더니 그만 누나가 떠나간 바닷가에서 그 자리에 선 채 죽어버렸어요. 그 후 바닷가에서 이름을 알 수 없는 핏빛 꽃이 피어났는데 그것이 해당화라고 해요.

한번은 양귀비가 술에 몹시 취해 잠을 자다가 당나라 현종이 불러 황제 앞으로 나아가게 되었다고 해요. 잠에서 덜 깬 양귀비의 모습에 황제는 "너는 아직 술에서 덜 깼느냐?" 하고 물었어요. 그러자 양귀비는 이렇게 대답했다는 거죠. "해당화는 아직 잠에서 덜 깼습니다."

해당화의 꽃은 5~9월경 지름 7cm 내외로 개화를 해요. 기본적으로 염분에 강한 식물이므로 우리나라 해안가와 신두리 해안사구는 물론 산에서도 만날 수 있어요. 꽃잎은 자홍색이고 정유 성분이 함유되어 있어 '장미유' 같은 향수 재료를 증류해서 뽑아낼 수 있고 꽃잎을 띄운 술을 만들거나 차에 꽃잎을 띄워 마실 수 있어요. 열매는 사람이 먹을 수 있지만 조금 시큼하기 때문에 꿀과 함께 먹는 것이 좋아요. 번식은 종자, 꺾꽂이, 뿌리나누기로 할 수 있고 이식을 해도 잘 자라는 편이라고 해요.

장미

과명 장미과　**학명** *Rosa hybrida*　**꽃** 5~9월　**열매** 9월　**높이** 2~7m

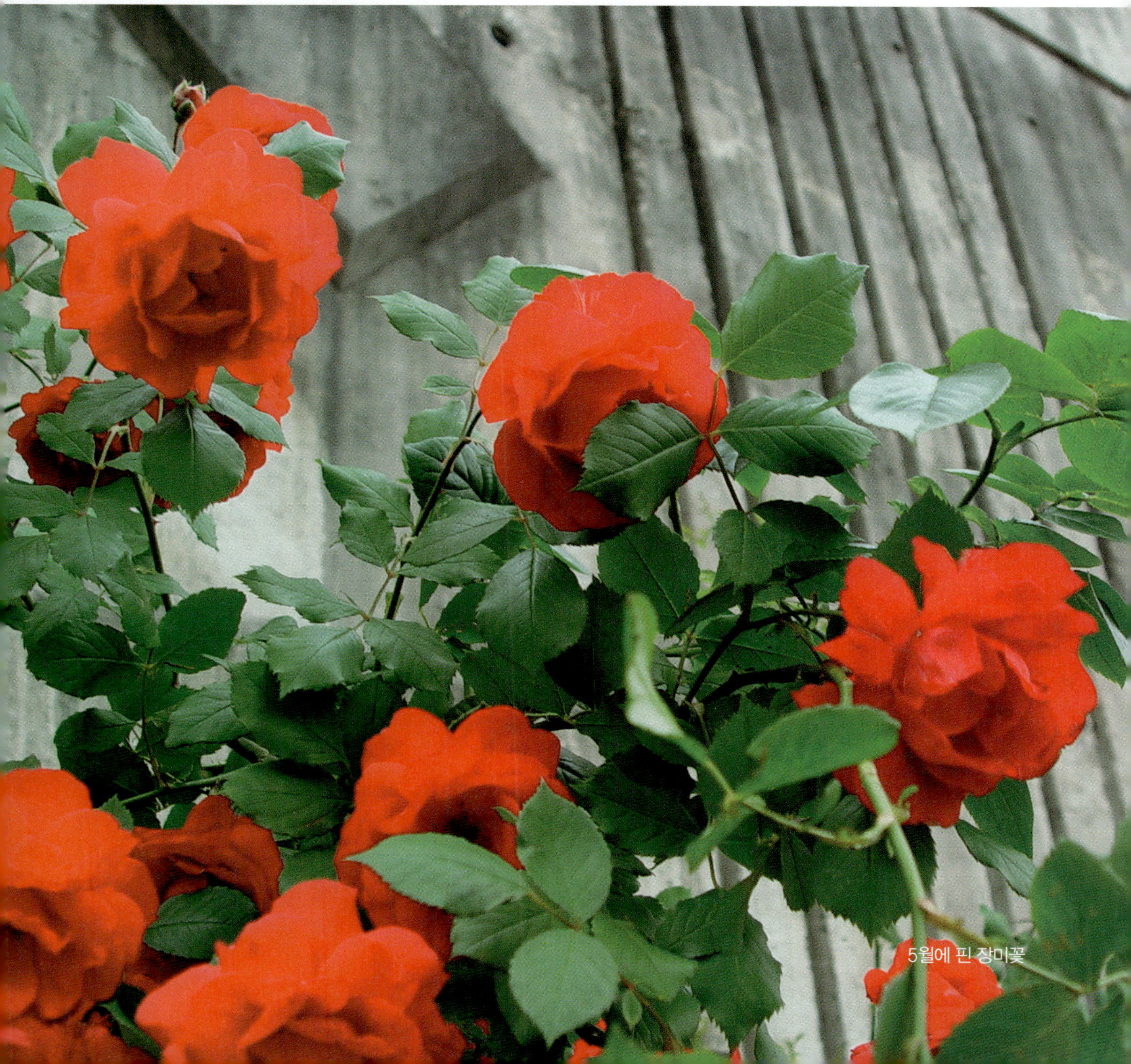

5월에 핀 장미꽃

우리가 볼 수 있는 장미는 자연종이 아니고 기원전 500년경 지중해, 페르시아, 중국 등에서 가져온 들장미류를 유럽에서 오랜 시행착오 끝에 교배해 만든 꽃이에요. 이렇게 만든 장미는 기본적으로 상록성이기 때문에 겨울철에도 잎이 초록색을 유지하고, 키는 품종에 따라 1~7m 높이로 자라는 관목 성격을 띠고 있어요. 세계적으론 약 25,000여종의 품종이 있고 국내에서도 품종 개발이 활발한 편이에요.

꽃을 교배하여 신품종을 만들 때는 대개 꽃의 크기가 큰 품종과 꽃을 오랜 기간 피우는 품종을 교배하여 더 화려한 꽃이 더 장시간 유지되는 새로운 꽃을 만드는 경우가 많은데 장미도 그러한 식물 중 하나에요.

장미꽃의 색상은 품종에 따라 다르고 꽃의 크기도 천차만별이에요. 우리나라에서는 5~9월 사이에 꽃을 볼 수 있지만 '사계절장미' 품종은 최저 18도 이상 유지되면 사계절 내내 꽃을 볼 수 있어요.

장미가 큰 인기를 얻은 이유는 품위 있는 꽃향기 때문인데, 꽃잎에는 정유 성분이 있어 장미유 같은 향수 재료를 만들 수 있고, 비타민이 풍부해 약용으로 사용하기도 하며, 이 꽃잎은 사람이 날것으로 먹을 수도 있어요. 또한 대부분의 장미 품종들은 잎이 줄기에서 마주나고 깃털겹 잎이며 작은 잎이 홀수로 달려있고, 작은 잎은 품종에 따라 3~13개씩 달려 있어요.

장미는 특히 서양에서 오랫동안 인기를 얻어온 식물이에요. 대개 관상수로서 정원에서 키우는 경우가 많았지만, 원예업이 발달하자 실내절화용 꽃으로서 인기를 얻었고, 과학기술이 발달하자 향수원료로 사용되었고, 묘지에 헌화하는 꽃으로도 꾸준히 인기를 얻어왔어요. 그것을 반증하듯 모네, 폴 세잔느 같은 유명 화가들이 꽃을 그릴 때는 어김없이 장미꽃을 그렸다고 해요.

장미를 뜻하는 'Rose'는 프랑스어이며 이는 라틴어의 Rosa에서 기원되었고, Rosa는 고대 페르시아 언어에서 따온 말이에요. 고대 페르시아 언어에서 '붉은색 꽃'이라는 뜻을 가진 단어가 라틴어 Rosa로 전해진 뒤 프랑스에서 'Rose'라는 이름을 얻게 된 것이죠.

우리나라에도 들장미 종류가 많은데 '찔레꽃'이 들장미의 대표라고 할 수 있어요. 그래서 찔레꽃의 향기를 맡으면 장미꽃과 거의 비슷하다는 것을 알 수 있어요.

장미를 포함한 장미과에 속하는 식물들은 대부분 꽃향기가 있고 사람들에게 무해한 식물들이라고 할 수 있어요. 우리가 열매로 즐겨먹는 사과나무, 배나무, 살구나무, 자두나무, 모과나무 등은 모두 장미과에 속한 식물들이죠. 그런데 사과나무, 배나무, 살구나무 등은 모두 열매를 먹을 수 있기 때문에 열매가 사람들의 주공격 대상이 된다고 해요. 하지만 장미의 경우는 꽃이 크고 향기가 좋기 때문에 꽃이 사람들의 주공격 대상이 된답니다. 꽃은 식물의 가장 중요한 번식기관이므로 사람들이 꺾어 가면 그 식물은 번식 할 수 없겠죠? 그 때문에 장미는 사람들이 꽃을 함부로 꺾어갈 수 없도록 줄기에 날카로운 가시가 된다고 해요.

무궁화

과명 아욱과   **학명** *Hibiscus syriacus L*   **꽃** 7~10월   **열매** 10월   **높이** 2~4m

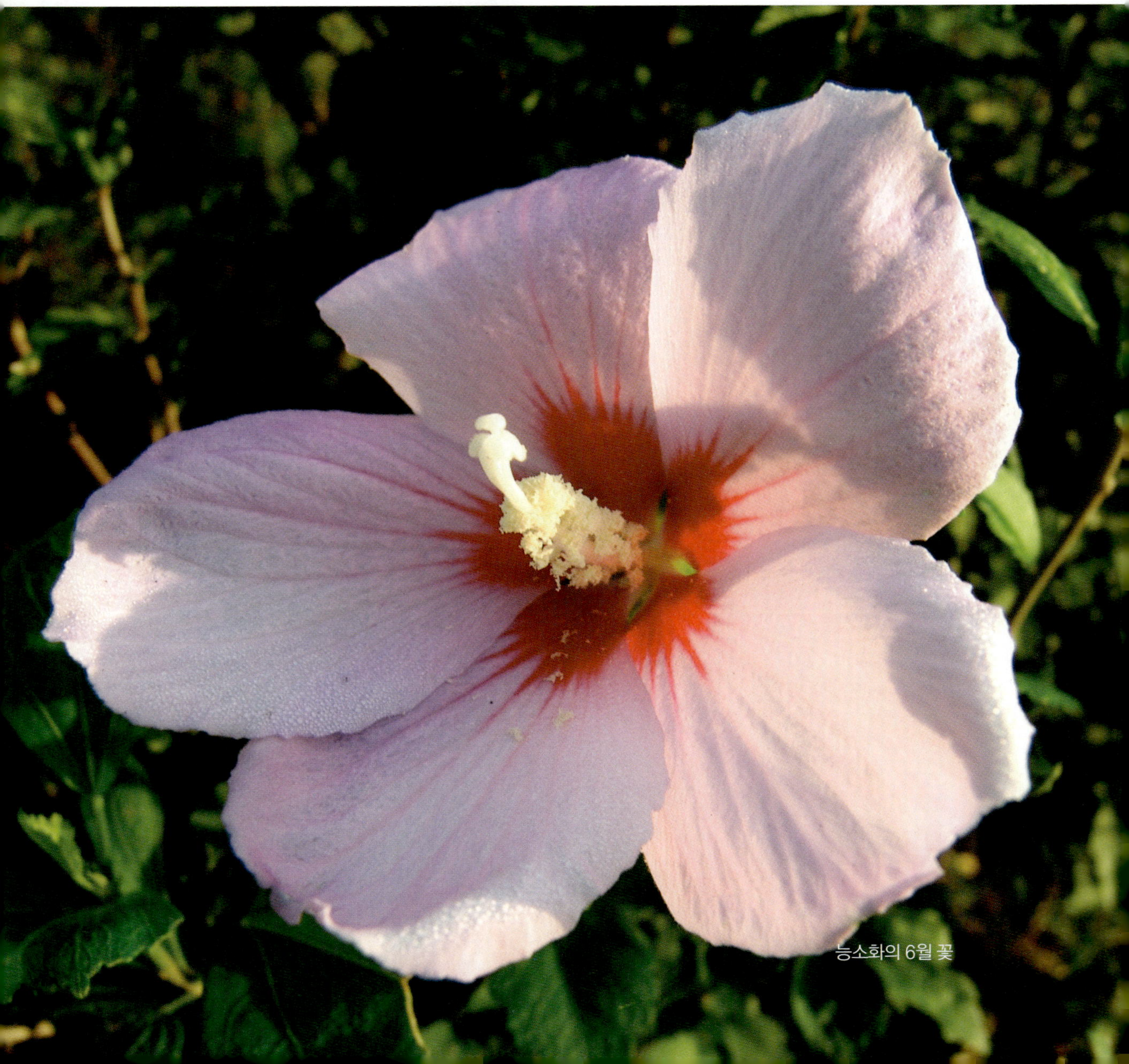

능소화의 6월 꽃

▲ 무궁화

▲ 무궁화의 잎

무궁화는 중국, 인도가 원산지인 키 작은 나무로서 우리나라 국화예요. 7, 8월에 개화하는 꽃은 아주 오래가기 때문에 불멸의 꽃이란 뜻에서 무궁화(無窮花)란 이름이 붙었답니다. 꽃은 7~9월에 피고 꽃의 지름은 6~10cm예요. 꽃의 색상은 분홍색, 진홍색, 흰색, 자주색 등 품종에 따라 여러 색상이 있고, 꽃잎이 5장 붙은 꽃과 겹꽃잎을 가진 품종이 있어요. 1개의 암술은 암술머리가 5개로 갈라지며 단체로 구성된 수술이 있어요. 열매는 긴 타원형이고 10월에 익고 씨앗에는 25%의 기름 성분이 함유되어 있고 식용 여부는 연구되지 않았지만 사람이 먹어도 상관없으며 약으로 먹을 경우 목이 쉬었을 때 효과가 있다고 해요.

잎은 줄기에서 어긋나게 달리고 잎의 끝 부분은 3갈래로 갈라진 모양이에요. 어린잎은 사람이 먹을 수 있는데 샐러드로 만들어먹는 것을 추천하고 맛은 섬유질 맛이 나고 약간의 향미가 있고, 잎은 샴푸 원료로 사용되기도 해요. 꽃은 차로 마시거나 생으로 먹을 수 있고 뿌리도 먹을 수 있지만 둘 다 섬유질 질감이 많고 맛은 아주 좋지 않아요. 한약에서는 꽃과 잎을 달여 이뇨제, 가려움증, 피부질환에 처방하고. 뿌리껍질을 달인 약은 열을 내리고 염증, 설사, 이질, 복통, 피부염에 효능이 있답니다.

무궁화는 키가 작은 관목이기 때문에 가정에서 울타리용으로 많이 키울 뿐 아니라 관공서나 학교에서 키우는 경우가 많아요. 번식은 가을에 수확한 씨앗과 모래, 흙을 골고루 섞은 뒤 땅에 묻어두었다가 다음해 봄에 파종하는데 발아 속도가 빠른 편이에요. 꺾꽂이로 번식하려면 꽃이 피기 전에 해야 한다고 해요.

볼 수 있는 곳

무궁화는 심어서 키우는 나무이므로 높은 산에서는 볼 수 없어요. 학교, 관공서, 수목원에서 무궁화를 만날 수 있어요.

아주 작고 귀여운 꽃이 피는 나무

이번에는 아주 작은 꽃이 피는 나무에 대해 공부할까 해요. 작은 꽃이 피는 나무 중에서 특히 꽃이 예쁜 나무에 대해 알아보아요.

나뭇잎 위에서 꽃이 피는	회목나무
열매를 블루베리처럼 먹을 수 있는	정금나무
멸종 위기에 처해 있는	망개나무
감나무의 엄마 역할을 하는	고욤나무

회목나무

과명 노박덩굴과　**학명** *Euonymus pauciflorus*　**꽃** 5~7월　**열매** 9~10월　**높이** 2m

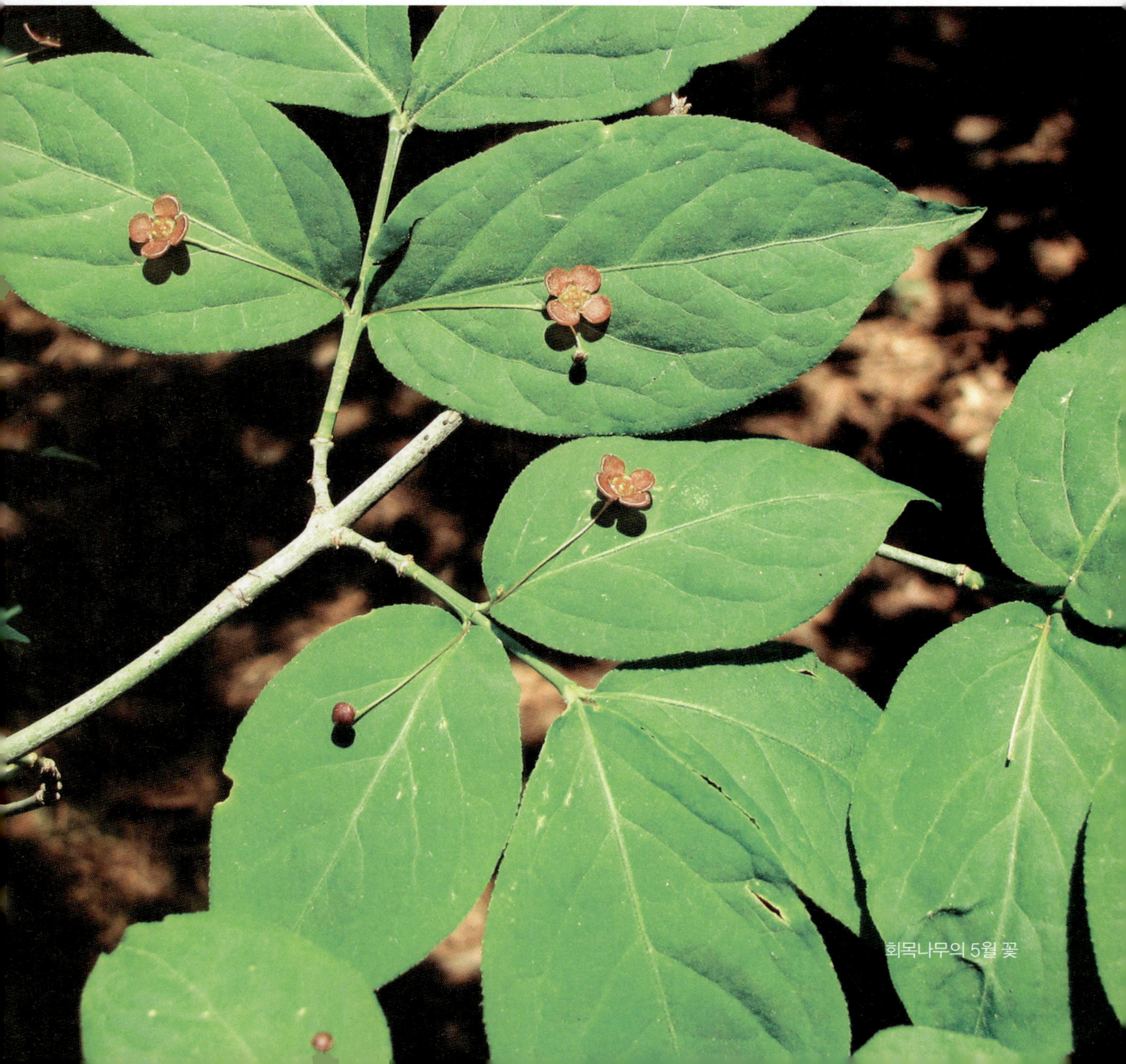

회목나무의 5월 꽃

작고 귀여운 꽃이 잎의 표면에 찰싹 붙어있는 나무가 있어요. 깊은 산 심산유곡에서 볼 수 있는 회목나무가 바로 그것인데 처음 본 순간 작고 귀여운 꽃이 나뭇잎 표면에 떨어져 있는 게 아닐까 착각하는 사람들이 많아요.

회목나무의 꽃은 5월말에서 7월 사이에 볼 수 있어요. 꽃은 잎겨드랑이에서 꽃대가 2cm 길이로 올라온 뒤 잎 중앙 맥에 자리 잡고 1~3개씩 개화를 해요. 원래는 하나의 꽃줄기가 두 갈래나 세 갈래로 갈라진 뒤 각각 꽃이 피기 때문에 많으면 3개의 꽃이 붙어있어야 하지만, 어떤 회목나무의 경우는 두 갈래로 갈라진 뒤 다시 두 달래로 갈라져 4개의 꽃이 피는 경우도 있어요. 꽃줄기가 갈라진 뒤 다시 그 끝이 여러 개로 갈라지고 갈라진 곳마다 꽃이 하나씩 피는 것을 '취산화서' 모양이라고 해요.

취산화서 모양으로 꽃이 피는 회목나무는 꽃줄기가 실처럼 가느다랗기 때문에 끊어지는 경우가 많고 이 때문에 보통은 1~2개의 꽃만 볼 수 있어요. 각각의 꽃은 꽃잎이 4개이고 적갈색이며 크기는 0.5~1cm 내외이고, 언뜻 보면 보석을 깎아놓은 것처럼 보이곤 해요. 꽃잎을 만져보면 딱딱한 플라스틱 질감이 느껴지는데 잘못 만지면 꽃줄기가 끊어지기 때문에 조심해서 만져야 해요.

열매는 마른모꼴의 별모양이고 9~10월에 볼 수 있어요. 열매가 익으면 아랫부분이 부풀어 갈라지고 둥글고 빨간 씨앗이 노출되어요. 잎은 줄기에서 마주나고 긴 달걀형이고 잎자루는 매우 짧기 때문에 없다시피 해요. 잎자루는 녹색이거나 검정색이고 작은 돌기가 표면에 있어요.

회목나무를 번식시키려면 뿌리 근처에서 올라온 어린 묘목을 캐내서 옮겨 심는 방법이 가장 좋아요. 씨앗으로 번식하려면 씨앗을 땅 속에 2년 동안 묻어두었다가 파종해야 하기 때문에 번거롭기 짝이 없어요.

회목나무는 희귀식물로 지정되어 있지는 않지만 우리나라의 높은 산 고산습지 같은 곳에서 운이 좋아야 만날 수 있어요. 중부지방에서는 해발 1000m 이상 되는 높은 산의 심산유곡에서 볼 수 있고, 남부지방에서는 해발 200m 이상 되는 산의 인적 없는 곳에서 볼 수 있어요. 회목나무는 극동아시아 지역인 우리나라와 만주, 시베리아, 일본 등에서 자생하는데 다른 지역은 대부분 멸종되다시피 하여 볼 수 없는 반면 우리나라에서는 아직 멸종되지 않은 상태라고 해요.

▲ 회목나무의 나무껍질

볼 수 있는 곳

중부지방에서는 화학산, 오대산 같은 높은 산에서 회목나무를 볼 수 있어요. 수목원 중에는 서울 홍릉수목원, 제주 탐라수목원에서 회목나무를 만날 수 있어요.

정금나무

▲ 정금나무

▲ 정금나무의 5월 꽃

정금나무는 지름 5mm 정도의 콩알만 한 꽃이 피어요. 이 꽃은 줄기 아래쪽에 피기 때문에 위에서 내려다보면 찾을 수가 없어요. 꽃은 5월부터 7월 사이에 새로 난 줄기의 끝 부분에 달리고 초롱꽃 모양이에요. 꽃의 색상은 붉은 빛이 돌거나 노란색인 경우도 있어요. 꽃 안은 돋보기로 들여다보면 10개의 노란색 수술이 보여요.

잎은 줄기에서 어긋나고 타원형이거나 긴 타원형이고, 가장자리에 톱니가 있고 톱니 끝에는 잔털이 달려있어요. 잎의 길이는 3~8cm 내외이고 맥을 따라 잔털이 있어 잎의 모양이 전체적으로 쪼글쪼글하게 생겼어요.

열매의 크기는 6mm 정도이고 7월경부터 자라기 시작해 10월이면 짙푸르게 익어요. 열매의

▲ 정금나무의 잎　　　　　　　　▲ 정금나무의 10월 열매

맛은 약간 달고 시큼한 편인데 잘 익은 열매는 달콤하기 때문에 블루베리 열매처럼 날것으로 먹을 수 있어요. 이 때문에 정금나무를 우리나라산 블루베리나무라고 부르는데 블루베리 열매처럼 잼을 만들어 먹거나 각종 요리에 집어넣어 익혀 먹을 수 있어요.

번식은 10월에 수확한 씨앗을 이끼 위에 파종하거나 여름에 새 가지를 꺾어 꺾꽂이로 해야 해요.

🌺 볼 수 있는 곳

전라도와 경상도의 산이나 섬에서 흔히 볼 수 있어요. 산에서는 주로 숲 속에서 자라고 섬에서는 덤불숲에서 많이 볼 수 있어요. 또한 서울 홍릉수목원, 경기 광릉수목원, 충남 안면도수목원, 제주 한라수목원 등에서 정금나무를 만날 수 있어요.

망개나무

과명 갈매나무과　**학명** *Berchemia berchemiaefolia*　**꽃** 5~6월　**열매** 7~9월　**높이** 3~15m

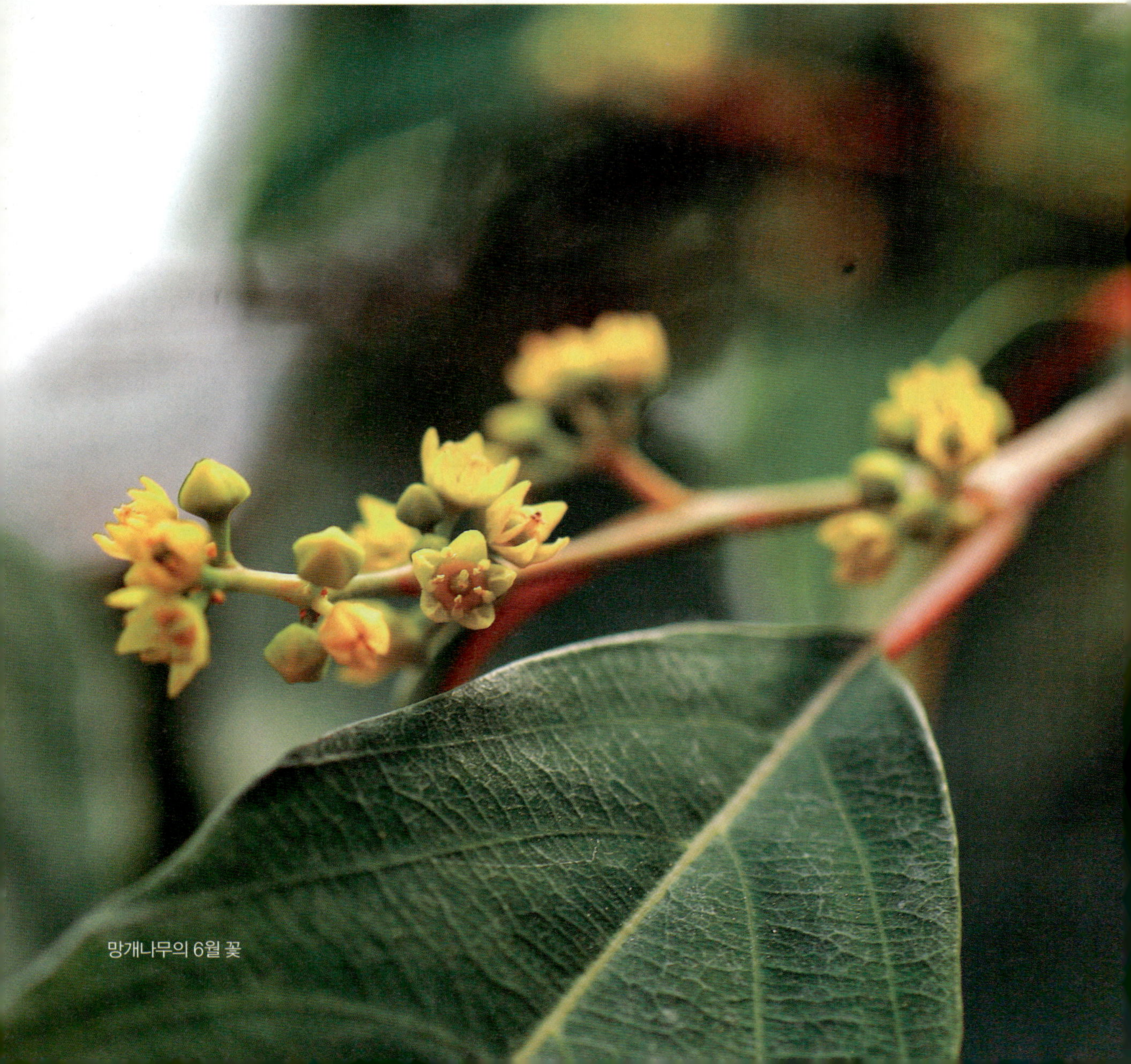

망개나무의 6월 꽃

망개나무는 전 세계적으로 우리나라, 일본, 중국에서 자라는 나무이지만 우리나라는 물론 다른 나라에서도 멸종 위기에 처한 나무예요. 멸종 위기 식물은 자생지를 보호하지 않으면 나중엔 영영 사라지고 말겠죠. 꽃이 아름답고 열매도 예쁘기 때문에 지금부터라도 조금 더 신경 써야 할 나무라고 할 수 있어요.

망개나무의 꽃은 5월 말에서 6월 사이에 피고 잎겨드랑이에서 취산화서로 달리거나 가지 끝에서 총상화서로 달려요. 꽃은 암수한몸이고 짙은 황색이고 수술은 5개, 암술대는 1개예요. 꽃의 지름이 3.5mm에 불과할 정도로 아주 작은 꽃이 피기 때문에 꽃이 여러 개가 모여피어도 한 눈에 찾아볼 수 없어요. 그러므로 망개나무 꽃이 필 무렵이면 잎겨드랑이나 가지 끝을 자세히 관찰해야 꽃을 찾아볼 수 있어요.

열매는 7~9월 사이에 열리는데 처음에는 노란색이었다가 점점 빨간색으로 변하고 9월쯤이면 검정색으로 익어요. 망개나무가 멸종 위기 식물이 된 이유는 열매가 땅에 떨어져도 발아에 성공하는 경우가 거의 없기 때문이에요. 말하자면 자기 스스로 번식할 수 있는 능력이 없어진 상태라는 뜻이에요. 이런 나무들은 씨앗을 200만개 뿌려도 그중 하나만 튼튼한 나무로 성장하고 나머지는 발아를 안 하거나 발아를 하더라고 큰 나무가 되기 전 죽는 경우가 많아요.

원래 암수한몸의 나무라 할지라도 수분을 할 때는 이쪽 나무의 암꽃과 저쪽 나무의 수꽃이 곤충이나 바람을 통해 하는 것이 좋아요. 이것을 타가수정(他家受精)이라고 말하고 타가수정으

▲ 망개나무의 7월 열매

▲ 망개나무의 잎

로 수분을 많이 하는 나무일수록 더 튼튼한 열매를 만들 수가 있어요. 하지만 망개나무는 자생지에 있는 나무들도 많이 사라졌기 때문에 다른 나무와 수분하고 싶어도 근처에 자기와 같은 종류의 다른 나무가 없는 것이에요. 그렇다고 열매를 안만들 수는 없으니까 결국 암수한몸인 자기 스스로 수분을 맺어 열매를 만드는데 이것을 자가수정(自家受精)이라고 말해요.

자가수정을 많이 할수록 그 나무의 열매는 생활력이 떨어지고 결국 씨앗의 발아율이 점점 약화되어 씨앗을 땅에 심어도 발아를 못하는 경우가 발생하기 시작해요. 이처럼 자가수정을 많이 하면 결국 열매의 생존력이 떨어지고 열매로서 구실을 못하게 되는데 이것을 자식약세(自殖弱勢) 현상이라고 말해요.

우리나라에 남아있는 망개나무들은 그동안 자가수분으로 열매를 만들어왔기 때문에 아무리 씨앗을 많이 뿌려도 번식이 안 되는 경우가 많아요. 하지만 망개나무를 번식시키는 방법이 있다고 해요. 뿌리를 5cm 가량 잘라서 심거나 전년도에 자란 줄기를 잘라 꺾꽂이를 하는 방법이 있기 때문이에요.

🌸 볼 수 있는 곳

충청북도 보은군 속리산에 천연기념물 207호, 충청북도 괴산군 청천면 사담리에 천연기념물 제266호, 충청북도 제천군 한수면에 천연기념물 337호 망개나무가 있어요. 수목원 중에는 서울 홍릉수목원, 전주 한국도로공사수목원, 포항 기청산식물원 등에서 망개나무를 만날 수 있어요.

고욤나무

과명 감나무과　　**학명** *Diospyros lotus L*　　**꽃** 5~6월　　**열매** 7~10월　　**높이** 15m

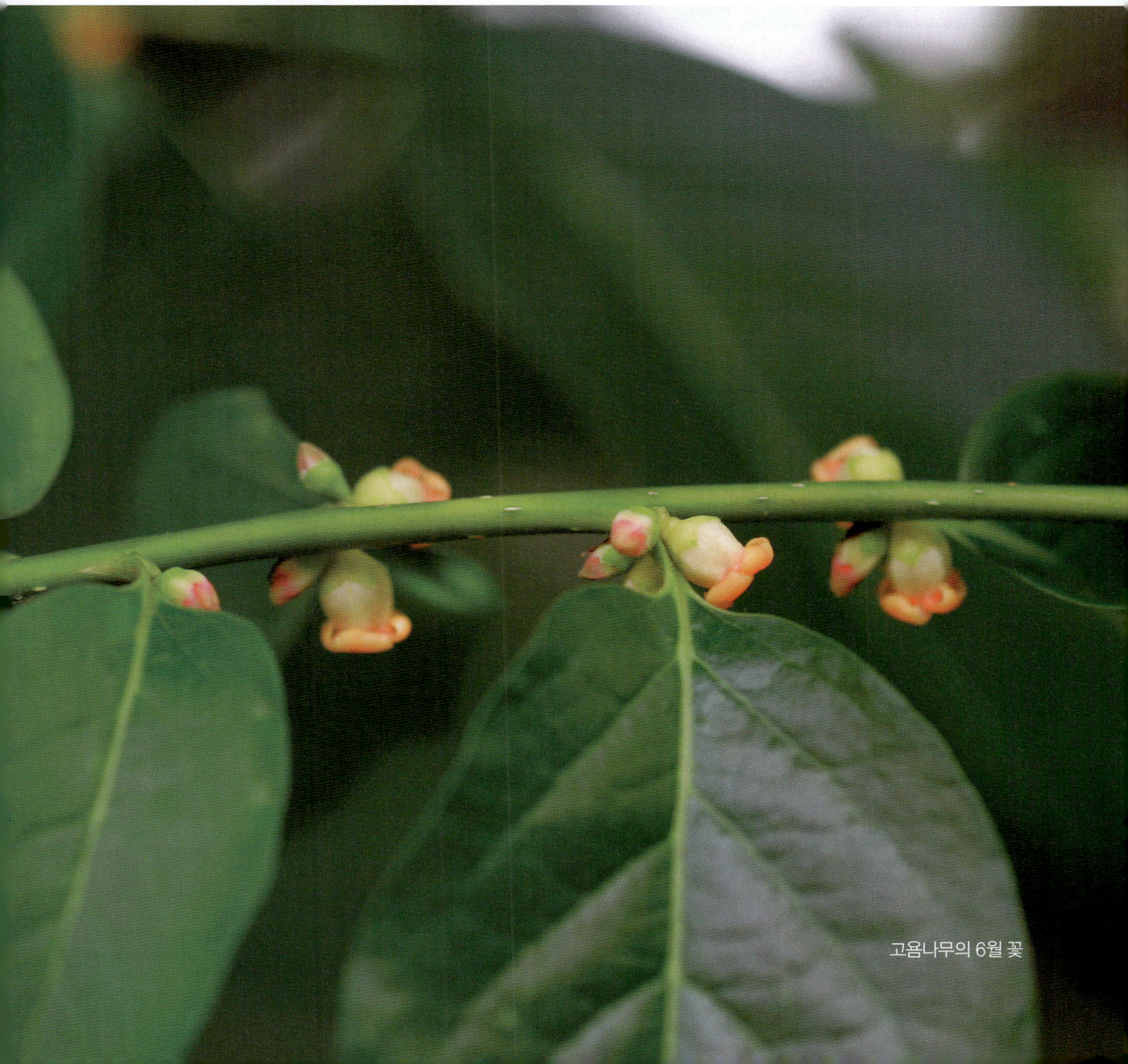

고욤나무의 6월 꽃

▲ 고욤나무의 10월 열매　　　　　　　　　　　▲ 고욤나무

고욤나무는 감나무의 엄마 역할을 하는 나무로 유명해요. 감나무는 특성상 그 씨앗이 엄마나무의 좋은 유전자를 받지 못하고 태어나요. 그래서 씨앗을 뿌려도 번식이 원하는 대로 안되기 때문에 농부들은 감나무 줄기를 잘라 고욤나무 밑동에 붙여 번식을 시키는 경우가 많아요. 이를 접붙이기 번식이라고 말하는데 이렇게 하면 고욤나무는 감나무로 성장을 하고 우리가 먹는 감이 열리기 시작한답니다.

감나무 씨앗을 심으면 고욤나무가 나온다는 말이 있어요. 실제 감나무 씨앗을 심으면 '돌감나무' 혹은 '산감나무' 혹은 '땡감나무'라고 부르는 작은 감이 열리는 감나무가 열리고 이 나무는 고욤나무와 비슷하지만 고욤나무와는 완전히 다른 나무예요. 그래서 사람들은 맛없는 감이 열린다며 '돌감나무'라고 부르는데 다행이도 이 나무에도 감나무 줄기를 접붙일 수 있어요. 감나무 씨앗을 뿌린 뒤 1년 정도 자라 돌감나무가 되면 열매가 많이 달린 우수한 감나무 줄기를 잘라 1년 된 돌감나무 밑동에 접을 붙이는 것이죠. 이렇게 하면 좋은 유전자가 돌감나무에 유전되어 우리가 먹는 맛있는 감나무로 성장을 해요.

원래 고욤나무는 우리나라와 일본, 중국에서 자생하는 나무이고 예전에는 산에서 많이 볼 수 있었지만 감나무 접붙이기 용도로 뽑아가면서 요즘은 예전처럼 많지 않아요. 고욤나무는 감나무와 비슷하기 때문에 처음에는 구별할 수 없는데 꽃과 열매가 보면 감나무와 확실히 구분할 수 있어요.

고욤나무의 꽃은 암수딴그루로서 꽃병 모양이고 5월 말에서 6월 사이에 개화를 해요. 꽃의 크기는 0.5~1cm 정도이고 연한 녹색과 주황색이 섞여 있어요. 열매는 10월에 익는데 처음에는 녹색이거나 황색이었다가 검정색으로 익고, 열매의 크기는 1.5cm 정도예요. 고욤나무 열

▲ 고욤나무의 잎

매도 감나무 열매처럼 먹을 수는 있지만 맛이 썩 좋지는 않아요. 하지만 구슬만한 크기이기 때문에 가지고 놀기에는 딱 좋아요.

🌸 볼 수 있는 곳

고욤나무는 시골 농가나 산에서 간혹 만날 수 있어요. 요즘은 대부분의 수목원들에서 고욤나무를 키우기 때문에 각 지역 도립수목원을 방문하면 고욤나무를 만날 수 있어요.

●재미있는 나무 이야기●

돌감나무와 산감나무

돌감나무, 산감나무, 땡감나무는 식물학적으론 존재하지 않아요. 작고 떫은 감이 열리는 감나무는 상품성이 없으므로 사람들이 무시하면서 부르는 말이에요. 예를 들어 감나무 씨앗을 산에 심으면 산감나무가 되고, 마당에다 심으면 돌감나무가 되는 것이죠. 사과 씨도 마당에다 심으면 우리가 먹는 사과 열매보다 작은 열매가 열리는 나무로 자라기 시작해요. 특히 과일나무들은 대부분 좋은 열매를 얻기 위해 개량한 나무이기 때문에 씨앗을 뿌리면 우리가 흔히 먹는 과일보다 훨씬 작은 열매를 맺는 잡종나무로 자라는 경우가 많다는 거죠.

신기한 꽃이 피는 나무

아주 신기하고 이상한 꽃이 피는 나무에 대해 공부해 보아요. 이상한 꽃은 돋보기로 관찰하면 우주 생명체처럼 보이는 경우도 있어요.

구슬에 아주 작은 꽃들이 다닥다닥 붙어있는	구슬꽃나무
멀리서보면 꽃이 밥알처럼 보이는	이팝나무
딱딱한 감촉의 꽃이 피는	비쭈기나무
꽃이 목각처럼 생긴	포포나무
꽃이 주머니 안에 숨어 있는	무화과나무
무화과나무처럼 꽃주머니가 열리는	천선과나무
열매로 술을 담가 먹을 수 있는	오갈피나무
이삭 모양의 꽃이 피는	까치박달나무
색소폰 형태의 꽃이 피는	등칡
종이로 만든 조화 같은 꽃이 피는	자주받침꽃

구 슬 꽃 나 무

(중대가리나무)

과명 꼭두서니과　**학명** *Adina rubella* Hance　**꽃** 7~8월　**열매** 8~10월　**높이** 2~4m

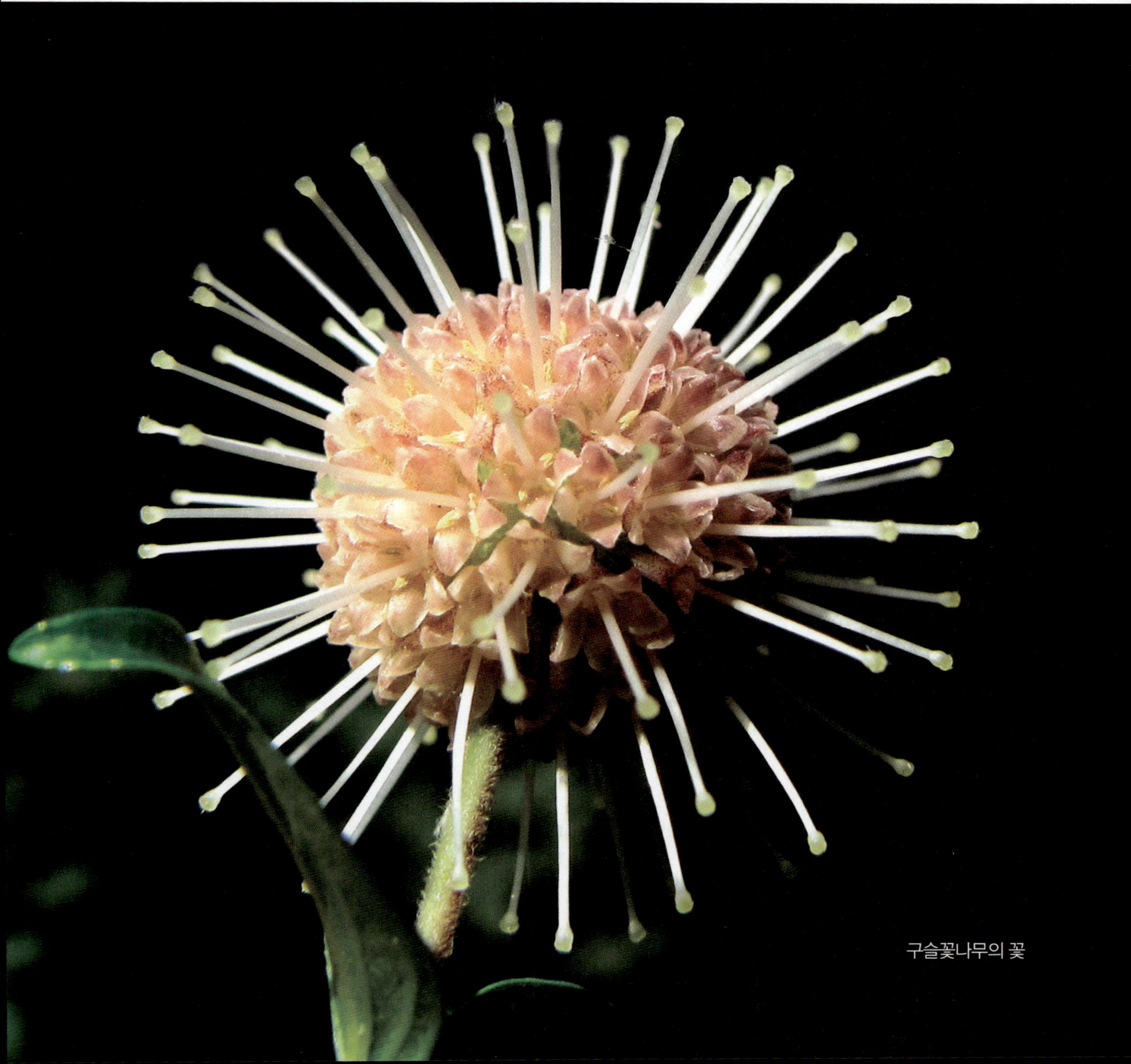

구슬꽃나무의 꽃

▲ 구슬꽃나무의 10월 열매　　　　　　　　　　▲ 구슬꽃나무

제주도 한라산 남쪽 계곡인 돈네코 계곡의 해발 400m 이상에서 볼 수 있는 키 작은 나무예요. 예전에는 '중대가리나무'라고 불렀으나 어감이 좋지 않아 요즘엔 '구슬꽃나무'라고 말해요.

이 나무는 암수술이 한 꽃에 있고 7~8월 사이에 잎겨드랑이나 줄기 끝에서 꽃대가 올라온 뒤 두상화서로 개화를 해요. 두상화서란 '머리모양꽃'이라고도 말하는데, 꽃대 끝에서 수많은 자잘한 꽃들이 머리모양을 이루어 하나의 꽃처럼 보이는 꽃차례예요. 멀리서 보면 마치 둥근 공 형태의 꽃처럼 보이는데 자세히 관찰하면 자잘한 꽃들이 둥글게 모여 있는 것을 알 수 있어요. 작은 꽃들은 너비 3mm 내외이고 꽃잎이 5갈래로 갈라져있고 수술은 5개, 암술대는 촉수처럼 길게 뻗어있어요. 작은 꽃들은 시력이 아무리 좋아도 잘 보이지 않기 때문에 돋보기로 관찰하는 것이 좋은데 자세히 관찰하면 우주에서 날아온 생명체를 보는 기분이 들어요. 그래서 식물을 좋아하는 사람들 중에는 이 꽃을 보는 것을 소원으로 여기는 사람들도 있어요.

▲ 구슬꽃나무의 잎

잎은 줄기에서 마주나고 끝부분이 뾰족하거나 약간 둔한 형태예요. 잎의 길이는 4cm 내외이고 광택이 있고 가장자리에 톱니가 없고 잎자루는 짧은 편이에요. 열매는 10월에 익고 자잘한 꽃이 있었던 곳에 숨어있는데 크기는 6mm 내외이고 그 안에 날개가 달린 씨앗이 있어요. 나무의 키는 2~4m인데 전체적으로 잡목 형태로 자라는 경우가 많아요. 번식은 씨앗을 채취한 뒤 스타킹에 넣어 보관했다가 다음 해 봄에 파종해야 해요.

구슬꽃나무는 제주도 한라산의 돈네코 계곡에서 해발 400m 이상 올라간 뒤 계곡 가나 물가를 잘 찾아보면 볼 수 있어요. 제주도 사람들은 ‘물파란낭(나무)’, ‘중대가리나무’, ‘머리꽃나무’라고 부르고, 세계적으론 중국에 같은 종의 꽃이 자생하고 있어요.

중국 민간에서는 구슬꽃나무의 머리꽃, 잎, 뿌리를 달여 종기, 지혈, 설사, 치통, 살균, 장염, 혈액순환약으로 사용하기도 했어요. 우리나라처럼 중국도 이 식물은 희귀식물이나 마찬가지이기 때문에 최근에야 이 식물의 생약 여부를 연구하고 있다고 해요. 그 결과 뿌리에서 triterpenoid saponin 성분을 발견했지만 생약여부를 아직 파악하지 못하고 있어요. 정원에서 심을 수 있는 키 작은 나무로 안성맞춤이기 때문에 서양에서는 구슬꽃나무가 점점 인기를 얻고 있다고 해요.

볼 수 있는 곳

구슬꽃나무는 제주도 한라산 돈네코 계곡에서만 자생하기 때문에 볼 수 있는 곳이 한정되어 있어요. 서울 근교의 경우 화성 우리꽃식물원 온실, 인천대공원 수목원 온실, 안양 서울대학수목원 온실에서 만날 수 있어요. 지방에서는 전주 한국도로공사수목원, 완도 난대수목원, 진주 반성수목원 온실, 포항 기청산식물원, 제주 한라수목원에서 만날 수 있어요. 서울 홍릉수목원도 구슬꽃나무를 보유하고 있으나 온실을 공개하지 않기 때문에 일반인은 볼 수가 없어요.

이팝나무

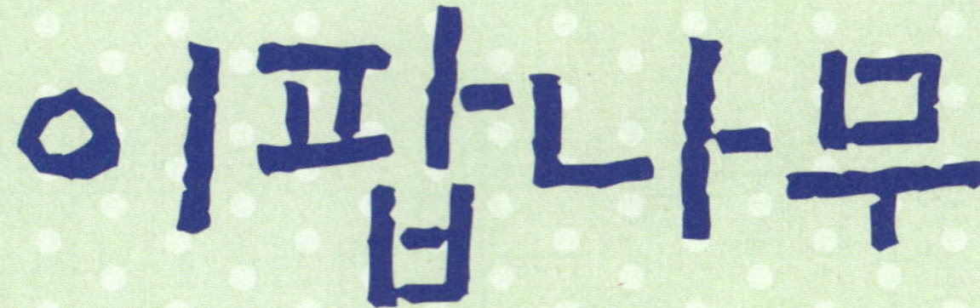

과명 물푸레나무과　**학명** *Chionanthus retusus*　꽃 5~6월　**열매** 7~10월　**높이** 25m

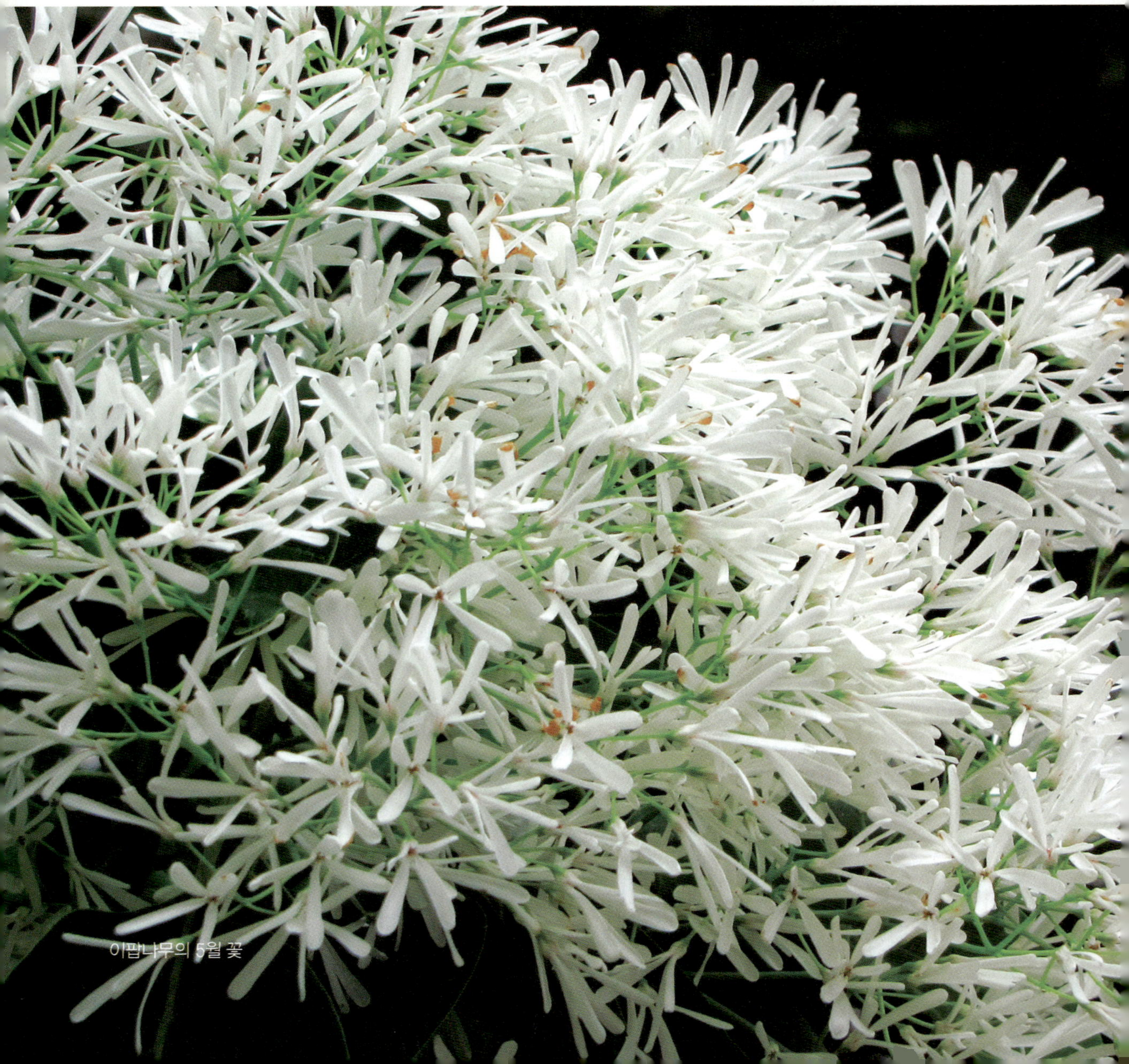

이팝나무의 5월 꽃

이팝나무의 꽃이 피면 시골 농부들은 기분이 참 좋았답니다. 보릿고개가 있었을 때 매년 봄이면 먹을 것이 없어 들판에서 풀뿌리를 캐며 먹고 살았는데 그 무렵 이팝나무의 꽃이 피기 시작했어요. 멀리서 보면 마치 밥알을 수북이 쌓아놓은 것 같아 고달픔을 잠시 잊게 한 것이죠.

이팝나무의 꽃은 5~6월에 개화를 하고 암수딴그루예요. 꽃잎은 4개이고 가느다란 종이를 붙여놓은 것처럼 팔랑거리거나 늘어져 있어요. 멀리서 보면 쌀이나 밥알처럼 보이기 때문에 농사의 풍작을 점치기도 하였죠. 예를 들어 봄부터 가뭄이 심하면 이팝나무 꽃도 적게 피기 때문에 그 해는 흉년이 들었고, 이팝나무 꽃이 갑자기 만개를 하면 가뭄이 없는 해이기 때문에 그해 농사는 풍년이 들었던 것이죠.

이팝나무의 유래는 쌀밥에서 왔다고 해요. 옛날에는 잡곡밥의 상대되는 쌀밥을 '이밥'이라고 불렀는데 이팝나무의 꽃이 멀리서 보면 '쌀밥'처럼 보이기 때문에 '이밥나무'라고 불렀던 것이 지금의 이팝나무라는 이름이 된 것이죠. 이 때문에 쌀밥에 한이 맺힌 며느리가 죽어서 된 나무라는 전설도 있어요. 이팝나무의 번식은 씨앗을 2년 동안 땅속에 저장한 뒤 다음 해 봄에 파종하면 번식이 된다고 해요.

볼 수 있는 곳

오래된 이팝나무는 전부 천연기념물로 지정되어 있는데 주로 전라남도와 경상남도에 이팝나무 천연기념물이 많아요. 대부분의 도립수목원들이 이팝나무를 키우고 있고, 요즘은 관공서나 도시공원에서 이팝나무를 조경수로 심는 경우도 간혹 있어요.

비쭈기나무

과명 차나무과　　**학명** *Cleyera japonica* Thunb　　**꽃** 5~6월　　**열매** 7~10월　　**높이** 9~15m

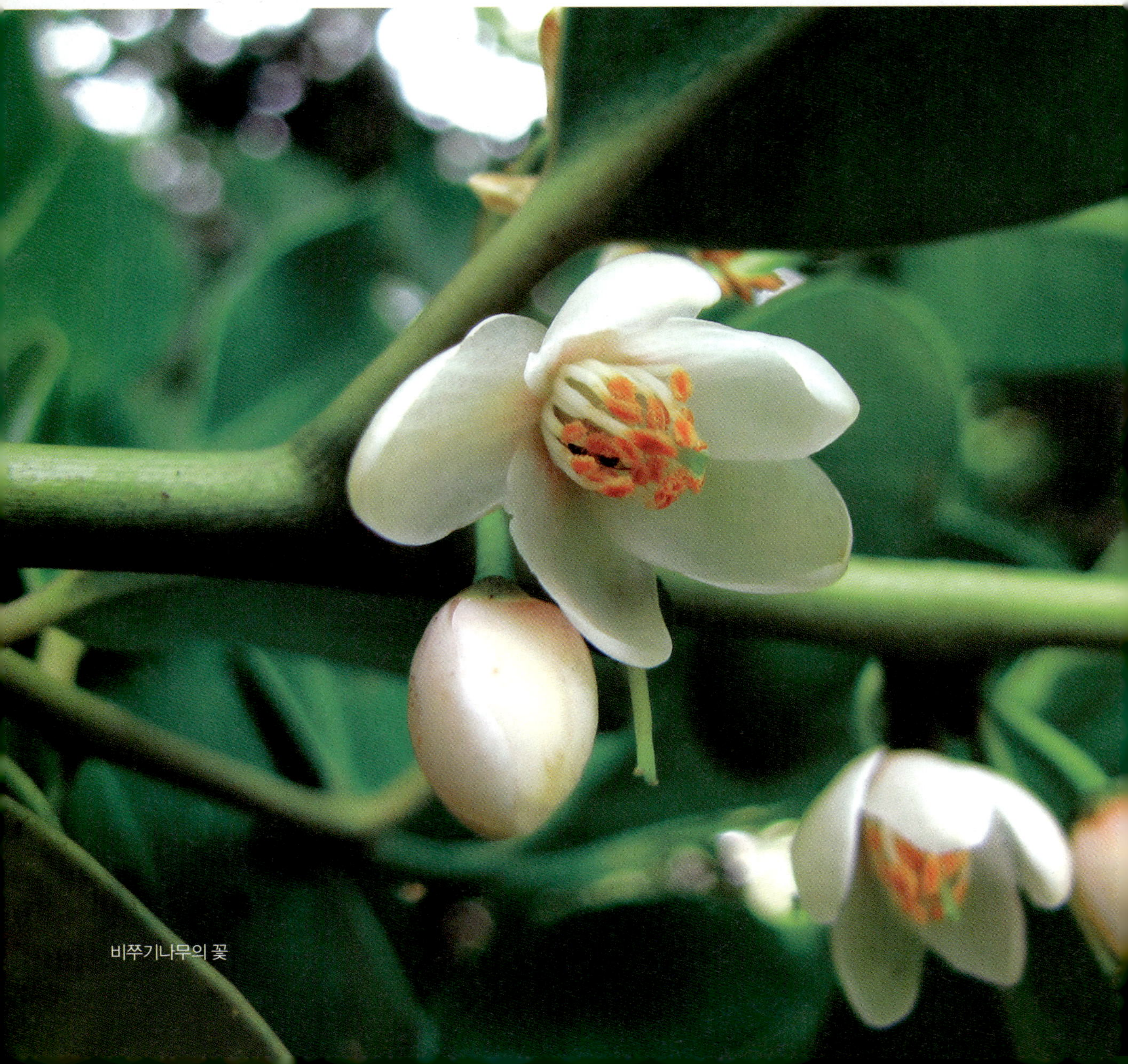

비쭈기나무의 꽃

겨울눈이 비쭉하게 생겼다 해서 '비쭈기나무'라는 이름이 붙었어요. 난대성 상록식물로서 우리나라 남부지방과 해안가, 섬에서만 자생해요. 꽃은 잎겨드랑이에서 달리고 암수술이 한 꽃에 있어요. 꽃잎은 5장인데 꽃잎을 손으로 만지면 조금 딱딱한 감촉이 있고, 수술은 20개, 암술대는 1개, 암술대는 열매가 익어갈 무렵까지 남아있어요. 열매는 10월에 검정색으로 익고 열매를 손으로 까면 제법 많은 씨앗을 볼 수 있어요.

우리나라에서는 비쭈기나무의 용도가 알려지지 않았지만 이웃 일본에서는 성스러운 나무로 여기면서 마츠리 같은 토속 축제나 사찰 종교의식에서 사용하고 있어요. 그 때문에 일본의 사찰이나 신사에는 비쭈기나무가 많이 심어져있어요. 목재는 나무빗을 만들거나 땔감으로 사용할 수 있고 건축자재로 사용할 수 있어요. 비쭈기나무는 종자 번식의 경우 발아율이 좋지 않기 때문에 보통 꺾꽂이로 번식해요.

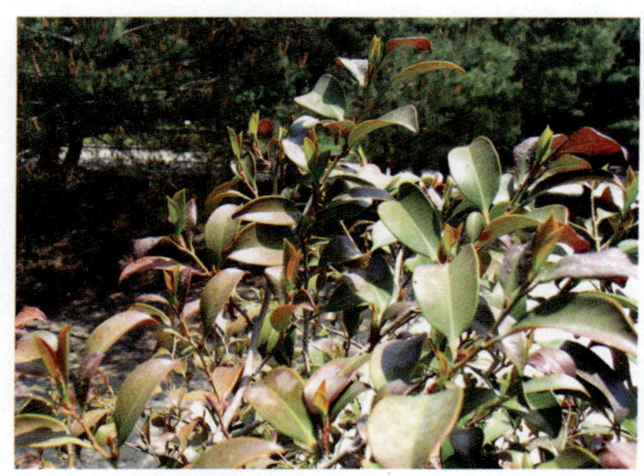

▲ 비쭈기나무의 잎

볼 수 있는 곳

제주도와 남부지방의 섬에서 볼 수 있어요. 수도권에서는 창경궁 온실을 비롯해 수도권의 식물원 온실들이 대부분 비쭈기나무를 키우고 있으므로 가까운 식물원 온실에서 흔히 볼 수 있어요. 남부지방의 식물원과 수목원에서는 겨울철에 월동을 할 수 있기 때문에 야외에서 비쭈기나무를 키우고 있어요.

포포나무

(뽀뽀나무)

과명 포포나무과   **학명** *Asimina triloba*   **꽃** 4~5월   **열매** 9월   **높이** 4m

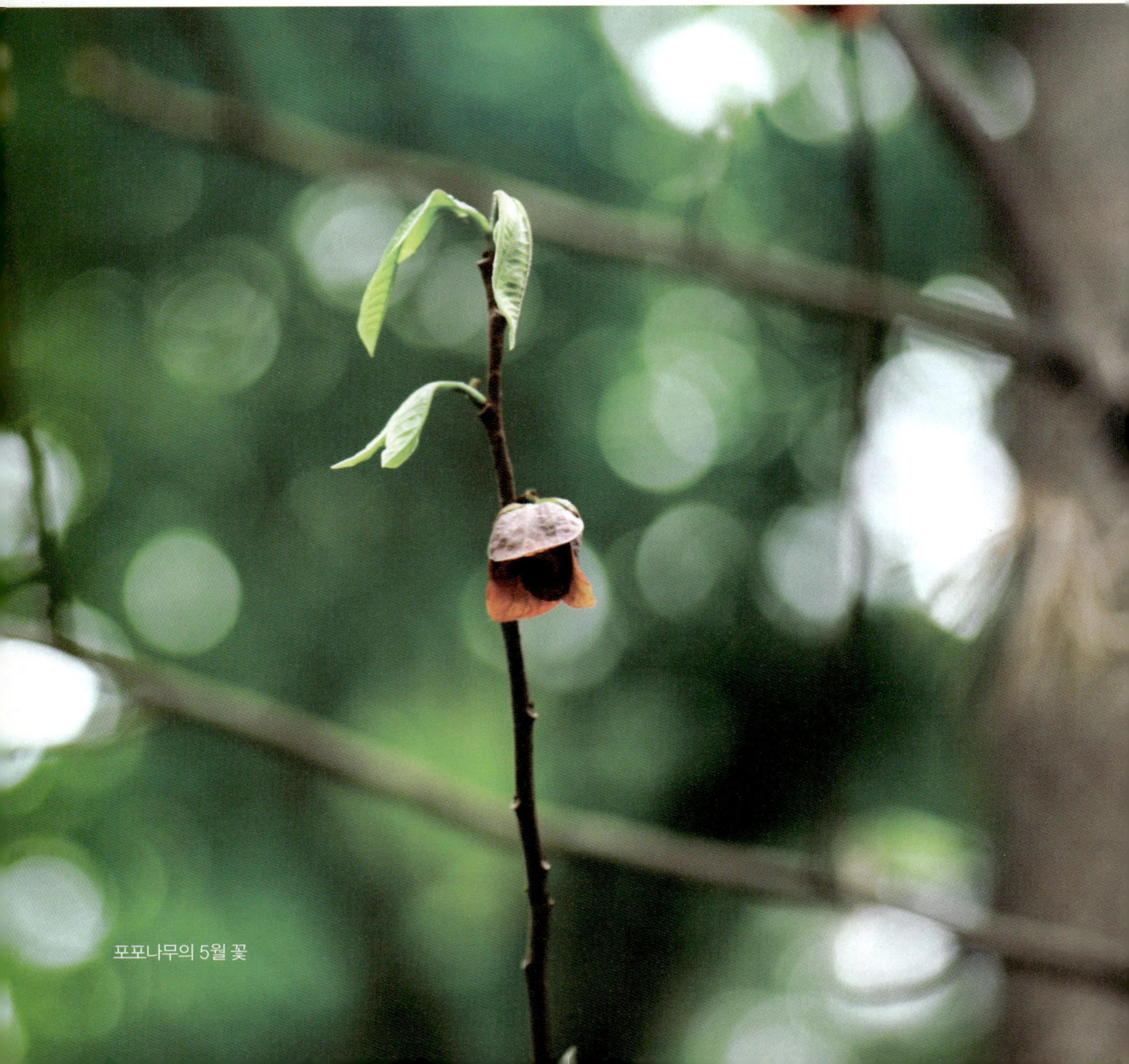

포포나무의 5월 꽃

포포나무는 북아메리카와 유럽의 비교적 추운지방에서 자라는 나무예요. 'Papaw'라는 이름을 그대로 번역해 우리나라에서는 '포포나무' 또는 '뽀뽀나무'라고 부르고 '파파야' 나무와는 다른 품종이에요.

포포나무의 꽃은 4~5월에 잎보다 이르게 개화해요. 꽃의 지름은 3~4cm 내외, 꽃의 색상은 자갈색이에요. 꽃은 민달팽이가 좋아해 꽃 안쪽에 민달팽이가 숨어있는 경우도 있어요. 항간에는 포포나무의 꽃에서 고기 썩은 냄새가 난다고도 하는데 실제로는 그 정도로 나쁜 냄새는 나지 않고 풀냄새가 나는 경우도 많아요. 꽃은 자웅동체이므로 다른 포포나무 없이도 열매를 맺을 수가 있어요.

열매는 8~10월경 볼 수 있는데 으름덩굴 열매와 모양이 비슷하고, 제대로 성숙하면 길이 15cm까지 자라지만, 나무의 높은 곳에 매달려있어 여간해선 찾기 힘들어요. 이 열매는 맛이 참 좋기 때문에 원산지인 미국과 캐나다에선 가정집 정원수로 인기가 많아요.

열매의 맛은 매우 부드러운 바나나 맛이 나고 과육의 색상은 오렌지색과 닮았어요. 이 열매는 저절로 익을 때까지 기다린 뒤 땅에 떨어졌을 때 먹는 것이 좋고, 중간에 따먹으면 기대하는 맛이 나오지 않아요. 열매 껍질에는 약간의 독성 성분이 있으므로 반드시 껍질을 벗기고 먹어야 하며, 씨앗에는 마취 및 구토 유발 성분이 있으므로 먹지 않는 것이 좋아요. 미국 원주민들은 포포나무 잎을 푹 달여 이뇨, 궤양, 농양, 종기 치료에 사용하거나 씨앗 분말을 머리카락의 이를 잡는데 사용하기도 했어요.

포포나무의 번식은 접붙이기와 뿌리삽목으로 하는 경우가 많아요. 추천하는 번식방법은 뿌리삽목인데 뿌리를 잘라 땅에 심는 이 번식 방법도 비교적 잘되는 편이에요. 최근에는 우리나라에서 포포나무가 알려지기 시작해 인터넷에서 포포나무 묘목을 1만 원 정도에 판매하는 농장도 생겨났어요. 따라서 포포나무를 키우고 싶다면 인터넷에서 어린 묘목을 구입해 키우는 것도 좋은 생각이 되겠죠. 하지만 포포나무의 잎에는 알레르기 유발 성분이 있으므로 알레르기에 민감한 가정에서는 키우지 않는 것이 좋아요. 가정에서 키울 때는 깊은 화분으로 키우는 것이 좋으며 수분을 촉촉하게 관리해야 해요.

볼 수 있는 곳

포포나무는 서울 어린이대공원 식물원, 광릉 국립수목원, 오산 물향기수목원, 안양 서울대학수목원, 태안 천리포수목원 등에서 만날 수 있어요.

무화과나무

과명 뽕나무과　　**학명** *Ficus carica L*　　**꽃** 5~6월　　**열매** 6~10월　　**높이** 2~4m

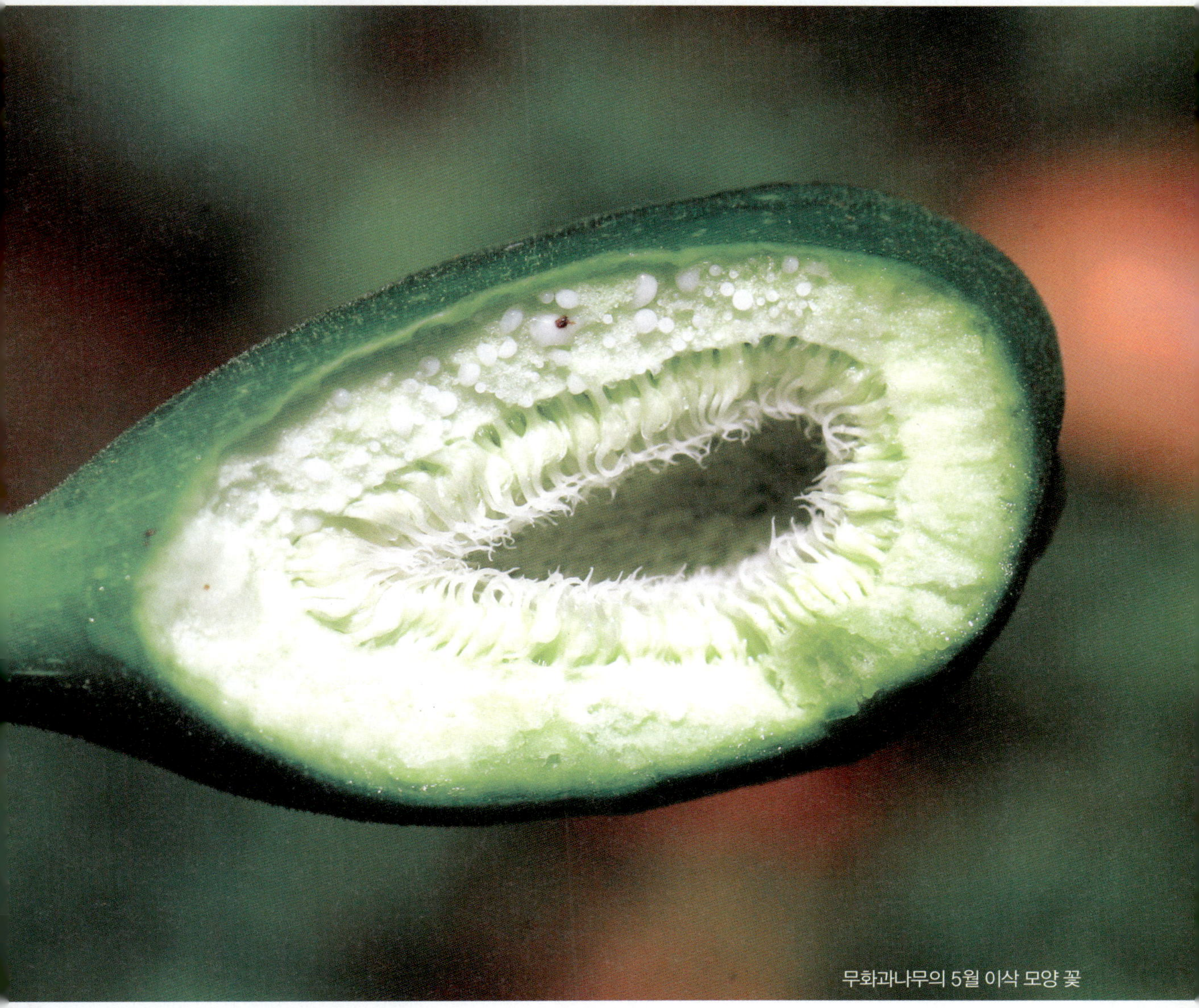

무화과나무의 5월 이삭 모양 꽃

▲ 무화과나무

무화과(無花果)의 이름은 말 그대로 꽃이 없다는 뜻에서 붙은 이름이에요. 꽃이 없으면 식물이 번식할 수 없으므로 분명 어딘가에 숨어있겠죠. 사람들이 무화과의 꽃을 찾아보니 열매처럼 보이는 주머니 안에 꽃이 숨어 있네요. 이렇게 주머니처럼 생긴 꽃을 꽃주머니라고 말해요.

5~7월에 꽃주머니를 갈라보면 그 안에 꽃이 핀 것이 보일 거예요. 식물학적으로는 꽃이삭에 육질이 많아 육질이 꽃이삭을 주머니처럼 둘러쌓은 형태예요. 꽃이삭이란 벼나 보리에서 볼 수 있듯 아주 작은 꽃들이 꽃대 주위에 둘러붙듯 피는 것을 말하는데 무화과는 꽃이삭보다 육질이 더 많기 때문에 꽃이삭은 보이지 않고 둘러쌓은 꽃주머니만 보이는 것이죠.

이 꽃주머니는 그대로 성장을 한 뒤 나중에 무화과 열매가 되는데, 무화과 열매는 시장에서도 흔히 볼 수 있어요. 이 열매는 깨끗이 씻은 뒤 먹으면 좋은데 그렇게 맛나지는 않지만 과일나무가 없는 이스라엘에서는 중요한 과실수로 인정받고 있어요. 열매는 다산을 상징하기 때문에 아이를 낳지 못하는 여성들이 즐겨 먹기도 해요. 한방에서는 장염, 변비에 열매를 사용하는데 특히 변비에 특효가 있어요. 무화과 열매는 사과나 귤처럼 맛있는 열매가 아니기 때문에 잼을 만들어먹는 것도 좋은 생각이 되겠죠.

무화과나무에는 여러 가지 재미있는 전설이 있어요. 아담과 이브가 벌거벗고 다녔을 때 아담과 이브가 치마처럼 입은 나뭇잎이 무화과나무의 잎이라고 알려져 있어요. 잎의 길이가 20cm 정도 되므로 몸을 가리고 다니는 데는 충분한 것 같아요. 뿐만 아니라 무화과나무는 남부지방의

▲ 무화과나무의 잎

▲ 무화과나무의 8월 열매

사찰에서도 많이 볼 수 있어요. 사찰에서 이 나무를 심는 이유는 불교경전에 부처님이 무화과나무 밑에서 득도를 하였다고 나와 있기 때문이에요.

무화과나무는 꺾꽂이와 씨앗으로 번식할 수 있는데 꺾꽂이 번식이 가장 좋아요. 꺾꽂이는 새로 자란 줄기를 20cm 길이로 잘라낸 뒤 땅에 심으면 되는데 비교적 번식이 잘되는 편이에요.

🌸 볼 수 있는 곳

무화과나무는 더운 나라에서 온 나무답게 우리나라 남부지방에서 잘 자라고 만날 수 있는 곳도 경상도와 전라도 지방이 많아요. 남쪽지방에 가면 시골 농가나 사찰에서 정원수로 키우는 것을 흔히 볼 수 있어요. 해안성 기후에서도 잘 자라기 때문에 동해안 해안 마을의 주택가에서 정원수로 키우는 무화과나무를 많이 만날 수 있어요. 수도권에서는 춘천 화목원 온실처럼 온실에서 주로 키우고 있어요. 그러나 태안 안면도수목원, 전주 한국도로공사 수목원 등은 야외에서 무화과나무를 만날 수 있어요.

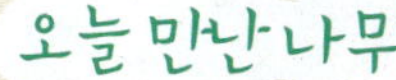
오늘 만난 나무

천선과나무

과명 뽕나무과   학명 *Ficus erecta*   꽃 5~6월   열매 6~10월   높이 3~4m

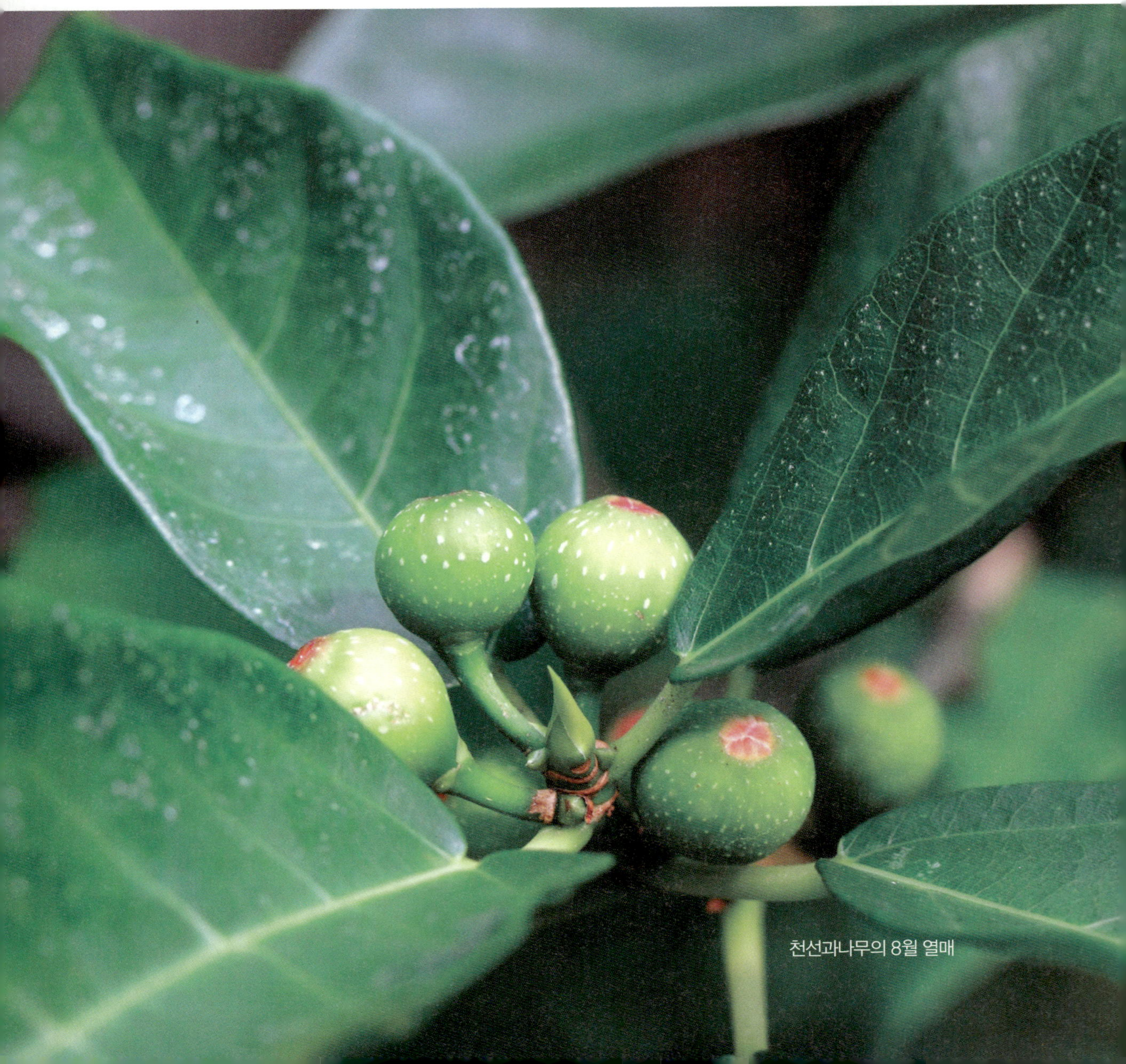

천선과나무의 8월 열매

천선과나무도 무화과나무와 비슷하게 꽃주머니 모양으로 꽃이 피어요. 암수딴그루이지만 암꽃이나 수꽃이나 꽃주머니 안에 숨어있기 때문에 육안으론 볼 수 없어요. 그러나 꽃주머니의 크기가 무화과에 비해 훨씬 작아요. 꽃주머니의 크기는 1.5cm 내외이고 잎도 손가락 형태로 갈라지지 않기 때문에 무화과나무와 비교하면 쉽게 구별할 수 있어요.

열매는 9~10월에 빨간색에서 점정색으로 익어요. 이 열매는 젖꼭지처럼 윗부분이 불룩 올라와있기 때문에 '젖꼭지나무'라는 별명이 붙었어요. 열매를 약으로 사용하면 식욕부진이나 중풍에 효과가 있어요. 나무 이름인 '천선과'는 '신선만이 먹는 열매'라는 뜻에서 붙은 이름이지만, 열매 맛은 무화과 열매와 비슷하거나 조금 못해요.

무화과나무가 서아시아에서 들어온 나무라면, 천선과나무는 우리나라에서 자생하는 나무예요. 비슷한 나무로는 '좁은잎천선과나무'가 있는데 말 그대로 잎의 모양이 천선과나무에 비해 조금 좁은 편이에요. 번식은 줄기를 꺾어 심으면 되는데 보통 6~7월 사이에 하는 것이 좋아요.

▲ 천선과나무의 잎

🌺 볼 수 있는 곳

경상남도 남해 미조리에 천연기념물 제29호로 지정되어 있는 마을숲이 있는데 그곳에 천선과나무가 많아요. 제주도나 보길도의 숲에서도 천선과나무를 종종 볼 수 있어요. 서울 홍릉수목원 온실의 천선과나무는 일반인에게 공개하지 않지만 광릉 국립수목원, 청원 미동산수목원, 태안 천리포수목원, 진주 반성수목원, 완도 난대수목원, 목포 특정자생식물원에서는 천선과나무를 일반인에게 공개하고 있어요.

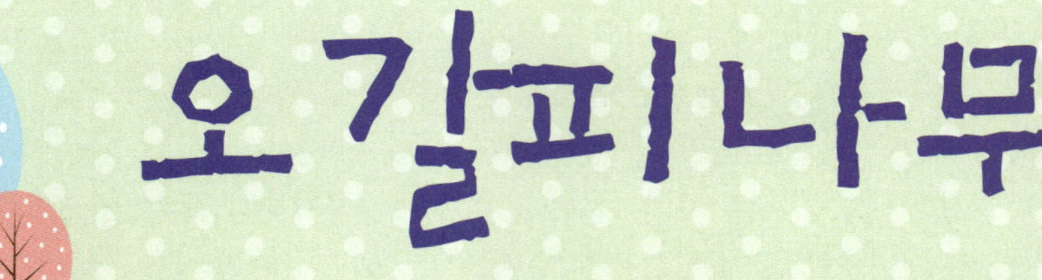

열매로 술을 담가 먹을 수 있는

오갈피나무

과명 두릅나무과　**학명** *Eleutherococcus sessilifloru*　**꽃** 8~9월　**열매** 10월　**높이** 3~4m

오갈피나무의 꽃

▲ 오갈피나무의 열매　　　　　　　　▲ 오갈피나무의 잎

오갈피나무는 잎이 5개로 갈라졌다고 해서 붙은 이름이에요. 실제 잎을 보면 5개로 갈라져 있는데 어린잎은 3갈래로 갈라진 경우도 있어요. 한약재로 유명해 한약을 만들 때 흔히 사용하는 나무예요.

꽃은 8~9월 사이에 가지 끝에서 산형화서 모양을 이룬 뒤 취산화서로 달려요. 둥글게 생긴 꽃무리가 2~9개씩 달리고 아주 작은 꽃이 다닥다닥 붙어있어요. 작은 꽃은 꽃잎이 5개, 수술도 5개, 암술대는 1개예요. 언뜻 보면 굉장히 징그럽고 못생긴 꽃이에요. 열매는 10월에 익고 둥근 모양이에요. 잎은 줄기에서 어긋나고 3~5개의 작은 잎이 프로펠러 모양으로 붙어있어요. 전체 잎의 크기는 15cm 내외이므로 우산처럼 쓰고 다닐 수도 있어요. 번식은 씨앗으로 할 수 있지만 2년이 필요하므로 보통은 꺾꽂이로 많이 해요. 또한 장마가 시작되면 줄기를 두 뼘 길이만큼 자른 뒤 땅에서 심으면 번식이 잘돼요.

한의사들은 오갈피나무 전체를 약으로 사용하는데 주로 나무껍질에 좋은 약효가 많아요. 오갈피로 만든 약은 요통, 각기병, 자양강장, 관절염, 허약체질에 효능이 있어요. 옛날에는 할머니들이 오갈피나무의 어린잎을 나물로 무쳐먹었고 성숙한 잎은 잘 말린 뒤 차로 음용하거나 가루를 내어 떡이나 국수를 만들 때 첨가했어요. 할아버지들은 오갈피 열매나 껍질로 술을 담가먹었는데 체력을 보충하고 혈액순환에 효능이 있었을 뿐 아니라 중풍을 예방할 수 있었어요.

🌸 볼 수 있는 곳

오갈피나무는 산에서 흔히 볼 수 있는 나무이지만 시간을 절약하려면 수목원이나 식물원을 찾아가는 것이 좋아요. 서울 홍릉수목원을 포함해 각 지방의 도립수목원에서 오갈피나무를 손쉽게 찾아볼 수 있어요.

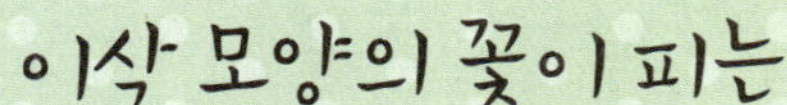

까치박달나무

▲ 까치박달나무의 수형   ▲ 까치박달나무의 열매 이삭

까치의 박달나무라는 뜻에서 '까치박달나무'라는 이름이 붙었어요. 원래 박달나무는 목재 재질이 아주 좋기 때문에 박달나무라고 이름이 붙은 나무들도 대부분 목재의 재질이 좋아요.

우리나라 남해안의 섬에서 볼 수 있는 까치박달나무는 흔히 좋은 숲에서만 볼 수 있는 나무라고 알려져 있어요. 숲의 생태계가 좋으려면 여러 나무들이 사이좋게 공존해야 하는데 그런 숲에서 까치박달나무가 발견되면 사람의 손때를 타지 않은 아주 좋은 최고의 숲이라는 뜻이에요.

까치박달나무의 꽃은 4~5월에 암꽃과 수꽃이 같은 나무에서 피어요. 수꽃은 꽃이삭이 주렁주렁 매달린 원통형의 이삭 모양으로 피는데 전체 길이는 6cm 정도이고 지난 해 가지 끝에서 피어요. 암꽃은 올해 새로 나온 가지에서 피고 전체 원통 길이가 수꽃보다 짧은 3~4cm 내외인

▲ 까치박달나무의 수꽃 이삭　　　　▲ 까치박달나무의 암꽃 이삭

데 언뜻 보면 송충이가 매달려있는 것처럼 보여요. 열매이삭은 10월에 완전히 익는데 역시 원통 모양이고 작은 이삭들이 비늘처럼 붙어있어요.

까치박달나무의 번식은 장마철에 꺾꽂이로 하거나 자연 낙하된 열매에서 씨앗을 채집해 잘 말린 뒤 1~5℃ 저온에서 저장했다가 다음 해 봄에 파종해요.

볼 수 있는 곳

우리나라 전국의 높은 산 숲에서 볼 수 있지만 제주도나 거제도에서 더 많이 볼 수 있어요. 까치박달나무는 안정된 숲을 상징하기 때문에 대부분의 수목원들이 까치박달나무를 키우면서 연구하고 있어요. 그래서 대부분의 도립수목원에서 까치박달나무를 만날 수 있어요.

등칙

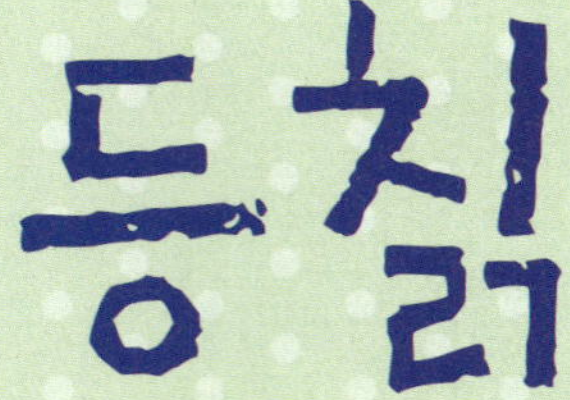

과명 쥐방울덩굴과　**학명** *Aristolochia manshuriensis*　**꽃** 4~5월　**열매** 9~10월　**길이** 10m

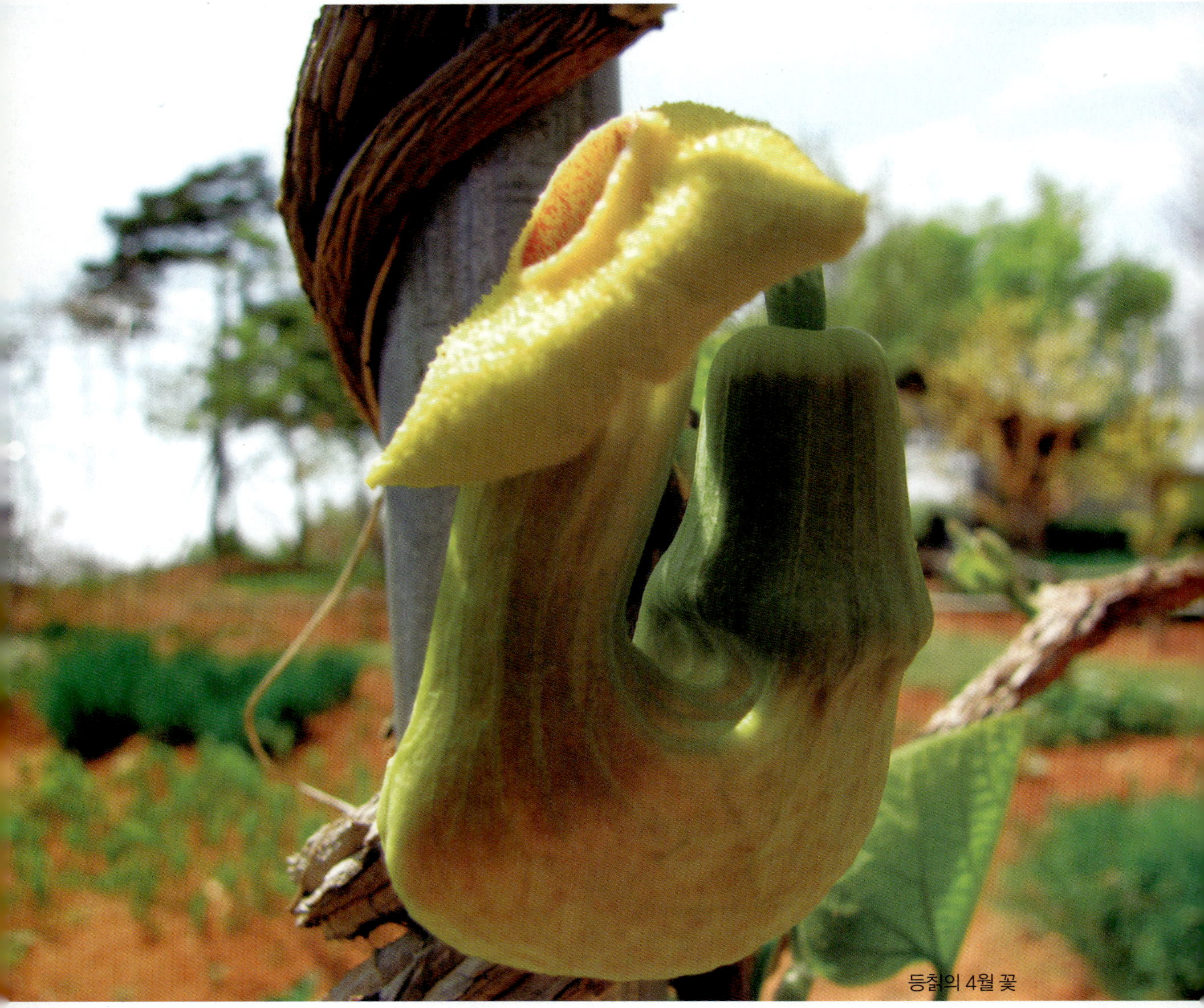

등칙의 4월 꽃

쥐방울덩굴과 식물 중에서 몇몇 식물은 꽃의 모양이 아주 독특해요. 등칡도 그중 하나인데 꽃의 모양이 색소폰을 닮아있어요. 꽃의 크기도 10cm까지 자라므로 제법 큰 편이에요. 등칡이란 이름은 잎 모양이 칡잎과 닮았다 해서 붙은 이름이에요.

등칡의 꽃은 4~5월에 피고 암꽃과 수꽃이 서로 다른 나무에서 개화를 해요. 수꽃은 진한 노란색이고 색소폰처럼 꼬부라져 있어요. 처음 이 꽃을 보면 열매인지 꽃인지 몰라 당황하는 경우가 많아요. 등칡의 열매는 애호박과 비슷하고 등칡의 잎은 칡잎과 비슷하게 생겼어요. 이 때문에 등칡은 칡인 줄 알고 죄 없이 뽑혀서 죽는 경우가 허다해요. 우리나라 어디서나 볼 수 있는 칡은 농작물의 생존을 방해하기 때문에 농부들이 보일 때마다 뽑아 없애는데 등칡도 꽃이 피기 전에는 칡인 줄 알고 수난을 당하는 것이에요. 하도 수난을 당하니까 개체수가 많이 줄어들었고 이 때문에 산림청은 등칡을 희귀식물로 지정했어요.

▲ 등칡의 잎

번식은 씨앗이나 꺾꽂이로 할 수 있는데 가을에 채취한 씨앗을 땅에 묻어두었다가 이듬해 봄에 뿌리면 발아가 잘되는 편이에요. 줄기 껍질은 한의사들이 방광염, 입속 염증, 악성종양, 종기에 효능이 있다고 말해요.

볼 수 있는 곳

남해안 섬지방을 제외한 전국의 산이나 들판에서 볼 수 있지만 잎의 모양이 칡하고 비슷해 찾아보기 힘든 편이에요. 손쉽게 등칡을 찾아보고 싶다면 꽃이 필 무렵 광릉 국립수목원, 태안 천리포수목원, 전주 한국도로공사 수목원을 찾아가야 해요.

자주받침꽃

과명 받침꽃과　　**학명** *Calycanthus floridus*　　**꽃** 5~7월　　**열매** 6~10월　　**길이** 2~3m

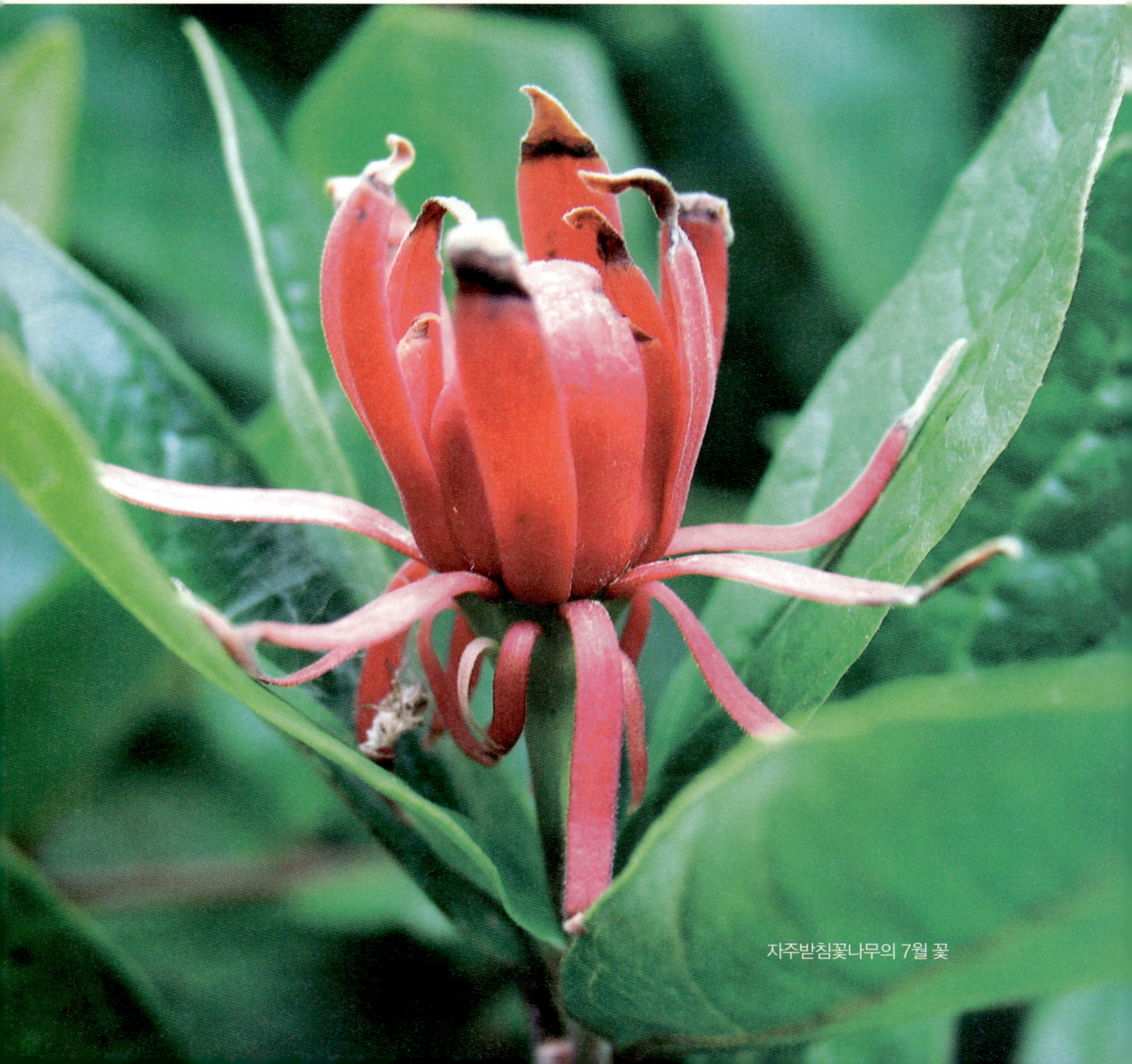

자주받침꽃나무의 7월 꽃

자주받침꽃나무의 꽃을 처음 본 사람들은 진짜 꽃인지 가짜 꽃인지 헷갈려하는 경우가 많아요. 그래서 꽃잎을 살짝 만져보는데 줄기에 붙어있기 때문에 진짜 꽃이라는 것을 그제야 눈치 채요. 언뜻 보면 종이로 만든 꽃처럼 보이기 때문에 신기한 생각까지 들어요.

어두운 초콜릿 빛깔의 꽃은 5~6월에 개화를 해요. 언뜻 보면 종이로 만든 것처럼 조금 딱딱하기 때문에 시들어도 7~8월까지 남아있어요. 재수가 좋으면 개화시기를 놓쳐도 자주받침꽃나무의 꽃을 볼 수 있어요. 꽃의 크기는 3.5~5cm이고, 바나나와 파인애플 향과 비슷한 향기가 있는데 이 향기는 저녁에 특히 강하고 낮에는 없거나 약해요. 열매는 풍선 모양의 갈색으로 익고, 열매를 까면 작은 밤톨처럼 생긴 씨앗이 있어요. 씨앗에는 독성 성분이 있으므로 먹을 수 없어요. 나무껍질은 미국 원주민들이 계피향 대신 사용하였고, 나무껍질이나 뿌리로 만든 차는 강력한 구토제, 이뇨제 등으로 사용한 기록이 있지만, 이 식물을 섭취하고 동물들이 독성 반응을 보이는 경우가 많아 약용에는 조심해야 해요.

볼 수 있는 곳

자주받침꽃은 미국 북동부 원산의 나무이므로 우리나라 산에서는 볼 수 없고 심어서 키우는 경우가 많아요. 광릉 국립수목원, 전주 한국도로공사수목원, 완도 난대수목원과 몇몇 식물원에서 간혹 만날 수 있어요.

줄기와 잎이 신기한 나무

줄기에 날개나 가시가 있는 나무들에 대해 공부해 보아요. 아울러 잎에 혹이 있는 나무를 정리해 보아요.

줄기에 화살처럼 날개가 있는	화살나무
잎에 혹이 있는	조록나무
줄기의 가시로 종기를 터트렸던	주엽나무, 조각자나무
나무껍질에 바늘 같은 가시가 있는	음나무

화살나무

과명 노박덩굴과　　**학명** *Euonymus alatus*　　**꽃** 5월　　**열매** 10월　　**높이** 1~3m

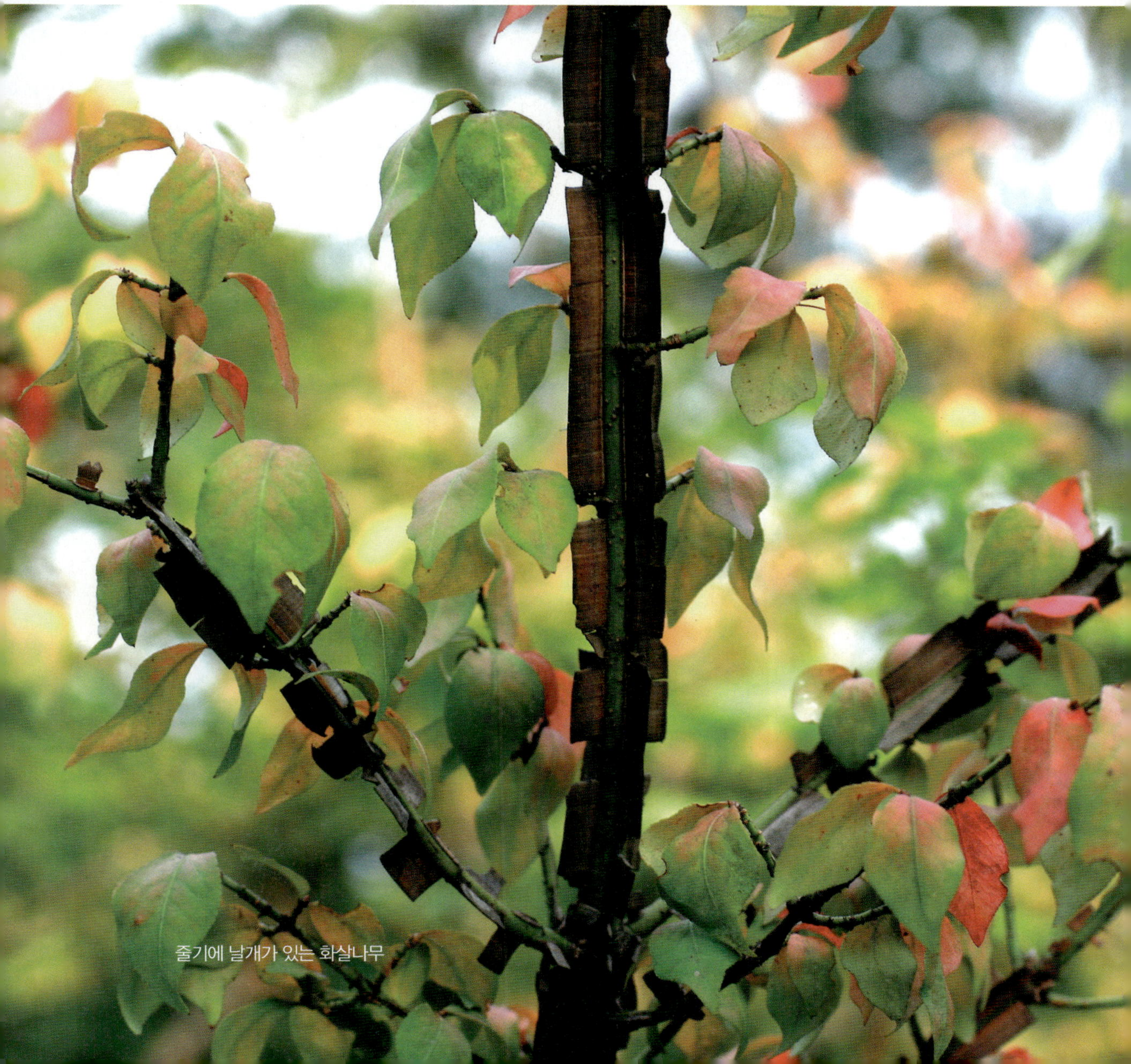

줄기에 날개가 있는 화살나무

노박덩굴과 식물들은 덩굴식물이 있고 키 작은 관목형 나무들도 있어요. 화살나무는 노박덩굴과에 속하는 키 작은 나무로 줄기에 날개가 있는 것으로 유명해요. 그래서 식물원을 처음 찾는 사람들도 줄기에 날개가 있는 것을 보고는 화살나무라고 알아차리죠. 이 날개는 때때로 비바람에 부서지고 없어지기도 하므로 화살나무를 관찰할 때는 반드시 각각의 줄기와 밑동에도 날개가 있는지 관찰해봐야 해요. 줄기에 날개가 있는 나무는 화살나무와 회잎나무가 있지만 날개가 많은 나무는 화살나무라고 말해도 상관없어요.

우리나라와 만주, 중국, 일본에서 자생하는 화살나무의 꽃은 잎겨드랑이에서 나고 보통 2~3개의 꽃이 개화를 해요. 꽃의 모양은 '회잎나무'와 거의 똑같을 정도로 구분할 수 없어요. 열매는 10월에 빨간색으로 익는데 겨울 내내 달려있으면서 새들의 좋은 먹이가 되기도 해요. 줄기

▲ 화살나무의 열매

▲ 화살나무의 꽃

에서 마주나는 잎은 잎자루가 짧고 타원형이거나 달걀을 거꾸로 세운 형태인데 잎의 모양도 회 잎나무와 비슷해요. '화살나무'와 '회잎나무'는 자매지간라고 할 수 있는데 흔히들 잔줄기에도 날개가 있으면 화살나무, 잔줄기에 날개가 없으면 회잎나무라고 말해요.

화살나무와 회잎나무의 어린잎은 나물로 무쳐먹을 수 있는데 맛이 좋은 나물로 유명해요. 이 나물을 시장에서 '홑잎나물'이라고 팔고 있지만 어린잎은 봄에만 나므로 이른 봄에만 볼 수 있 어요. 날개가 달린 줄기는 약으로 달여 먹는데 특히 여자들에게 좋은 약이에요. 요즘은 암 치 료에 효능이 좋다는 소문나면서 화살나무를 무단으로 캐가는 사람들도 많아지고 있어요. 번식 은 꺾꽂이를 추천하는데 3월, 6월에 줄기를 꺾어 심으면 번식이 잘되는 편이에요.

▲ 화살나무의 잎

🌸 볼 수 있 는 곳

화살나무는 줄기가 독특하고 가을 단풍이 예쁘기 때문에 조경업자들에게 인기가 많아요. 그래 서 도시공원이나 어린이놀이터에서 조경수로 심어놓은 화살나무를 많이 볼 수 있어요. 또한 도 로변에서 울타리용으로 심은 것도 볼 수 있을 뿐 아니라 산에서도 자주 볼 수 있어요. 화살나무 는 아주 인기가 많기 때문에 각 지방의 도립수목원에서도 흔히 볼 수 있어요.

조록나무

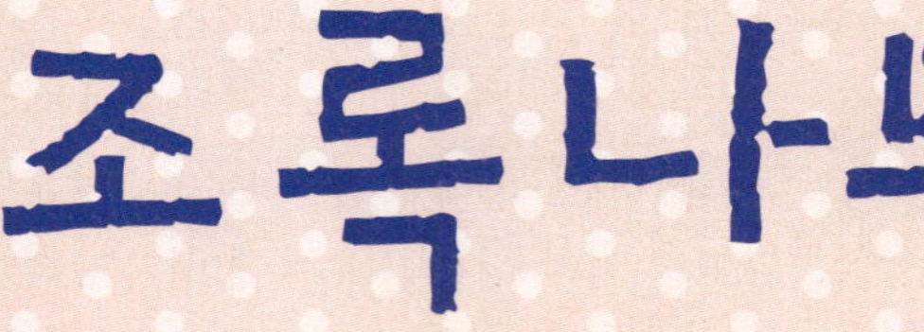

과명 조록나무과　　**학명** *Distylium racemosum*　　**꽃** 4~5월　　**열매** 11월　　**높이** 10~20m

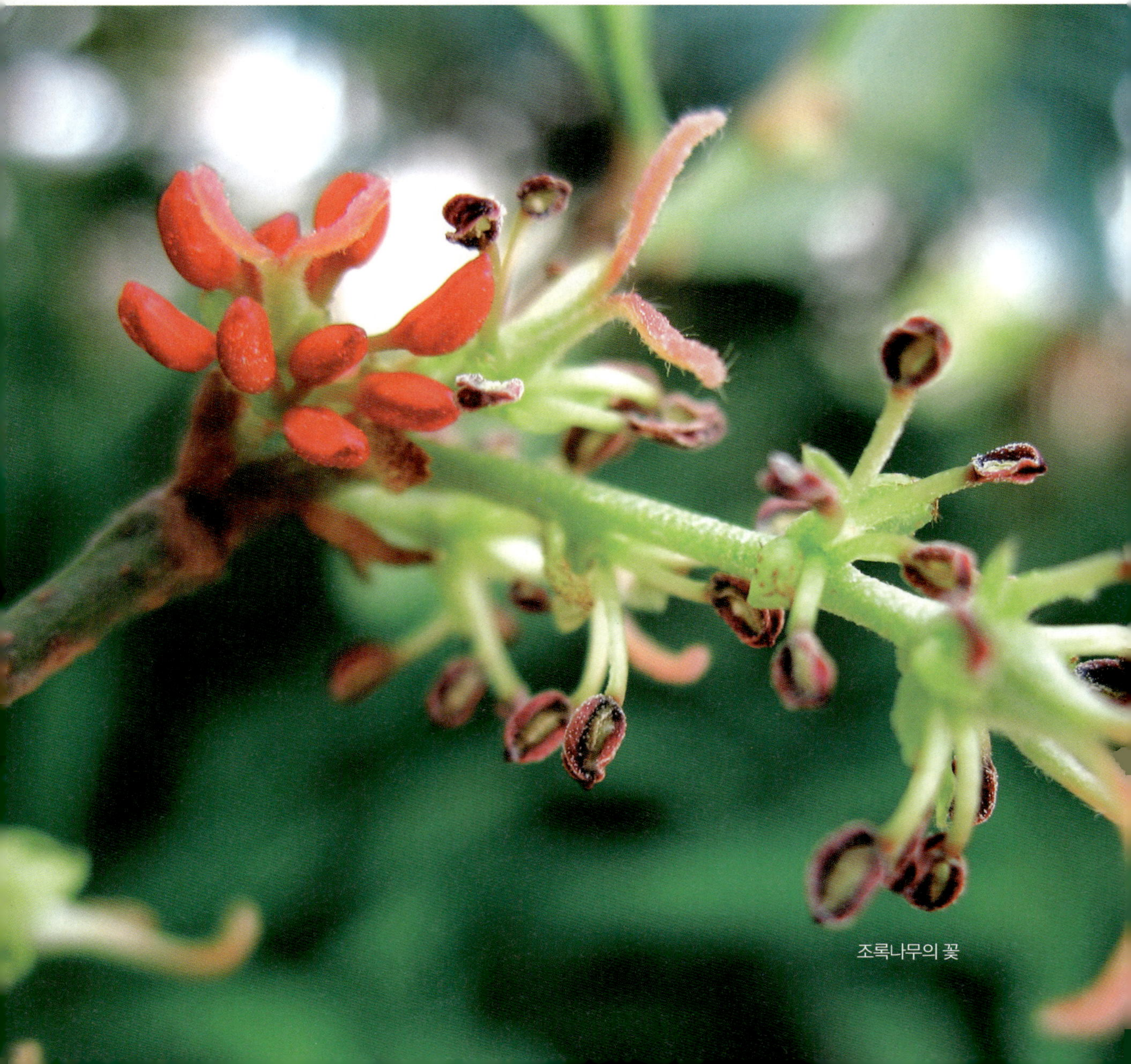

조록나무의 꽃

▲ 조록나무

▲ 조록나무의 열매 모습

조록나무는 잎에 혹이 있는 나무로 유명해요. 이 혹은 '오배자'라고 불리는 해충이 알을 까고 그 알이 자란 뒤 탈출한 흔적인데 흔히들 '벌레집'이라고도 말해요. 오배자는 1mm 크기이기 때문에 눈에는 잘 보이지 않고, 이 혹 때문에 조록나무는 '입벌레혹나무'라는 별명도 있죠.

▲ 잎에 혹이 있는 조록나무

조록나무의 꽃은 4~5월에 피는데 암수 한꽃이거나 암수 따로 피는 잡성 성질을 가지고 있어요. 꽃받침은 5~6개로 갈라지고 수술은 10여개, 꽃밥은 빨간색, 암술은 1개이고 끝이 2갈래로 갈라져요. 본문 사진에서 관찰하면 빨간색 꽃밥이 있는 것이 수술이고, 2갈래로 갈라진 것은 암술, 어두운 색의 꽃밥은 수술이 시들어 죽은 것이에요. 열매는 9~10월에 익는데 끝부분이 2갈래로 갈라지고 씨앗이 2개씩 들어있어요.

목재는 나무빗, 망치자루, 악기를 만들 수 있을 뿐 아니라 목검을 만들어 무술 연습을 할 수 있을 정도로 품질이 좋은 편이에요. 그러나 다른 나무에 비해 바람이 불면 반대편으로 기울어져 자라는 경향이 강한데 그것은 뿌리가 그만큼 약하다는 뜻이겠죠. 번식은 3월과 6월에 꺾꽂이로 할 수 있는데 실패율이 높으므로 줄기를 여러 개 심어봐야 해요.

볼 수 있는 곳

조록나무는 제주도 한라산 기슭에서 볼 수 있어요. 따뜻한 제주도에서 자라는 나무이므로 중부 지방에서는 창경궁 온실, 춘천 화목원 온실, 광릉 국립수목원 온실에서 볼 수 있어요. 경상도와 전라도에 있는 도립수목원에서는 야외에서 조록나무를 만날 수 있어요.

줄기의 가시로 종기를 터트렸던

주엽나무와 조각자나무

과명 콩과 **학명** *Gleditsia japonica Miq* **꽃** 5~6월 **열매** 7~10월 **높이** 15~20m

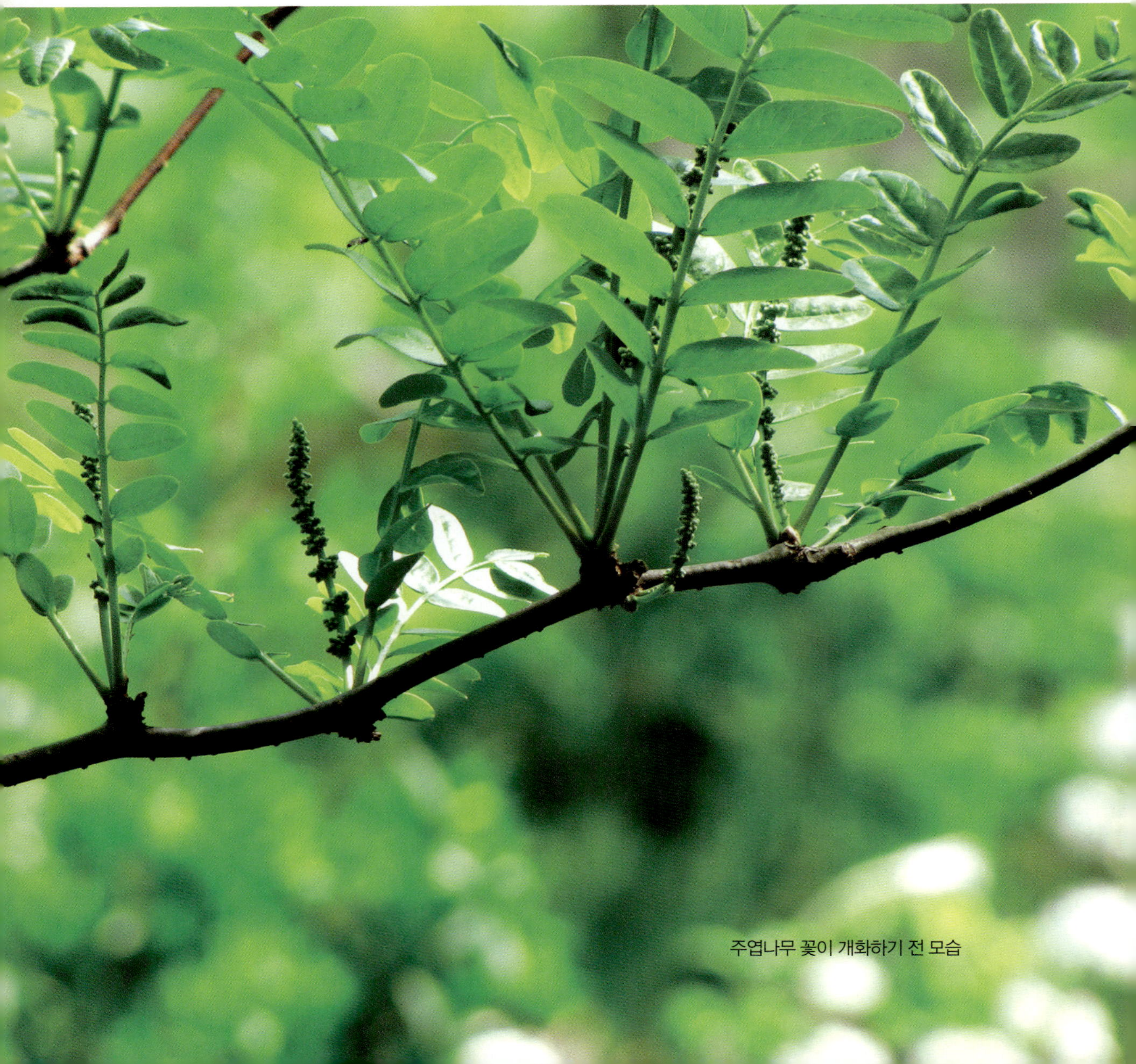

주엽나무 꽃이 개화하기 전 모습

▲ 주엽나무   ▲ 꼬투리 열매가 비비꼬여 자라는 주엽나무

주엽나무와 조각자나무는 나무 표피에 날카로운 가시가 있는 것으로 유명해요. 이 가시는 10~30cm 길이이므로 잘못하면 손을 찔릴 수도 있어요. 이중에 주엽나무는 우리나라에서 자생하는 나무이고, 조각자나무는 중국에서 들어온 나무인데 둘 다 거의 비슷한 종류의 나무라고 할 수 있어요.

주엽나무의 꽃은 암꽃과 수꽃이 같은 그루에서 피고 수상화서로 개화를 해요. 열매는 꼬투리 모양이고 비비 꼬여서 자라는 성격이 있고, 나무 표피에 있는 가시는 조금 납작하게 자라고 있어요.

조각자나무(Gleditsia sinensis Lamarck)는 중국에서 들어온 나무로 키워 기르는 나무예요. 주엽나무와 생김새가 거의 비슷하지만 가시가 둥근 편이고, 열매 꼬투리가 비비 꼬이지 않고 자라는 성질이 있어요. 이 때문에 주엽나무와 조각자나무는 가시 모양과 열매 모양으로 구분할 수 있어요.

▲ 약간 납작한 형태로 자라는 주엽나무의 가시

▲ 둥근 형태로 자라는 조각자나무의 가시

두 나무는 기근기에 어린잎을 나물로 먹거나, 열매의 과육을 꿀과 함께 볶아먹은 기록이 있어요. 거의 만병통치약이라고 하여 나뭇잎을 달인 물은 항균, 염증에 사용하고, 열매는 간질과 가래에 사용하고, 열매에는 비누 성분이 있어 달인 물로 목욕을 할 수 있고, 씨앗은 암에 사용하기도 했어요. 식물체에 살균 성분이 많으므로 가시는 종기를 터트릴 때 사용하기도 했어요. 하지만 약간의 독성 성분이 있으므로 임산부에겐 좋지 않고 과용하면 몸에 악영향을 줄 수 있어요. 번식은 씨앗이나 꺾꽂이로 할 수 있어요.

▲ 아까시나무잎과 비슷한 주엽나무의 잎

🌸 볼 수 있는 곳

주엽나무는 우리나라 전국의 높은 산이나 산골짜기, 냇가에서 볼 수 있고 각 지방마다 오래된 서원이나 마을에서 때때로 늙은 주엽나무를 볼 수 있어요. 또한 광릉 국립수목원, 전주 한국도로공사 수목원 등에서도 주엽나무를 만날 수 있어요.

오늘 만난 나무

음나무

(엄나무)

과명 두릅나무과　**학명** *Kalopanax septemlobus*　**꽃** 7월　**열매** 11월　**높이** 25m

▲ 20m높이의 음나무　　　　　　　▲ 음나무의 꽃과 열매

TV에서 생약을 광고할 때 흔히 '엄나무'로 만든 약이라고 광고하는 경우가 있어요. 한약으로 유명한 엄나무의 정식 명칭은 '음나무'라고 해요. 음나무는 우리나라와 중국, 일본에서 자생하며 예로부터 한약재로 유명한 나무예요.

이 나무의 특징은 잎이 크고 손가락 모양으로 갈라지고 나무껍질에 가시가 있다는 점이에요. 가시는 바늘처럼 날카로운데 어린 나무일수록 가시가 크고 나이를 먹으면 점차 없어지곤 해요. 꽃은 새로 난 줄기에 달리는데 여러 개로 갈라진 꽃대에 산형화서로 작은 꽃들이 촘촘히 매달려 있어요. 꽃은 암수한꽃이고 7~8월에 피고 꽃이 지면 바로 둥근 열매가 생겨요.

음나무의 이름은 '음'이라는 노리개에서 유래되었어요. 예로부터 잡귀신을 쫓는 나무라고 해서

▲ 음나무의 잎

▲ 음나무의 나무껍질과 가시

이 나무로 노리개를 만들어 아이들의 장난감으로 주었는데 그 노리개의 이름이 '음'이라고 해요. 지금도 시골에 가면 간혹 무당들이 음나무 줄기로 귀신을 쫓는 굿을 하기도 해요.

음나무는 한약재로 아주 유명한데 중풍, 마비, 종기, 구내염, 관절통에 효능이 있어요. 이른 봄에는 어린잎을 채취해 나물로 무쳐먹는데 땅두릅과 비슷한 맛이지만 약간의 퀴퀴한 냄새가 있어요. 번식은 종자와 뿌리로 할 수 있어요.

 볼 수 있는 곳

음나무는 예로부터 약용수로 유명했기 때문에 키워 기르는 경우가 많았어요. 그 때문에 우리나라엔 오래된 음나무가 많은데 강원도 삼척의 천연기념물 363호 음나무는 무려 1천년된 나무예요. 주로 강원도의 높은 산에서 음나무를 볼 수 있지만 각 지방의 도립수목원에서도 쉽게 만날 수 있어요.

오늘 만난 나무

호랑가시나무와 괴불나무

잎이 리본 모양인 호랑가시나무와 열매가 개의 생식기처럼 생긴 괴불나무에 대해 알아보아요. 우리나라 산에서도 볼 수 있고 각 지역의 도립수목원에서도 만날 수 있는 나무들이에요.

호랑가시나무 (감탕나무과. Ilex cornuta)

중부이남에서 자라는 호랑가시나무는 잎이 리본 모양으로 생긴 나무예요. 리본 모양의 잎은 크리스마스트리 장식에도 좋아요. 꽃은 5월에 피고, 열매는 10월에 익어요.

▲ 호랑가시나무의 꽃

▲ 호랑가시나무의 열매

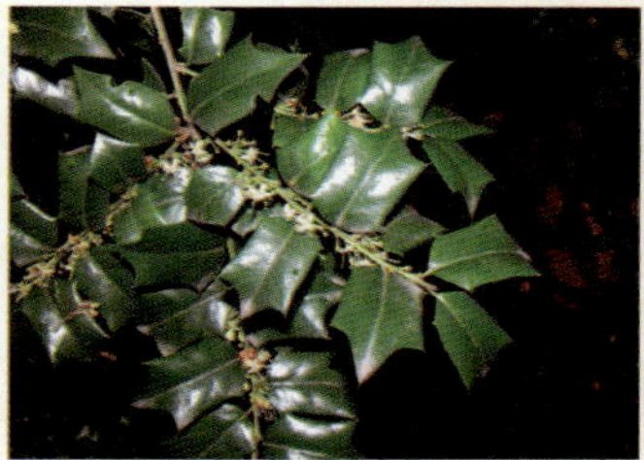
▲ 호랑가시나무의 잎

괴불나무 (인동과. Lonicera maackii)

괴불나무는 열매의 생김새가 개의 생식기를 닮았다고 해서 붙은 이름이에요. 실제 열매를 관찰하면 둥근 열매 2개가 개의 생식기처럼 붙어있어요. 우리나라에서는 경기 이북지방에서 자생하지만 각 지역의 도립수목원에서도 만날 수 있어요.

▲ 괴불나무의 수형

▲ 괴불나무의 꽃

▲ 괴불나무의 열매

part 11

가을이 되면 좋은 냄새, 나쁜 냄새가 나는 나무

가을이 되면 특별한 냄새가 나는 나무들이 있어요. 어떤 나무는 열매를 터트리면 독한 냄새가 나고 어떤 나무는 가까이에만 다가가도 설탕냄새가 나기도 해요.

가을에 향긋한 설탕 끓이는 향이 나는　　　　계수나무

가을에 열매를 밟으면 악취가 나는　　　　　은행나무

열매를 터트리면 말오줌 냄새가 나는　　　　말오줌때

계수나무

과명 계수나무과 **학명** *Cercidiphyllum japonicum* **꽃** 4~5월 **열매** 6~12월 **높이** 5~30m

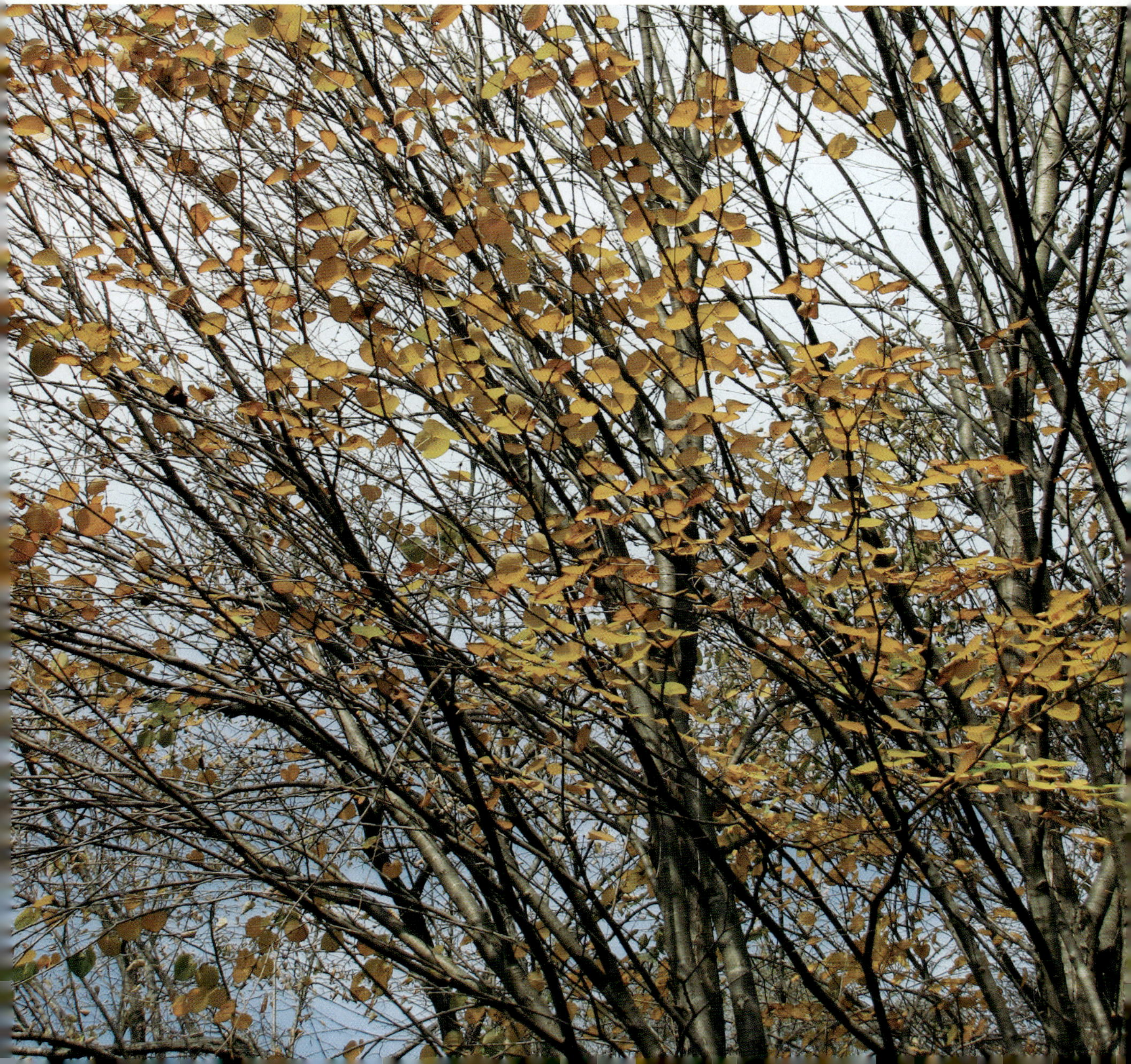

▲ 계수나무의 4월 수꽃   ▲ 계수나무의 10월 열매

계수나무는 전래동화에서 흔히 접했던 나무예요. 달에서 토끼 두 마리가 계수나무 밑에서 떡방아를 찧는다는 전래동화는 누구나 들어봤던 이야기이니까요. 이 때문에 윤극영님의 동요도 생겨났어요.

> 푸른 하늘 은하수 하얀 쪽배엔 계수나무 한 나무 토끼 한 마리
> 돛대도 아니 달고 삿대도 없이 가기도 잘도 간다 서쪽 나라로

하얀 쪽배는 초승달을 말하고 계수나무와 토끼는 달의 어두운 부분이 만들어낸 환영이라고 해요.

중국과 일본에서 자생하는 계수나무는 우리나라에 수입된 뒤 정원수로 널리 심어졌어요. 이 나무의 특징은 가을 단풍이 매우 아름답다는 것인데 한 가지 덤이 있어요. 단풍철이 되면 노란 계수나무 잎에서 설탕냄새가 나는 것이에요. 이 때문인지 몰라도 단풍철에 설탕냄새가 나는 쪽으로 고개를 돌려보면 분명 계수나무가 있다고 해요.

계수나무의 꽃은 4~5월에 피고 암수딴그루예요. 잎보다 먼저 꽃이 피기 때문에 계수나무의 꽃은 알아보는 사람들이 없어요. 원래 나무는 잎을 보면 어떤 나무인지 알 수 있는데 잎이 없는 상태에서 꽃이 먼저 나니까 어떤 나무의 꽃인지 알아보지 못하는 것이에요. 그러므로 계수나무의 꽃을 보고 싶다면 계수나무가 정확하게 어디에 심어져있는지 기억해두는 것이 좋아요.

열매는 6월부터 나기 시작해 8월이 지나면 익기 시작해요. 꽃도 알아보기 힘들지만 열매도 열매처럼 생기지 않아 찾아보기가 힘든 편이에요. 열매는 12월쯤이 되면 양쪽으로 갈라지고 씨앗이 보이기 시작해요.

매력적인 하트 모양의 잎은 줄기에서 마주나고, 가을에 단풍이 들면 설탕을 끓인 듯한 향기가 나기 시작해요. 왜 그런 향기가 나는지에 대해서는 아직 연구한 사람이 없어요. 계수나무 목재는 가구, 바둑판, 장기판을 만들 수 있어요. 번식은 씨앗을 땅에 묻어두었다가 다음해 봄에 파종해야 해요.

▲ 계수나무의 잎

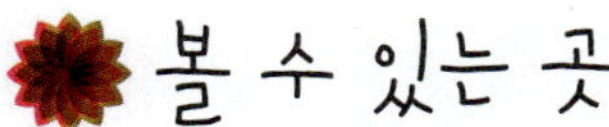 볼 수 있는 곳

계수나무는 중국과 일본의 원산지에서는 해발 1600m 이상의 아주 높은 산에서만 볼 수 있는 나무예요. 인기가 많기 때문에 요즘은 도시에서도 흔히 심고 우리나라에서도 도시공원이나 대학교, 관공서에서 많이 심어요. 홍릉수목원, 광릉수목원은 물론 전국의 수목원에서 계수나무를 볼 수 있어요.

은행나무

과명 은행나무과   **학명** *Ginkgo biloba L*   **꽃** 4월   **열매** 10월   **높이** 60m

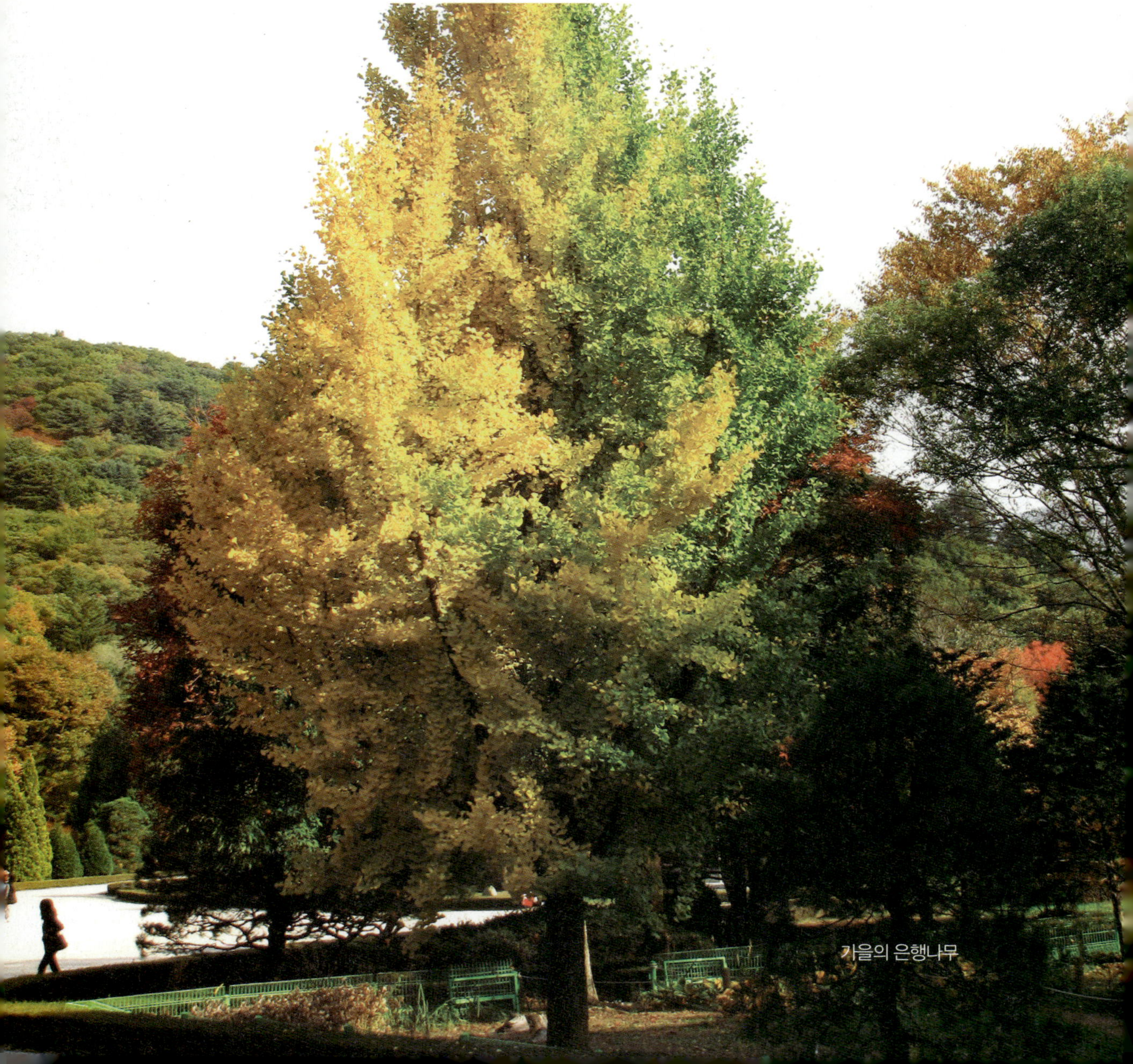

가을의 은행나무

▲ 은행나무의 수꽃

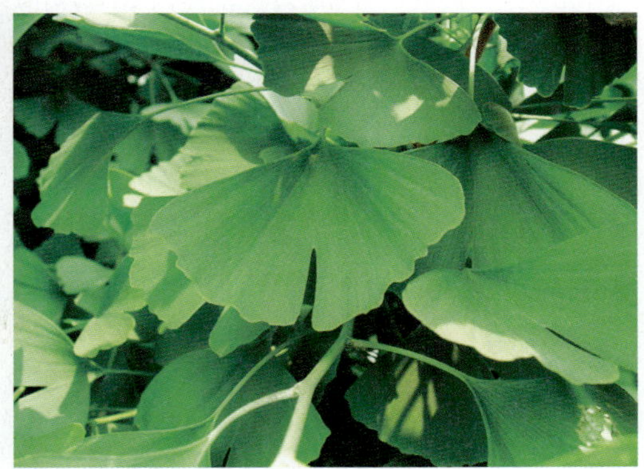
▲ 은행나무의 잎

은행나무는 가장 흔히 볼 수 있는 나무이지만 남한 땅에 자생지가 없고 북한 압록강에 자생지가 있어요. 아주 오래전인 신라시대 때 중국에서 들어온 이 나무는 그 후 키워 기르기 시작하였고 지금은 전국에서 볼 수 있어요. 이 나무의 특징은 화려하고 아름다운 단풍이지만 열매껍질에서 악취가 나는 것으로도 유명해요. 게다가 이 열매껍질에는 유독 성분이 있어 손으로 만지면 염증이 일어날 수도 있어요.

▲ 은행나무의 열매

은행나무는 암수딴그루로서 꽃은 4~5월 사이에 개화를 해요. 열매는 10월에 익는데 바깥껍질의 육질에서 심한 냄새가 나요. 가을에 은행열매를 밟으면 이 육질이 터지면서 악취가 나는 것이죠. 이 육질을 벗기면 은행알이라고 불리는 씨앗이 들어있는데 씨앗은 딱딱한 껍질로 쌓여 있어요. 딱딱한 껍질을 벗기면 얇은 껍질로 쌓인 배유가 있어요. 배유의 얇은 껍질을 벗기면 녹색 알맹이가 나오고 이 부분을 사람이 먹을 수 있어요. 흔히 먹는 은행알은 배유를 굽거나 볶아서 먹는 것이라 할 수 있죠. 바깥껍질의 육질은 아주 심한 독성이 있으므로 사람이 먹을 수 없어요. 배유에도 약간의 독성이 있지만 굽거나 볶으면 독성 성분이 사라진다고 해요.

신라시대 때부터 키워 기른 까닭에 우리나라에는 오래된 은행나무 고목이 참 많아요. 그중 나이 많은 은행나무는 천연기념물로 지정되어 있는데 용문사 은행나무가 가장 유명해요. 경기도 양평 용문사 은행나무는 수령 1천 100년이나 되어 천연기념물 30호로 지정되어 있어요. 용문사 은행나무는 키가 42m나 될 정도로 아주 큰 규모를 자랑해요. 강원도 영월군 하송리의 수령

▲ 전라남도 강진의 김영랑 생가 은행나무

1,200년 된 은행나무는 키가 18m에 불과하므로 용문사 은행나무의 크기가 어느 정도인지 짐작할 수 있을 거예요. 은행나무는 최고 70m까지 자란다고 하는데 그 정도 높이면 아파트 20층 높이라고 할 수 있어요. 은행나무 고목이 우리나라에 많은 이유는 그만큼 이 나무가 생명력이 강하다는 뜻이에요. 생명력이 강하므로 공해에 이기는 힘도 강할 거예요. 이 때문에 대도시에서 가로수를 심을 때는 첫 번째로 선택하는 것이 은행나무라고 해요.

번식은 바깥껍질을 벗긴 상태에서 딱딱한 껍질 상태의 씨앗을 심어야 하는데 일단 가을에 채취한 씨앗을 땅 속에 묻어두었다가 이듬해 봄에 파종해야 해요. 생존력이 아주 뛰어나기 때문에 씨앗 3개를 뿌리면 2개가 발아를 해요. 또한 꺾꽂이로도 번식할 수 있는데, 3월경에 손가락 굵기의 줄기를 20cm 길이로 잘라 땅에 심으면 거의 100% 생존해요.

🌸 볼 수 있는 곳

은행나무는 우리 주변에서 가장 흔하게 볼 수 있는 나무이므로 굳이 수목원에 갈 필요가 없어요. 학교에서도 많이 볼 수 있고 가로수로도 흔히 볼 수 있어요.

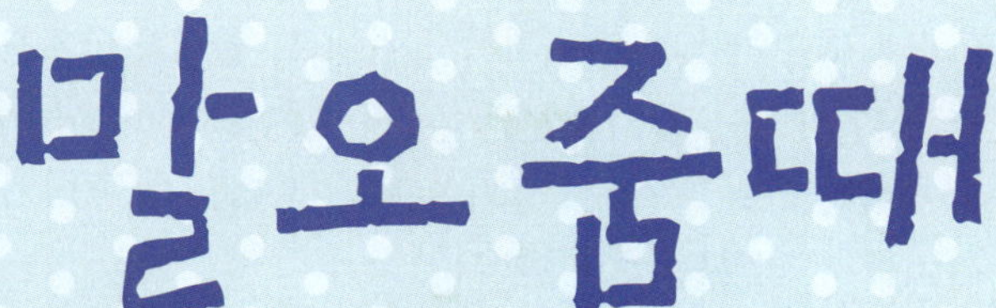

말오줌때

과명 고추나무과　**학명** *Euscaphis japonica*　**꽃** 5월　**열매** 6~9월　**높이** 3~6m

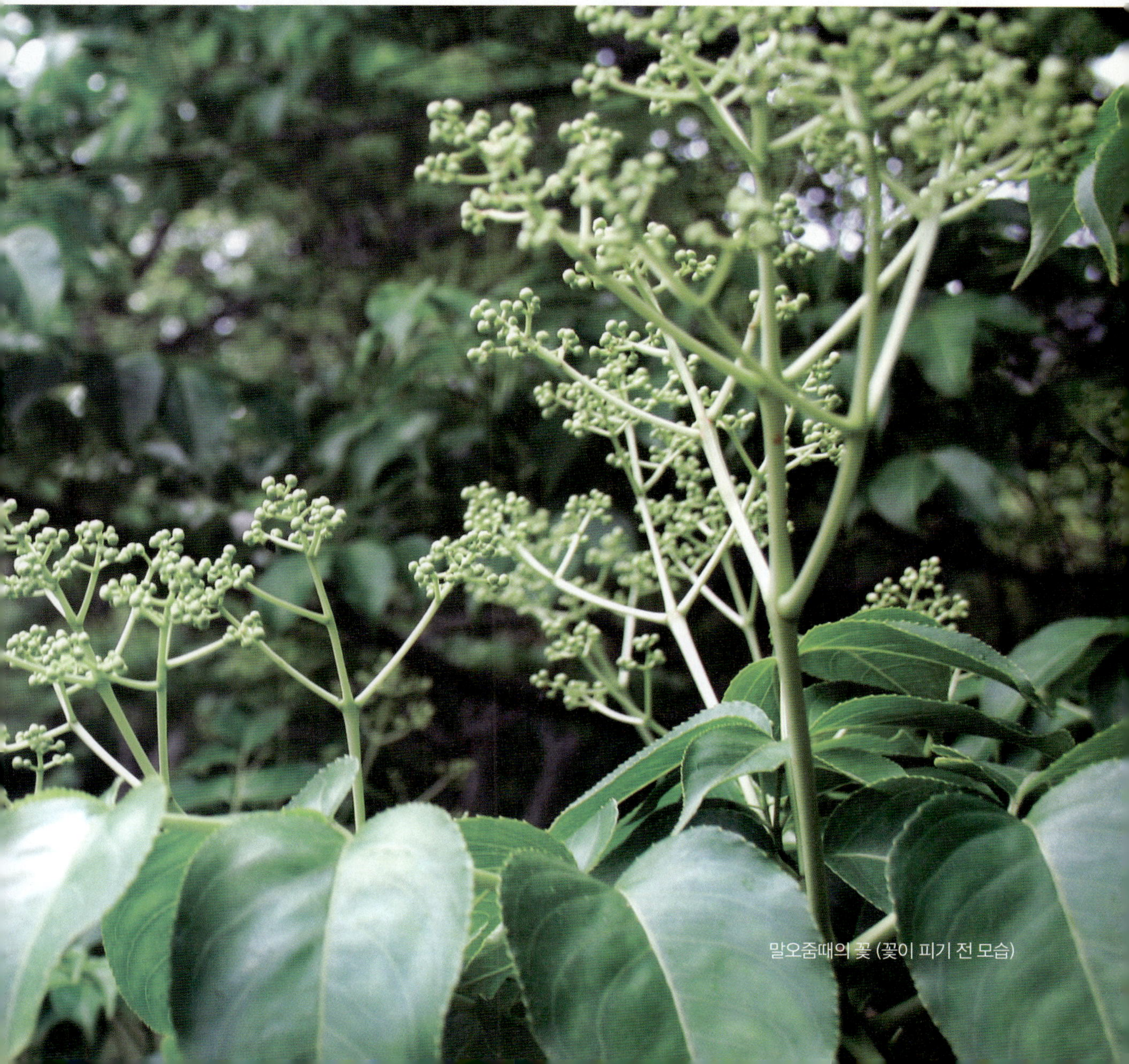

말오줌때의 꽃 (꽃이 피기 전 모습)

말오줌때는 열매에서 아주 고약한 냄새가 나는 것으로 유명해요. 한번은 말오줌때라는 이름이 붙은 이유가 궁금해 이 나무를 한참 관찰했는데 어디에서도 말오줌 냄새가 나지 않았어요. 그러다 7월이 되자 이상하게 생긴 열매가 나기 시작한 거예요. 열매를 만지작거리다가 열매 안이 궁금해 갈라보았더니 고약한 냄새가 갑자기 진동을 하는 것이죠. 그제야 이 나무에 말오줌때란 이름이 붙은 이유를 알게 되었다는 거죠. 이 냄새는 가지를 꺾을 때도 나기 때문에 말오줌때를 관찰할 때는 열매나 가지를 꺾지 않는 것이 좋아요.

▲ 말오줌때의 7월 열매

우리나라 남부 섬지방에서 볼 수 있는 말오줌때는 꽃과 잎의 모양이 딱총나무와 비슷해 '나도딱총나무'라는 별명이 있어요. 열매는 꼬부라진 타원형인데 부풀어 오른 주머니가 2~3개씩 붙어 있는 이상한 생김새를 가졌어요. 열매는 녹색이었다가 잘 익으면 빨간색으로 변하고 그 안에는 검은색 씨앗이 있어요. 씨앗은 약으로 사용할 수 있는데 종기, 통증, 설사, 항문탈출에 효능이 있다고 해요. 어린잎은 나물로 먹을 수 있고, 번식은 씨앗을 채취한 뒤 바로 파종하는 방식이 좋아요.

 볼 수 있는 곳

주로 우리나라 남해안의 섬에서 볼 수 있지만 춘천 화목원 온실과 태안 안면도수목원, 완도 난대수목원 등의 남부지방 수목원에서도 만날 수 있어요.

오늘 만난 나무

큰 잎 나무와 작은 잎 나무

잎은 나무가 광합성을 할 때 필요한 가장 중요한 도구예요. 어떤 나무는 큰 잎으로 광합성을 하고 어떤 나무는 작은 잎으로도 광합성을 잘 하니 참 신기한 나무 세상이에요.

잎이 박쥐 날개를 닮은	박쥐나무
우리나라에서 잎이 가장 큰	오동나무, 참오동나무
중국과 미국에서 들어온	개오동나무, 미국개오동나무
도시공원에서 흔히 심는	칠엽수
잎이 아주 작은 나무	백정화
식물 전체에 수많은 약용성분이 있는	산초나무
추어탕을 먹을 때 집어넣는 향신료	초피나무

박쥐나무

과명 박쥐나무과   **학명** *Alangium platanifolium*   **꽃** 5~6월   **열매** 7~10월   **높이** 3~4m

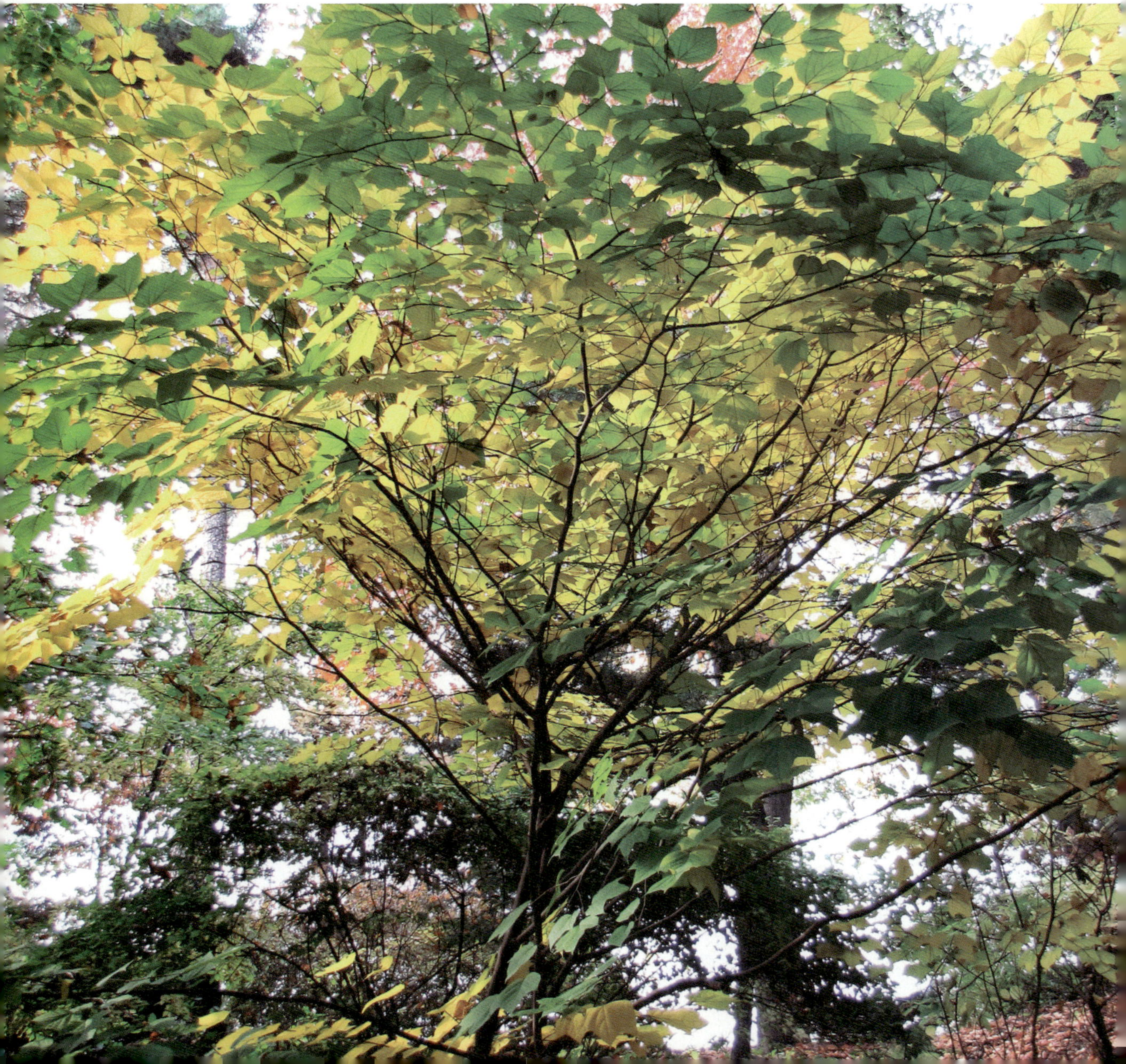

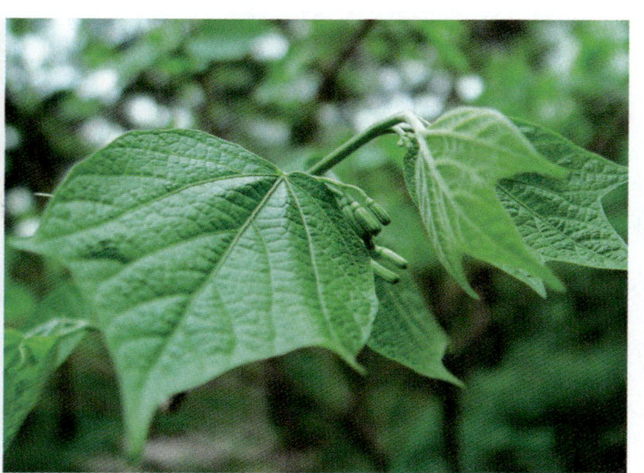

▲ 박쥐나무의 5월 꽃

▲ 박쥐나무의 잎

박쥐나무는 잎의 모양이 박쥐를 닮았다고 해서 붙은 이름이에요. 이름 때문에 별로 관심을 못 받는 나무인데 꽃이 예쁘기 때문에 식물을 좋아하는 사람들은 꼭 박쥐나무 꽃을 사진으로 찍으려고 해요. 이 꽃은 5~6월 사이에 피는데 중부지방에서는 5월 말에 꽃을 볼 확률이 높아요.

▲ 박쥐나무의 7월 열매

꽃은 잎겨드랑이에서 꽃대가 올라온 뒤 흰색으로 피는데 수술은 12개, 암술대는 1개예요. 수술은 노란색, 암술대는 흰색, 꽃잎은 여러 개로 갈라져요. 열매는 꽃이 지면 볼 수 있는데 달걀형이고 10월 무렵이면 짙은 푸른색으로 성숙해요. 잎의 크기는 폭 7cm, 길이 20cm로 아주 크기 때문에 갑자기 비가 올 때는 우산 대용으로 사용할 수 있어요. 이 잎은 박쥐 날개처럼 가장자리가 3~5개로 갈라지기 때문에 박쥐나무의 이름이 잎 모양 때문에 생긴 것이라는 것을 알 수 있어요. 잎의 크기가 절반 정도이고 5개로 갈라지는 품종은 '단풍박쥐나무'라고 말하고, 둘 다 어린잎을 나물로 먹을 수 있어요. 잎, 줄기, 뿌리에는 약용 성분이 함유되어 각종 관절통, 타박상, 산통, 겨울철 동상에 효능이 있어요. 꽃은 잘 말린 뒤 분말로 만들어 먹는데 두통에 효능이 있어요. 번식은 종자와 꺾꽂이 번식 둘 다 할 수 있어요.

볼 수 있는 곳

중부지방에 있는 높은 산의 그늘진 숲 속에서 볼 수 있는데 요즘은 자생지가 많이 줄어들고 있어요. 이 때문에 희귀식물로 주목받고 있어요. 서울 홍릉수목원, 광릉 국립수목원, 대구수목원, 원광대수목원, 대아수목원 등 전국의 유명 수목원에서도 박쥐나무를 만날 수 있어요.

오동나무와 참오동나무

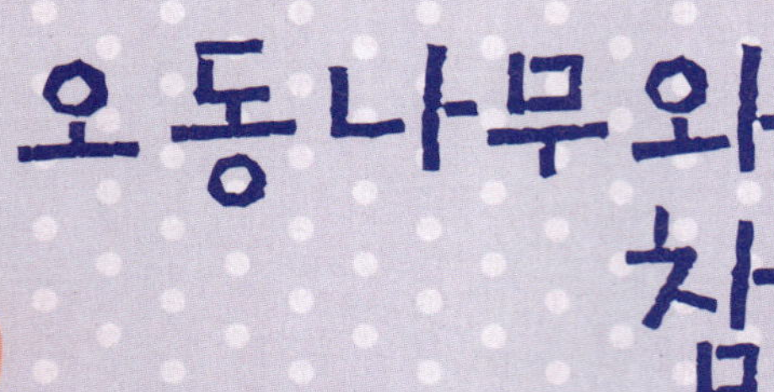

과명 현삼과   **학명** *Paulownia coreana Uyeki*   **꽃** 5~6월   **열매** 7~10월   **높이** 15~20m

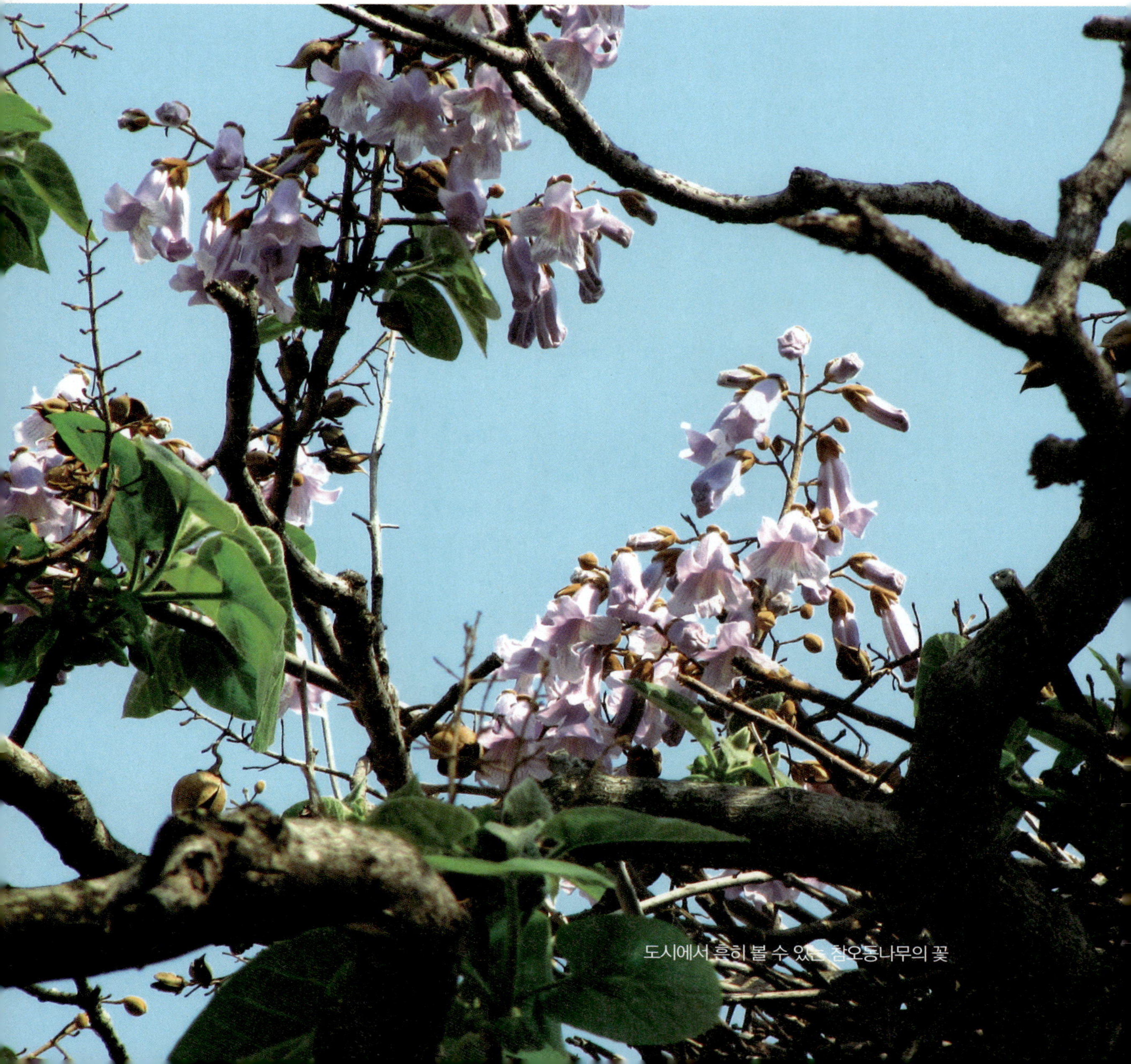

도시에서 흔히 볼 수 있는 참오동나무의 꽃

▲ 오동나무의 꽃　　　　　　　　　▲ 참오동나무의 꽃

아마 오동나무는 우리나라 토종나무 중에서 잎이 가장 큰 나무 중 하나일 거예요. 잎의 길이는 23cm, 폭은 30cm까지 자라므로 연꽃만큼 큰 잎이 달리는 나무인 셈이에요.

오동나무는 여러 종류가 있는데 주택가나 아파트, 학교, 도시에서 볼 수 있는 오동나무는 대부분 '참오동나무'라고 말해요. 참오동나무는 울릉도에서만 자생하는 나무였지만 인기가 많아 사람들이 즐겨 심었어요. 이와 달리 남부지방의 산과 동해안의 산에서 볼 수 있는 오동나무는 우리나라 내륙에서 자생하는 진짜 오동나무로서 '오동나무'라고 불러요.

오동나무와 참오동나무는 보통 꽃을 보고 구별해야 해요. 오동나무는 꽃잎 안쪽에 줄무늬가 거의 없거나 아예 없어요. 이와 달리 참오동나무는 꽃잎 안쪽에 자주색 줄무늬가 있어요. 또한 오동나무는 잎 앞면에 털이 거의 없고 잎 뒷면에만 털이 있는 반면, 참오동나무는 잎 앞과 뒷면에 모두 털이 있어요. 쉽게 말해 도시나 마을에서 자라는 오동나무는 사람들이 심어서 키운 '참오동나무'이고, 남부지방과 동해안의 산에서 자라는 나무는 '오동나무'라고 할 수 있어요.

▲ 참오동나무의 열매

▲ 참오동나무의 잎

▲ 강원도 설악산의 오동나무

오동(梧桐)이란 이름의 유래에 대해서는 여러 가지 이견이 많은데 속이 비어있는 나무라는 뜻
에서 붙은 이름이라고도 하고 목재가 가볍기 때문에 붙은 이름이라고도 해요. 예로부터 오동나
무 목재는 거문고와 고급가구, 병풍 틀을 만들어 사용할 정도로 가볍고 품질이 좋았다고 해요.
나무껍질과 잎, 열매는 약용할 수 있는데 각종 부기, 종기, 가래, 장염에 효능이 있어요. 번식
은 종자 번식, 꺾꽂이 번식, 뿌리를 심는 방식으로 할 수 있어요.

❀ 볼 수 있는 곳

오동나무는 남부지방과 동해안의 산에서 볼 수 있어요. 참오동나무는 울릉도 특산식물이지만
보급이 잘되어 가정집이나 학교에도 키우는 경우도 많아 동네에서 가끔 볼 수 있어요. 수목원
에서 볼 수 있는 오동나무는 대부분 참오동나무일 가능성이 많지만 어떤 수목원의 경우는 오동
나무를 키우는 경우도 있어요.

개오동나무와 미국개오동나무

과명 능소화과 **학명** *Catalpa ovata* **꽃** 6월 **열매** 10월 **높이** 6~10m

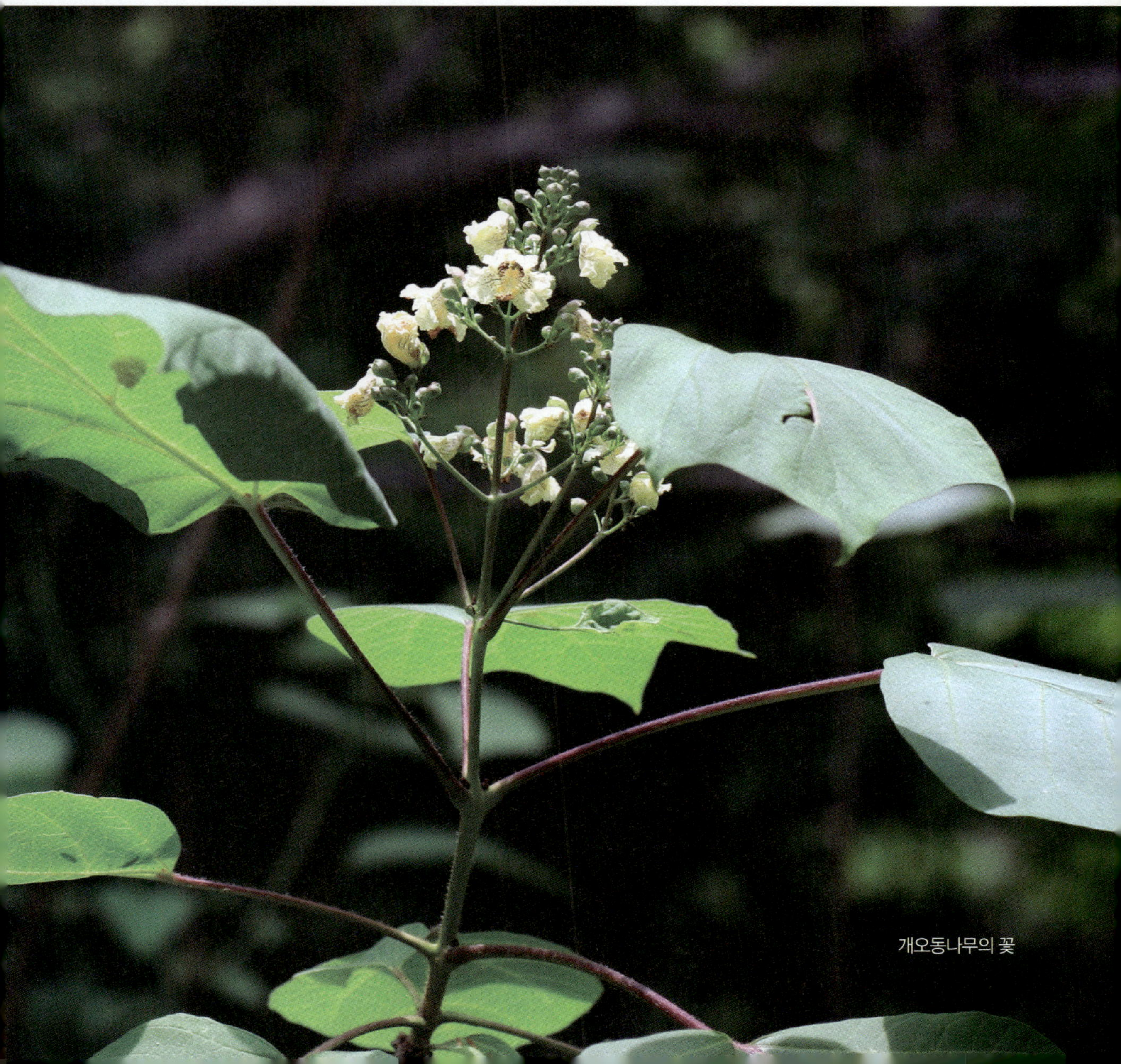

개오동나무의 꽃

▲ 미국개오동나무(꽃개오동나무)의 꽃

'개오동나무'는 중국 원산의 심어 기르는 나무이고, '미국개오동'은 '꽃개오동나무'라는 이름으로 더 많이 알려진 미국 원산의 심어 기르는 나무예요. 잎이 오동나무처럼 크기 때문에 오동이란 이름이 붙었지만 두 식물은 '현삼과' 식물이 아닌 '능소화과' 식물이에요. 그래서 호리병 모양의 꽃이 피는 오동나무와는 다른 쪼글쪼글한 꽃이 개화를 해요.

개오동나무와 미국개오동은 구분하기 힘든 편인데 개오동나무의 꽃잎은 약간 연노란색이고 꽃잎 안쪽에 노란색 선과 자주색 점이 있어요. 미국개오동은 꽃잎이 약간 흰색이거나 약간 노란색을 끼고 꽃잎 안쪽에 노란색 선과 자갈색 반점이 있어요. 개오동나무의 잎은 가장자리가 3~5개로 얇게 갈라지지만 미국개오동은 갈라지지 않는 경우가 많고 잎의 끝 부분이 꼬리처럼 길고 말려있는 경우가 많아요. 둘 다 잎의 모양이 하트형과 비슷해요. 잎의 너비는 둘 다 25cm까지 자랄 정도로 큰 편이에요. 나무의 키는 개오동나무가 최고 10m까지 자라는 반면 미국개오동은 30m까지 자라곤 해요. 두 식물 모두 꽃에서 좋은 향기가 있고 꿀샘이 발달해 벌들이 좋아해요.

볼 수 있는 곳

둘 다 심어서 기르는 나무예요. 개오동나무는 시골집 관상수나 시골길에서 가로수로 키우는 경우가 많아요. 미국개오동은 1910~1970년대에 지어진 구식 건물에서 관상수 겸 가로수로 심어진 경우가 많아요. 수목원은 대부분 개오동나무를 가지고 있지만 미국개오동나무를 가지고 있는 수목원도 있어요.

칠엽수 (마로니에 나무)

과명 칠엽수과　**학명** *Aesculus turbinata Blume*　**꽃** 5~6월　**열매** 7~10월　**높이** 20~30m

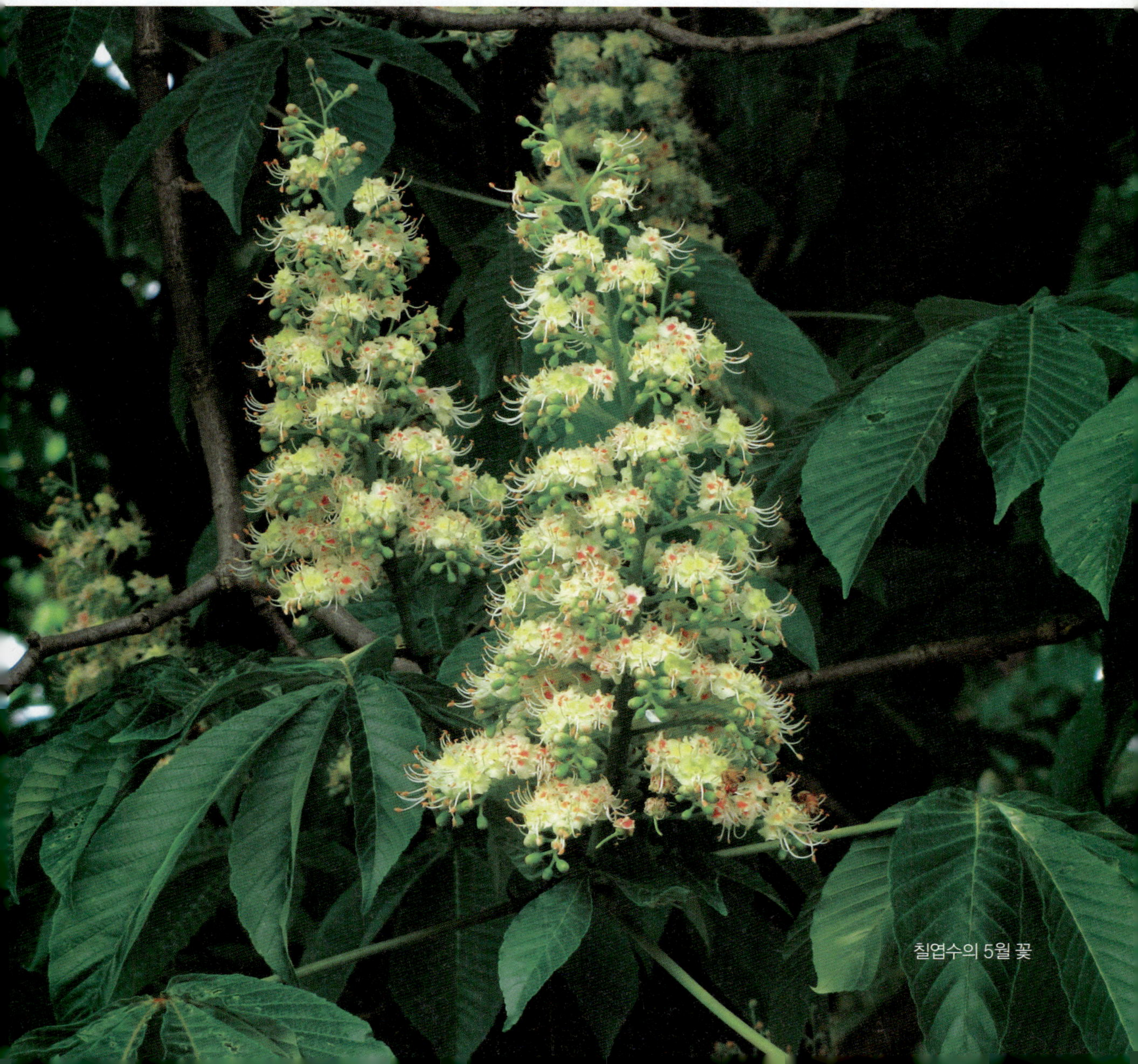

칠엽수의 5월 꽃

▲ 칠엽수　　　　　　　　　　　　　　　　▲ 서양칠엽수의 열매

칠엽수는 하나의 잎자루에 작은 잎이 7개씩 붙어있다고 해서 칠엽수라고 불리는데 작은 잎이 5개씩 붙어있거나 6개씩 붙어 있는 경우도 있어요. 잎의 전체 크기는 40cm까지 자라기도 하므로 토종 오동나무보다 잎의 크기가 훨씬 큰 편이에요. 칠엽수는 일본원산과 동유럽원산 칠엽수가 있는데 세계적으로 인기가 많기 때문에 흔히 세계 4대 가로수 나무라고 말해요.

칠엽수는 '마로니에나무'라고도 불리는데 마로니에 하면 서울 대학로의 마로니에공원이 떠오를 거예요. 대학로 마로니에공원에 가면 키 큰 나무들이 많은데 대부분 칠엽수 품종이에요. 그런데 대학로의 칠엽수에는 대부분 '서양칠엽수(가시칠엽수)'라고 불리는 품종이에요. 서양칠엽수는 열매에 가시가 있고, '마로니에'도 사실은 '서양칠엽수'를 지칭하는 말이라고 해요.

대학로의 칠엽수는 일제강점기 때 일본인들이 강제로 심었다는 소문이 있는데, 일본산 칠엽수는 열매에 가시가 없는 품종이므로 나중에 서양칠엽수를 추가로 심은 것 같아요. 서양칠엽수는 1913년에 네덜란드 공사가 고종황제에 선물한 기록이 있고 이 나무는 현재 덕수궁에서 잘 자

▲ 칠엽수의 잎

▲ 칠엽수의 7월 열매

라고 있어요.

칠엽수의 꽃은 5~6월에 피고 암수한꽃이거나 암꽃과 수꽃이 따로 피는 잡성이에요. 열매는 10~11월에 익는데 그 전에 낙과되어 땅바닥에 떨어지는 경우가 많아요. 열매는 3갈래로 갈라지고 그 안에 밤처럼 생긴 씨앗이 들어있어요. 씨앗은 전분과 단백질이 많이 함유되어 있을 뿐 아니라 약용 성분이 있어 햇빛에 잘 말린 뒤 가루를 내어 복용하면 살충, 이질, 말라리아에 효능이 있어요. 번식은 씨앗을 채취했을 때 바로 파종하는 것이 좋아요.

▲ 열매 안의 종자

볼 수 있는 곳

칠엽수는 대부분의 수목원에서 흔히 볼 수 있을 정도로 많이 키우는 나무예요. 서양칠엽수는 창경궁, 덕수궁, 마로니에공원 등에서 열매에 가시가 있는 칠엽수를 보면 알 수 있어요. 일본 칠엽수는 서울 홍릉수목원, 인천수목원, 공주 금강수목원, 전주 한국도로공사 수목원 등에서 볼 수 있어요.

오늘 만난 나무

백정화

과명 꼭두서니과   **학명** *Serissa japonica*   **꽃** 5~6월   **열매** 7월   **높이** 1m

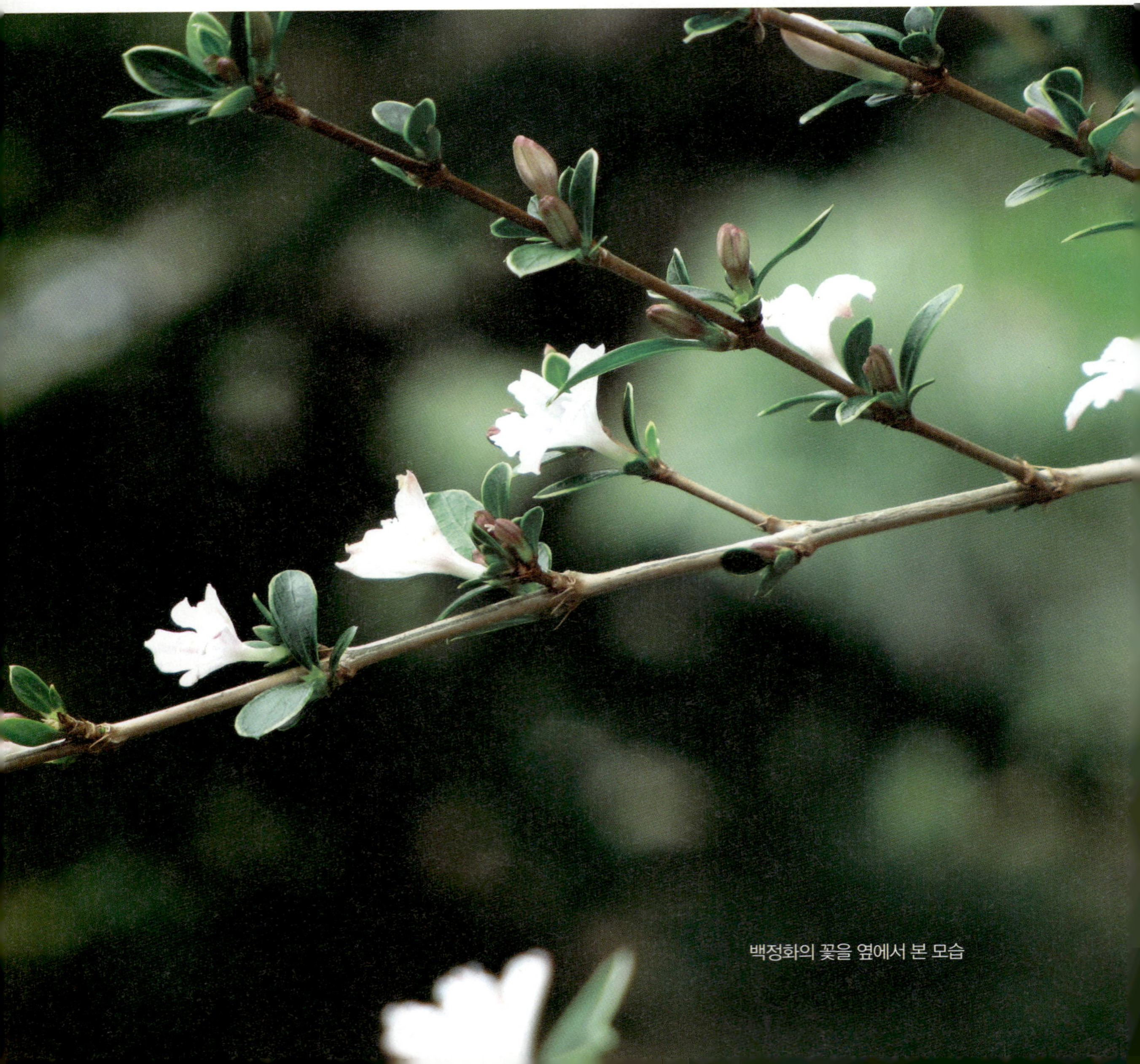

백정화의 꽃을 옆에서 본 모습

백정화는 중국남부, 대만, 인도에서 들어온 아열대 식물로서 우리나라에서는 남부지방에서 심어 기르는 경우가 많아요. 추위를 싫어해 중부지방에서는 실내나 온실에서 키울 수 있고 꽃이 예뻐 원예품종도 많아요. 백정화(白丁花)라는 이름은 꽃을 옆에서 보면 '고무래 정(丁)'자처럼 생겼다고 해서 붙은 이름이에요. 고무래란 옛날에 아궁이에서 재를 긁어모을 때 사용한 기구를 말하는데, 실제 꽃의 옆모습도 '고무래 정(丁)'자처럼 약간 휘어져 있어요.

▲ 백정화의 꽃

꽃은 5~6월에 흰색으로 개화를 하고 꽃의 크기는 2cm 정도에요. 잎의 크기는 길이 2cm 정도이니까 새끼손톱 2배 크기에요. 작지만 약용 성분이 함유되어 있어 몸의 독성 성분을 없애는 약으로 사용해요. 뿌리는 두통, 치통 같은 통증이나 황달에 효능이 있어요.

백정화는 성장이 양호해도 1m 정도로만 자라고, 일단 꽃이 피면 잎겨드랑이마다 꽃이 많이 피기 때문에 실내에서 기르는 나무로 인기가 아주 많아요. 번식은 3월 달에 꺾꽂이로 할 수 있어요.

🌸 볼 수 있는 곳

우리나라 남부지방에서 자라는 나무이기 때문에 중부지방에서는 수목원 온실에서 많이 볼 수 있어요. 창경궁 온실에도 백정화가 있어요. 잎에 무늬가 있거나 꽃잎이 겹꽃인 원예종이 많고, 원예종들은 꽃집에서도 가끔 볼 수 있어요.

산초나무

과명 운향과　　**학명** *Zanthoxylum schinifolium*　　**꽃** 7~9월　　**열매** 9~10월　　**높이** 2~3m

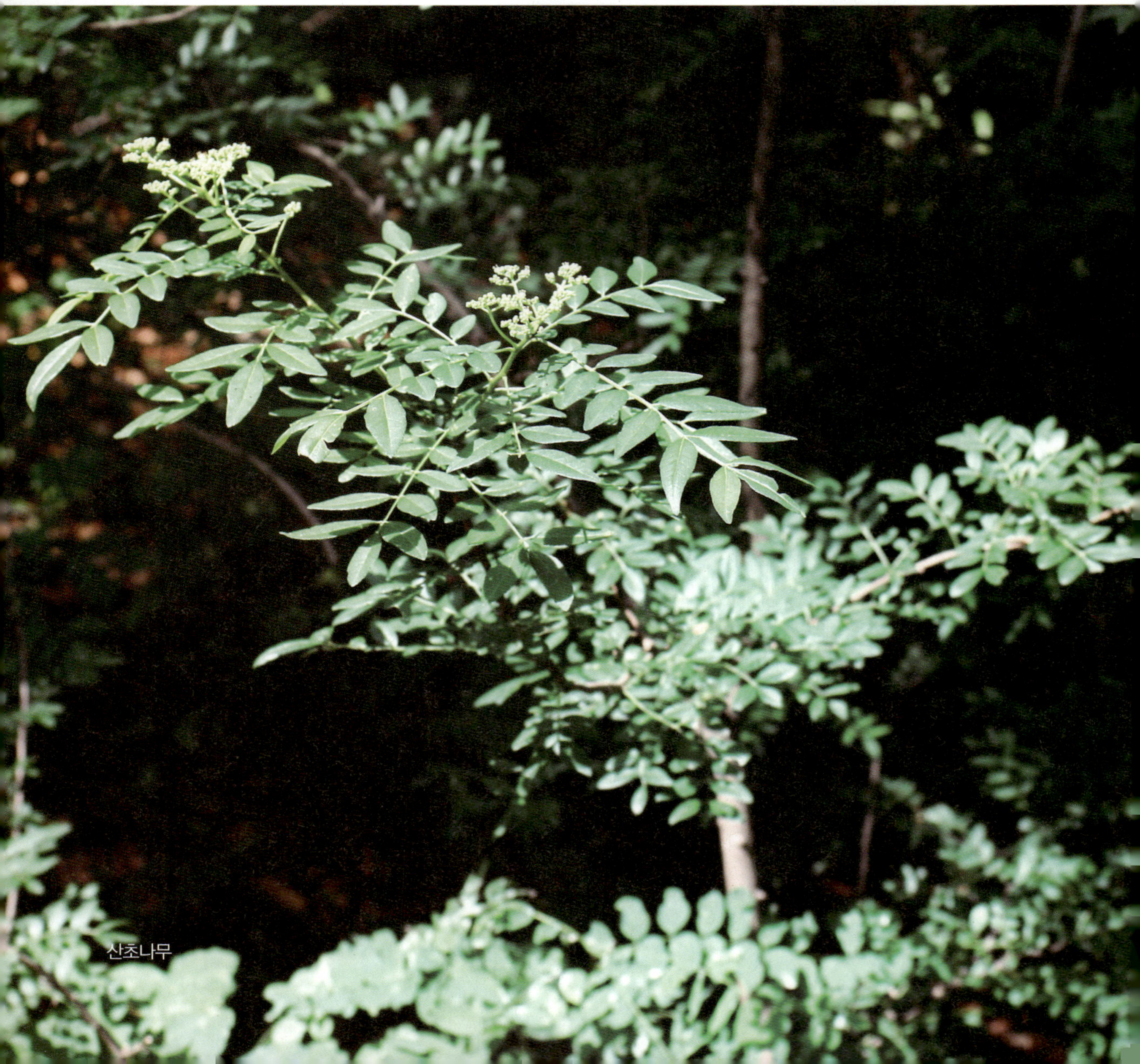

산초나무

▲ 산초나무의 꽃

▲ 산초나무 열매

추어탕집에 가면 산초라는 향신료가 있어요. 그래서 산초나무 열매로 산초 향료를 만든다고 알고 있는데 실은 초피나무 열매로 산초 향료를 만들어요. 추어탕집에서 사용하는 것과는 다르지만 산초열매도 향신료를 만들 때 사용하고 특유의 향과 매운 맛이 있어요.

산초나무는 우리나라 전국에서 볼 수 있어요. 비교적 높은 산은 물론 낮은 산이나 초원에서도 볼 수 있어요. 잎은 아까시나무잎처럼 작은 잎이 마주보고 나지만 아까시나무잎에 비해 훨씬 작아요. 잎은 줄기에서 어긋나고 '기수1회우상복엽'이라 해서 작은 잎이 13~21개씩 달려있어요. 작은 잎의 크기는 1.5-5cm 정도이고 가장자리에 톱니가 있어요. 생김새가 초피나무와 비슷하므로 구분을 잘해야 하는데 줄기에 가시가 어긋나게 달리면 산초나무라고 할 수 있어요.

꽃은 암수딴그루이고 7~9월에 피는데 초피나무보다 두세 달 정도 늦게 피어요. 꽃은 지름 3mm 정도이고 꽃잎이 있고 아주 작으므로 돋보기로 관찰해야 해요. 열매는 10월에 익으면 자연스럽게 벌어지면서 검정색 씨앗이 보여요. 이 열매를 가루를 내면 산초가루가 되지만 우리나라에서는 초피나무로 만든 산초가루를 더 많이 사용해요.

또한 열매는 기름을 짤 수도 있는데 중국음식에 많이 사용해요. 열매를 달여 먹으면 관절통, 구충제, 치통, 이뇨, 종기에 효능이 있고, 잎은 구토, 각기병에 효능이 있어요. 옻나무독이 걸렸을 경우에는 잎을 짓이겨 바를 수 있어요. 번식은 씨앗을 채취한 뒤 1월에 땅에 묻어두었다가 3월에 파종하는데 2년 뒤 발아를 할 수도 있어요.

볼 수 있는 곳

전라남도 보길도에 천연기념물 40호로 지정된 예송리 상록수림이 있는데 산초나무가 많아요. 그 외 전국의 산에서 볼 수 있어요. 각 지방의 도립수목원에서도 볼 수 있어요.

초피나무

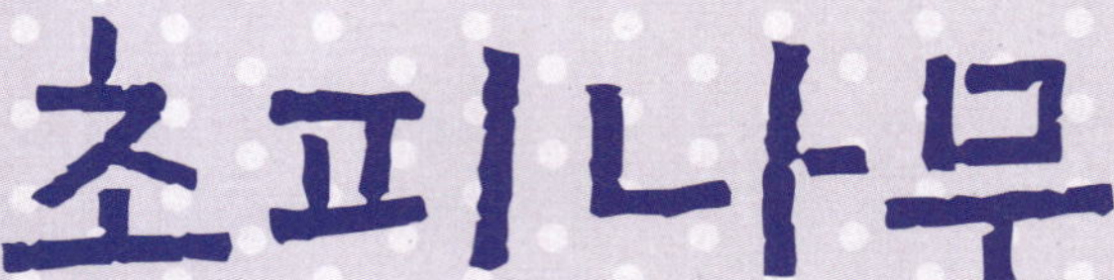

과명 운향과　　**학명** *Zanthoxylum piperitum*　　**꽃** 5월　　**열매** 9월 붉은색　　**높이** 2~5m

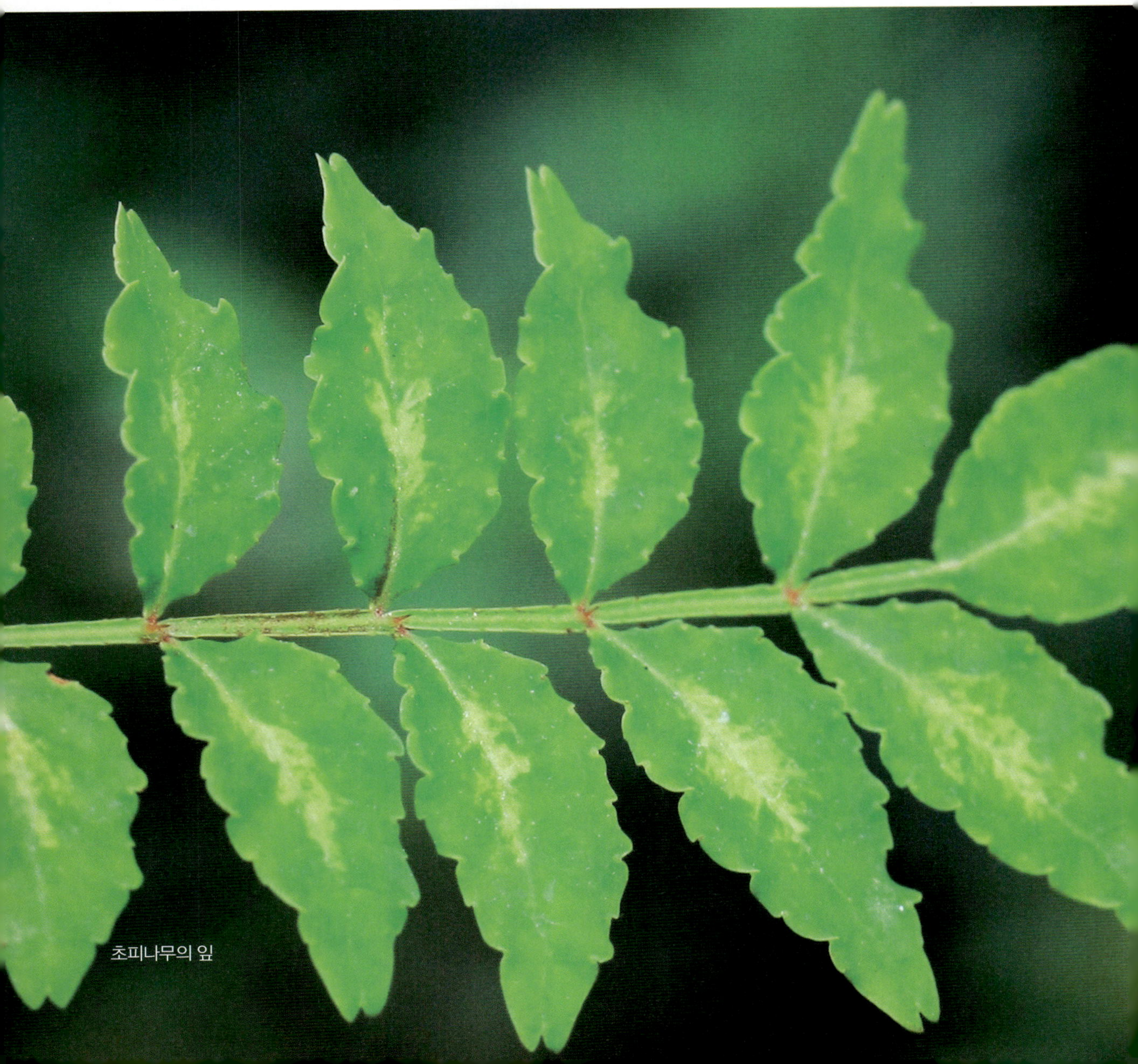

초피나무의 잎

▲ 초피나무의 열매

▲ 왕초피나무의 마주난 가시

초피나무도 열매로 기름을 만들고 가루를 내면 산초가루라고 불리는 향신료를 만들 수 있어요. 지방에 따라 '제피가루'라고 부르는 경우도 있어요. 이 가루는 산초 열매로 만든 것보다 더 강하고 진하기 때문에 추어탕집에서 내오는 산초가루는 대부분 초피 열매로 만들어야 해요. 만일 산초 열매로 가루를 만들면 풍미가 약하다고 손님들이 짜증을 낸다고 해요.

초피나무는 산초나무에 비해 작은 잎의 크기가 작은 편이지만 잎만 보고는 구분이 잘 안되므로 잎자루 아래에 붙어있는 가시를 보고 구분해야 해요. 잎자루 아래 가시가 서로 마주나고 있으면 초피나무, 서로 어긋나면 산초나무라고 할 수 있어요. 초피나무에는 왕초피나무라는 품종이 있는데 작은 잎의 크기가 산초나무처럼 크고 잎자루 아래 가시가 서로 마주보고 있어요. 만일 가시가 아예 없다면 민초피나무 또는 민산초나무라고 불러요. 초피나무의 꽃은 4~6월에 피고 산초나무의 꽃은 7~9월에 피므로 꽃이 개화하는 시기를 보고도 구분할 수 있어요.

또한 운향과의 식물들은 독특한 향기가 있는데 아주 짙은 귤껍질 냄새와 비슷해요. 잎을 짓이겨 냄새를 맡아보면 아주 짙은 귤냄새를 맡을 수 있을 거예요. 열매와 뿌리는 약용으로 사용하는데 산초나무와 비슷한 약효를 가지고 있어요.

🌼 볼 수 있는 곳

산이나 수목원에서 볼 수 있어요. 초피나무와 산초나무는 거의 비슷한 나무이므로 잔가지의 가시가 마주나면 초피나무, 어긋나면 산초나무라고 구별할 수 있어요.

잎을 나물이나 차로
먹을 수 있는 나무

나무 중에는 어린잎을 먹을 수 있는 나무들이 있어요. 어린잎을 먹을 때는 가급적 이른 봄에 먹어야 하는데, 그 이유는 오래된 잎일수록 독성 성분이 들어있기 때문이에요. 나무는 여름이 되면 각종 벌레로부터 공격을 당하기 시작해요. 벌레는 식량이 필요하므로 나뭇잎에 죽어라고 붙어서 잎을 가장자리에서부터 야금야금 갈아먹기 시작하는 것이죠. 이 때문에 나무는 벌레의 공격을 대비해 여름이 가까워지면 차츰차츰 잎 속에 독성 성분을 쌓아가기 시작해요. 독성 성분이 쌓인 잎은 아주 쓰기 때문에 사람이 먹을 수 없어요. 따라서 나뭇잎을 먹으려면 어린잎을 먹는 것이 좋고, 혹시나 독성 성분이 남아있을지도 모르므로, 생으로 먹는 것보다는 끓는 물에 우려낸 뒤 나물이나 차로 마시는 것이 좋아요.

잎이 고춧잎을 닮은	고추나무
어린잎에서 오이냄새가 나는	고광나무
어린잎을 튀겨 먹으면 아주 맛있는	생강나무
어린잎을 홑잎나물이라고 부르는	회잎나무
차와 홍차의 재료가 되는	차나무
차를 마시면서 산림욕을 할 수 있는	감태나무

고추나무

과명 고추나무과　**학명** *Staphylea bumalda DC*　**꽃** 5~6월　**열매** 7~10월　**높이** 3~5m

▲ 고추나무의 열매　　　　　　　▲ 고추나무의 잎

고추나무는 고추가 열리지도 않을 뿐더러 열매나 잎을 씹어 먹어도 매운 맛이 없어요. 단지 잎의 생김새가 고춧잎을 닮았다고 해서 고추나무란 이름이 붙었어요.

우리나라의 산이나 냇가에서 볼 수 있는 고추나무는 나무임에도 불구하고 어린잎을 나물로 먹을 수 있는 식물 중 하나예요. 잎은 아무런 맛이 나지 않지만 잡맛이 없고 부드러울 뿐 아니라 순해서 나물 애호가들에게 인기가 많아요. 어린잎은 보통 4월초에서 4월 중순 사이에 수확하는 것이 좋은데, 이 무렵이면 줄기에 작은 잎만 달려있기 때문에 고추나무인지 아닌지 알 수가 없어요. 다른 나무와 헷갈릴 수도 있으므로 이전 해에 고추나무가 있는 위치를 정확히 알아둔 뒤 어린잎을 따먹는 것이 좋아요.

▲ 고추나무의 열매　　　　　　　　　　▲ 열매 안의 씨앗

고추나무의 꽃은 5~6월에 개화를 해요. 꽃은 암술대와 수술이 한 꽃에 있고 꽃잎 5개, 수술 5 개, 암술대는 1개가 있어요. 꽃은 원추꽃차례로 개화하기 때문에 하나의 꽃자루에 작은 꽃이 수없이 매달려 있어요. 잎은 고춧잎과 비슷한 달걀 모양이거나 마른모꼴이고 가장자리에 톱니 가 있어요. 어린잎은 손으로 만져보면 굉장히 부드럽지만 여름이 지나면 잎이 조금씩 두터워지 면서 먹을 수 없는 상태가 되어요. 열매를 갈라보면 수수알만한 열매들이 들어있는데 약용성분 이 있어 기관지염에 사용할 수 있어요.

🌼 볼 수 있는 곳

전국의 산이나 계곡 가에서 볼 수 있는데 해발 500m 이하에서만 볼 수 있어요. 궁궐이나 왕 릉, 도시공원에서도 울타리용으로 흔히 심는 것을 볼 수 있어요. 또한 유명 수목원에서도 만날 수 있어요.

고광나무

과명 범의귀과　　**학명** *Philadelphus schrenkii*　　**꽃** 4~5월　　**열매** 8~9월　　**높이** 2~4m

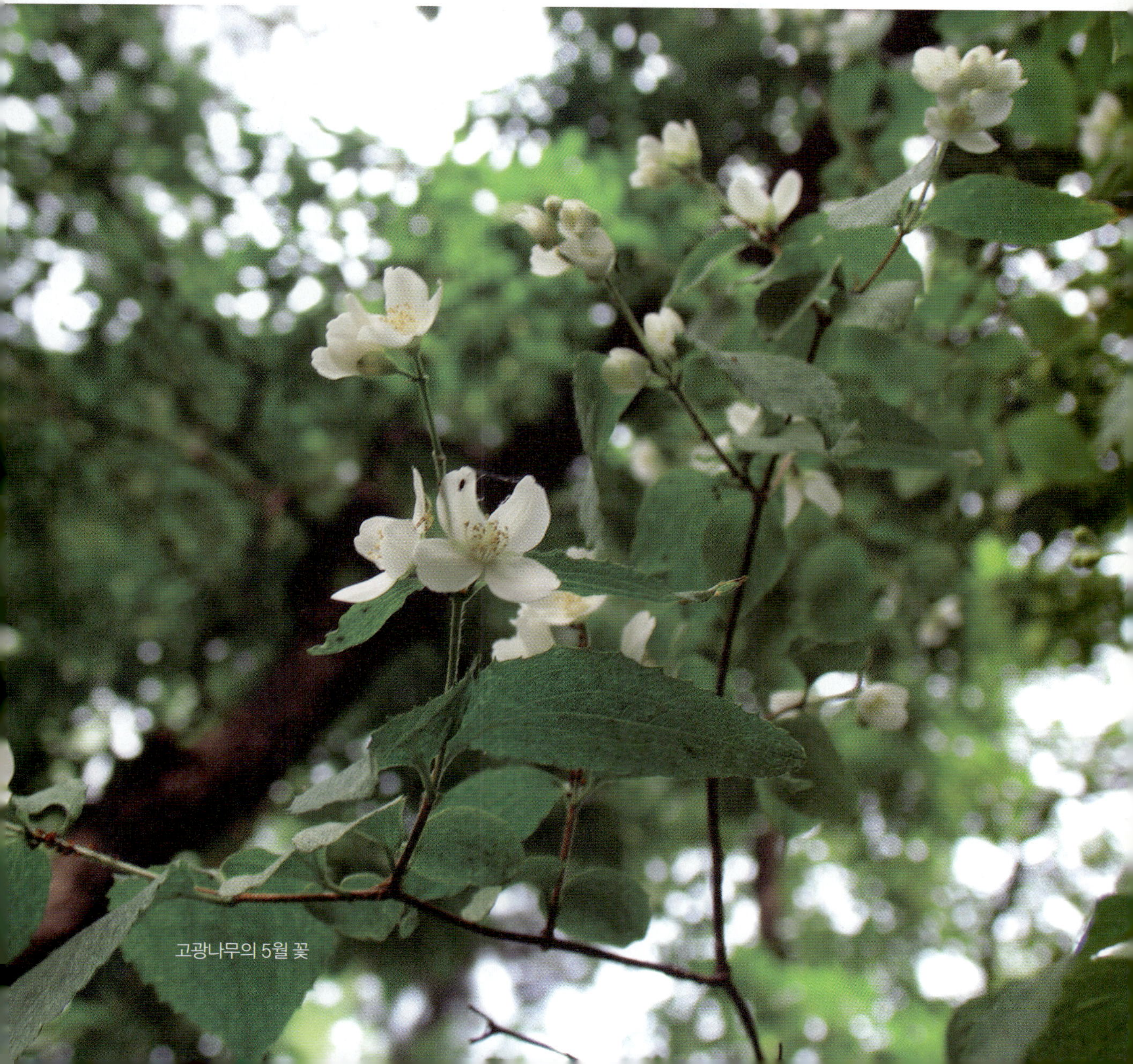

고광나무의 5월 꽃

▲ 고광나무

▲ 고광나무의 11월 열매

▲ 고광나무

고광나무는 비누성분이 있는 나무로 유명해요. 잎과 꽃을 물속에서 비벼보면 물방울이 생기는데 이 물로 머리를 감거나 세수를 하면 비누 성분이 느껴질 거예요.

'쇠영꽃나무'라고도 불리는 고광나무는 우리나라와 일본, 중국, 만주, 미국 등에서 볼 수 있는 나무로 우리나라에서는 특산식물로 지정되어 있어요. 아직 멸종 위기 상태는 아니기 때문에 고광나무의 어린잎을 나물로 먹기 위해 따먹는 경우도 많은데, 어린잎에서 오이 냄새가 나기 때문에 '오이순나물'이라고도 불러요.

꽃은 4~5월에 개화를 하는데 중부지방에서는 보통 5월 중순에 개화를 해요. 꽃은 향수 냄새가 나고 암술대는 4개, 수술은 여러 개, 꽃잎은 4장이고, 언뜻 보면 배나무꽃과 비슷해요. 이 꽃은 꿀이 듬뿍 들어있어 벌들이 좋아해요. 잎은 줄기에서 마주나고, 달걀형이거나 길쭉한 달 걀형이고 끝 부분이 뾰족하고 가장자리에 톱니가 있어요. 어린잎은 나물로 무쳐먹을 수 있는데 오이향이 나서 밥맛을 좋게 해요.

열매는 꽃이 지면 바로 생기는데 9~10월에 갈색으로 성숙하고, 저절로 갈라지면서 씨앗이 보 이기 시작해요. 열매는 약으로 사용할 수 있지만 익지 않은 열매를 사용해야 하고 치질에 효능 이 있어요. 번식은 5~6월에 씨앗을 이끼 위에 파종하거나 8월경 꺾꽂이로 할 수 있어요.

비슷한 나무로는 잎 양쪽 맥에 털이 많은 털고광나무, 작은 나뭇가지에 털이 있는 '애기고광나 무', 전남 진도와 합천 가야산에서 자라는 '섬고광나무'가 있어요. 수목원에서는 서로 교배를 잘 해 돌연변이종이 많이 나오는 편이에요.

볼 수 있는 곳

전국의 산에서 흔히 볼 수 있어요. 봄이면 할머니들이 오이순나물을 따러 간다며 고광나무 잎 을 수확하는 것을 볼 수 있어요. 요즘은 큰 공원에서 울타리용으로 고광나무를 심는 경우도 많 고, 보급이 잘되어 전국의 수목원에서도 흔히 볼 수 있어요.

생강나무

과명 녹나무과　　**학명** *Lindera obtusiloba Blume*　　**꽃** 3월　　**열매** 9월　　**높이** 3~5m

▲ 생강나무

▲ 잎보다 먼저 피는 생강나무의 3월 꽃

생강나무의 어린잎은 사찰에서 스님들이 즐겨먹는 잎이에요. 사찰 음식은 불교교리 상 마늘 같은 자극적인 재료를 사용할 수 없는데 생강나무의 잎은 마늘 비슷한 향취가 있고 질감이 쫄깃해 고기를 먹는 기분이 들기 때문이에요. 보통은 튀김이나 전으로 먹는데 먼저 끓는 물에 한번 우려낸 뒤 물기를 쭉 빼고 튀기거나 전으로 먹으면 아주 맛있을 뿐 아니라, 차로 마실 수도 있어요.

생강나무는 줄기를 자르면 생강 냄새가 난다고 해서 붙은 이름이에요. 꽃은 이른 봄에 잎이 나오기 전에 개화를 하는데, 우리나라 나무 중에서 가장 일찍 개화하는 나무라고 알려져 있어요. 꽃은 자웅이주로서 암꽃나무와 수꽃나무가 따로 있어요. 암꽃은 암술대가 1개이고 수술은 퇴화해 있고, 수꽃은 수술이 9개이고 암술대가 퇴화해 있어요. 잎은 줄기에서 어긋나고 크기는

▲ 생강나무의 열매　　　　　　　　▲ 생강나무의 잎

15cm 내외예요. 각종 좋은 성분이 많으므로 어린잎을 다양한 방법으로 조리해 먹을 수 있어요. 열매는 9~10월에 검정색으로 익고 열매 안 씨앗에는 각종 기름 성분이 있어 기름을 짜내어 머릿기름으로 바를 수 있어요.

번식은 가을에 씨앗을 채취한 뒤 다음해 봄에 파종하는 것이 좋으며, 꺾꽂이 번식은 실패율이 높아요.

❁ 볼 수 있는 곳

생강나무는 우리나라 전국의 산에서 흔히 볼 수 있어요. 주로 계곡 가에서 볼 수 있는데 이른 봄인 3월에 노란색 꽃이 피어있는 나무가 보인다면 아마 생강나무이거나 산수유나무라고 할 수 있어요. 또한 노랗게 물든 낙엽이 예쁘기 때문에 도시공원에서 관상수로 심어놓은 것도 흔히 볼 수 있고, 전국의 수목원에서도 쉽게 만날 수 있어요.

오늘 만난 나무

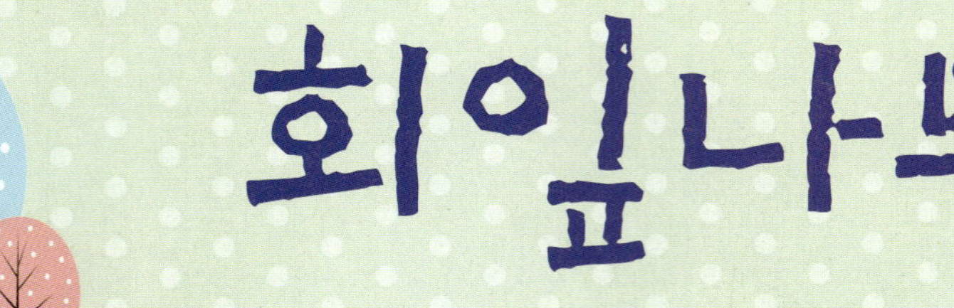

회잎나무

과명 노박덩굴과   **학명** *Euonymus alatus*   **꽃** 4~5월   **열매** 7~10월   **높이** 3m

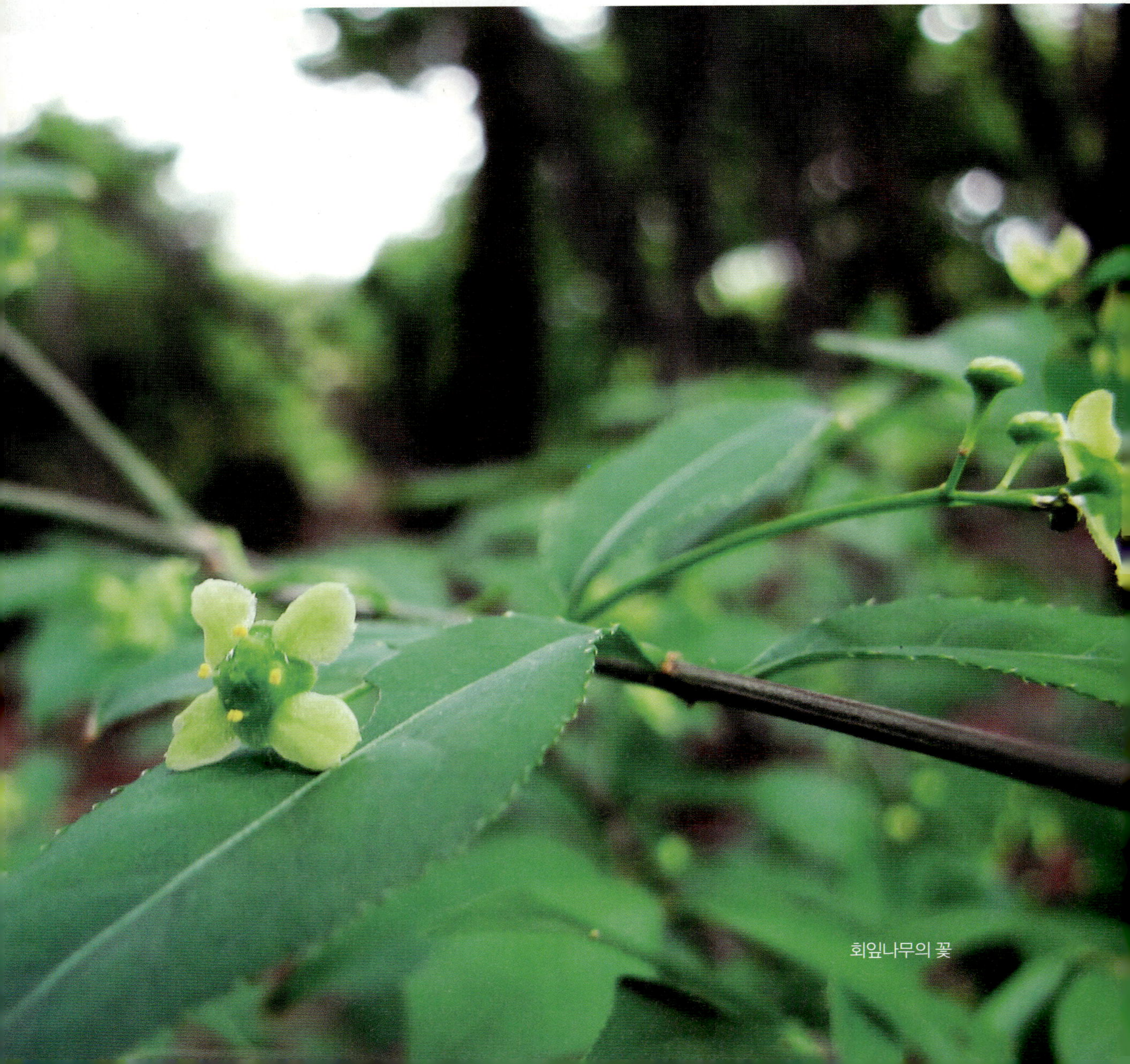

회잎나무의 꽃

▲ 회잎나무의 가을 단풍　　　　▲ 회잎나무의 잎

회잎나무의 어린잎은 봄철이면 '홑잎나물'이란 이름으로 전통시장에서 판매하는 나물이에요. 원래는 화살나무 잎을 '홑잎나물'로 취급하지만 둘 다 비슷한 맛이기 때문에 요즘은 회잎나무도 홑잎나물로 판매를 해요. 잎의 모양도 화살나무와 비슷하기 때문에 굳이 구별할 필요는 없어요. 맛은 잡맛이 없고 깔끔한 편이에요.

▲ 회잎나무의 열매

우리나라 전국의 산에서 자라는 회잎나무는 화살나무와 거의 비슷한 나무이지만 줄기에 날개가 없어요. 꽃은 5월에 개화를 하고 꽃잎은 4개, 수술도 4개예요. 열매는 10월에 성숙하고 열매 안에는 1~4개의 씨앗이 들어 있어요.

회잎나무는 화살나무처럼 가을 단풍이 매우 아름다운 나무예요. 가을이 되면 키 작은 나무 중에서 유독 잎이 빨갛게 물들 뿐 아니라 잎은 오랫동안 떨어지지 않고 줄기에 붙어있어요. 이 때문에 화살나무처럼 조경수로도 인기가 많아 울타리용으로 심는 경우가 많아요. 번식은 종자와 꺾꽂이로 할 수 있는데 꺾꽂이 번식도 잘되는 편이에요.

볼 수 있는 곳

산에서 흔히 볼 수 있고, 전국의 수목원에서도 쉽게 볼 수 있어요.

차나무

과명 차나무과　　**학명** *Camellia sinensis L*　　**꽃** 10월　　**열매** 10월　　**높이** 2~15m

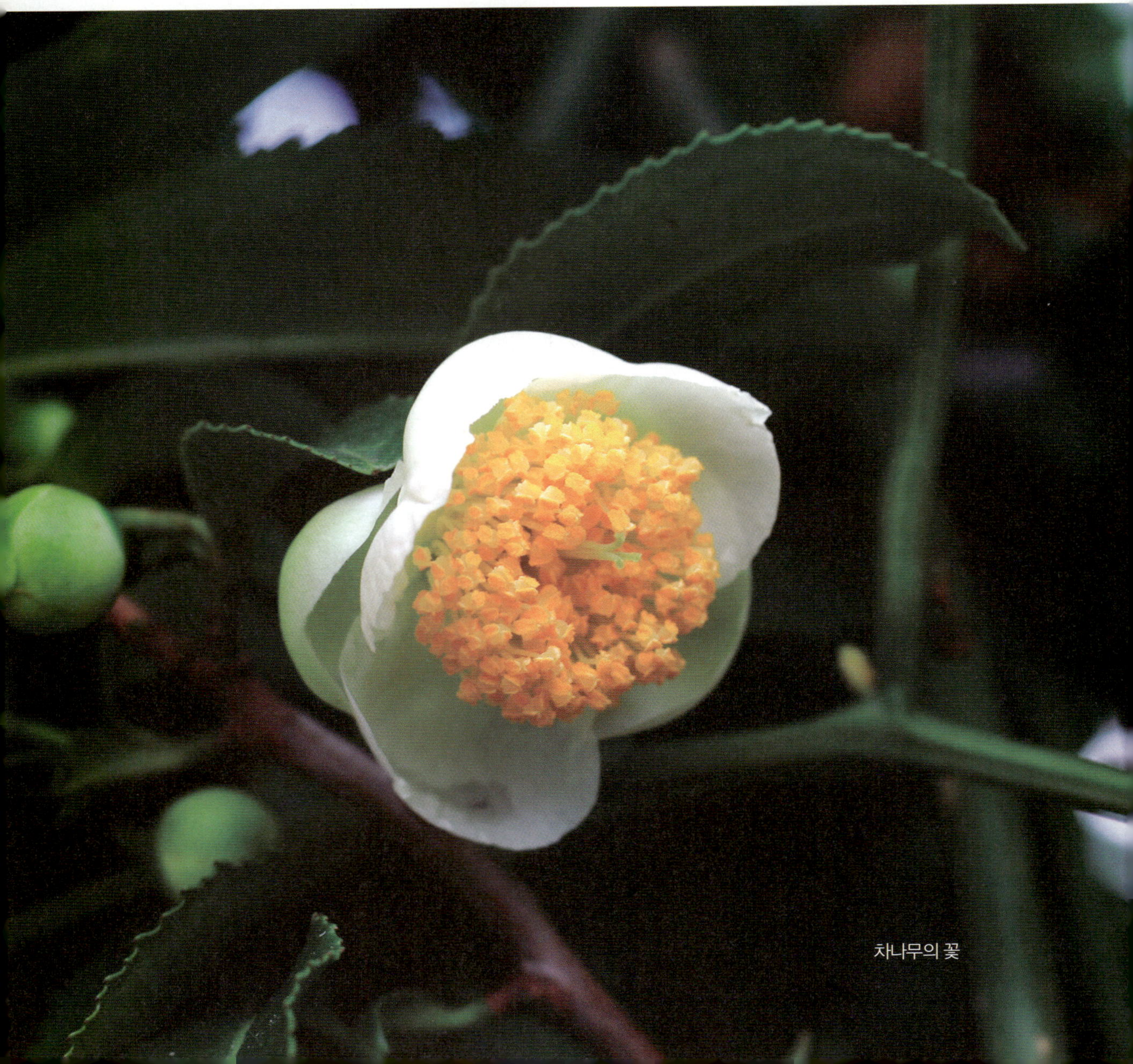

차나무의 꽃

차나무는 인도와 중국이 원산지예요. 우리나라에는 신라시대에 당나라에서 씨앗을 가지고 귀국한 김대렴공이 지리산에서 차나무를 기르기 시작하면서 그 씨앗이 퍼져 지리산에 야생차나무가 자라기 시작했어요. 근래에 와서는 1960년경 차나무재배가 융성하면서 전라남도 보성에 대규모 차밭이 조성되었는데, 원래 보성에는 일제강점기 때 일본인이 조성한 차밭이 있었다고 해요. 이 차밭은 일본이 패망을 하자 그대로 버리고 도망을 갔는데 그 후 황무지나 다름없이 버려졌다가 지금의 모습으로 크게 융성을 하게 되었어요.

차나무는 그 특성상 연평균 기온 12.5도, 매년 1,400mm 정도의 강수량이 필요해 연평균 기온이 14.5도이고 연평균 강우량이 1,200m인 우리나라에서는 키우기 어려운 편이라고 해요. 그러나 바닷가와 가까운 전라남도 보성은 물안개가 자주 끼어 부족한 강우량을 채워줄 뿐 아니라 일조량도 충분해 차나무 재배에 최적이라고 해요. 우리나라는 특히 더운 지방에다 차밭을 만들어야 하는데 전라남도 보성과 제주도가 그중 최적이라고 해요.

식물과 연평균 기온의 연관성은 아주 중요한데 예를 들어 사과농장을 조성하려면 어느 정도 저온이 필요하다고 해요. 그런데 지구온난화 때문에 우리나라의 연평균 기온이 매년 조금씩 올라가면서 기존의 사과농장들은 더워진 온도 때문에 사과의 품질이 조금씩 떨어지고 있다고 해요. 이 때문에 경상도에 있었던 사과농장들이 점점 북쪽으로 이주를 해야 하고 지금보다 더 온난화가 심해지면 강원도 추운 지방에서 사과를 재배해야 한다는 이야기가 있어요.

또한 귤농장은 더운 지방에서만 가능한 농업이기에 제주도에만 조성되어 있지만 지금은 전라남도 고흥 같은 남해안 지방에서도 귤농업이 가능할 정도로 우리나라의 평균 기온이 올라가고 있다는 것이죠.

차나무는 원래 열대국가와 아열대 국가에서 자라는 나무예요. 열대지방에서는 높이 8~15m까지 자라는 키 큰 나무이지만 보성차밭의 차나무는 1m 높이로 자란 경우가 많아요. 우리나라 차나무의 키가 1m 정도인 이유는 차의 원료인 1~3번째 어린잎을 따기 위해서라고 해요. 만일 차나무가 키가 크다면 차나무 잎을 수확할 때 사다리를 놓고 따야하겠죠. 사다리를 놓고 차나무 잎을 따려면 그만큼 더 많은 일꾼과 인건비가 필요할 거예요. 그 때문에 차밭에 있는 차나무는 일꾼의 허리 높이에서 차나무 잎을 따기 위해 차나무의 키가 자라면 가지치기를 해서 일꾼의 허리 높이에 맞춘다고 해요. 이것은 홍차로 유명한 인도의 차밭도 마찬가지라고 해요.

차나무의 꽃은 하나의 꽃에 암술과 수술이 같이 있고 남부지방에서는 9월쯤 개화를 하고 중부지방에서는 10~11월쯤 개화를 해요. 꽃의 지름은 3~5cm이고 암술대는 3개, 수술은 많이 있어요. 꽃잎은 6~8개인데 아주 부드러운 질감이고 향기가 있어요. 열매는 공을 위아래로 압축한 모양인데 옆면에 3~4개의 깊게 패인 줄이 있고 겨울에 나무 공처럼 딱딱해져요. 잎은 줄기에서 어긋나고 잎 가장자리에 불규칙한 톱니가 있고 표면에 광택이 있고 약간 쪼글쪼글하게 생겼어요. 원래 광택이 있는 잎들은 표면이 매끈매끈한 편인데 차나무의 잎은 맥이 깊게 패여 있어 쪼글쪼글한 느낌이 강해요. 그래서 차나무는 잎만 보고도 알아볼 수 있다는 것이죠.

우리가 차로 마시는 차나무 잎은 3년 이상 된 차나무에서 수확을 하는데 늙은 잎은 상품가치가 없으므로 1~3번째 어린잎을 수확해야 해요. 잎을 수확한 뒤에는 특별한 가공공정과 발효 과정을 거친 뒤 차의 재료로 사용하는데 우리나라에서는 녹차를, 인도에서는 홍차를 만들어요. 녹차와 홍차의 가장 큰 차이점은 발효도인데 녹차는 3~5%, 홍차는 85%까지 발효시킨다고 해요.

볼 수 있는 곳

차나무는 중부지방에서 월동할 수 없기 때문에 중부지방의 수목원들은 온실에서 키우는 경우가 많아요. 남부지방의 수목원들은 차나무를 야외에서 기르고 있어요. 서울 홍릉수목원은 연구 목적으로 차나무를 야외에 심었는데 겨울철에 죽지 않고 잘 자라고 있어요.
지리산 쌍계사로 가다보면 오른쪽 산비탈에 차밭이 많은데 마음대로 구경할 수 있지만 자동차로 올라가야 해요. 보성차밭은 2000원의 입장료를 내면 구경할 수 있어요. 보성차밭과 지리산의 차밭은 산비탈에 조성되어 있지만 제주도의 차밭은 평지에 조성되어 있어요. 우리나라에서 가장 아름다운 차밭은 보성차밭인데 여름 휴가철에는 줄을 서서 올라갈 정도로 수많은 인파가 몰려와요. 여러분들도 어른이 되면 그곳에서 데이트하면 아주 좋을 거예요.

감태나무

과명 녹나무과　　학명 *Lindera glauca*　　꽃 4월　　열매 6~9월　　높이 3~5m

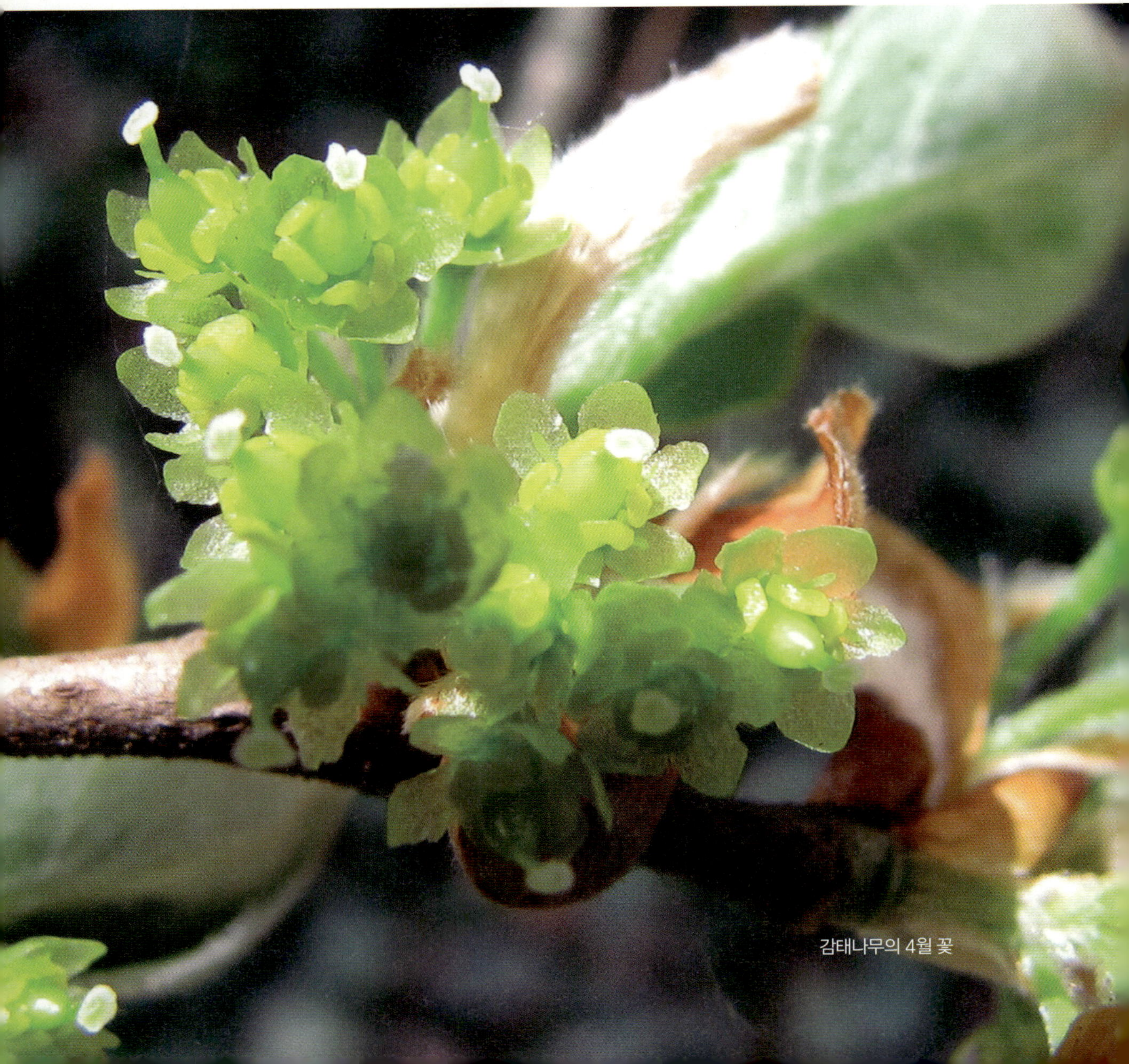

감태나무의 4월 꽃

▲ 감태나무　　　　　　　　　　　　▲ 감태나무의 8월 열매

감태나무의 어린잎은 우리나라에서 구할 수 있는 나뭇잎 차 중에서 가장 뛰어난 향기를 가지고 있어요. 감태나뭇잎을 우려낸 차는 구수하고 달달할 뿐 아니라 특유의 톡 쏘는 맛과 감미로운 향기가 장점이에요. 원래는 줄기를 잘게 썰어서 차로 마셨지만 어린잎도 차의 좋은 재료가 되므로 뜨거운 물에 어린잎을 넣은 뒤 1분 뒤에 마셔보세요. 감미로운 향이 좋을 뿐 아니라 각종 타박상과 종기에 효능이 있고, 몸 안의 독성 물질을 녹이고, 쑤시고 아픈 몸에도 효능이 있어요.

우리나라와 중국, 일본에서 자생하는 감태나무는 키가 3~5m로 자라는 키 작은 나무로서 남부지방의 산과 동해안의 산에서 볼 수 있어요. 꽃은 암수딴그루로서 4월에 어린잎이 나올 때 개화를 하거나 조금 늦게 개화를 해요. 어린잎을 차로 마시려면 꽃이 필 무렵인 4월에 채취해야 하는데 어린잎을 채취해도 새 잎이 계속 돋아나곤 해요. 물론 4인 가족이라면 어린잎 4장만 채취해도 감태나무잎차를 즐길 수 있어요.

▲ 감태나무의 잎

▲ 감태나무의 수피

잎에는 월계수잎이나 쑥잎의 향료물질인 '1,8-시네올', 허브류의 향료물질인 '카리오필렌', 침엽수에서 볼 수 있는 향료물질인 '보닐 아세테이트', 생강에 함유된 향료물질인 '캄펜', 소나무의 향료물질이자 살균물질인 '베타-피넨', 귤껍질의 향료물질인 '리모넨' 등이 함유되어 있어요. 이들 향료물질은 산림욕을 할 때 들이마시는 피톤치드 성분과 같은 성분들이에요. 즉, 감태나무 잎으로 차를 마시면 집에서 산림욕을 하는 효과가 있는 것이죠.

또한 감태나무는 의사를 이기는 나무라고 소문날 정도로 줄기, 뿌리, 열매를 모두 약으로 사용할 수 있어요. 열매는 중풍에 효능이 있고 양기가 부족할 때 약으로 먹을 수 있어요. 뿌리는 타박상, 어혈, 팔다리가 저릴 때 효능이 있다고 해요. 목재는 연하기 때문에 가구를 만들 수 없고 소코뚜레나 바구니의 손잡이를 만들 때 사용했어요. 번식은 씨앗을 채취한 뒤 바로 파종하면 발아율이 높아요.

볼 수 있는 곳

우리나라 중부 이남의 산이나 동해안의 산에서 볼 수 있는데 주로 양지바른 곳에서 감태나무가 자라고 있어요. 서울 홍릉수목원, 포항 기청산식물원, 전주 한국도로공사 수목원 등 여러 수목원에서도 볼 수 있어요.

날개열매가 있는 나무

나무의 열매는 다양한 생김새가 있어요. 이 가운데 열매에 날개가 있는 나무들도 있어요. 두충차로 유명한 두충나무의 열매도 날개가 있고, 이름이 예쁜 물푸레나무의 열매에도 날개가 있어요. 지금부터 열매에 날개가 있는 나무 중에서도 대표적인 나무에 대해 알아보아요.

이름이 예쁜	물푸레나무
하도 쓸모가 없어 회초리로 사용한	가죽나무
단풍이 들지 않고 잎이 겨울에 떨어지는	두충나무
꽃을 보는 것이 가문의 영광인	느릅나무
서쪽에 있는	서어나무
중국에서 온	중국굴피나무

물 푸 레 나 무

과명 물푸레나무과   학명 *Fraxinus rhynchophylla Hance*   꽃 4~5월   열매 9월   높이 15m

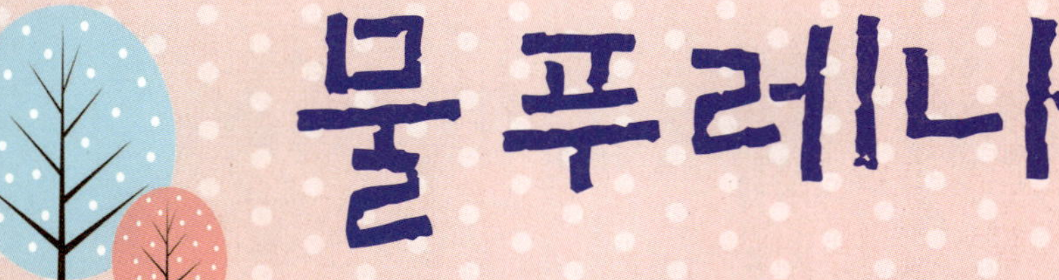

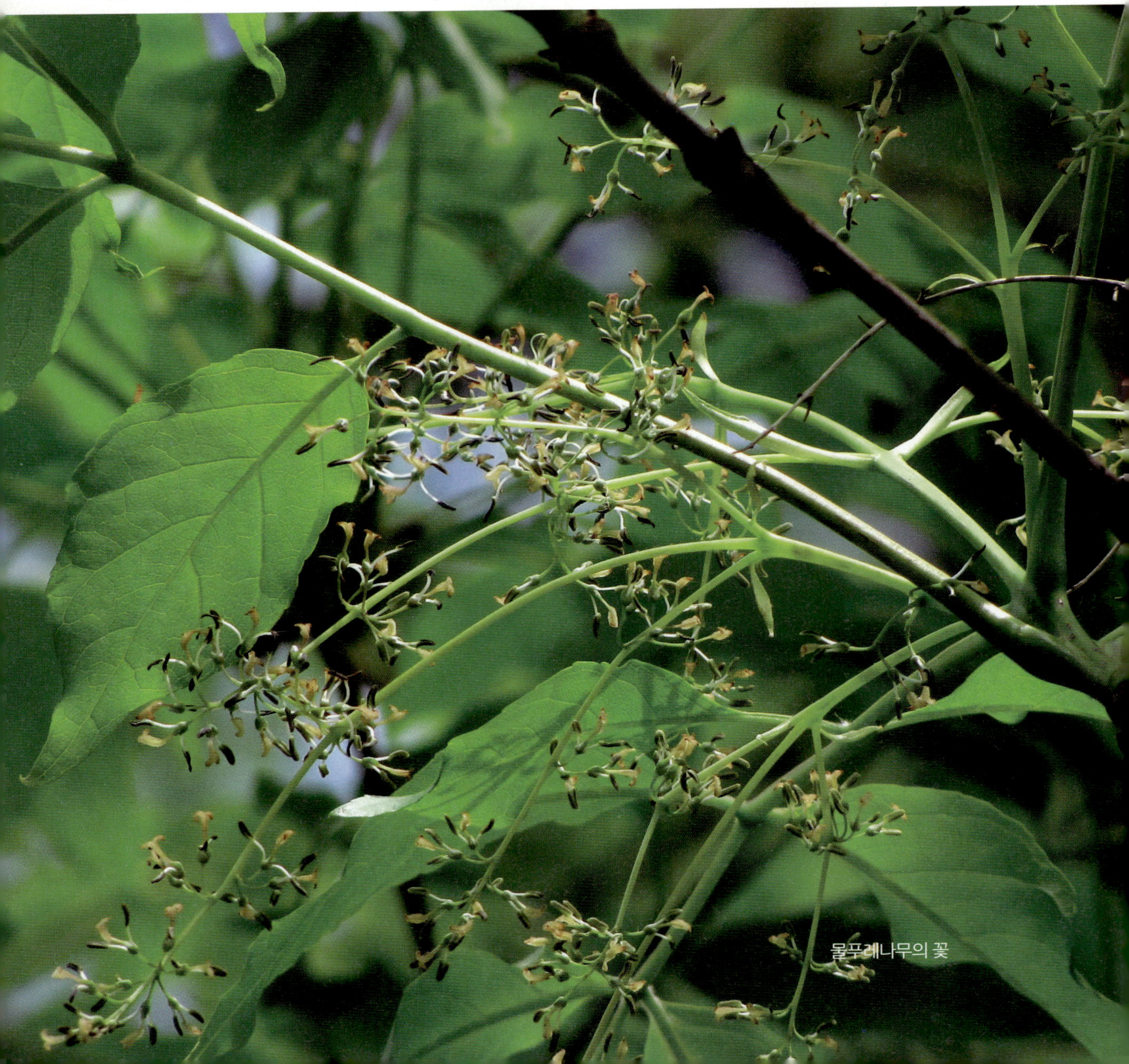

물푸레나무의 꽃

▲ 물푸레나무의 날개열매　　　　　　　　▲ 물푸레나무의 잎

줄기를 물에 넣으면 물이 파랗게 변하는 나무가 있어요. 물푸레나무가 바로 그것인데 이름도 물에 넣으면 푸르게 변한다고 해서 붙었어요.

꽃은 암꽃과 수꽃이 다른 나무에서 피기도 하고 같은 나무에서 피기도 하는데 꽃이 꽃 같지 않고 빗자루를 닮아서 찾아보기가 정말 힘들어요. 꽃은 남부지방에서는 4월에, 중부지방에서는 5월에 피어요. 수꽃은 꽃받침이 4개로 갈라지고 수술이 2개이고 암꽃은 2~4개의 꽃잎과 수술 및 암술이 있어요. 잎은 줄기에서 마주나고 '기수1회우상복엽'이라고 해서 작은 잎이 5~7개씩 달려있고 작은 잎의 가장자리에는 톱니가 있어요.

열매는 6월부터 볼 수 있는데 2개가 쌍으로 있고 날개가 달려있어요. 날개가 있는 열매는 대부분 바람에 의해 프로펠러처럼 날아간 뒤 다른 곳에서 번식을 잘하는 편이에요. 나무껍질은 잘 말린 뒤 달여 먹는데 시력, 기관지염, 장염, 해열제로 효능이 있어요.

▲ 물푸레나무의 나무껍질

목재는 예로부터 품질 좋은 나무라고 소문나 농기구, 장총 손잡이, 악기를 만들었고 실제로도 농기구용 목재를 얻기 위해 마을에다 심는 경우도 많았어요. 이 때문에 시골에 가면 물푸레나무를 성황당 나무로 삼은 마을도 볼 수 있어요.

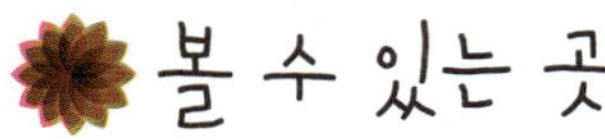

▲ 창경궁의 물푸레나무

또한 천연기념물로 지정된 물푸레나무도 많이 볼 수 있는데 화성 전곡리 물푸레나무와 파주 무건리 물푸레나무가 몇 백 년씩 산 물푸레나무로 유명해요. 번식은 씨앗 1, 젖은 모래 2 비율로 섞은 뒤 땅 속 50cm 아래에 묻어두었다가 다음에 봄에 파종해야 해요. 비슷한 나무로는 우리나라 남부지방에서 자라는 '쇠물푸레나무'가 있는데 꽃잎이 하얀색이고 아주 예뻐요.

🌺 볼 수 있는 곳

중부지방에서는 높은 산에서 볼 수 있지만 남부지방에서는 낮은 산에서도 볼 수 있어요. 또한 전국의 도립수목원에서도 만날 수 있어요. 창경궁 같은 궁궐에서도 흔히 볼 수 있어요.

하도 쓸모가 없어 회초리로 사용한

가죽나무

(가중나무)

과명 소태나무과 **학명** *Ailanthus altissima* **꽃** 6월 **열매** 9월 **높이** 20~30m

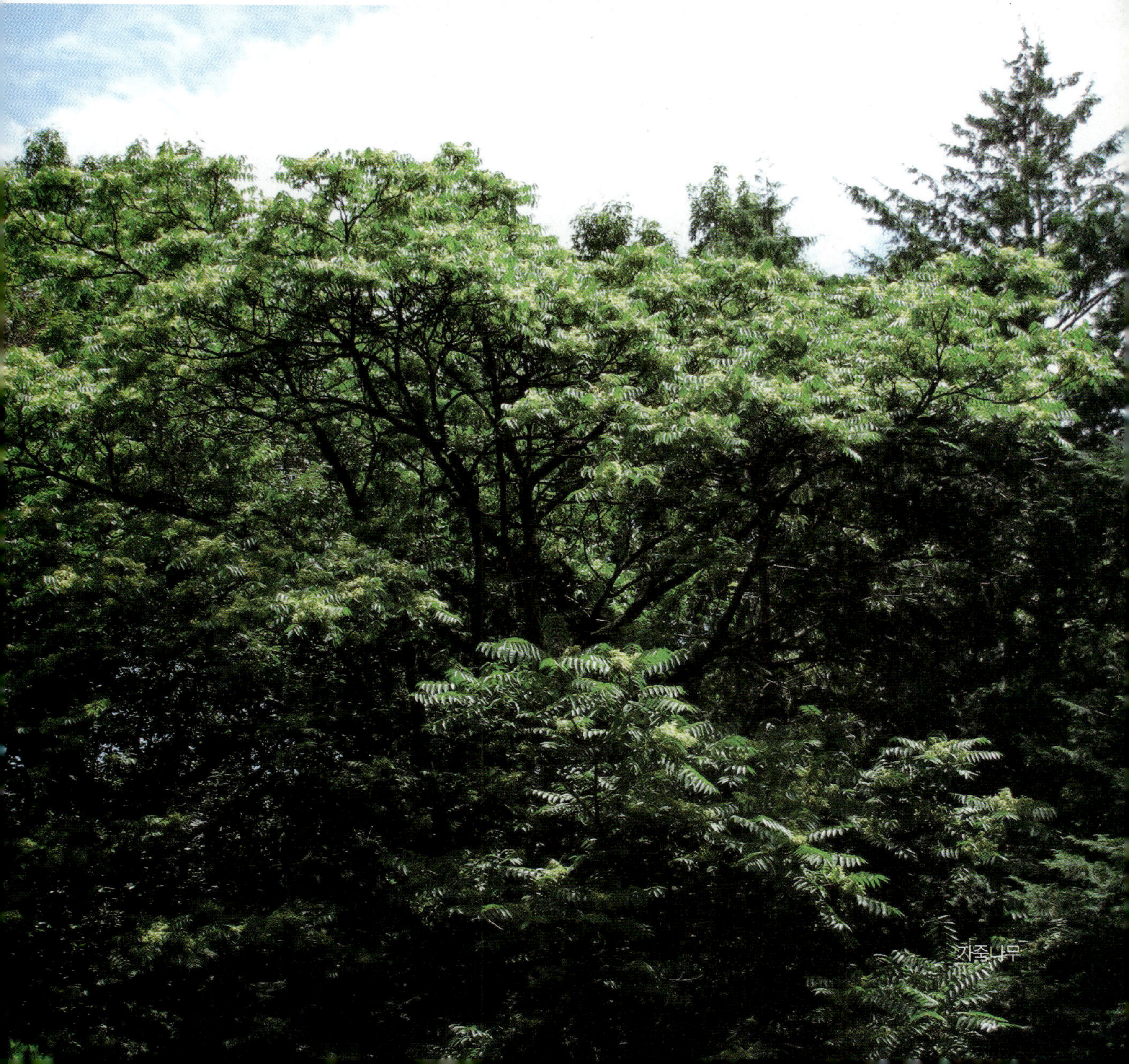

가죽나무

▲ 가죽나무의 날개열매　　　　　　　　▲ 가죽나무의 잎

가죽나무는 하도 쓸모가 없어 천대를 받아온 나무예요. 그런데 이 쓸모없는 나무가 물을 주지 않아도 자기 스스로 잘 자라는 거예요. 그래서 중국에서는 사람들이 죄를 지어 동헌으로 끌려오면 '가죽나무 회초리로 저놈을 때려라!' 라고 했어요. 과일나무는 과일이 열리므로 함부로 꺾을 수 없었고, 그 때문에 쓸모없이 키만 큰 가죽나무 회초리를 사용했다는 것이죠.

중국에서 자라는 가죽나무는 먼 옛날에 우리나라에 들어온 뒤 참죽나무(참중나무)와 생김새는 비슷하나 쓸모가 없는 가짜 죽나무라고 해서 가죽나무(가중나무)라는 이름이 붙었어요. 참중나무는 어린잎을 땅두릅처럼 먹을 수 있는데 가죽나무는 어린잎을 먹을 수조차 없었다 해요. 물론 요즘은 참죽나무와 구별이 잘 되지 않기 때문에 가죽나무의 어린잎을 참죽나무 어린잎인 줄 알고 따먹는 사람도 꽤 많다고 해요.

▲ 가죽나무의 나무껍질

가죽나무도 열매에 날개가 있는 것으로 유명해요. 이 열매는 겨울 내내 달려있기 때문에 언뜻 보면 줄기 한쪽에 흰 눈이 쌓여있는 것처럼 보이곤 해요. 성장속도가 무척 빠르고 발아도 잘되어 씨앗이 떨어지면 스스로 발아를 하여 잎이 올라오곤 해요. 목재도 상품성이 없기 때문에 땔감 외에는 쓰지 않으므로 가죽나무가 자라기 시작하면 아무도 꺾어가지 않아 큰 나무가 된다고 해요. 그래서 나무 그림자가 참 좋다고 하지만 위로만 쑥쑥 자라기 때문에 느티나무처럼 좋은 그림자를 주지도 않아요. 나무가 좋은 그림자를 주려면 줄기가 벌어지면서 자라야 하기 때문이죠.

▲ 가죽나무는 잎의 밑부분이 양쪽으로 불룩 튀어나와 있어요

▲ 참죽나무는 잎의 밑부분이 양쪽으로 불룩 튀어나와 있지 않아요

가죽나무와 참죽나무는 여러모로 비슷하지만 잎을 보면 구별할 수 있어요. 가죽나무는 잎의 밑부분이 양쪽으로 불룩 튀어나와 있고, 참죽나무는 불룩 튀어나와있지 않기 때문이에요.

볼 수 있는 곳

시골 농가나 산에서 흔히 볼 수 있고, 도시에서도 동네 뒷산에서 가끔 만날 수 있어요. 꽃과 잎이 옻나무와 비슷하기 때문에 어린 나무를 보면 옻나무로 착각하는 경우가 많고, 이 때문에 사람들이 꺾지 않기 때문에 대부분 키가 20m 정도인 큰 나무들이 많아요. 사람이 훼손시키지 않고 성장속도도 빠르기 때문에 어떤 나무는 30m 높이까지 자란 경우도 있어요. 수목원에는 참죽나무와 함께 가죽나무를 심어놓는 경우가 많으므로 전국의 도립수목원에서도 만날 수 있어요.

오늘 만난 나무

단풍이 들지 않고 잎이 겨울에 떨어지는

두충나무

과명 두충과　**학명** *Eucommia ulmoides Oliv*　**꽃** 4~5월　**열매** 8~11월　**높이** 15~20m

두충나무

▲ 두충나무의 4월 수꽃   ▲ 두충나무의 날개열매

TV 광고에서 약이나 음료 광고를 할 때 자주 듣는 나무 중에서 두충이 있어요. 두충 성분이 함유된 피로회복제도 있다는 거죠. 하도 약효가 좋아 이 나무는 나무보다 약제가 먼저 고려시대에 수입이 되었어요. 그러다가 1927년 지금의 홍릉수목원에 두충이 맨 처음 심어지면서 현재는 헛개나무처럼 유명한 나무가 되었어요. 세계적으론 1과1속1종밖에 없는 중국의 특산나무인데, 예를 들어 장미과에는 수많은 나무들이 소속되어 있는데 두충과에는 이 나무 하나 밖에 없다는 거예요.

꽃은 암수딴그루로서 수꽃은 꽃잎이 없고 딱딱한 돌기와 실 같은 수술 4~10개가 있어요. 암꽃은 꽃잎이 없고 암술머리가 양쪽으로 갈라진 암술대가 1개 있어요. 열매는 11월까지 녹색으로 남아 있는데 날개가 있고 만져보면 딱딱하고, 잎은 11월까지 초록색으로 남아 있다가 단풍이 안들고 떨어지는 나무로 유명해요.

▲ 두충나무의 잎

잎에는 고무성분이 있어 갈라보면 실 같은 점액이 있고, 잎을 뜨거운 물에 우려 마시면 아주 진한 향이 있는데 보통 2년 이상 된 나무에서 잎을 채취해야 해요. 나무껍질은 12년 이상된 두충나무에서 채취해 약용하는데 디스크, 요통, 혈압, 자양강장에 효능이 있어요. 번식은 6~7월에 가지를 잘라 심으면 되는데 실패율이 높고, 종자 번식은 10월 말에 채취한 뒤 12월에 땅에 묻어두었다가 이듬해 봄에 파종해야 해요.

우리나라 지리산에서 볼 수 있어요. 또한 특용식물이나 약용식물을 키우는 농장에서 많이 볼 수 있어요. 충북 증평과 전남 강진 다산기념관 부근에 심어서 키운 두충 숲이 있어요. 각 지역의 도립수목원에서도 두충을 손쉽게 만날 수 있어요.

●재미있는 나무 이야기●

두충차 만들기

원래 두충차는 두충나무의 껍질이나 잎을 깨끗이 세척한 뒤 그늘에 말려서 차로 마시는 것을 말해요. 그러나 현대인은 속도전에 능숙해야 하므로 여러분들도 더 빨리 마시고 싶을 거예요. 그런 분들은 4월에 두충의 어린잎을 채취한 뒤 깨끗이 씻은 뒤 뜨거운 물에 우려 마실 수 있어요. 어린잎을 뜨거운 물에 담그면 조금 뒤 상큼한 향이 나기 시작할 거예요. 이때 차를 마시면 라면 먹고 얼굴이 잘 붓는 학생들에게 부종을 빼는 효과가 있고, 관절통에도 좋다고 해요.

꽃을 보는 것이 가문의 영광인

느릅나무

과명 느릅나무과　**학명** *Ulmus davidiana*　**꽃** 3~4월　**열매** 5~10월　**높이** 30m

느릅나무의 꽃

느릅나무는 느티나무와 비슷한 나무로서 꽃이 보잘것없는 나무로 유명해요. 이 꽃은 3~4월에 잎이 나기 전 피기 때문에 느릅나무 꽃을 보려면 이른 3~4월부터 바삐 찾아다녀야 해요. 그러다가 막상 꽃을 보면 반가움보다는 이게 뭐야~ 라는 실망을 하는데 꽃이 콩알 같이 작고 나무는 키가 커서 꽃을 보는 것을 가문의 영광쯤으로 생각해야 해요.

열매는 5~10월 사이에 볼 수 있는데 날개가 있고 5~6월에 익으므로 그 무렵 수확하면 번식을 시킬 수 있어요. 열매의 가장자리에는 잔털이 많고 중앙에 씨앗이 들어있어요. 잎은 줄기에서 어긋나고 느티나무잎처럼 생겨서 종종 느티나무라고 오해를 받아요. 목재는 품질이 우수해 가구, 수레, 우산, 배를 만들거나 건축재로 사용할 수 있고, 수액은 도자기를 윤낼 때 사용해요.

어린잎과 속껍질은 사람이 먹을 수 있는데 어린잎은 국거리로 좋고 속껍질은 가루를 내어 밥과 함께 지어 먹을 수 있어요. 수액에 약용 성분이 함유되어 있어 종기에 나무껍질을 짓이겨 바를 수 있어요. 가을단풍이 아름답기 때문에 조경수로도 인기만점이지만 공해에 약해 도시에서는 잘 자라지 않아요. 꺾꽂이 번식은 장마철 직전 해야 하고, 씨앗 번식은 6월경 씨앗을 채취한 뒤 바로 파종해야 해요. 이름의 유래는 두 가지 설이 있는데 된장 누룩처럼 아주 요긴한 나무라고 해서 지금의 느릅나무라는 이름이 되었다고도 해요.

🌼 볼 수 있는 곳

우리나라 중부지방의 산에서 볼 수 있는데 주로 냇가 같은 기름진 곳에서 볼 수 있어요. 또한 각 지역의 도립수목원에서도 만날 수 있어요.

서어나무

과명 자작나무과　　**학명** *Carpinus laxiflora*　　**꽃** 4~5월　　**열매** 6~10월　　**높이** 15m

▲ 서어나무의 꽃　　　　　　　　▲ 서어나무의 나무열매

한자로 서쪽에 있는 나무인 서목(西木)이라고 불린다고 해서 '서나무'라고 불리었으나 지금은 '서어나무'가 정식 이름이 되었어요.

꽃은 암수가 한 그루에서 피는데 수꽃이 조금 길고 암꽃은 수꽃의 절반 길이예요. 재미있게도 수꽃은 이전 해의 가지에 피고 암꽃은 금년에 난 새 가지에서 개화를 해요. 그러므로 암꽃보다 는 수꽃이 조금 일찍 피어요. 열매는 6월쯤부터 볼 수 있으며 날개가 있고 줄줄이 매달려있어 요. 잎은 느티나무 잎과 비슷하지만 조금 더 크고 줄기에서 어긋나게 달려요. 서어나무도 느티 나무로 착각하는 나무인데 꽃과 열매가 다르므로 쉽게 구분할 수 있어요.

서어나무는 인간의 발자취가 닿지 않는 완전무결한 숲에서만 볼 수 있어요. 서어나무가 자라는

▲ 서어나무의 가을단풍

숲은 아주 좋은 숲이고, 서어나무와 까치박달나무가 같이 보이는 숲은 굉장히 좋은 숲이라고 말해요. 그만큼 매력적인 나무이고 우리나라 특산 및 희귀식물이기도 해요.

목재는 아주 고급이기 때문에 피아노 공명판을 만들기도 해요. 우리나라에서는 강원도 이남의 비교적 큰 산에서 볼 수 있고 비슷한 나무로는 '개서어나무', '당개서어나무', '긴서어나무', '왕서어나무' 등이 있어요. 번식은 가을에 열매를 채취한 뒤 12월에 땅 속에 묻어두었다가 다음해에 파종해야 해요. 단풍이 매우 아름답기 때문에 조경수로 안성맞춤이에요.

▲ 서어나무의 잎

볼 수 있는 곳

창경궁에 입장한 뒤 오른쪽으로 조금 올라가면 볼 수 있어요. 또한 전국의 도립수목원에서도 만날 수 있는데 이름표가 '서나무'라고 붙어있는 경우도 있어요.

중국굴피나무

과명 가래나무과   **학명** *Pterocarya stenoptera DC*   **꽃** 4~5월   **열매** 10월   **높이** 30m

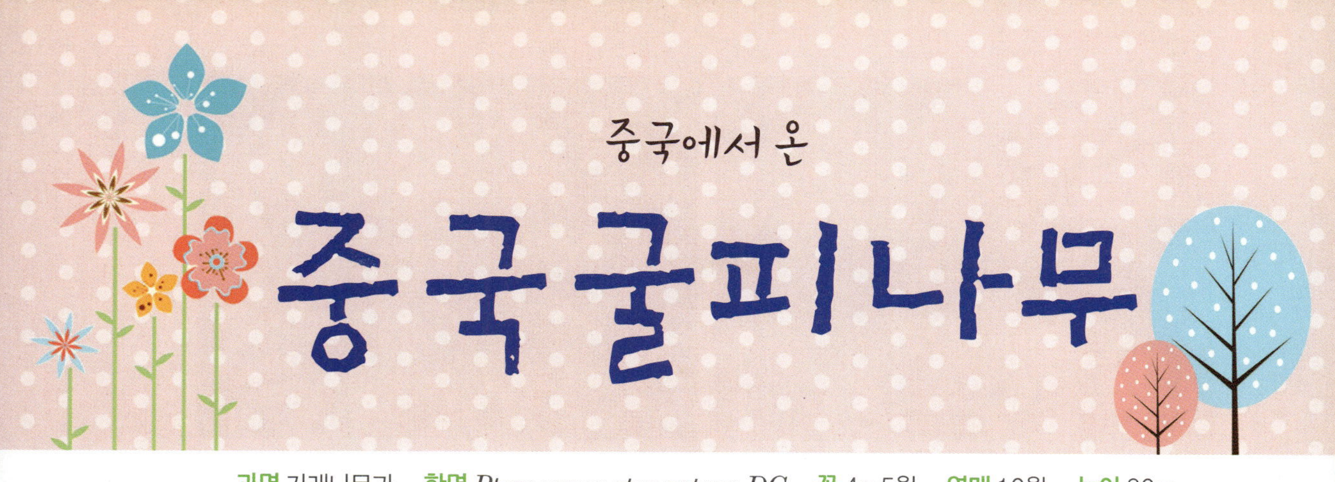

중국굴피나무

▲ 중국굴피나무의 꽃

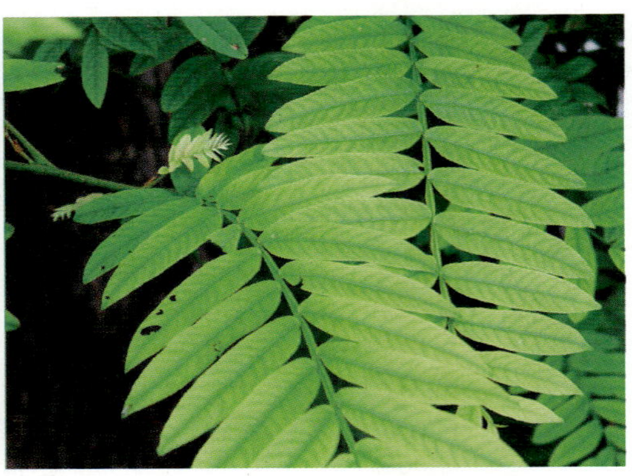
▲ 중국굴피나무의 잎

중국에서 가져온 굴피나무라고 해서 중국굴피나무라고 부르며 우리나라 굴피나무와 달리 열매에 날개가 있어요. 전체적으론 열매의 생김새가 서어나무 열매와 비슷하지만 더 길고 주렁주렁 매달려 있어요. 꽃은 4~5월에 볼 수 있는데 암꽃과 수꽃을 같은 나무에서 볼 수 있고 수꽃이 더 길어요. 잎은 '기수우상복엽'으로 9~25개의 작은 잎이 붙어있고 전체 잎의 길이는 20~40cm예요. 언뜻 보면 아까시아잎과 비슷하지만 높이 30cm, 나무 밑동의 지름이 1.5cm에 달할 정도로 크게 자라기 때문에 오래된 고목을 보면 쉽게 알 수 있어요.

우리나라에서는 1920년경부터 본격적으로 심기 시작하였는데 열매에 날개가 있어 스스로 번식을 잘하고, 강변이나 물가에 열매가 떨어지면 자연스럽게 발아가 된 뒤 쑥쑥 자라는 편이에요. 잎에는 살충성분이 있어 종기에 짓이겨 바르고, 나무껍질을 달여 먹으면 위장병이나 구충제로서의 효능이 있어요.

▲ 중국굴피나무의 날개열매

▲ 열매의 모습

볼 수 있는 곳

중국굴피나무는 중국에서 가져온 뒤 심어서 기른 나무이기 때문에 산보다는 서원 등 옛날 건물에서 볼 수 있어요. 서울 홍릉수목원, 광릉 국립수목원, 태안 안면도수목원에서도 만날 수 있어요.

꼬투리 열매가 열리는 나무

콩과 식물은 대부분 콩깍지 형태의 꼬투리 열매가 열리곤 해요. 이중에 싸리나무처럼 나무 이름에 '싸리'가 들어가는 나무들은 콩과식물이지만 꼬투리 열매가 아닌 다른 모양의 열매가 열리곤 해요. 꼬투리열매가 열리는 대표적인 나무에 대해 알아보아요.

수술이 꽃잎처럼 보이는	자귀나무
이름이 아주 웃긴	박태기나무
이리의 어금니를 닮은	낭아초

자귀나무

과명 콩과   **학명** *Albizia julibrissin*   **꽃** 6~7월   **열매** 8~10월   **높이** 3~8m

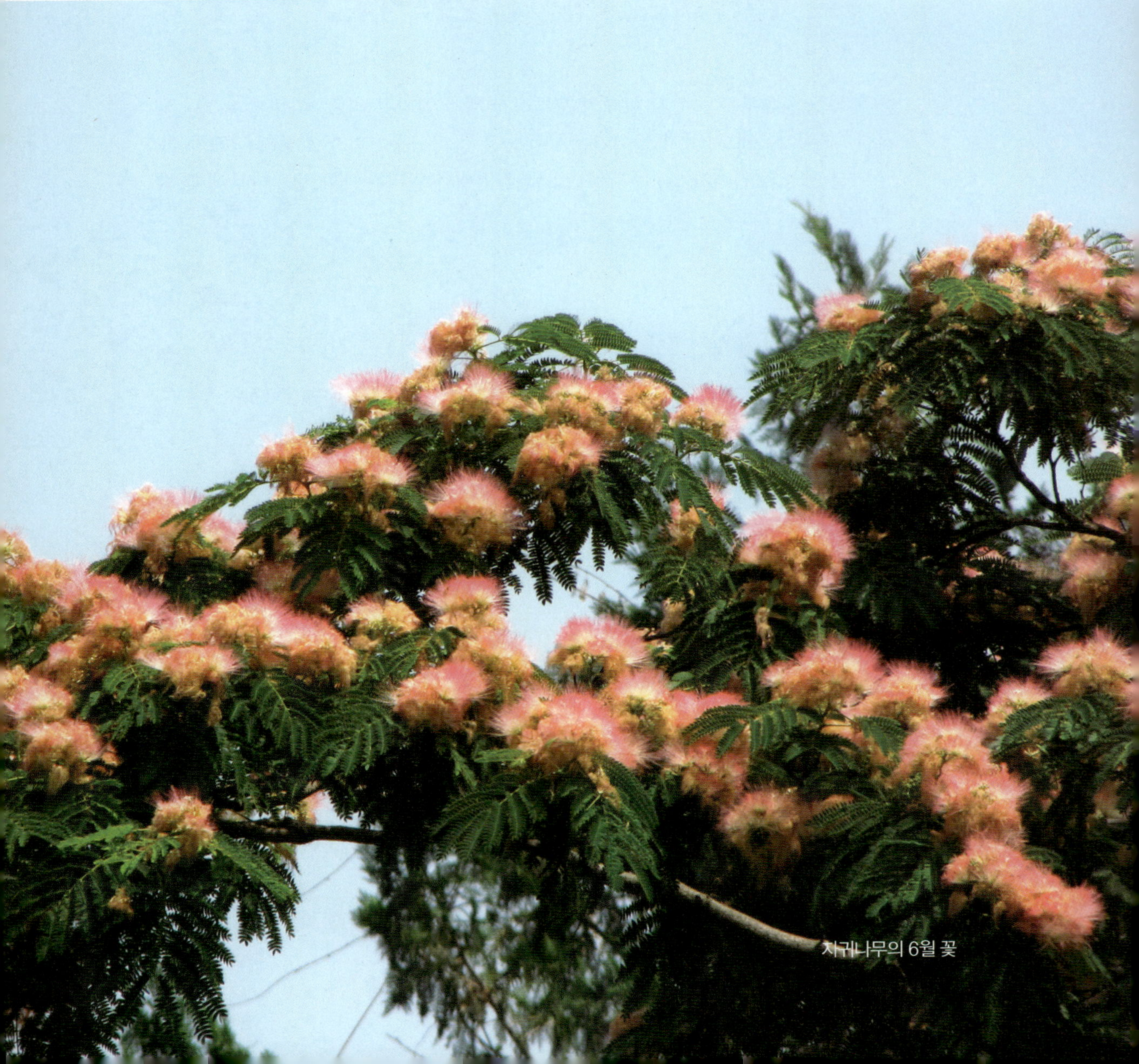

자귀나무의 6월 꽃

자귀나무는 도시의 공원에서 가장 흔히 만나는 나무예요. 나무에 관심 있는 사람이라면 자귀나무 꽃은 한번쯤 보았을 거예요. 조경수로 인기가 많아 빌딩 조경수로도 즐겨 심으니까요. 자귀나무는 특이하게도 잎이 '미모사'처럼 밤이 되면 서로 합쳐지는 나무예요. 잎이 합쳐지는 모습이 부부사이를 닮았다고 하여 자귀나무는 부부 사이를 좋게 하는 나무로 예로부터 알려져 있어요.

봄꽃이 떨어지면 여름이 올 때까지 볼만한 꽃이 없는데 여름 문턱에 다다를 무렵 아주 멋진 연분홍색꽃이 자귀나무에서 피기 시작해요. 이 꽃은 6~7월 사이에 피는데 암수한꽃이고 오후에 더 활짝 피는 성질이 있어요. 자귀나무에서 털처럼 보이는 분홍색 털은 실은 수술인데 한 꽃에 25개 정도 있고, 15~20개의 꽃이 하나의 꽃자루에서 달리기 때문에 멀리서 보면 털이 수북한

▲ 밤이 되면 합쳐지는 자귀나무 잎

▲ 자귀나무 꼬투리열매

것처럼 보여요. 잎은 줄기에서 어긋나고 전체 길이는 6~15cm 내외이고 작은 잎이 15~30쌍씩 마주나는데 '미모사'나 '차풀'의 잎과 비슷해요. 쌍으로 된 잎은 밤이면 합쳐지는 성격이 있어요. 꼬투리 열매는 7~10월 사이에 볼 수 있는데 10월에 성숙하고 콩깍지를 까면 씨앗을 볼 수 있어요. 이 씨앗을 모래와 함께 땅 속에 묻어 두었다가 다음해 봄에 파종하면 번식을 할 수 있어요.

▲ 자귀나무의 겨울

목재는 불량하기 때문에 사용을 하지 않지만 나무껍질과 뿌리껍질은 여러 가지 약효가 있어 늑막염, 불면증, 건망증에 달여서 먹고, 목구멍이 아플 때도 사용할 수 있어요. 비슷한 나무로는 꽃의 색상이 흰색인 '왕자귀나무'가 있는데 제주도와 목포의 산에서 볼 수 있는 우리나라 특산식물이에요.

🌸 볼 수 있는 곳

큰 공원에서 많이 볼 수 있고 요즘은 동네 놀이터에도 자귀나무를 조경수로 심는 경우가 많아요. 건물 조경수로 인기가 많아 새로 지은 건물에서 조경수로 심은 것도 볼 수 있어요. 난대식물이므로 중부지방의 산에서는 볼 수 없지만 남부지방 산에서는 흔히 볼 수 있어요. 또한 전국의 도립수목원에서도 쉽게 볼 수 있어요.

박태기나무

과명 콩과   **학명** *Cercis chinensis Bunge*   **꽃** 4월   **열매** 5~9월   **높이** 3~5m

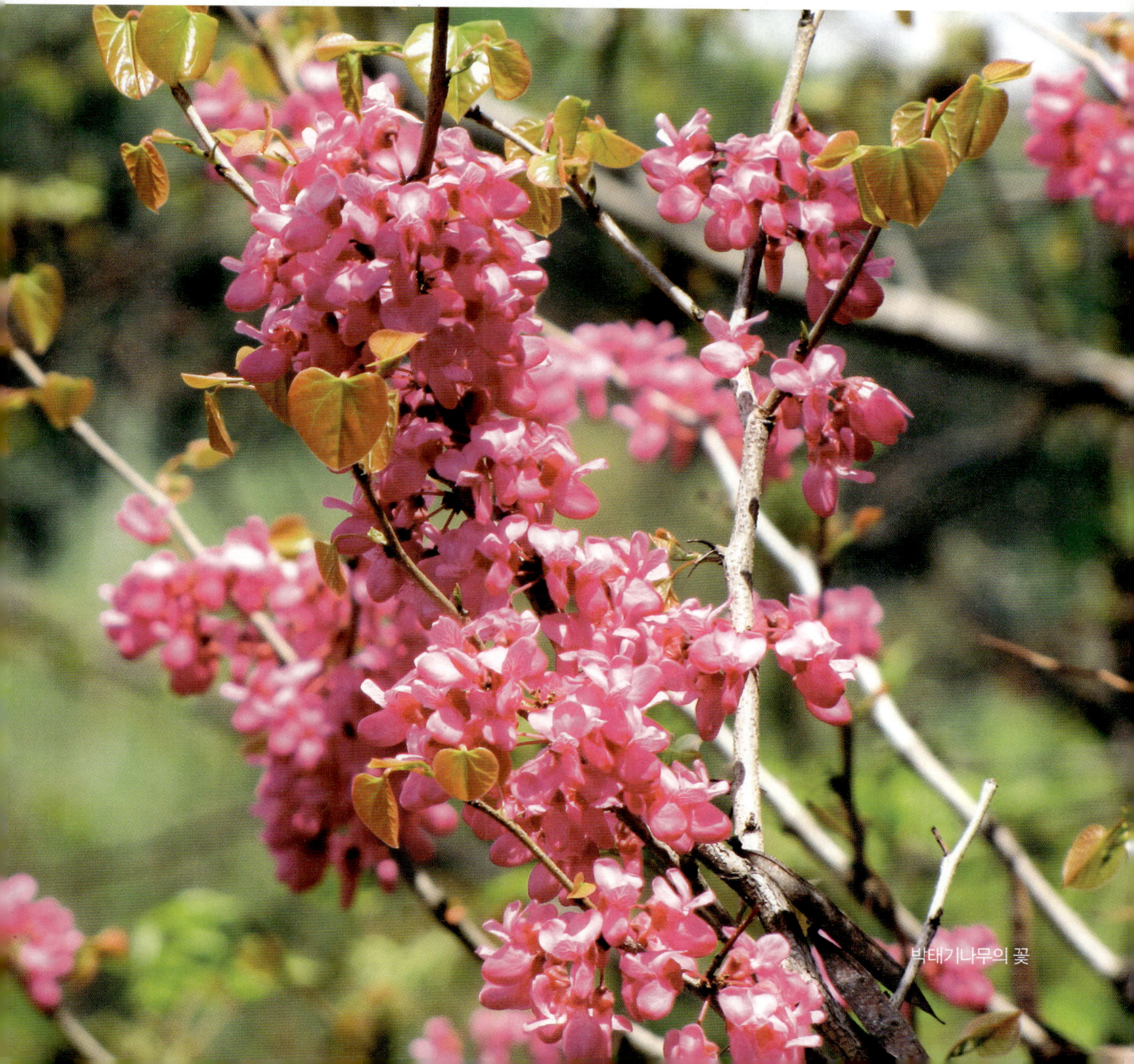

박태기나무의 꽃

▲ 박태기나무의 꼬투리열매　　　　　▲ 박태기나무의 잎

이름이 아주 웃긴 이 나무는 꽃의 모양이 밥알과 비슷하다고 하여 '밥풀태기나무'로 불렸다가 지금의 '박태기나무'가 되었어요. 실제 꽃을 보면 색상만 분홍색일 뿐 밥알이 모여 있는 것처럼 보여요. 중국에서 가져온 이 나무는 우리나라의 충청이남 지방에서 키워 기르면서 큰 인기를 얻었는데 분홍색 꽃이 예뻐 지금은 조경수로 인기가 많아요. 원래는 충청이남에서 키울 수 있었으나 지구온난화로 우리나라 평균 기온이 올라가면서 강원도 같은 추운 지방을 제외한 서울 경기권에서도 키울 수 있어요.

꽃은 4월에 잎보다 먼저 개화를 하고 꽃이 지면 잎이 자라기 시작하는데 잎이 하트 모양이기 때문에 쉽게 알아볼 수 있는 나무예요. 열매는 꼬투리모양이고 콩깍지를 까면 씨앗을 볼 수 있는데 8~9월에 수확해 바로 뿌리면 번식을 시킬 수 있고 꺾꽂이로도 할 수 있어요.

또한 나무줄기가 가늘기 때문에 목재로서의 상품성은 없지만 꽃, 줄기, 뿌리는 항균 성분이 있어 종기나 월경통, 관절통 등 다양한 곳에 사용할 수 있어요. 꽃은 약으로 달여 먹을 수 없으므로 술로 담그는 것이 좋아요.

볼 수 있는 곳

서울 남산의 야외식물원에서 박태기나무를 볼 수 있어요. 태릉 같은 왕릉에서도 키우는 경우가 있고, 건물 조경수로 키우는 경우도 있으므로 잘 찾아보면 우리 주변에서 간혹 만날 수 있어요. 그 외 도립수목원에서도 만날 수 있어요.

낭아초

과명 콩과   **학명** *Indigofera pseudotinctoria*   **꽃** 7~8월   **열매** 8~10월   **높이** 2m

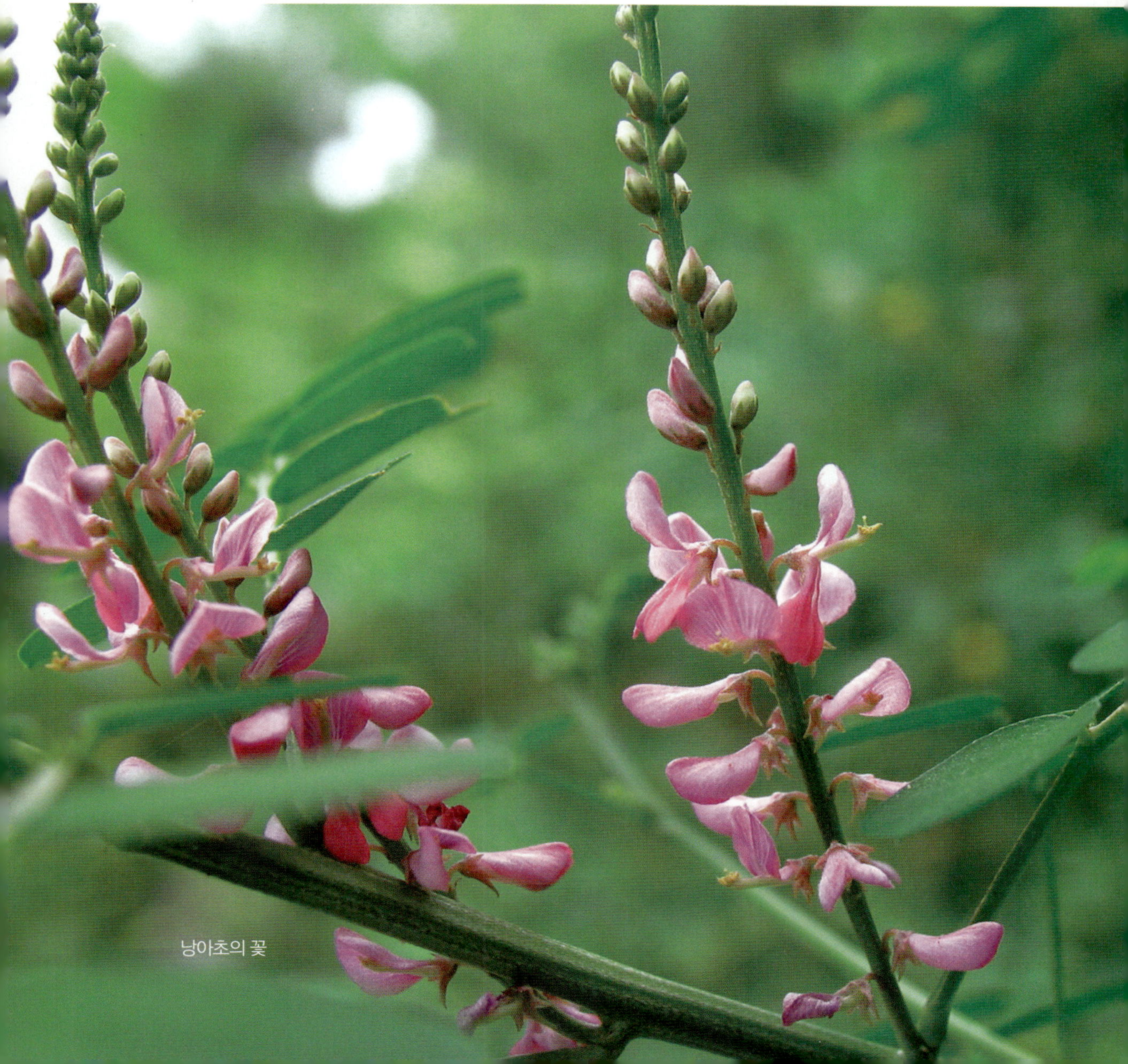

낭아초의 꽃

▲ 낭아초

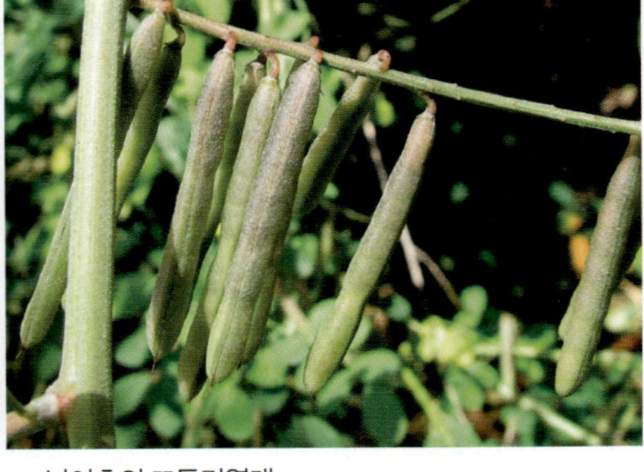
▲ 낭아초의 꼬투리열매

낭아초의 낭아(狼牙)는 이리의 어금니란 뜻을 가지고 있어요. 꽃차례가 뾰족하게 올라온 모습이 이리의 어금니를 닮았기 때문에 붙은 이름이죠. 이리의 어금니가 주는 느낌과 다르게 꽃이 아름답고 나무는 2m 내외의 어른 키 높이로 자라요.

▲ 낭아초의 잎

낭아초는 콩과 식물이지만 열매 모양이 꼬투리형이에요. 콩과 식물은 대부분 꼬투리형으로 열매를 맺히지만 '싸리'로 불리는 식물들은 대개 신장형의 둥근 모양을 가지고 있어요. 꽃은 7~8월 사이에 피고 전체 꽃차례의 길이는 4~12㎝예요. 꽃차례란 꽃대에 달린 꽃의 배열 모습을 말하고 낭아초의 경우 총상화서라는 꽃차례로 하나의 꽃대에 여러 개의 꽃이 붙어있어요. 열매는 꼬투리형이고 열매를 까면 깨알만한 씨앗들이 들어있어요.

식물은 대부분 약용성분을 함유하고 있고 낭아초 역시 마찬가지인데 꽃과 잎, 뿌리를 달여 먹으면 염증, 편도선염, 타박상 등에 효능이 있고 몸속의 독성을 녹일 수 있어요. 번식은 잘 말린 씨앗을 스타킹에 넣어 베란다 등에 매달아 놓았다가 다음 해 봄에 뜨거운 물로 처리한 뒤 파종해야 해요.

🌺 볼 수 있는 곳

우리나라 남부지방인 전라도와 경상도의 산이나 들판에서 흔히 볼 수 있고 제주도에서도 볼 수 있어요. 원래 남부지방 식물이지만 서울 근교에서도 잘 자라기 때문에 한번쯤 키워볼 만해요. 또한 대부분의 수목원에서 낭아초를 만날 수 있어요.

열매가 맛있는 과일나무

우리가 즐겨 먹는 맛있는 과일들은 대부분 장미과 식물들이에요. 장미과 식물들은 꽃의 향기가 좋기 때문에 열매도 달착지근한 것이 많아요. 그러나 대부분의 과일나무들은 원래부터 존재하고 있었던 나무가 아니라고 해요. 야생에서 자라는 장미과 식물들을 원예업자와 식물학자들이 여러 가지 방식으로 교배를 하면서 더 큰 열매를 얻으려고 노력하였고, 그러다가 나타난 돌연변이 식물들이 바로 사과나무나 배나무 같은 과일나무라고 할 수 있어요. 그러므로 대부분의 과일나무들은 씨앗을 뿌리면 큰 열매가 열리는 나무가 태어나지 않고, 본래의 야생 성질로 돌아가는 경우가 많다고 해요. 감 씨앗을 뿌리면 작은 감이 열리는 나무가 되고, 사과 씨앗을 뿌리면 작은 사과가 열리는 이유는 바로 이런 이유 때문이에요.

금단의 열매가 열리는	**사과나무**
열매는 못생겨도 꽃은 과일나무 중 가장 예쁜	**모과나무**
무릉도원에 있는	**복사나무**
추석 상에 올라가는 감열매가 열리는	**감나무**
호두알 열매가 자라는	**호두나무**
꽃 하나에 열매 하나가 열리는	**대추나무**
체리 열매가 열리는	**양벚나무**
와인전쟁이 일어난	**포도나무**
조조가 좋아한 열매	**비파나무**

금단의 열매가 열리는

사과나무

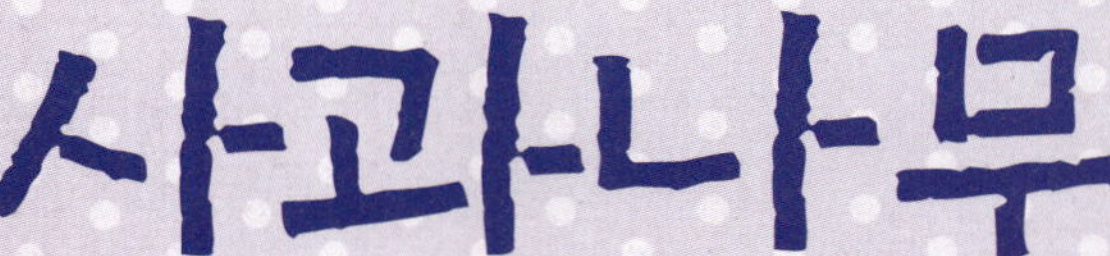

과명 장미과　**학명** *Malus pumila*　**꽃** 4~5월　**열매** 7~9월　**높이** 3~12m

사과나무의 4월 꽃

▲ 사과나무의 수형

사과나무는 사람이 먹는 나무 중에서 가장 오래전부터 재배해온 과일나무예요. 사과나무의 조상인 야생사과의 원산지는 터키, 발칸반도를 포함한 서아시아로 보고 있는데 사과연구가들은 무려 6천년부터 재배한 것으로 보고 있어요. 기록에 의하면 기원전 300년에 그리스의 알렉산더 대왕이 아시아에서 사과나무를 그리스로 가져가면서 유럽에 알려졌고 우리나라에는 중국을 경유해 고려 의종 때인 12세기경에 알려졌어요. 미국에는 17세기경 사과나무가 알려졌는데 그때만 해도 미대륙과 남미대륙은 사과나무의 존재를 알지 못했다고 해요.

서양에서의 사과는 그리스로마 신화에 등장할 뿐 아니라 에덴동산에서 금단의 열매로 사과열매가 등장할 정도로 서양의 신화와 밀접한 관계가 있어요. 에덴의 동산에서 이브는 금단의 열매인 사과를 먹고 아담을 유혹해 같이 먹었는데 그 후 이브는 벌을 받아 임신의 고통을 받아야

▲ 사과나무의 8월 열매

▲ 사과나무의 잎

했고 아담은 노동의 고통을 받았다고 해요. 그만큼 사과나무는 세계적으로 가장 많이 알려져 있고 사과열매는 세계적으로 가장 많이 먹는 과일이라 할 수 있어요.

우리나라에서 사과나무 꽃은 4~5월 사이에 개화를 해요. 꽃은 다른 장미과 식물들의 꽃과 비슷한 생김새를 가졌지만 향기가 좋아 벌, 나비, 새가 좋아해요. 잎은 줄기에서 어긋나고 타원형이거나 달걀형이고 가장자리에 톱니가 있고 약간의 광택이 있어요.

열매는 8~9월에 익는데 주성분은 탄수화물, 비타민 C, 칼륨, 칼슘, 당분, 식이섬유이고 열매 1개당 칼로리가 비교적 높기 때문에 다이어트 식품으로 먹을 경우 한 끼에 2~3개를 먹는 것은 적당하지 않아요. 그렇지만 열매에는 각종 성분이 풍부해 피부와 변비에 좋고 감기를 예방하는 효과가 있어요. 열매 안의 중앙에는 5개의 씨방이 별모양으로 있는데 각 씨방마다 1~3개의 씨앗이 들어있어요. 이 씨앗은 번식이 가능하지만 열매가 콩알만 한 난장이 사과나무로 자라므로 상품으로서의 가치가 없어요. 또한 씨앗을 그냥 심으면 발아확률도 1%에 불과하므로 약간의 처리를 하고 파종해야 해요.

▲ 사과나무의 수피

사과나무는 보통 접붙이기로 번식하는데 좋은 품질의 사과나무 가지를 잘라 1년 된 명자나무나 야광나무에 접을 붙이면 사과나무의 좋은 성분이 전해지면서 그 나무가 좋은 품질의 사과나무로 성장을 해요.

볼 수 있는 곳

사과나무는 열매를 얻기 위해 개량한 나무이기 때문에 산에서는 볼 수 없고 대부분 과수원에서 볼 수 있어요. 또한 전국의 도립수목원에서 사과나무를 만날 수 있어요.

모과나무

과명 장미과　　**학명** *Chaenomeles sinensis*　　**꽃** 4~5월　　**열매** 5~9월　　**높이** 2~10m

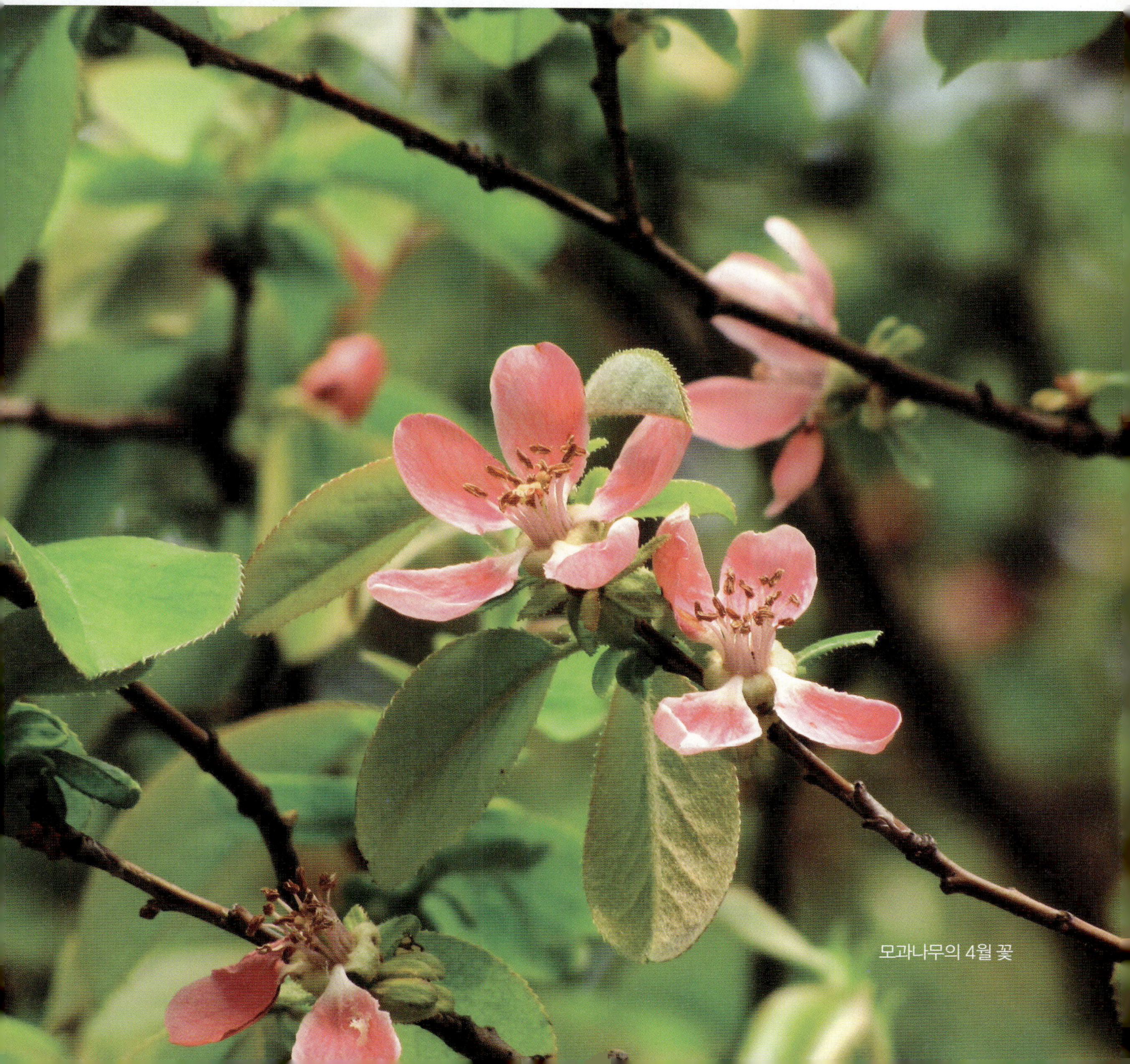

모과나무의 4월 꽃

▲ 모과나무의 8월 열매　　　　　　　　　　　　　▲ 모과나무의 잎

못생겨도 맛은 좋다는 모과나무는 꽃이 아름답기로 유명해요. 이 꽃은 시간이 지나면 점점 바래지면서 흰색으로 변하지만 분홍색일 때의 모과나무꽃은 환상적으로 아름다울 뿐 아니라 향기도 좋아요. 모과나무는 중국에서 자생하는 아시아모과와 유럽에서 볼 수 있는 유럽모과(마르멜루) 두 종류가 있는데 우리나라에서 볼 수 있는 모과는 중국에서 들어온 나무예요. 초창기에는 보통 농가에서 심어서 키웠는데 세월이 흐르면서 지금은 경기도 이남의 산에서 야생으로 자라는 모과나무를 많이 볼 수 있어요.

모과나무는 꽃의 지름이 2.5~4cm 정도이고 꽃잎은 5개, 수술은 20여개, 암술머리는 5개로 갈라져요. 잎은 어긋나고 타원형이거나 긴 타원형이고 가장자리에 톱니가 있고 잎 표면인 광택이 있고 털은 없으며, 잎 뒷면의 털은 점점 없어지고, 이 잎은 나비의 애벌레가 잘 먹어요.

▲ 모과나무의 수피

열매는 흔히 '모과'라고 말하고 9월에 성숙을 하는데 성숙하지 않은 열매는 맛이 없고 성숙한 열매는 레몬보다 비타민 C의 함량이 많고 사과보다 펙틴 함량이 많을 뿐 아니라 향기가 좋아 모과차로 마실 수 있어요. 모과차는 감기를 예방하고 장에 유익한 균을 활성화시키는 효과가 있고, 모과열매를 말린 뒤 달여 만든 약은 가래를 없애거나 뼈마디가 아픈 증세, 매스꺼움, 위산과다에 효능이 있어요. 번식은 꺾꽂이와 접붙이기로 할 수 있어요. 비슷한 나무로는 명자나무가 있지만 열매가 아주 작기 때문에 상품으로서의 가치는 없어요.

▲ 모과나무의 수형

🌺 볼 수 있는 곳

농촌에 가면 모과나무를 관상수로 키우는 농가들이 많고 도시근교의 왕릉에서도 가끔 만날 수 있어요. 또한 각 지역의 도립수목원에서도 모과나무를 만날 수 있어요. 모과나무는 나무껍질이 다른 나무와 달리 조각조각 벗겨지는 성질이 있어요. 그래서 나무껍질을 보면 모과나무임을 금방 알아차릴 수 있어요.

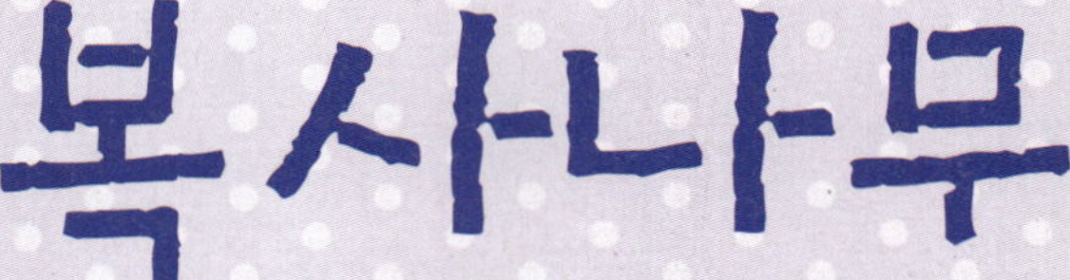

복사나무

(복숭아나무)

과명 장미과　　**학명** *Prunus persica*　　**꽃** 3~4월　　**열매** 5~10월　　**높이** 3~6m

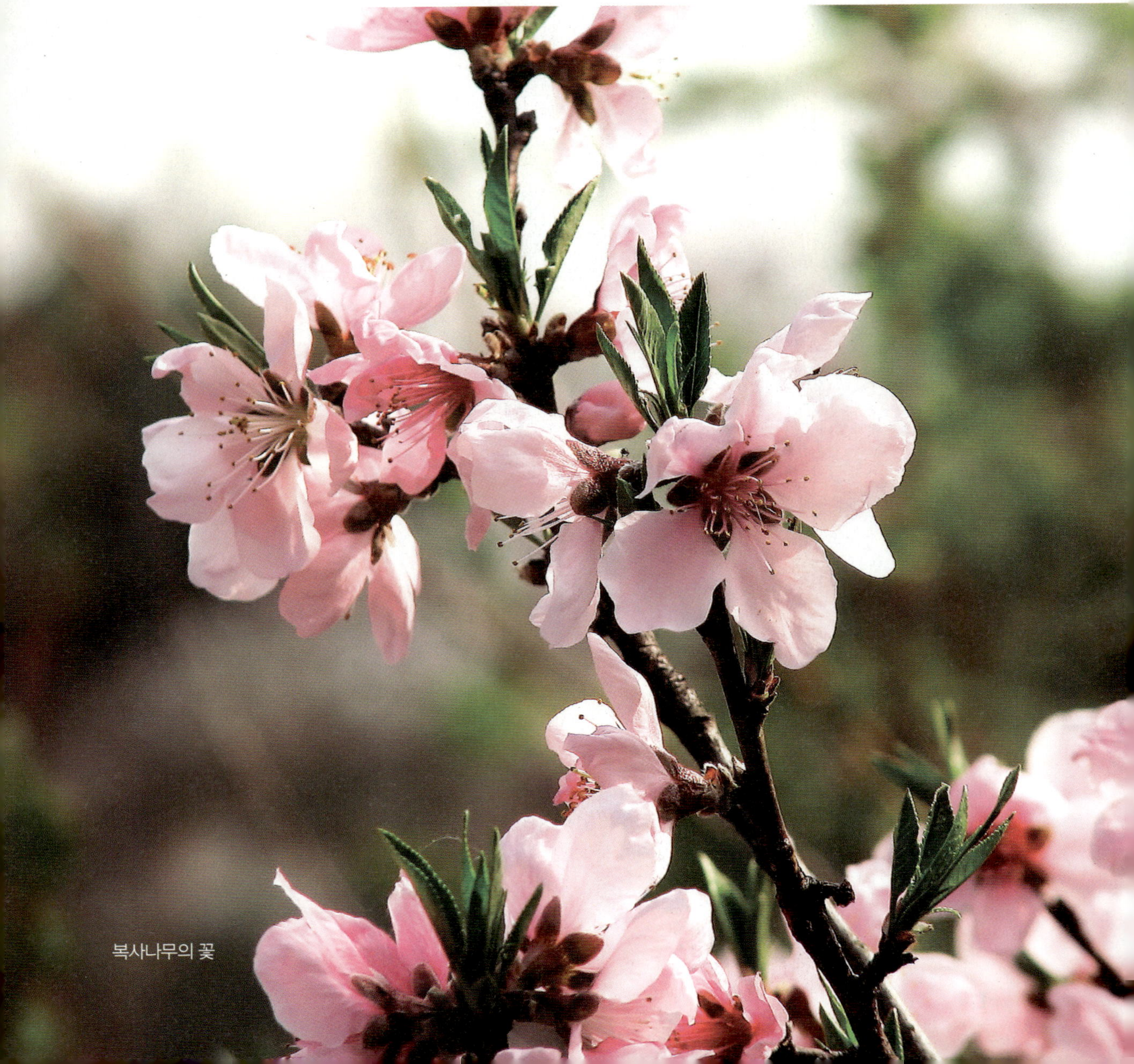

복사나무의 꽃

▲ 복사나무의 수형 ▲ 복사나무의 열매

흔히 '복숭아나무'라고 알려져 있지만 정식 명칭은 '복사나무'라고 해요. 옛날에는 '복숭아'를 '복 성화' 또는 '복숑하'라고 발음했는데 이 말의 준말이 '복사'이므로 순우리말 이름이에요.

복사나무는 동양에서 무릉도원을 상징하는 나무라고 해요. 먼 옛날 중국 무릉의 어느 어부가 물고기를 잡기 위해 강을 올라가다가 복사꽃이 떠내려 오는 것을 보고 꽃향기에 취해 따라갔다 고 해요. 계속 따라가다 보니 강 앞에 큰 산이 가로막고 있었고 그 앞에는 복사꽃이 만발하고 있었어요. 복사꽃 밑을 지나가니까 동굴이 있었고 동굴 안으로 들어가니 끝없이 넓은 옥토와 온갖 꽃이 만발한 아름다운 풍경이 펼쳐지고 있었어요. 어부는 그곳에서 어떤 사람을 만났는 데 진나라 때 난리를 피해 이곳에 숨어들어온 사람이었어요. 평화로운 그곳에서 대접을 받으며 며칠을 머물렀던 어부는 훗날 자신의 고을로 돌아온 뒤 신선이 살만한 아름다운 곳이라며 고을 태수에게 일러바쳤어요. 그 말을 전해들은 태수는 어부와 군사를 데리고 그곳을 찾아 나섰지 만 영영 찾을 수 없었어요. 훗날 중국인들은 그곳을 무릉에 있는 '복사꽃이 피어있는 천국 같은 곳'이란 뜻에서 '무릉도원(武陵桃源)'이라고 불렀다고 해요.

이 때문에 복사꽃은 아름다운 별세계를 상징하고 이 세상에 없는 행복하고 평화로운 천국을 상 징하기도 해요. 시인들이 시를 쓸 때 '복사꽃이 피는 내 고향은……'이라고 쓰는 이유는 유년 시절 행복했던 추억이 깃든 곳이기 때문이에요. 복사나무는 그만큼 인기가 많은 나무이기 때문 에 도시의 가정집 정원에서도 흔히 볼 수 있어요.

꽃은 3~4월에 잎보다 먼저 개화하는데 지름 3cm 정도이고 꽃잎은 5장이에요. 조경용으로 개 발된 원예종들은 꽃잎이 겹꽃인 경우도 있는데 이런 나무들은 나무 이름이 '만첩'이란 이름이 들어가요. 잎은 어긋나고 끝 부분이 뾰족한 피침형이고 길이 7~15cm, 가장자리에 톱니가 있

▲ 복숭아나무의 수피

▲ 복숭아나무의 잎

고 잎의 표면에 광택이 있어요. 열매는 5~10월 사이에 볼 수 있는데 10월에 성숙하고 분홍색이나 빨간색으로 익어요.

도(桃)는 복숭아나무나 복숭아열매를 뜻하는 한자어예요. 도화(桃花)는 '복사나무의 꽃'을 말하고 도리(桃李)는 복사나무와 자두나무를 말하지만 '좋은 인재'를 비유하는 말이기도 해요. 삼국지에 나오는 도원결의(桃園結義)는 '복사꽃이 피어난 꽃밭에서 유비, 관우, 장비가 의형제를 맺은 것'을 말하고, 천도(天桃)는 '하늘에서 나는 복숭아열매'를, 백도(白桃)는 '흰 빛깔의 복숭아'를 말해요.

복사나무는 중국자생으로 우리나라에 들어온 것은 기원전 전후인 2천 년 전이라고 해요. 이 때문에 고구려, 백제, 신라의 역사를 다룬 삼국사기에는 복사나무가 여러 번 등장을 해요. 복사나무에서 약으로 사용하는 부분은 종자, 수피, 과실 등인데 가슴흉통, 관절염, 복통, 습진, 타박상, 말라리아, 변비에 효능이 있어요. 번식은 접붙이기로 하고 종자 번식도 가능해요.

볼 수 있는 곳

주택가 가정집에서 흔히 키우기 때문에 동네나 시골집 마당에서 많이 볼 수 있어요. 또한 전국의 도립수목원에서도 쉽게 볼 수 있어요.

자두나무와 살구나무

복숭아나무와 비슷한 나무로는 자두나무와 살구나무가 있어요.

자두나무 (장미과, Prunus salicina)

중국이 원산지이며 '이화나무' 혹은 '오얏나무'라는 별명이 있어요. '오얏나무 아래에서 갓끈을 고쳐 매지 말아라'라는 속담은 이 나무를 두고 하는 말인데, 괜히 자두열매를 딴다고 오해받을지 모르므로 의심스러운 일을 하지 말라는 뜻이에요. 자두나무의 꽃은 같은 시기에 피는 벚꽃, 복사, 앵두, 매화, 살구꽃과 비슷하고, 잎은 복사나무 잎과 비슷하고, 어린 열매는 살구열매와 비슷해서 구별하기 힘들어요. 그러나 잎의 광택이 약하고 잔털이 있어 약간 푹신푹신한 느낌이 있고, 열매에 흰 가루가 있으면 자두나무라고 할 수 있어요.

▲ 자두나무의 꽃

▲ 자두나무의 수형

▲ 자두나무의 잎

살구나무 (장미과, Prunus armeniaca)

살구나무는 중국에서 들어온 나무로서 역시 시골집 마당에서 즐겨 심어요. 살구나무의 꽃도 같은 시기에 피는 벚꽃, 복사, 앵두, 매화, 자두꽃과 비슷하지만, 잎이 거의 원형에 가까운 타원형이므로 잎만 보고도 구별할 수 있어요.

▲ 살구나무의 꽃

▲ 살구나무의 열매

▲ 살구나무의 잎

감나무

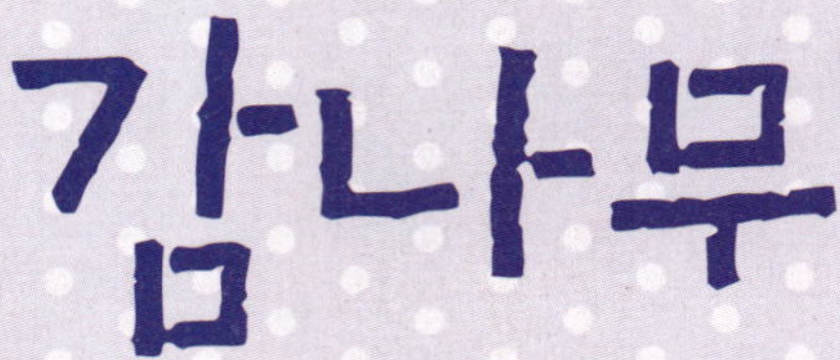

과명 감나무과 **학명** *Diospyros kaki* **꽃** 5~6월 **열매** 7~10월 **높이** 5~20m

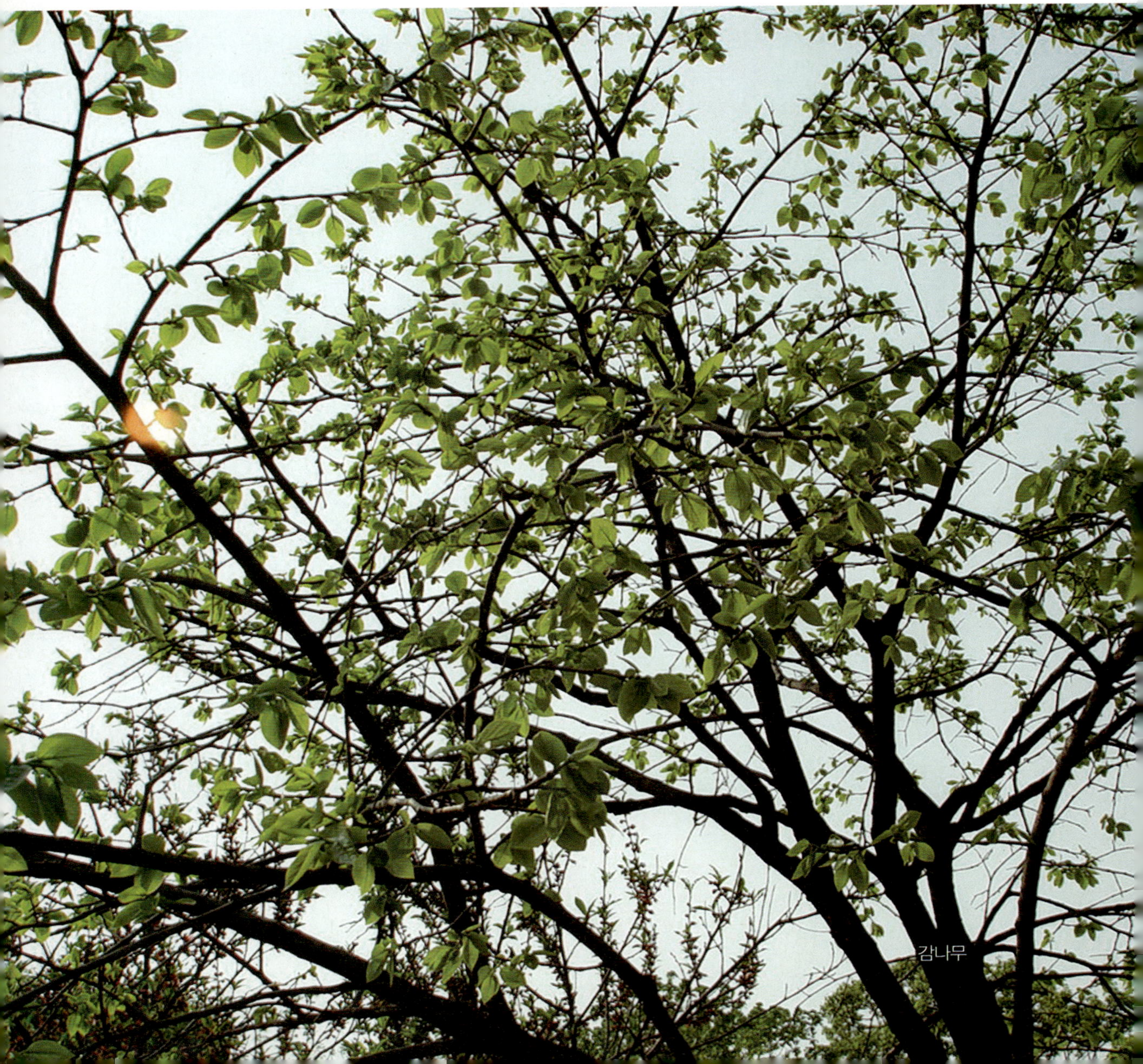

감나무

▲ 감나무의 6월 꽃

▲ 감나무의 10월 열매

감나무는 아주 인기가 많은 나무로서 도시의 가정집 정원에서도 많이 볼 수 있어요. 원래는 야생하는 나무이지만 좋은 열매를 얻기 위해 교배종을 만든 뒤 과수원은 물론 민가에 많이 보급했어요. 야생종 감나무는 흔히 '산감나무' 혹은 '돌감나무'라고 말하지만 식물학적으로는 모두 감나무에 속해요.

▲ 감나무의 잎

감나무의 꽃은 5~6월 사이에 피는데 줄기에 바짝 붙어있기 때문에 잎에 가려져서 잘 보이지 않아요. 꽃은 암수술이 한 꽃에 있거나 암꽃 수꽃이 따로 있는 경우도 있고, 꽃의 지름은 1.5~2cm 정도예요. 잎은 어긋나고 가죽질이고 광택이 있고, 열매는 7~10월 사이에 볼 수 있는데 10월에 성숙하고 겨울까지 매달려 있는 경우도 많아요. 열매는 성숙하면 저절로 땅에 떨어져 상품성이 떨어지므로 성숙할 무렵 수확을 해야 해요. 우리가 먹는 단감은 일본에서 개발된 품종을 말하고 야생 감은 감의 크기가 작고 매우 떫어서 사람이 먹지 못해요. 약으로 먹는 부분은 열매꼭지, 줄기, 수피, 뿌리 등인데 두통, 해열, 이뇨, 중풍, 딸꾹질, 숙취에 효능이 있어요. 번식은 종자로도 할 수 있지만 돌감나무가 자라므로 사람이 먹을 수 없고, 품질 좋은 감나무 가지를 돌감나무나 고욤나무에 접을 붙여서 번식하는 경우가 많아요.

볼 수 있는 곳

도시의 주택가 가정집에서 볼 수 있는 나무 중에서 목련나무와 함께 가장 많이 키우는 나무이므로 우리 주변에서 흔히 볼 수 있어요. 전국의 도립수목원에서도 쉽게 만날 수 있어요.

호두나무

과명 가래나무과　**학명** *Juglans regia*　**꽃** 4~5월　**열매** 6~10월　**높이** 20m

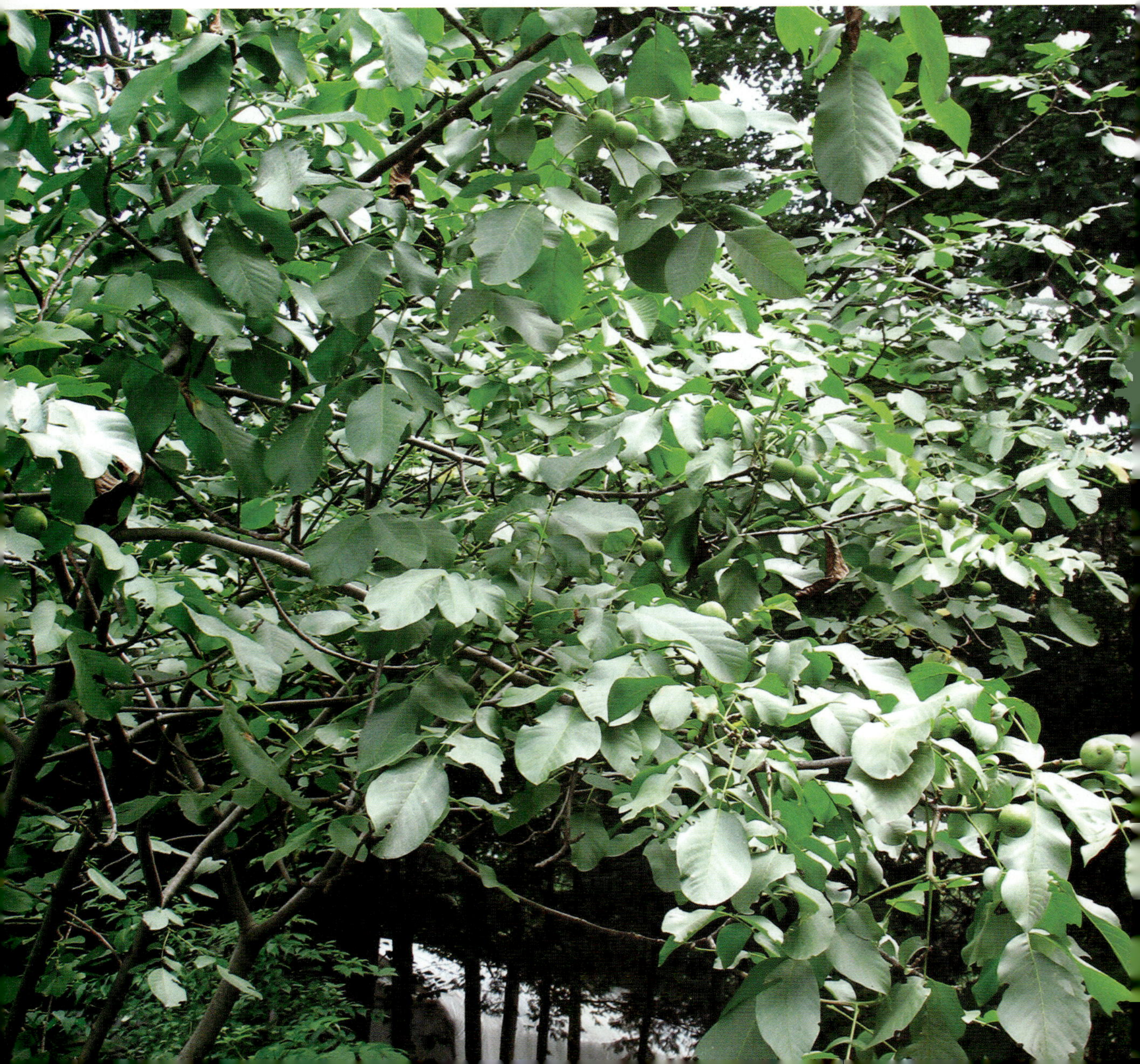

▲ 호두나무의 암꽃

▲ 호두나무의 열매

고려 충렬왕 때 장군인 유청신(柳淸臣)은 당시 충렬왕의 총예를 받고 원나라에 많이 다녀 왔는데 그가 어느 해에는 원나라에서 호두나무 묘목을 가져왔어요. 이 묘목은 천안 광덕산 광덕사에 심어졌고 그 후 광덕산 일대에 호두나무 과수원이 들어섰어요. 천안명물인 호두과자는 광덕산에 호두나무 과수원이 많기 때문에 태어난 것이라 할 수 있겠죠. 천연기념물 제398호로 지정된 광덕사 호두나무는 수령이 400년 정도이므로 유청신이 가져온 호두나무의 자손이 번식한 것이라고 할 수 있어요.

▲ 호두나무의 잎

호두나무의 꽃은 암수꽃이 한 그루에서 자라고 수꽃은 길고 암꽃은 콩알만 한 크기에 암술머리가 좌우로 갈라져있어요. 4~5월에 꽃이 피면 수꽃은 길기 때문에 잘 보이고 암꽃은 작기 때문에 잘 보이지 않으므로 줄기에서 잘 찾아보아야 해요. 잎은 '기수우상복엽'이고 전체 길이는 25cm 정도이고 작은 잎이 5~7개씩 달려있어요.

열매는 6월부터 볼 수 있는데 어린 열매는 복숭아열매처럼 보이고 10월에 성숙해요. 과실을 까면 딱딱한 호두알이 보이고 호두알을 까면 4개의 방에 우리가 먹는 호두가 들어있어요. 번식은 10월 말에 수확한 호두알을 모래와 섞어 배수가 잘되는 땅에 묻었다가 봄에 파종하는데, 호두알이 봉합된 부분을 수직으로 해서 묻어야 해요.

볼 수 있는 곳

도시의 가정집에서도 가끔 호두나무를 키우는 집이 있고, 남부지방에서는 야생에서 자라는 호두나무를 간혹 만날 수 있어요. 또한 전국의 도립수목원에서 만날 수 있어요.

대추나무

과명 갈매나무과　**학명** *Zizyphus jujuba*　**꽃** 5~6월　**열매** 7~9월　**높이** 3~8m

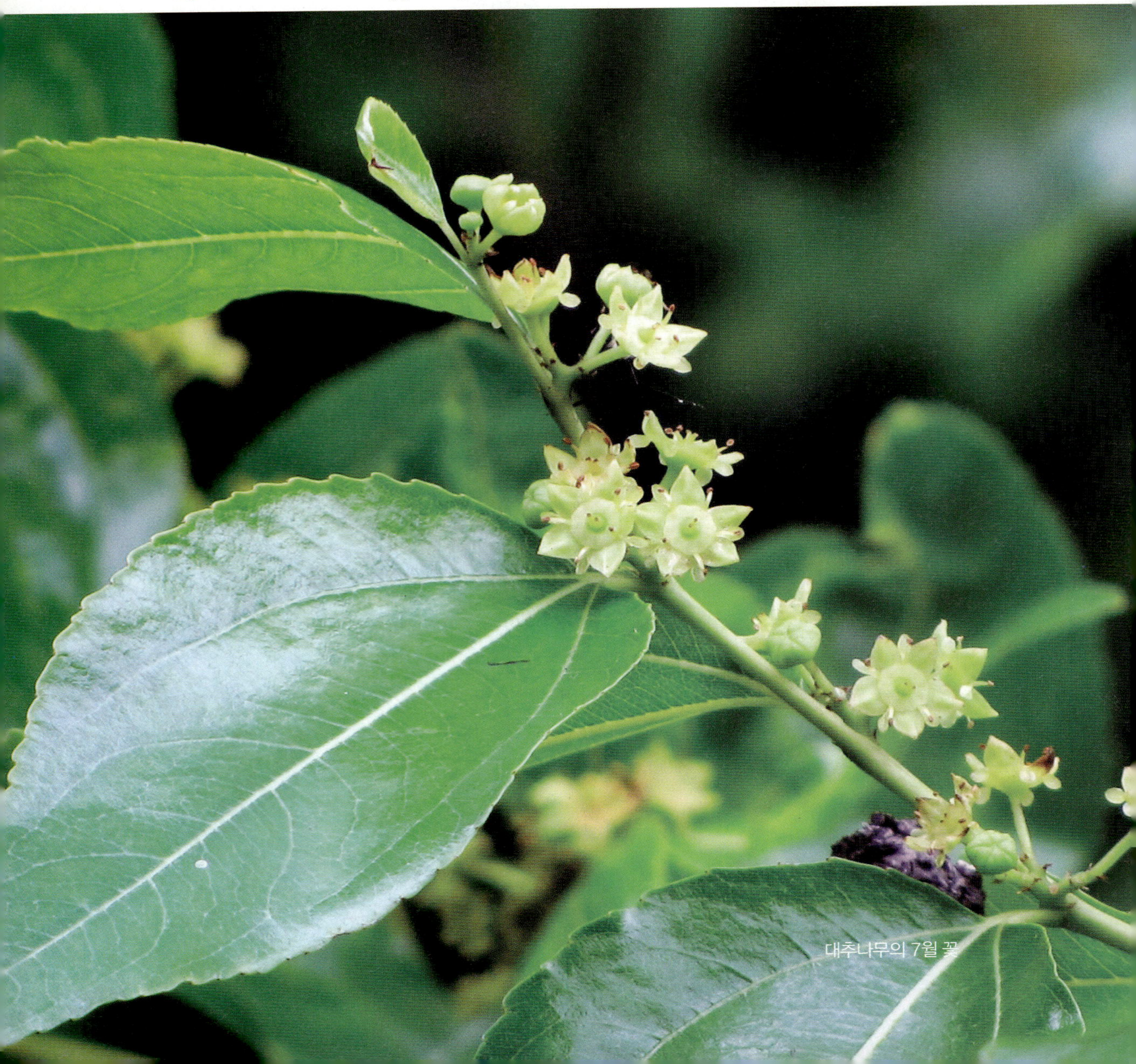

대추나무의 7월 꽃

▲ 대추나무의 수형 　　　　　　　　　　▲ 대추나무의 9월 열매

대추나무는 꽃 하나에 반드시 열매 하나가 열린다고 알려져 있어요. 반드시 그렇지는 않겠지만 그만큼 열매가 많이 열리기 때문에 다산을 상징하는 나무로 유명해요. 그래서 꿈에서 대추나무가 나오면 태몽 꿈이라고 해서 아이를 낳을 수 있다는 이야기도 전래되고 있어요.

꽃은 연한 녹색이고 암수가 하나의 꽃에 있어요. 꽃의 지름은 5~6mm로 아주 작고 줄기에 바짝 붙어서 나기 때문에 폭풍이 불어도 잘 떨어지지 않아요. 이 때문에 대추열매가 많이 열릴 수밖에 없지만 심한 가뭄이 들면 꽃이 열매를 맺기 전 시들기 때문에 열매의 생산량이 떨어질 수밖에 없어요. 잎은 어긋나고 달걀형이고 광채가 있고 가장자리에 둔한 톱니가 있고 줄기에는 가시 흔적이 있어요. 잎은 광채가 많고 맥이 3개로 갈라지기 때문에 잎을 보면 구별할 수 있어요. 열매는 6월경부터 볼 수 있는데 9월에 적갈색으로 익고, 열매의 과실을 까면 씨앗이 있어요. 이 씨앗을 파종하면 대추나무가 자라기는 하지만 열매를 맺을 때까진 오랜 시간이 필요하므로 보통은 뿌리의 일부분을 갈라 번식시키거나 접붙이기로 번식을 해요.

대추나무의 씨앗은 아주 단단하기 때문에 야무진 아이를 상징하기도 해요. 그래서 아이를 많이 낳으라며 결혼식 폐백식에서 대추열매를 던지기도 해요. 열매와 수피, 씨앗은 약용성분이 함유되어 있어 몸 속의 독성 성분을 없애고 불면증에 좋고, 대추차는 몸을 튼튼히 하는 자양강장에 효능이 있어요.

볼 수 있는 곳

우리나라 전국에서 볼 수 있지만 산에서 볼 수 있는 대추나무는 묏대추나무(산대추나무)라고 하고 줄기에 가시가 많아요. 대추나무는 도시의 주택에서도 흔히 키우기 때문에 주택가를 돌아다니다보면 쉽게 만날 수 있어요. 또한 전국의 도립수목원에서 만날 수 있어요.

체리 열매가 열리는

양벚나무

과명 장미과   **학명** *Prunus avium*   **꽃** 4~5월   **열매** 5~7월   **높이** 10m

양벚나무의 4월 꽃

▲ 양벚나무의 6월 열매   ▲ 양벛나무의 잎

벚나무의 열매인 버찌는 새가 아주 좋아할 뿐 아니라 산에서 자라는 벚나무 열매는 반달곰 같은 야생동물들도 즐겨 먹어요. 벚나무 중에서 양벚나무는 '체리'가 열리는 체리나무의 야생종을 말해요. 열매는 버찌보다 큰데 달달할 뿐 아니라 신맛이 없어 새들에게 빼앗기기에는 아까울 지경이에요.

꽃은 4~5월에 잎보다 먼저 피고 꽃의 색상은 흰색, 지름은 2.5-3.5cm이고 3~5개의 꽃이 같이 개화를 해요. 열매 지름은 2.5cm 정도이고 6~7월에 황적색으로 익는데 이때 따 먹으면 아주 달콤해요. 잎은 어긋나고 다른 벚나무에 비해 조금 큰 타원형에 가깝고 맥의 간격이 넓어요. 보통은 열매 색으로 다른 벚나무와 구분하는데 우리가 버찌라고 부르는 열매들은 대개 검정색으로 익고, 양벚나무의 열매는 황적색으로 익어요.

체리가 열리는 나무는 단맛이 있는 양벚나무(양앵두)와 신맛이 있는 신양벚나무(신양앵두) 등 여러 가지 품종이 있어요. 이들 체리나무들의 번식은 종자 번식으로는 좋은 품질의 나무가 나오지 않으므로 대개 다른 벚나무에 체리나무의 가지를 접붙이는 방법을 선호한다고 해요.

🌺 볼 수 있는 곳

각 지역의 도립수목원에서는 흔히 만날 수 있어요.

와인전쟁이 일어난

포도나무

과명 포도과　**학명** *Vitis vinifera*　**꽃** 5~6월　**열매** 7~10월　**높이** 3m

포도는 사과나무처럼 전 세계적으로 알려진 과일나무로서 와인의 주요 원료예요. 원래 서아시아, 지중해, 아프리카 북부지역이 원산지이지만 남극과 북극을 제외한 전 세계적으로 키울 수 있는 과일작물이기도 해요. 역사적으로는 신석기시대부터 야생포도가 있었던 것으로 추정되며 인간이 재배를 시작한 것은 6천 년 전부터라고 할 수 있어요.

포도를 와인으로 만들기 시작한 것은 고대 그리스 때부터이고 중세시대에는 수도원들이 포도 농장을 독점하기도 했지만 17세기경부터 와인사업이 커지면서 사설 농장이 크게 번창을 하기 시작해요. 와인은 애호가들이 많아서 황금을 빼앗기 위해 전쟁이 일어나듯 2차대전 때는 프랑스를 침공한 독일이 프랑스 와인을 뺏기 위해 나쁜 짓도 서슴지 않았다고 해요.

우리나라에 포도가 전래된 것은 조선초기로 추정되는데 그 이전에도 우리나라엔 포도가 있었다고 할 수 있어요. 산에서 흔히 볼 수 있는 '머루덩굴'이 바로 야생포도이기 때문이에요. 포도나무의 꽃은 5~6월경 머루덩굴 꽃과 비슷한 모양으로 피고 열매는 10월에 짙은 파란색으로 익어요. 포도는 씨앗으로 번식하지 않고 꺾꽂이나 접붙이기로 번식을 해야 해요.

🌺 볼 수 있는 곳

포도나무는 키워서 기르는 나무이므로 대개 포도밭에서 볼 수 있어요. 우리나라 전국에서 재배하므로 대도시 외각의 농가에서 소규모로 키우는 포도밭을 많이 접할 수 있어요. 포도나무는 도립수목원에서 키우는 경우가 거의 없으므로 수목원에서는 만날 수 없어요.

조조가 좋아한 열매

비파나무

과명 장미과　**학명** *Eriobotrya japonica*　**꽃** 10~11월　**열매** 12월　**높이** 10m

비파나무의 꽃

▲ 비파나무   ▲ 비파나무의 열매

비파나무의 이름은 잎과 열매의 생김새가 '비파 악기'를 닮았다고 하여 붙은 이름이에요. 중국 동남부지방 원산이며 우리나라에서는 남부지방과 제주도에서 심어 키워요.

꽃은 10~11월에 가지 끝에서 피지만 온실의 비파나무의 경우 11~2월 사이에 개화를 하기도 해요. 꽃은 갈색털이 있는 꽃받침에 둘러싸여 있고 그 안에서 흰색으로 피는데 꽃잎은 5개예요. 열매는 12월경 볼 수 있지만 온실의 비파나무 열매는 12~6월 사이에서 볼 수도 있어요. 6월이 되면 열매가 황색으로 성숙하는데 껍질째 먹을 수 있고 아주 맛이 좋아요. 하도 맛이 좋아 삼국지의 조조가 이 열매를 아주 좋아했다고 해요.

열매 안에는 씨앗이 1~6개 들어있고 이 씨앗을 바로 파종하면 발아를 하지만 좋은 품질의 비파열매를 얻을 수 없으므로 보통은 접붙이기로 번식을 해야 해요. 열매에는 B17이 함유되어 항암기능을 하고 수피, 꽃, 뿌리, 씨앗을 달여 먹으면 종기, 관절통, 식체 등에 효능이 있어요. 잎은 비파잎차로 마실 수 있고 암이 있는 곳에 문지르면 효과가 있다고 해요.

🌼 볼 수 있는 곳

비파나무는 추위를 싫어해 중부지방에서는 어린이대공원 식물원이나 춘천 화목원 등의 수목원 온실에서 만날 수 있어요. 충남 이남의 도립수목원들은 비파나무를 야외에서 키우는 경우가 많고, 남부지방의 농가에서 비파나무를 관상수로 키우는 경우도 많아요.

만지면 옻이 오르거나
옻독을 치료하는 나무

옻독이란 옻나무 잎에 접촉했을 때 걸리는 두드러기나 물집, 간지러움, 피부병 증상을 말해요. 산에서 만나는 옻독이 있는 식물과 옻독을 치료하는 식물에 대해 알아보아요.

산에서 옻이 잘 오르는	옻나무, 개옻나무
옻나무의 친척이라서 오해를 받는	붉나무
안개처럼 보이는	안개나무
옻독을 치료하는	까마귀밥나무

옻나무와 개옻나무

과명 옻나무과   **학명** *Rhus verniciflua*   **꽃** 5~6월   **열매** 7~11월   **높이** 20m

▲ 옻나무의 수형   ▲ 개옻나무의 꽃

참옻나무라고 불리는 옻나무는 비슷한 나무로 '개옻나무', '산검양옻나무', '검양옻나무' 등이 있어요. 이 가운데 옻나무는 옻이 아주 잘오르는 나무이고 개옻나무는 옻이 안 오른다고 알려져 있으나 개옻나무도 옻이 잘 오르는 나무 중 하나예요. 옻나무는 우리 주변에서 볼 수 없지만 개옻나무는 동네 산에서도 흔히 볼 수 있고 산검양옻나무는 남부지방 산에서 흔히 볼 수 있어요.

옻나무와 개옻나무는 꽃, 잎, 수피가 거의 비슷한데 보통 잎을 보고 구분하는 경우가 많아요. 옻나무 종류들의 꽃은 보통 6월에 원추화서 모양으로 작은 꽃들이 다닥다닥 달리고 원추화서의 전체 길이는 15~30cm 정도예요. 꽃은 잡성으로서 암수술이 같이 있거나 따로 있고 꽃잎은 5개, 수꽃의 수술은 5개, 암꽃은 5개의 작은 수술과 암술대가 1개 있고 암술대의 머리가 3개로 갈라져 있어요.

옻나무의 잎은 가지 끝에서 모여달리거나 줄기에서 어긋나고 전체 잎 길이는 25~40cm이고 각각의 잎마다 9~11개의 작은 잎이 붙어있고 잎 양쪽에 털이 없어요. 작은 잎의 크기는 7~20cm 정도이고 가장자리에 톱니가 없고 잎줄기의 색상이 연한 빨간색도 있지만 대개 황색에 가까워요.

그러나 개옻나무는 작은 잎이 7~17개씩 붙어있고 작은 잎의 크기가 옻나무에 비해 조금 작고, 작은 잎 가장자리에 큰 톱니가 2, 3개씩 있는 잎과 톱니가 없는 잎이 섞여 있고 잎줄기의 색상이 전체적으로 짙은 빨간색이고, 잎 뒤쪽에 털이 있어요. 따라서 옻나무와 구분하려면 가장자리에 톱니가 없는 개옻나무도 많으므로 작은 잎의 개수와 잎 줄기색, 수피, 잎의 털의 유무를 보고 구분해야 해요.

흔히 동네 뒷산이나 산에서 볼 수 있는 옻나무들은 대개 개옻나무라고 할 수 있고 진짜 옻나무인 참옻나무는 강원도, 전라도, 충청도의 일부 지역에서 자라고 대부분 옻수액을 축출하기 위

▲ 개옻나무의 잎

▲ 개옻나무의 잎

해 재배하는 경우가 많아요. 열매는 10월에 익는데 개옻나무의 열매만 표면에 털이 있고 나머지 옻나무들은 열매 표면에 털이 없어요.

옻나무의 수액인 옻에는 우루시올(Urushiol)이라는 성분이 있고 옻독을 일으키는 주범이에요. 이 성분의 많고 적음에 따라 옻의 품질이 정해지는데 옻그릇이나 장롱 같은 각종 제품에서 옻칠을 할 때 사용해요. 수액, 뿌리, 수피, 잎, 종자는 모두 약용할 수 있어요. 옻을 먹으려면 옻닭 같은 요리로 먹어야 하는데, 닭 외에 다른 요리법이 없는 이유는 닭이 옻 치료와 예방에 아주 좋기 때문이에요. 옻나무의 번식은 보통 종자로 할 수 있어요.

▲ 옻나무의 열매

볼 수 있는 곳

옻나무는 옻이 잘 걸리므로 수목원들은 대개 개옻나무를 기르는 경우가 많아요. 광릉 국립수목원, 서울 홍릉수목원, 태안 안면도수목원에서 옻나무를 볼 수 있어요.

붉나무

과명 옻나무과   **학명** *Rhus javanica*   **꽃** 7~8월   **열매** 8~10월   **높이** 7m

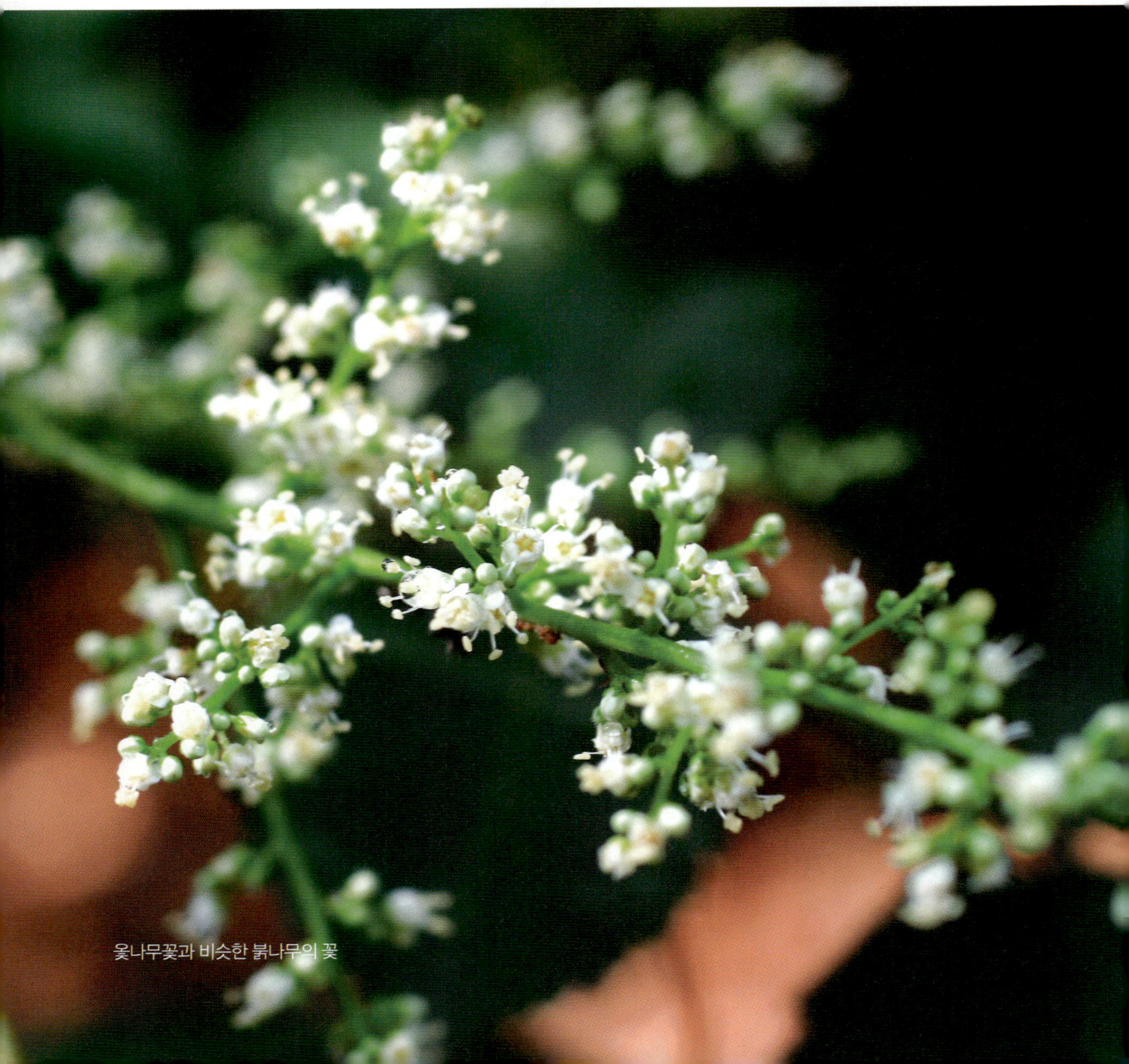

옻나무꽃과 비슷한 붉나무의 꽃

▲ 붉나무의 수형

▲ 붉나무 잎은 옻나무 잎과 비슷하지만 잎에 날개가 있어요

붉나무는 옻나무과 나무이지만 옻독에 걸리지 않는 나무예요. 하지만 잎의 생김새가 옻나무와 비슷하기 때문에 산에서 이 나무를 만나면 옻나무인줄 알고 피하는 경우가 많아요. 그만큼 우리나라 산에서 흔히 볼 수 있는 나무라고 할 수 있어요.

▲ 붉나무의 수피

암수딴그루인 꽃은 7~8월에 흰색에 가까운 연노란색으로 피고 꽃대의 전체 길이는 15~30cm 정도예요. 꽃잎은 5개, 수술도 5개이고 암꽃은 3개의 암술대와 퇴화한 5개의 수술이 있어요. 언뜻 보면 옻나무와 비슷한 꽃이 피어요. 잎은 옻나무류와 붉나무를 구별할 수 있는 유일한 것이라 할 수 있는데 작은 잎이 7~13개 달리고 잎줄기에 날개가 있는 것이 특징이에요. 옻나무류의 잎은 잎줄기에 날개가 없으므로 날개가 구별 포인트가 된다고 할 수 있어요. 잎에는 조롱나무처럼 오배자벌레가 자주 끼어 벌레집(혹)을 만드는데 이 벌레집이 있는 잎을 한방에서는 오배자라고 불러요.

주요 약효로는 해독, 지혈, 항균, 구내염, 혈뇨, 설사 기능이 있어요. 이 오배자벌레집 때문에 붉나무는 '오배자나무'라는 별명이 있어요. 또한 '뿔나무'라고도 말하는데 아무래도 꽃이 뿔처럼 자라기 때문일 거예요. '붉나무'라는 이름은 가을이면 붉은 단풍이 잘 들기 때문에 붙은 이름이라고 해요.

🌸 볼 수 있는 곳

전국의 산에서 흔히 만날 수 있어요. 또한 각 지방의 도립수목원에서도 붉나무를 만날 수 있어요.

안개나무

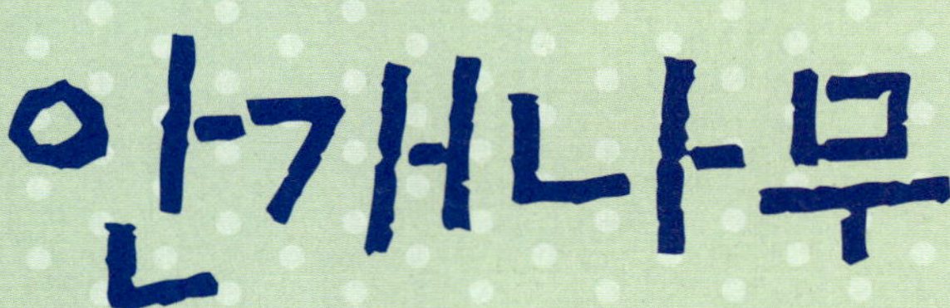

과명 옻나무과　**학명** *Cotinus coggygria*　**꽃** 5~8월　**열매** 6~9월　**높이** 2~5m

▲ 안개나무의 꽃　　　　　　　　　▲ 안개나무의 6월 열매

안개나무는 우리나라가 원산지가 아닌 외국에서 가져온 조경용 나무예요. 꽃잎처럼 보이는 털이 멀리서보면 안개처럼 보인다고 해서 안개나무라는 이름이 붙었어요. 큰 인기 때문에 원예종과 신품종이 많지만 대부분 안개나무라고 불러요. 옻나무과 식물답게 수액에 독성이 있지만 수목원에서는 손쉽게 만날 수 있어요.

꽃은 7~8월에 원추화서에서 깨알같이 작은 꽃이 다닥다닥 달리는데 꽃의 지름은 5~10mm 정도이고 원추화서의 길이는 15~30 cm 정도예요. 꽃받침은 5개로 갈라져있어요. 열매자루에서 가느다란 털실이 달리는데 멀리서 보면 꽃잎처럼 보여요. 열매자루 끝에는 나중에 열매가 달리게 되는데 열매의 크기는 지름 2~3mm 정도예요. 잎은 어긋나고 넓은 난형이고 가을에 노랗게 단풍이 드는데 단풍이 들면 매우 아름답기 때문에 잎의 관상가치도 좋아요.

▲ 안개나무의 잎　　　　　　　　▲ 안개나무의 6월 열매

안개나무는 수액에 옻 성분이 있고 잎도 민감한 사람이 접촉하면 옻독에 오를 수도 있어요. 잎과 꽃에서는 망고냄새가 나는 오일을 축출할 수 있고 줄기와 뿌리는 Young Fustic이라고 불리는 노란색 염료를 축출할 수 있어요. 목재는 진열장, 액자틀을 만들 때 사용할 수 있고, 번식은 종자 번식과 접붙이기로 할 수 있어요.

▲ 안개나무의 수피

🌸 볼 수 있는 곳

안개나무는 서울 홍릉수목원, 광릉 국립수목원, 오산 물향기수목원, 용인 한택식물원, 포천 평강식물원, 인천수목원, 태안 천리포수목원, 공주 금강수목원, 전주 한국도로공사수목원, 대구수목원, 진주 반성수목원, 포항 경북수목원, 포항 기청산식물원 등에서 만날 수 있어요.

까마귀밥나무

까마귀밥나무의 4월 꽃

▲ 까마귀밥여름나무의 수형

▲ 까마귀밥여름나무의 11월 열매

먼 옛날 아주 영리한 까마귀가 있었다고 해요. 이 까마귀는 머리가 좋아서 좋은 나무에만 있는 열매를 먹었는데 어느 날부터는 이 나무 열매만 먹기 시작했대요. 그래서 까마귀가 좋아하는 나무라는 뜻의 '까마귀밥나무'라고 불러요. 예전에는 '까마귀밥여름나무'라고 말했으나 요즘 같은 현대시대에 외우기에는 너무 길기 때문에 현재는 '까마귀밥나무'라고 말해요.

까마귀밥나무는 흔히 '칠해목(漆解木)'이라는 별명이 있는데 칠(漆)은 옻나무를 뜻해요. 즉 옻독을(漆) 해결해주는(解) 나무(木)라는 뜻이에요. 그만큼 옻독을 해독하는데 강력한 힘을 가진 나무라고 할 수 있어요. 얼마나 강력한 나무인지 옻나무가 나쁜 짓 못하도록 옻나무가 있는 곳에는 반드시 까마귀밥나무도 함께 자란다고 해요.

꽃은 4~5월에 잎겨드랑이에서 여러 개씩 피고 노란색이에요. 잎은 어긋나고 길이 5~10cm 정도이고 끝 부분이 3~5개로 갈라지고 잎 가장자리에 무딘 톱니가 있어요. 잎 앞면에는 털이 없고 뒷면엔 털이 있고, 어린잎은 나물로 무쳐먹을 수 있어요. 열매는 7월쯤부터 볼 수 있는데 9~10월에 빨간색으로 익고 사람이 먹을 수는 있으나 쓰고 맛이 없어 보통은 장식용으로 벽에 걸어놓는 경우가 많아요. 열매 안에는 씨앗이 10개 정도 들어있어요. 약용성분이 있는 줄기와 잎은 옻독 해독에 특히 좋아요. 생줄기와 생잎 200g을 잘게 썰어서 푹 달인 다음 며칠 정도 마시면 옻독을 해독할 수 있을 뿐 아니라 이질, 종기, 얼굴홍조, 두통, 생리통에도 효능이 있어요. 번식은 종자와 꺾꽂이로 할 수 있어요.

🌻 볼 수 있는 곳

전국의 산에서 볼 수 있는데 주로 계곡 옆이나 큰 나무 아래, 대나무 아래, 바위언덕 근처에서 많이 볼 수 있어요. 또한 시골 농가의 길가에서도 간혹 볼 수 있고, 전국의 도립수목원에서도 만날 수 있어요.

학교에서 많이 볼 수 있는 나무

학교 교정에서 흔히 볼 수 있는 나무를 공부하는 장이에요. 대부분 알고 있는 나무이지만 이 기회에 복습하는 것도 좋을 것 같아요.

성황당 나무로 유명한	느티나무
봄에 잎보다 먼저 꽃이 활짝 피는	목련, 백목련
버찌가 열리는	벚나무, 산벚나무
교정에서 흔히 볼 수 있는	등나무
가을에 꽃눈이 있지만 봄에 꽃이 피는	개나리
줄기에 단맛이 있는	담쟁이덩굴
인동초라고 불리는	인동덩굴

성황당나무로 유명한

느티나무

과명 느릅나무과　학명 *Zelkova serrata*　꽃 4~5월　열매 5~7월　높이 20~30m

느티나무의 4월 수꽃

느티나무는 우리나라에서 성황당 나무로 아주 유명해요. 성황당 나무는 특정 나무를 선정하는 것이 아니라 그 마을에서 가장 오래 산 고목이거나 마을 사람들이 모여 회의하는 장소에 있는 나무인 경우가 많아요. 나무는 햇빛을 가려주기 때문에 마을 회의를 하기에는 딱 좋은데 느티나무는 가지가 갈라지며 자라는 수형이기 때문에 햇빛도 피할 뿐 아니라 나무그늘이 다른 나무에 비해 훨씬 시원한 편이죠. 또한 나뭇가지가 귀신처럼 갈라져 무언가 신령스럽게 보이는 나무를 성황당 나무로 선정하는 경우도 많은데 대개 오래 산 고목들이 잔가지가 많이 갈라지는 편이라고 할 수 있겠죠.

느티나무는 다른 나무와 달리 잔가지가 옆으로 퍼지는 성질이 있어요. 잔가지가 많이 퍼지는 나무일수록 나무그늘을 시원하게 만들기 때문에 시골에 가면 정자가 있는 곳에는 꼭 느티나무가 있고, 마을 사람들이 모이는 장소에는 꼭 탐스럽게 자란 느티나무가 있어요. 그만큼 어느 장소에서나 잘 자라고 오래 사는 나무이기 때문에 요즘은 도시 공원에서도 느티나무를 심는 경우가 많고 학교 교정에서도 흔히 볼 수 있어요.

우리나라 전국에서 볼 수 있는 느티나무의 꽃은 암수꽃이 한 그루에서 피지만 꽃을 보는 것이 참 어려운 편이에요. 꽃을 보려면 4~5월경 그 해에 자란 새 가지를 살펴봐야 하는데 잎에 가려져 있어 보이지 않을뿐더러 새로 난 가지는 나무 위에 많기 때문에 망원경으로 봐야 해요. 또한 꽃의 크기가 0.5~1cm 정도로 아주 작기 때문에 잘 찾아보지 않으면 보이지 않는 경우도 많아요.

▲ 느티나무의 수형　　　　　　　　　　　　▲ 느티나무의 겨울

열매 또한 잎겨드랑이에서 피는데 대개 잎자루 밑에 붙어서 찌그러진 공 모양으로 자라기 때문에 벌레집처럼 보이는 경우도 많아 잘 찾아보지 않으면 알아채지 못해요. 느티나무는 벌레집이 잘 생기는 나무이기 때문에 열매와 벌레집을 왕왕 혼동하는데 벌레집은 잎에 붙어있고, 열매는 잎겨드랑이에 붙어있어요.

잎은 어긋나고 긴 타원형이거나 타원형이고 가장자리에 톱니가 있어요. 꽃과 열매가 없을 때는 벚나무 잎과 비슷해 헷갈리는 경우가 많은데 벚나무 잎은 톱니가 촘촘히 있지만 느티나무 잎의 톱니는 측맥과 비슷한 너비를 가졌고 촘촘하지 않아요. 또한 나무 수피가 완전히 다르므로 쉽게 구분할 수 있어요. 어린잎은 나물로 무쳐먹을 수 있는데 쓴 맛이 있으므로 충분히 우려낸 뒤 무쳐먹어야 해요. 수피는 윤기가 나지만 나이가 들면 수직으로 갈라지고 껍질이 잘 벗겨져요.

▲ 느티나무의 수피

▲ 느티나무 잎의 벌레집

▲ 느티나무의 암꽃

▲ 느티나무의 잎

느티나무는 우리나라에서 아주 오래전부터 심어온 나무답게 천연기념물이 참 많아요. 제주도의 표선면 성읍리에는 수령 1천년된 느티나무가 천연기념물 161호로 지정되어 있고 충북 괴산에도 수령 900년 된 382호 천연기념물이 있어요. 그 외에 전국적으로 15그루 이상의 천연기념물이 있고 대부분 몇백 년 이상 살아온 나무들이에요. 품질 좋은 목재는 집을 짓거나 배를 건축할 때 사용되어 왔고 번식은 가을에 종자를 채취한 뒤 저온에 저장했다가 다음해 봄에 파종해야 해요.

🌸 볼 수 있는 곳

느티나무는 학교 교정에서도 흔히 만날 수 있어요. 도시마다 가로수로 심은 경우도 많고 동네 어린이 놀이터에서도 조경수로 심어놓은 것을 많이 볼 수 있어요. 아마 도시에서 볼 수 있는 나무 중에서 가장 많이 볼 수 있는 나무일 것 같아요. 또한 각 지역의 왕릉이나 도립수목원에서도 흔히 볼 수 있어요.

오늘 만난 나무

봄에 잎보다 먼저 꽃이 활짝 피는

목련과 백목련

과명 목련과　　**학명** *Magnolia kobus*　　**꽃** 3~5월　　**열매** 5~9월　　**높이** 10m

4월 초의 백목련

목련도 학교 교정에서 흔히 보는 나무인데 관상수로 심어놓은 나무는 대부분 중국에서 들어온 '백목련' 품종이거나 백목련을 개량한 품종이에요. 진짜 목련은 제주도에서 자생하며 관상수로 키우는 경우가 거의 없어요. 그러므로 교정이나 동네에서 흔히 볼 수 있는 목련나무는 대부분 백목련이라고 할 수 있어요.

백목련은 꽃이 목련에 비해 크고 잎은 6개이고 꽃받침은 3개이지만 꽃받침이 잎과 색상이 똑같아 꽃잎이 9개 달려있는 것처럼 보여요. 목련은 꽃잎이 6~9개 달리는데 유명수목원에서만 볼 수 있고 야생에서는 제주도에서만 볼 수 있는 희귀식물이자 멸종 위기 식물이에요.

목련 중에서 '자목련' 품종은 꽃잎의 겉 색상이 자주색이고 안쪽 색상은 흰색이에요. '자주목련' 품종은 꽃잎의 겉과 안쪽 색상이 모두 자주색이에요. 또한 노란색 꽃잎이 피는 목련도 있는데 흔히 '황목련'이라고 말하고, 얇은 꽃잎이 별처럼 퍼져서 개화하는 목련은 '별목련'이라고 불러요. 이들 목련나무의 꽃은 3~5월에 사이에 볼 수 있는데, 4월에 절정을 이루고 잎보다 꽃이 먼저 피고 비교적 오랫동안 매달려 있다가 비바람이 세게 불면 꽃잎이 하나둘씩 떨어지기 시작해요. 꽃향기는 소나무 향과 비슷해요.

열매는 5월부터 볼 수 있는데 울퉁불퉁한 모양의 녹색이고 9월쯤 빨갛게 익고 씨앗이 노출되는데 언뜻 보면 매우 이상하게 생겼어요. 생김새는 이상해도 이 열매는 새들이 참 좋아해요. 번식은 가을에 종자를 채취한 뒤 땅 속에 모래와 함께 묻어두었다가 다음 해 4월 초에 파종해야 해요.

전설에 따르면 아주 먼 옛날 천국에 아름다운 공주가 못생긴 바다남자를 흠모했다고 해요. 천

▲ 자주목련의 꽃　　　　　　　　　　　▲ 자목련의 꽃

국의 임금은 공주의 마음을 돌리려고 했지만 돌리지 못했어요. 공주가 결심을 굳히고 마침내 바다남자를 찾아 천국에서 내려왔는데 바다남자에게는 이미 아내가 있었어요. 이 사실을 안 공주는 몹시 괴로워하다가 바다에 몸을 던졌고 이에 양심의 가책을 받은 바다남자는 아내에게 약을 먹여 죽게 하고 자신은 평생 동안 혼자 살았어요. 훗날 이 사실을 안 천국의 임금님은 공주를 백목련으로 환생시키고 바다남자의 아내는 자목련으로 환생시켰다고 해요.

▲ 목련의 열매

 볼 수 있는 곳

우리나라 토종의 진짜 목련은 제주도에서 볼 수 있고 집이나 학교에서 키우는 목련은 백목련이거나 백목련 개량종인 경우가 많아요. 몇몇 수목원이 우리나라 토종 목련을 키우기는 하지만 만나기가 힘든 편이에요.

벗나무와 산벗나무

과명 장미과　학명 *Prunus serrulata*　꽃 4~5월　열매 5~7월　높이 10~20m

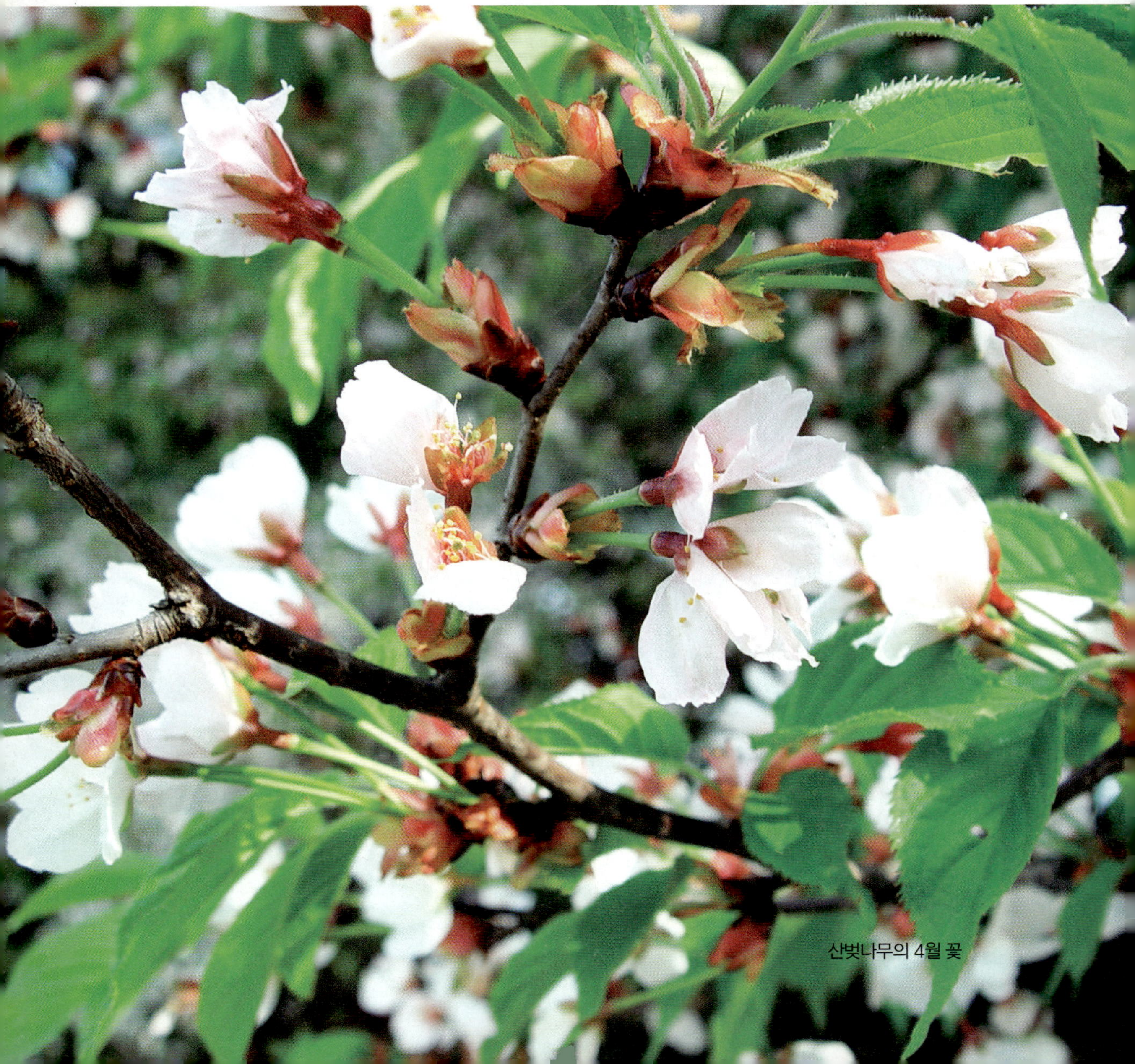

산벗나무의 4월 꽃

▲ 산벚나무의 수형

▲ 산벚나무의 5월 열매

우리나라 남부지방의 산에서 자생하는 벚나무는 '버찌'가 열리는 나무로서 흔히 참벚나무라고 말해요. 비슷한 나무로는 산벚나무, 왕벚나무, 섬벚나무, 올벚나무 등의 수많은 품종이 있어요. 우리가 학교나 도시에서 만나는 벚나무는 대부분 참벚나무가 아닌 산벚나무이거나 개량종 품종이고 참벚나무는 남부지방의 산에서만 볼 수 있어요. 이들 벚나무는 품종이 많을뿐더러 일일이 구분하기가 어려워 모두 벚나무라고 불러요.

벚나무의 꽃은 보통 4~5월에 피고 산형화서에 2~5개씩 달리고 꽃잎은 백색이에요. 산벚나무 꽃은 꽃잎이 연분홍색이거나 백색이고, 꽃이 2~3개씩 달려요. 열매는 5~7월 사이에 볼 수 있는데 7월에 짙은 갈색이나 검정색으로 익고 사람이 먹을 수 있어요. 벚나무 중에서 가장 일찍 꽃이 피는 품종인 올벚나무는 3~4월에 꽃이 피기도 하는데 제주도와 지리산 등에서만 자생하는 나무예요.

▲ 산벚나무의 수피

▲ 산벚나무의 잎

벚나무류의 잎은 마주나고 타원형이거나 긴 타원형이고 가장자리에 잔톱니가 있어요. 참벚나무는 15m 안팎으로 자라고 산벚나무는 20m까지 자라기도 해요. 흔히 참벚나무는 꽃과 잎이 함께 피고 다른 벚나무는 잎보다 꽃이 먼저 피는 것으로 구분하기도 하는데 둘 다 꽃과 잎이 달려있으면 정말 구별하기 힘들어요. 이 때문에 잎 양면과 꽃자루 털의 유무, 꽃자루의 길이, 꽃받침통의 생김새 등을 보며 구분하기도 해요. 번식은 종자, 꺾꽂이, 접붙이기로 할 수 있어요.

벚꽃은 음식에 장식용으로 사용할 수 있고 줄기와 수피는 기침, 두드러기, 쇠고기를 먹고 체했을 때 사용할 수 있어요. 목재는 집을 짓거나 가구, 각종 악기를 만들 때 사용해요.

▲ 왕벚나무의 4월 꽃

우리나라의 유명한 벚나무축제 중 진해벚꽃축제에서 볼 수 있는 벚나무는 대부분 왕벚나무 품종인데 왕벚나무는 일본의 국화예요. 일본에는 왕벚나무 자생지가 없으므로 우리나라 제주도에서 가져간 품종이라고 알려져 있고 이 때문에 일본의 식물학자들이 굉장히 억울해하고 있어요. 벚나무의 이름은 버찌의 옛 이름인 '멋'이 '벗'으로 변해 지금의 이름이 되었어요.

🌸 볼 수 있는 곳

참벚나무는 남부지방의 산, 산벚나무는 전국의 산, 왕벚나무는 제주도 한라산에서 볼 수 있어요. 각 지역의 도립수목원에서도 벚나무를 많이 볼 수 있는데 대개 산벚나무인 경우가 많고, 주변에서 볼 수 있는 벚나무도 산벚나무들이 많아요.

등나무

과명 콩과　학명 *Wistaria floribunda*　꽃 5월　열매 6~9월　높이 10m

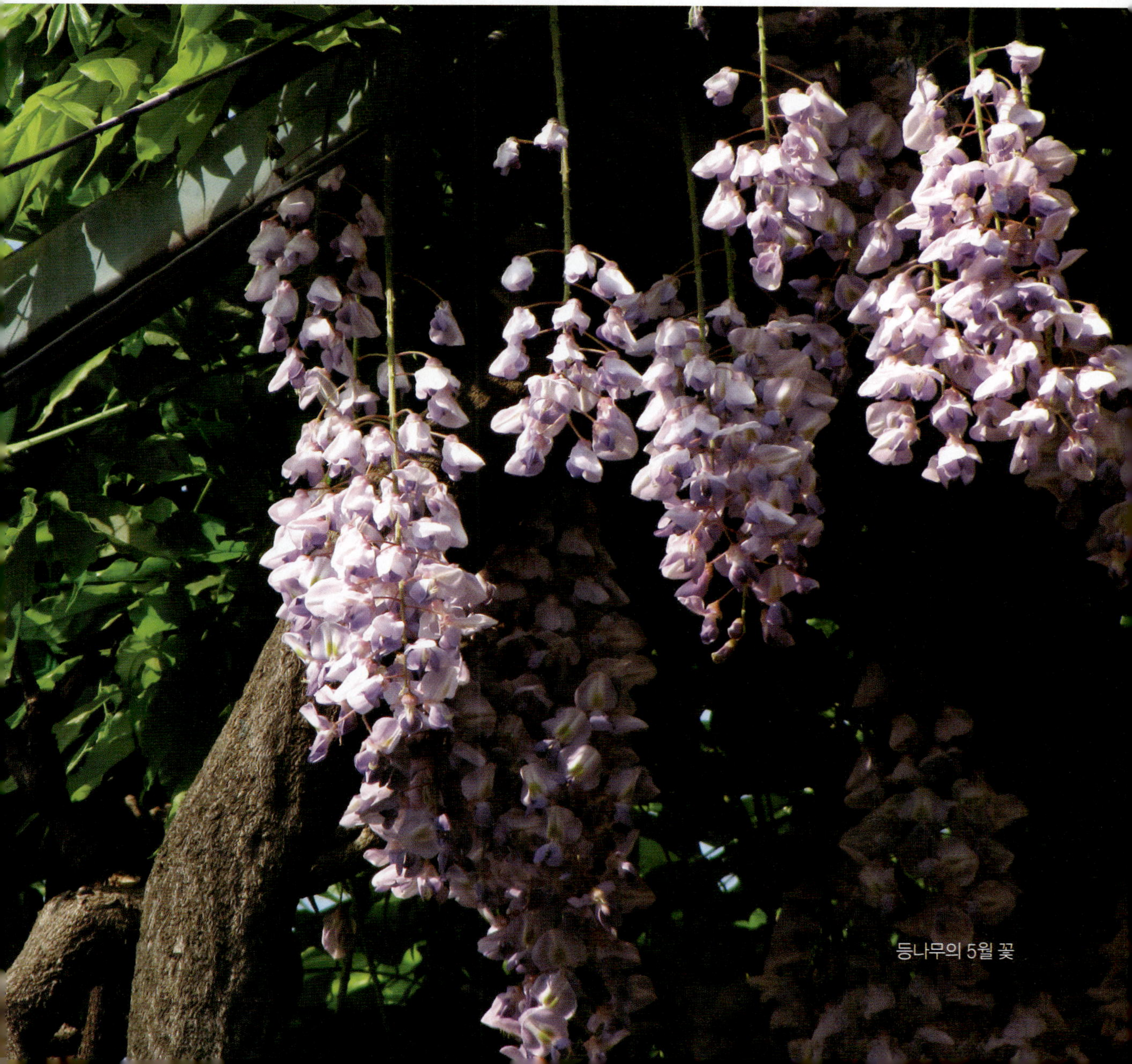

등나무의 5월 꽃

학교에서 흔히 볼 수 있는 등나무는 운동장 옆 아치에서 무럭무럭 자라는 덩굴나무예요. 매년 5월이면 아까시꽃과 비슷한 분홍색 꽃이 피는 것을 여러분들은 흔히 보았을 거예요.

꽃은 5월에 잎과 같이 피는데 보름 정도 피어있고 심심할 때 따먹을 수 있어요. 9월에 익는 꼬투리 열매는 콩깍지를 까면 씨앗이 들어있어요. 잎은 '기수1회우상복엽'으로서 작은 잎이 13~19개씩 달려있고 아까시잎과 비슷하게 생겼어요. 이 잎은 염료 재료가 되어 붉은색 염료를 얻을 수 있고, 어린잎은 나물로 무쳐먹을 수 있어요.

덩굴손은 다른 덩굴식물처럼 시계 방향으로 기둥을 타고 올라가는데, 단단한 줄기로는 지팡이를 만들기도 하고, 줄기에서 볼 수 있는 혹처럼 생긴 것은 민간에서 위암에 좋다며 약으로 사용하기도 해요. 번식은 종자, 꺾꽂이, 접붙이기, 휘묻이로 할 수 있어요.

볼 수 있는 곳

우리나라 전국의 산에서 볼 수 있는데 주로 계곡 가에 있어요. 또한 학교나 동네에서도 흔히 볼 수 있고 각 지역의 도립수목원에서도 볼 수 있어요.

개나리

과명 물푸레나무과　　**학명** *Forsythia koreana*　　**꽃** 4월　　**열매** 9월　　**높이** 2~3m

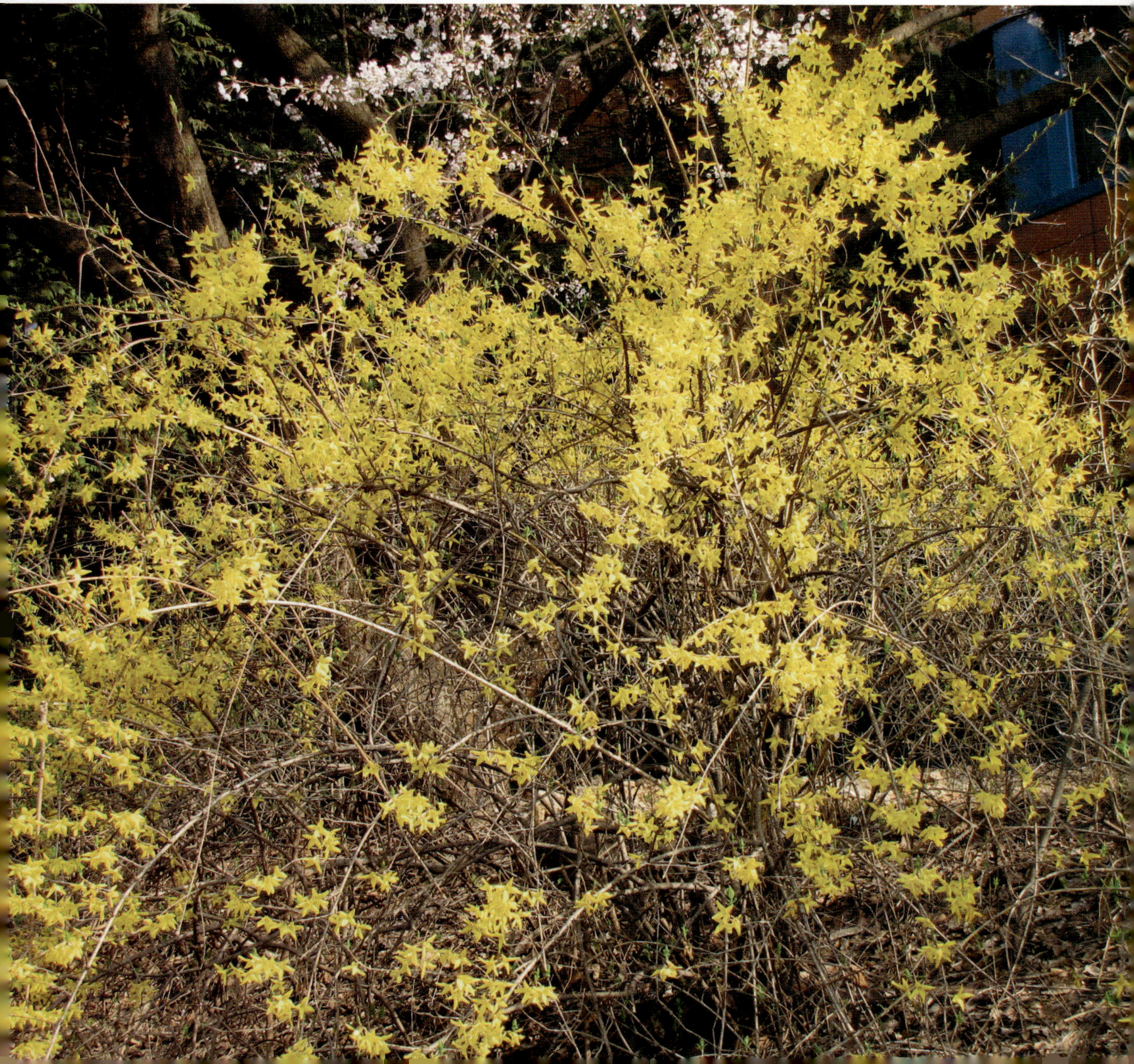

이른 봄에 봄소식을 알리는 개나리는 잎보다 꽃이 먼저 피는 키 작은 나무예요. 원래 대부분의 식물들은 잎이 난 뒤 꽃이 개화를 하는데 몇몇 식물들은 꽃눈이 개화를 하려면 추운 온도가 필요한 경우가 있어요. 정확하게 말하면 개나리의 꽃눈은 잎이 난 뒤 가을에 생기는데 추운 기온이 필요하므로 겨울 전에 꽃을 피우지 못하고 겨울 내내 추운 온도를 흠씬 맛보는 거죠. 그런 뒤 추운 기후가 지난 뒤인 초봄에 꽃을 활짝 피우는 것이라고 할 수 있죠.

또한 개나리는 도시의 경사진 곳에서 많이 볼 수 있어요. 경사진 곳에 개나리를 심는 이유는 잔뿌리가 발달해있기 때문인데, 잔뿌리가 많은 식물들은 경사진 곳의 흙이 허물어지는 것을 방지하는 효과가 있어요. 이 때문에 조경업자들은 경사진 곳에 식물을 심을 때는 항상 잔뿌리가 많은 식물을 심는다고 해요.

개나리의 꽃은 사람이 먹을 수 있어요. 꽃은 술로 담글 수도 있는데 이것을 '연교주'라고 말해요. 열매는 잘 말린 뒤 달여 먹으면 몸의 독성을 해독하는 효과가 있고 종기에는 달인 물을 바르면 효과가 커요. 개나리는 종자 번식이 어렵기 때문에 꺾꽂이, 뿌리나누기, 휘묻이로 번식하는 것이 좋아요.

볼 수 있는 곳

학교 화단과 도로변에서 울타리용으로 심은 개나리를 흔히 볼 수 있어요. 우리나라 산의 해발 800m 아래에서 볼 수 있고, 각 지역의 수목원에서도 만날 수 있어요.

줄기에 단맛이 있는

담쟁이덩굴

과명 포도과　**학명** *Parthenocissus tricuspidata*　**꽃** 6~7월　**열매** 8~10월　**길이** 10m

담쟁이덩굴의 6월 꽃

▲ 담쟁이덩굴의 잎　　　　　　　　　　　　▲ 담쟁이덩굴의 8월 열매

담쟁이덩굴은 학교 담장이나 교실 외벽, 바위, 늙은 나무에 붙어사는 덩굴식물이에요. 잎은 난형이거나 심장형인데 잎의 가장자리가 3개로 갈라지거나 3개의 작은 잎이 붙어있는 경우도 있어요.

꽃은 6월에 볼 수 있는데 암수술이 하나의 꽃에 있고, 꽃의 크기는 5~8mm 정도일 정도로 작은 편이에요. 꽃에는 5개의 수술과 1개의 암술이 있어요. 열매는 7월부터 볼 수 있는데 녹색이었다가 10월에 검정색으로 익고, 먹어보면 단맛이 있어요. 줄기도 씹어보면 단맛이 있기 때문에 설탕이 없었던 시절에는 담쟁이덩굴을 삶아 설탕 대용으로 사용하기도 했어요.

미국 담쟁이는 잎이 우리나라 담쟁이처럼 3개가 아닌 5개가 붙어 있어요. '오 헨리'의 단편소설 '마지막 잎새'를 책으로 읽으면 담쟁이덩굴의 잎을 3개로 그린 경우가 많으므로, 미국담쟁이가 아닌 우리나라 담쟁이덩굴을 보고 그린 것이라 할 수 있죠.

볼 수 있는 곳

우리나라 산에서 흔히 볼 수 있고, 학교 담장이나 주택가 담장에서도 흔히 볼 수 있어요. 집 근처 왕릉에 가면 나무를 타고 올라가는 담쟁이덩굴을 많이 볼 수 있어요. 번식은 종자를 가을에 채취한 뒤 땅에 묻어두었다가 다음 해 봄에 파종해야 해요.

인동초라고 불리는

인동덩굴

과명 인동과　　**학명** *Lonicera japonica*　　**꽃** 7~8월　　**열매** 8~10월　　**길이** 5m

인동덩굴의 6월 꽃

▲ 미국인동덩굴의 꽃

▲ 인동덩굴의 열매

인동덩굴은 한 겨울에도 녹색을 유지하며 견딘다고 해서 인동초(忍冬草)라고도 말해요. 복이 오는 길상화라고 하여 우리나라의 선비들이 흔히 키웠어요. 산이나 들에서 볼 수 있는 흰색의 인동덩굴은 토종 인동덩굴이고, 도시에서 볼 수 있는 빨간색 인동덩굴은 미국에서 수입한 인동덩굴이에요. 물론 토종 인동덩굴도 빨간색 꽃이 피는 품종이 있지만 도시에서 볼 수 있는 빨간색 인동덩굴은 대부분 미국산 인동덩굴이에요.

꽃은 6~7월에 피고 길이 2~3cm, 5개의 수술과 1개의 암술이 있어요. 꽃은 연한 향기가 있어 차로 마시거나 약용할 수 있어요. 둥근 공 모양의 열매는 10월에 검정색으로 익고 술로 담가먹으면 자양강장에 효능이 있어요. 번식은 뿌리나누기로 할 수 있어요.

볼 수 있는 곳

전국의 산과 들판에서 간혹 볼 수 있어요. 도시 공원의 풀밭이나 학교 담장에다 덩굴식물로 심은 것도 가끔 볼 수 있어요. 각 지역의 도립수목원에서도 볼 수 있는데 인동덩굴을 안 키우는 곳도 있어요.

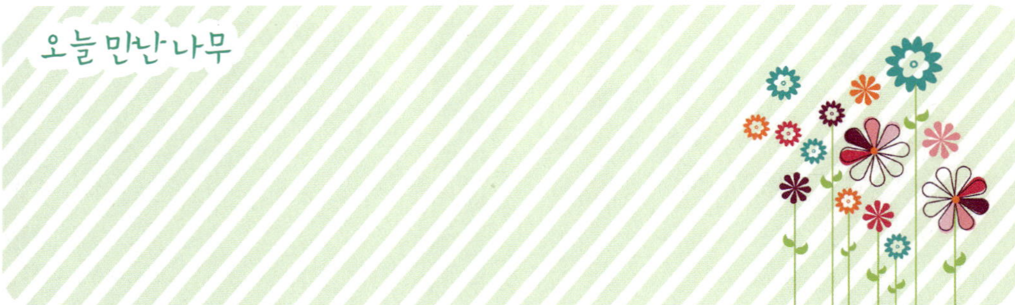

히어리나무와 미선나무

특산식물이란 각 지방에서만 특산으로 나는 물품처럼 우리나라에서만 자라는 나무를 의미해요. 특산식물 중 도립수목원에서 만날 수 있는 식물에 대해 알아보아요.

히어리나무 (조록나무과, Corylopsis gotoana)

강원도, 전라도, 경상도, 제주도의 지극히 일부 지역에서만 자생하는 우리나라 특산식물이에요. 높이는 1~2m 정도이고 꽃은 4월에, 열매는 9월에 익어요. 자생지가 최근 계속 늘어나면서 멸종 위기에서 약 관심종으로 변경된 히어리는 각 지역의 도립수목원에서 만날 수 있어요.

▲ 히어리의 꽃

▲ 히어리의 열매

▲ 히어리의 잎

미선나무 (물푸레나무과, Abeliophyllum distichum)

개나리꽃와 똑같지만 흰색 꽃이 피는 나무예요. 충청북도와 전라북도에 일부 자생지가 있는 멸종 위기 식물이에요. 꽃은 3~4월에 개화를 하고 나무의 높이는 1.5m 정도예요. 각 지역의 도립수목원에서 만날 수 있어요.

▲ 미선나무의 꽃

▲ 미선나무의 열매

▲ 미선나무의 잎

우리 동네와 아파트단지에서 볼 수 있는 나무

아파트단지와 동네에서 흔히 만나는 나무들이 있어요. 울타리용으로 심어놓은 사철나무, 화단에서 볼 수 있는 회양목, 놀이터 한 귀퉁이에서 흰색 꽃과 아름다운 향기를 뿜내는 찔레꽃이 그것이에요. 지금부터 우리 동네와 아파트단지에서 흔히 보는 나무들을 공부해 보아요.

사철 내내 잎이 초록색인	사철나무
장미의 어머니인	찔레꽃
부자로 만들어주는	회양목
꽃향기가 없을 거라고 오해를 받은	모란
꽃향기가 참 좋은	수수꽃다리, 라일락
버들피리를 만들 수 있는	버드나무
가로수로 흔히 만나는	양버즘나무

사철나무

과명 노박덩굴과　**학명** *Euonymus japonicus*　**꽃** 6~7월　**열매** 8~10월　**높이** 1~9m

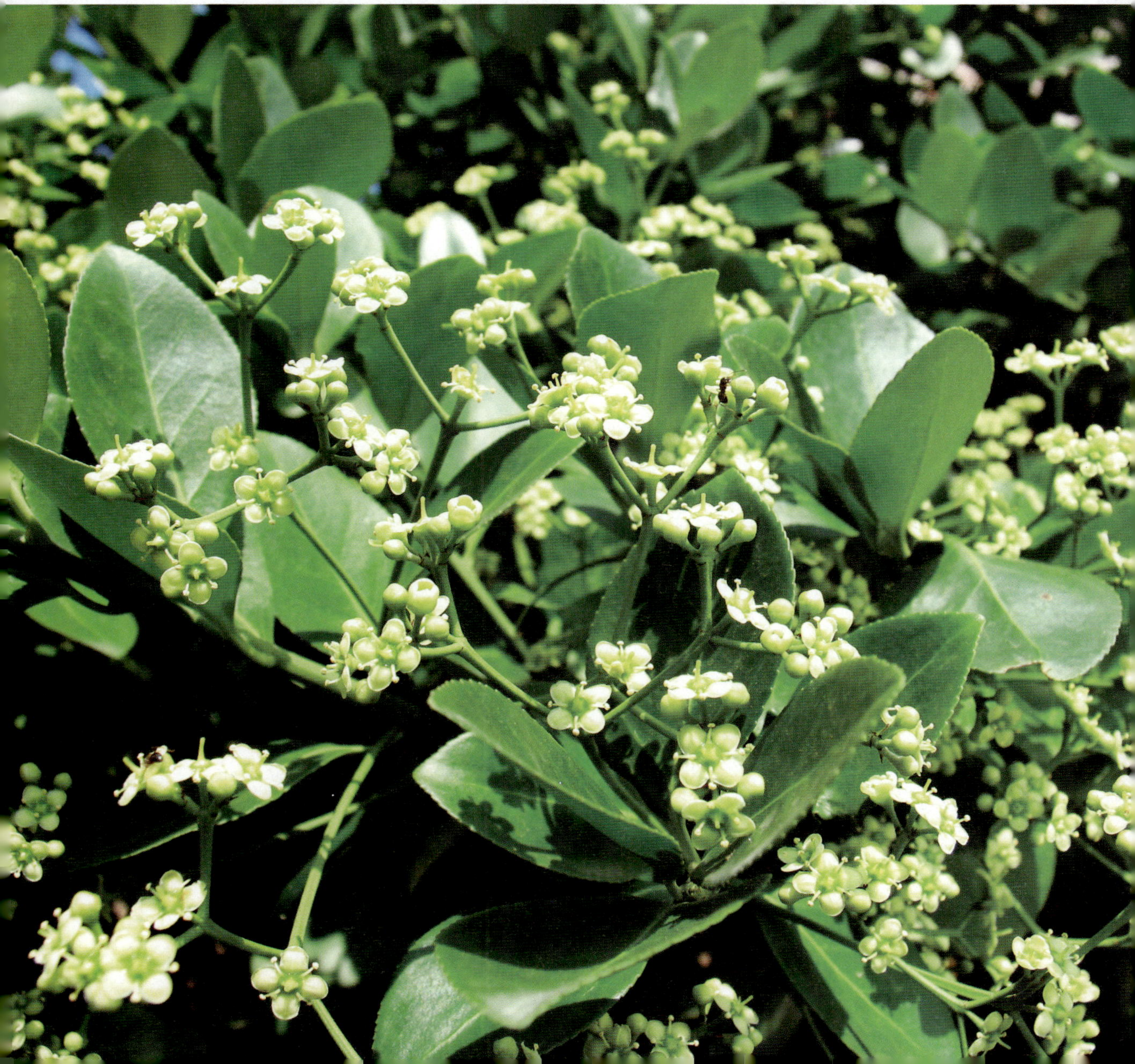

사철나무는 1년 내내 잎이 푸르다해서 이름이 붙은 상록활엽관목이에요. 상록활엽관목이란 1년 내내 잎이 상록성이지만 겨울에는 잎이 떨어지는 키 작은 나무라는 뜻이에요. 아파트단지나 집근처 건물에서 화단용이나 울타리용으로 심어놓은 것을 흔히 접했을 거예요.

조경수로 유명한 사철나무는 1년 내내 잎이 푸르기 때문에 인기를 얻고 있어요. 공해가 많은 도시에서도 성장을 잘할 뿐 아니라 적당히 가지치기만 하면 꾸준히 자라기 때문에 높은 인기를 얻고 있어요. 아마 우리나라의 건물 조경수로 가장 많이 보급된 나무일 것이고, 그만큼 인기가 많기 때문에 잎에 무늬가 있는 여러 가지 품종이 있어요.

사철나무의 꽃은 암수술이 하나의 꽃에 있고 6~7월에 개화를 해요. 꽃은 지름 7mm 정도이고 연한 황록색이고 하나의 꽃대에 5~12송이의 꽃이 달려요. 꽃잎은 4개, 수술도 4개, 암술은 1개예요. 잎은 마주나고 가죽질인데 광택이 있고 가장자리에 톱니가 있어요. 아마 잎을 보면 흔히 봤던 나무라는 것을 금방 알 수 있을 거예요.

🌸 볼 수 있는 곳

동네에서 많이 볼 수 있어요. 동사무소 화단이나 아파트 화단, 주택가 화단에서도 쉽게 만날 수 있어요.

찔레꽃

과명 장미과　**학명** *Rosa multiflora*　**꽃** 5~6월　**열매** 7~10월　**높이** 2m

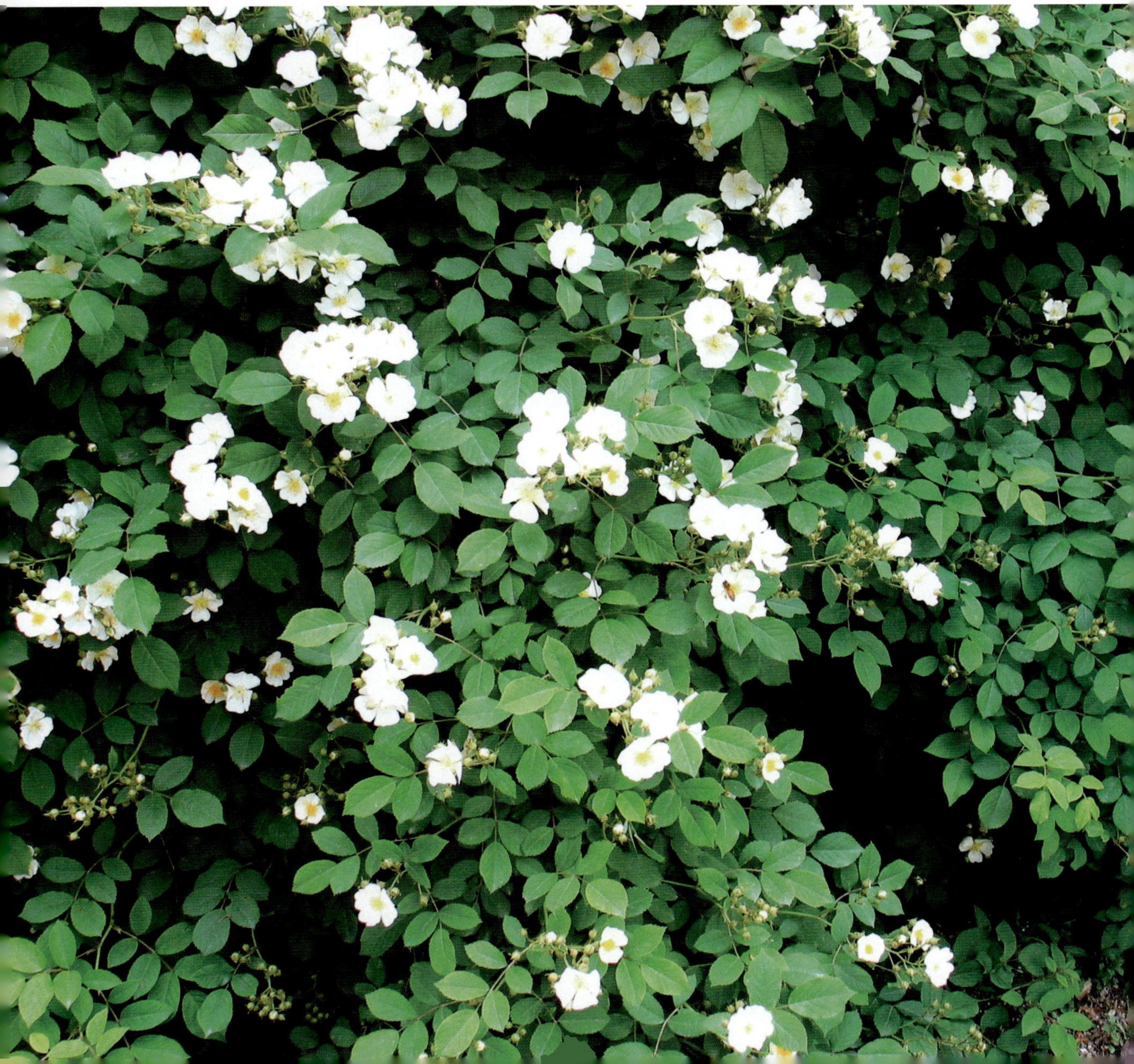

▲ 찔레꽃의 열매

▲ 찔레꽃의 잎

흔히 들장미라고 불리는 찔레꽃은 장미의 어머니뻘 정도 되는 나무예요. 요즘 볼 수 있는 장미 꽃은 대부분 아시아에서 자라는 들장미를 교배해 만든 것이므로 찔레꽃도 장미꽃의 어머니 중 한 분인 셈이죠. 찔레꽃의 어머니 모성은 현재도 계속되고 있어 장미 육성가들이 새품종을 개발할 때는 어김없이 찔레꽃을 어머니 나무로 삼아 접붙이기를 하는 경우가 많아요. 이렇게 하면 찔레꽃에 접목시킨 장미의 성질이 전해져 찔레꽃은 장미로 성장하는 것이에요.

아마 어머니의 모성은 강하다는 말을 한번쯤 들어 보셨을 거예요. 가녀린 소녀 같은 찔레꽃에서 장미가 탄생한 것을 보면 그저 놀라울 따름이지요. 찔레는 줄기의 가시 때문에 붙은 이름이기도 해요.

▲ 찔레꽃의 꽃

꽃은 5~6월에 피는데 지름 2cm 정도이고 꽃잎은 5개이고 수술은 수없이 많아요. 꽃은 향기가 있고 사람이 먹을 수 있는데 보통은 약으로 달여 먹는 경우가 많아요.

볼 수 있는 곳

아파트 화단에서 흔히 볼 수 있고 어린이 놀이터에서도 가끔 볼 수 있어요. 아파트 화단이나 풀밭에서 흰색 꽃의 가시가 있는 작은 나무가 덩굴처럼 자라고 있다면 십중팔구 찔레꽃이에요.

회양목

과명 회양목과 **학명** *Buxus koreana* **꽃** 3~4월 **열매** 5~7월 **높이** 7m

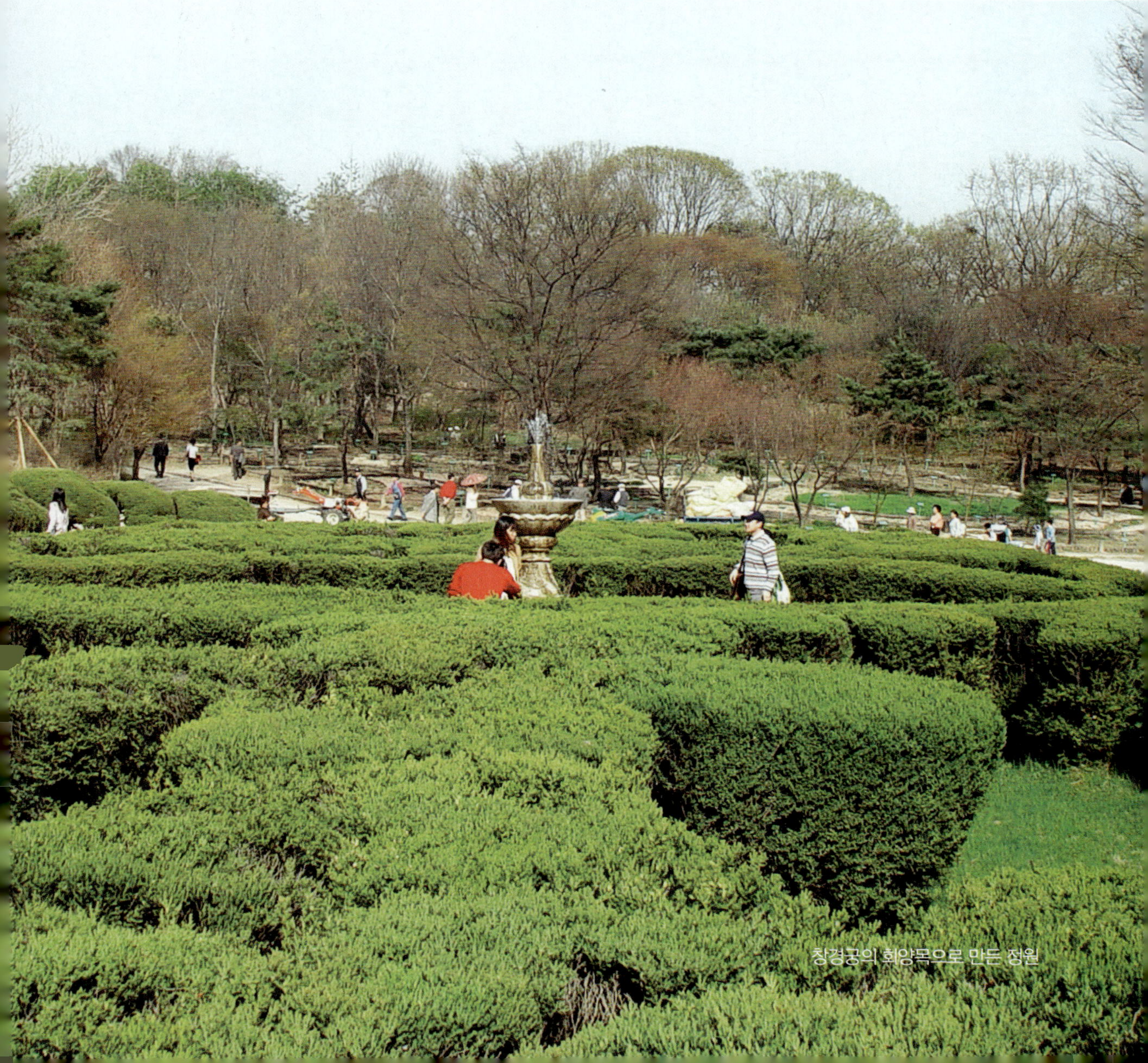

창경궁의 회양목으로 만든 정원

▲ 회양목의 수형

▲ 회양목의 잎

회양목은 돈이 벌리는 나무라고 해서 부자들이 참 좋아하는 나무예요. 그 이유는 여러 가지가 있지만 일단 목재의 구조가 물을 잘 흡수하는 물관구조를 가지고 있어 나무도장을 만들 수 있는 나무 중 가장 품질이 좋은 나무였어요. 그만큼 귀한 나무이기 때문에 직급이 낮은 사람들은 아예 회양목 도장을 사용할 수 없도록 법률이 만들어지기도 했죠. 또한 조선시대에는 호패와 목판활자를 회양목으로 만들기도 했으니까 회양목을 많이 재배하는 사람들은 이 나무에 대한 수요가 많아 자연스럽게 부자가 될 수밖에 없었죠. 게다가 국가가 목재의 수급을 관리할 정도였으니 돈 많은 부자들만 키울 수 있는 아주 고급 나무였던 거예요. 그 인기는 요즘도 계속되고 있는데, 이를테면 국립묘지나 가족묘지에 회양목을 심는 것이 바로 그것이에요. 예전부터 고급 나무로 취급받고 있으니까 죽은 사람의 명복을 빌기에는 딱 좋은 나무인 셈이죠.

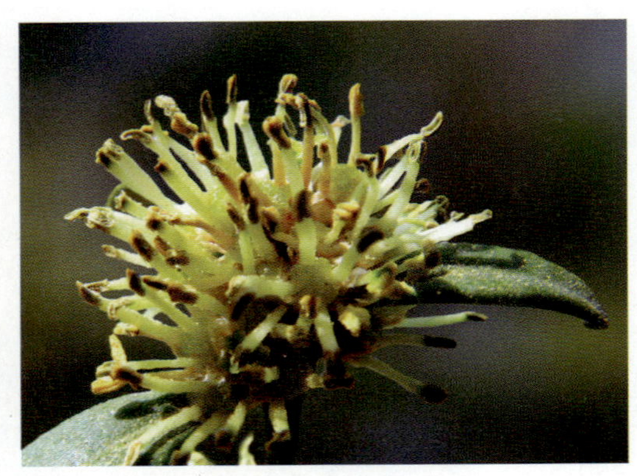
▲ 회양목의 꽃

회양목의 꽃은 암수술이 하나의 꽃에 있고 6~7월에 개화를 해요. 잎의 크기는 손톱만한 크기인데 잎을 보면 동네 화단에서 흔히 봤던 나무라는 것을 금방 알 수 있어요. 번식은 종자, 꺾꽂이, 뿌리나누기로 할 수 있어요.

볼 수 있는 곳

동네 화단, 교내 화단, 건물 화단에서도 많이 볼 수 있어요. 또한 공동묘지에서도 회양목을 심은 것을 많이 접할 수 있어요.

모 란

과명 작약과   학명 *Paeonia suffruticosa*   꽃 4~5월   열매 7~9월   높이 2m

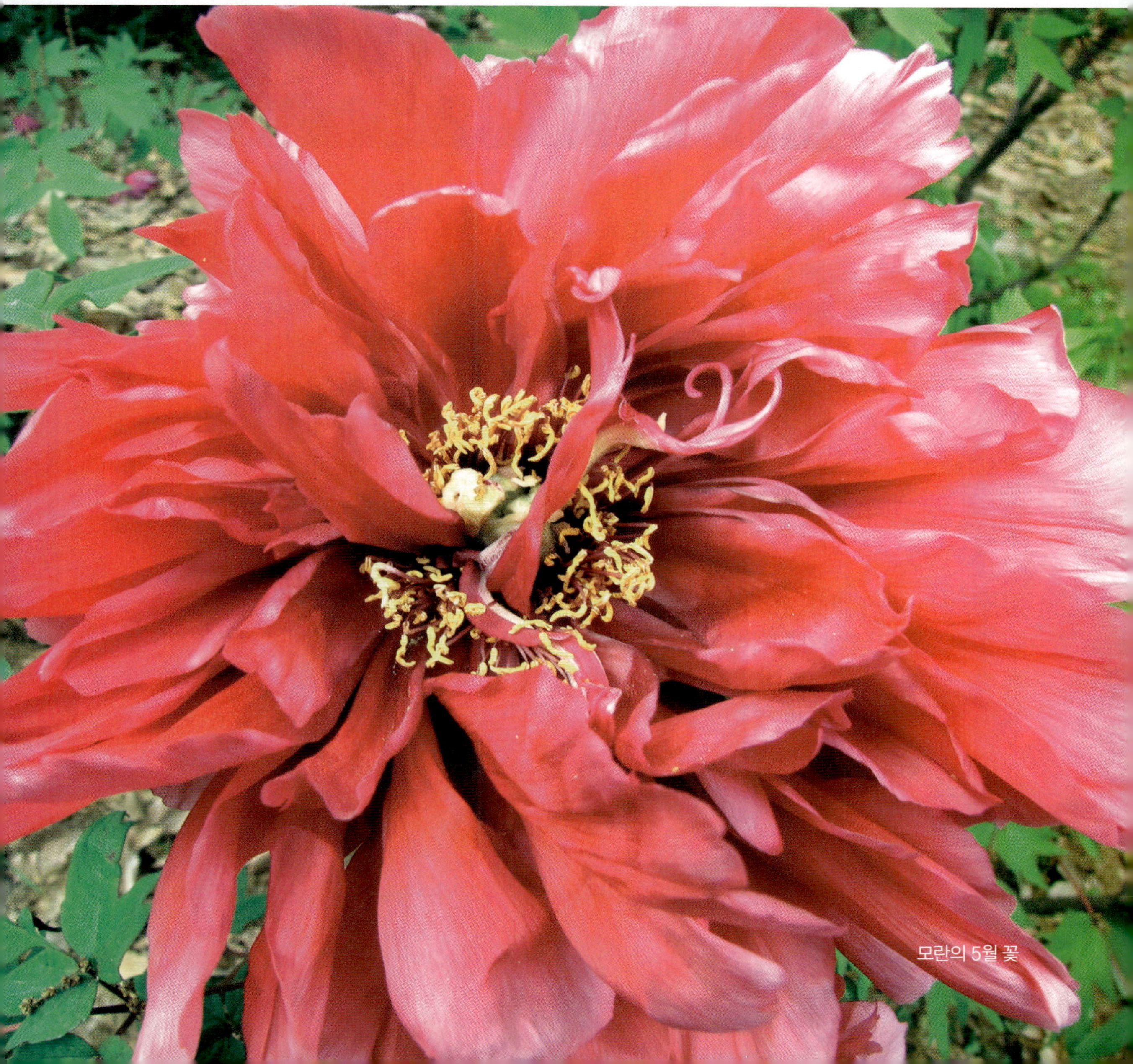

모란의 5월 꽃

▲ 모란의 수형

모란꽃과 선덕여왕 이야기는 너무도 유명한 이야기로 여러분들도 다 아실 것 같아요. 선덕여왕이 병풍의 모란꽃 그림에 나비가 날아다니지 않는 것을 보고는 모란꽃에 향기가 없다고 추측하는 일화인데 사실 모란꽃에는 향기가 있어요. 그래서 선덕여왕님도 믿지 못하겠다고 투덜대는 아이들도 있죠.

모란의 꽃은 남부지방에서는 4월, 중부지방에서는 5월 무렵에 개화해요. 꽃의 크기는 15cm 정도이고 암수술이 한 꽃에 들어있어요. 꽃잎의 개수는 하도 많아서 세어볼 수가 없는데 최소한 8개 이상이고 꽃잎의 색상은 흰색, 빨간색, 파란색 등 여러 가지가 있어요. 노란색의 수술도 많기 때문에 세어볼 수가 없고 중앙에 암술이 2~6개 정도 있어요.

잎은 3부분으로 갈라지는 '2회우상복엽'이고 작은 잎은 달걀형이거나 피침형이고 가장자리가 3~5개로 갈라진 모양이에요. 열매는 6월이나 7월부터 볼 수 있고 9월에 익으면 열매가 저절로 갈라지면서 씨앗이 보여요. 번식은 종자, 뿌리나누기, 접붙이기로 할 수 있는데 보통은 '작약꽃'에 접을 붙여서 번식하는 것이 좋아요.

볼 수 있는 곳

모란은 아파트단지 보다는 가정집에서 키우는 경우가 많아요. 특히 가정집 정원에서 많이 볼 수 있고 가끔은 화단에서도 만날 수 있어요. 또한 대부분의 도립수목원에서 모란을 만날 수가 있어요.

수수꽃다리와 라일락

과명 물푸레나무과　학명 *Syringa oblata*　꽃 4~5월　열매 7~9월　높이 2~3m

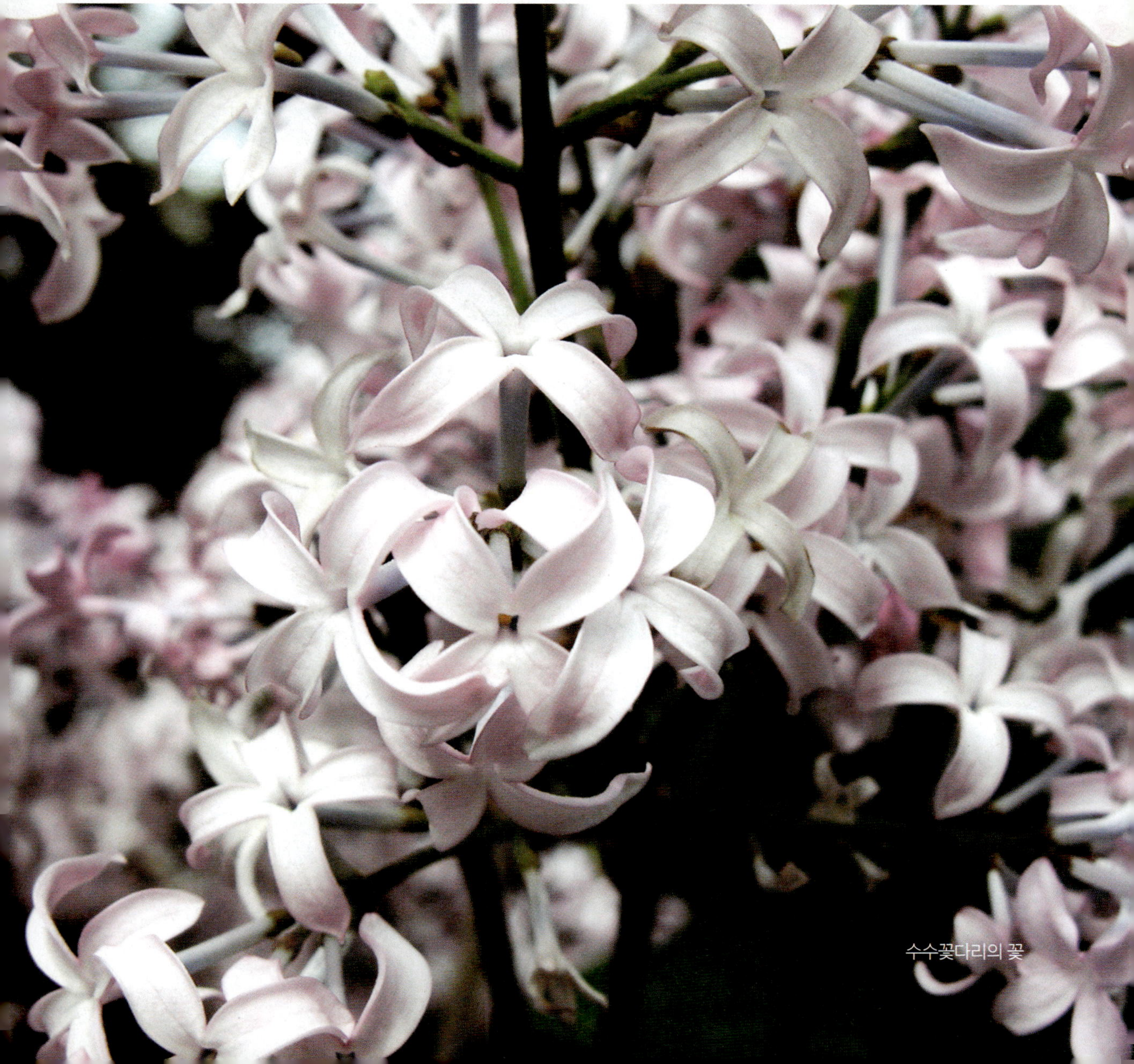

수수꽃다리의 꽃

▲ 수수꽃다리의 수형

▲ 수수꽃다리의 잎

봄철에 아파트화단이나 주택가 골목길, 여자 중학교나 여자 고등학교에 가면 아주 진한 꽃 향기가 나는 나무가 있는데 아마 라일락나무(서양수수꽃다리)일 거예요. 라일락은 외국에서 들어온 나무이고 수수꽃다리는 우리나라 산에서 자라는 토종 나무예요. 동네에서 볼 수 있는 꽃은 대부분 원예종이므로 라일락일 확률이 많고 수목원에서 만나는 나무는 우리나라 토종인 수수꽃다리일 확률이 많아요.

수수꽃다리와 라일락은 거의 똑같기 때문에 구별하는 것이 어려운데 꽃과 잎을 보고 구별하기도 해요. 꽃의 크기는 수수꽃다리가 작고 라일락이 조금 커요. 잎은 수수꽃다리의 하트 닮은 잎이 더 크고 원형에 가까운 반면, 라일락의 하트 닮은 잎은 좀 더 작고 약간 길쭉한 편이에요.

볼 수 있는 곳

수수꽃다리의 자생지는 북한 땅에 있으므로 남한 땅에서는 야생으로 자라는 수수꽃다리를 만날 수가 없어요. 대부분 각 지역의 도립수목원에서 수수꽃다리를 볼 수 있어요. 라일락(서양수수꽃다리)은 동네에서 많이 볼 수 있어요.

버드나무

과명 버드나무과　**학명** *Salix koreensis*　**꽃** 4월　**열매** 5월　**높이** 20m

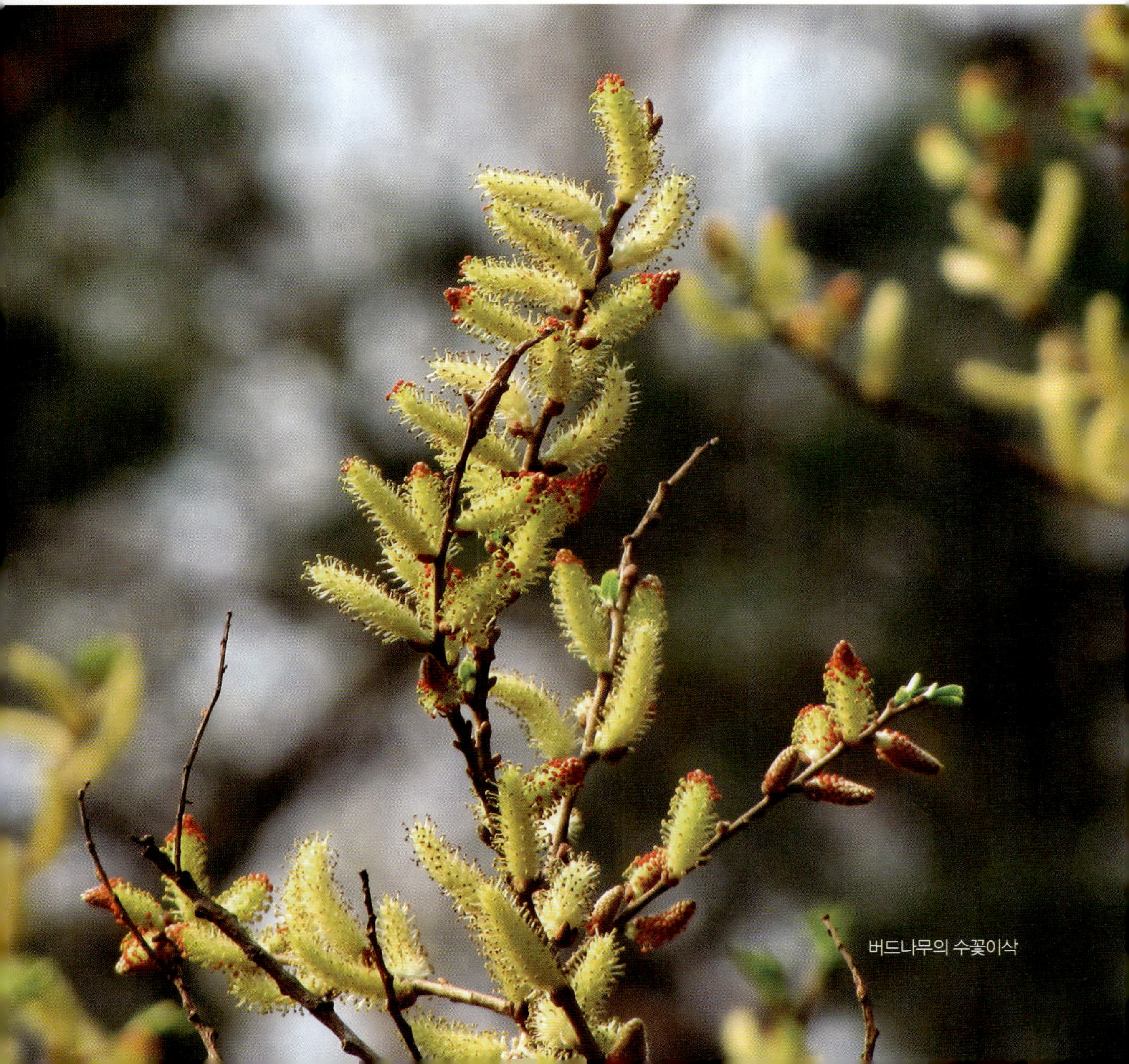

버드나무의 수꽃이삭

▲ 버드나무

동네의 호숫가와 둑길에서 흔히 볼 수 있는 버드나무는 대표적인 물가의 나무이지만 높은 산에서도 볼 수 있는 나무예요. 높이로는 해발 1,300m에서도 볼 수 있으므로 물가는 물론 산악지형에서도 잘 자라는 것을 알 수 있겠죠. 단지 물가에서도 잘 자라기 때문에 호수나 강변길을 조성할 때는 빼놓지 않고 버드나무를 심다보니 도시에서는 물가나 호숫가에서 만날 수 있는 나무가 된 것이죠.

꽃은 암수딴그루이며 4월에 개화를 해요. 잎보다 먼저 꽃이 피는데 수꽃이삭은 길이 1~2cm이고 암꽃이삭도 1~2cm예요. 같은 시기에 관찰하면 암꽃이삭이 수꽃이삭에 비해 짧은 경우가 많아요. 열매는 5월에 익는데 긴 원통모양이고 털이 달린 씨앗이 붙어있어요. 매년 봄이면 버드나무에서 털이 날리는 이유는 바로 바람에 의해 씨앗이 날아가기 때문이에요. 잎은 어긋나

▲ 버드나무의 암꽃

▲ 버드나무의 잎

고 좁은 피침형이거나 피침형이며 끝 부분이 길고 가장자리에 안으로 향한 톱니가 있어요. 늙은 수피는 울퉁불퉁하지만 잔가지는 매끈하고 잎이 달리면 밑으로 처지는 성격이 있어요. 비슷한 나무로는 줄기가 밑으로 축 처지는 능수버들과 수양버들, 물가에서 볼 수 있는 갯버들, 잎이 꼬불꼬불한 용버들 등의 10여종의 버드나무가 있어요.

버드나무 이야기를 할 때는 버들피리 이야기가 빠질 수 없겠죠. 버들피리는 버드나무 가지로도 만들 수 있지만 보통은 갯버들의 물이 잘 올라온 줄기를 적당한 길이로 잘라낸 뒤 만드는 것이 좋아요. 잘라낸 가지를 손으로 비틀어서 줄기 알맹이를 쏙 빼내면 줄기 껍데기가 피리 형태로 남는데 잎에 대는 부분을 적당히 손질하면 피리 소리를 낼 수 있어요.

버드나무의 가지와 수피, 뿌리는 약으로 사용기도 하는데 각종 부스럼이나 습진, 황달형안염 등에 달여 먹으면 좋아요. 번식은 5월에 열매가 익으면 채취한 뒤 즉시 축축한 습지에 파종하거나 꺾꽂이로 할 수 있어요.

볼 수 있는 곳

호수가, 큰 연못가 등에서 흔히 볼 수 있고 강가, 하천가, 둑길에서도 볼 수 있어요.

가로수로 흔히 만나는

양버즘나무

(플라타너스)

과명 버즘나무과 **학명** *Platanus occidentalis* **꽃** 6월 **열매** 7~10월 **높이** 40~50m

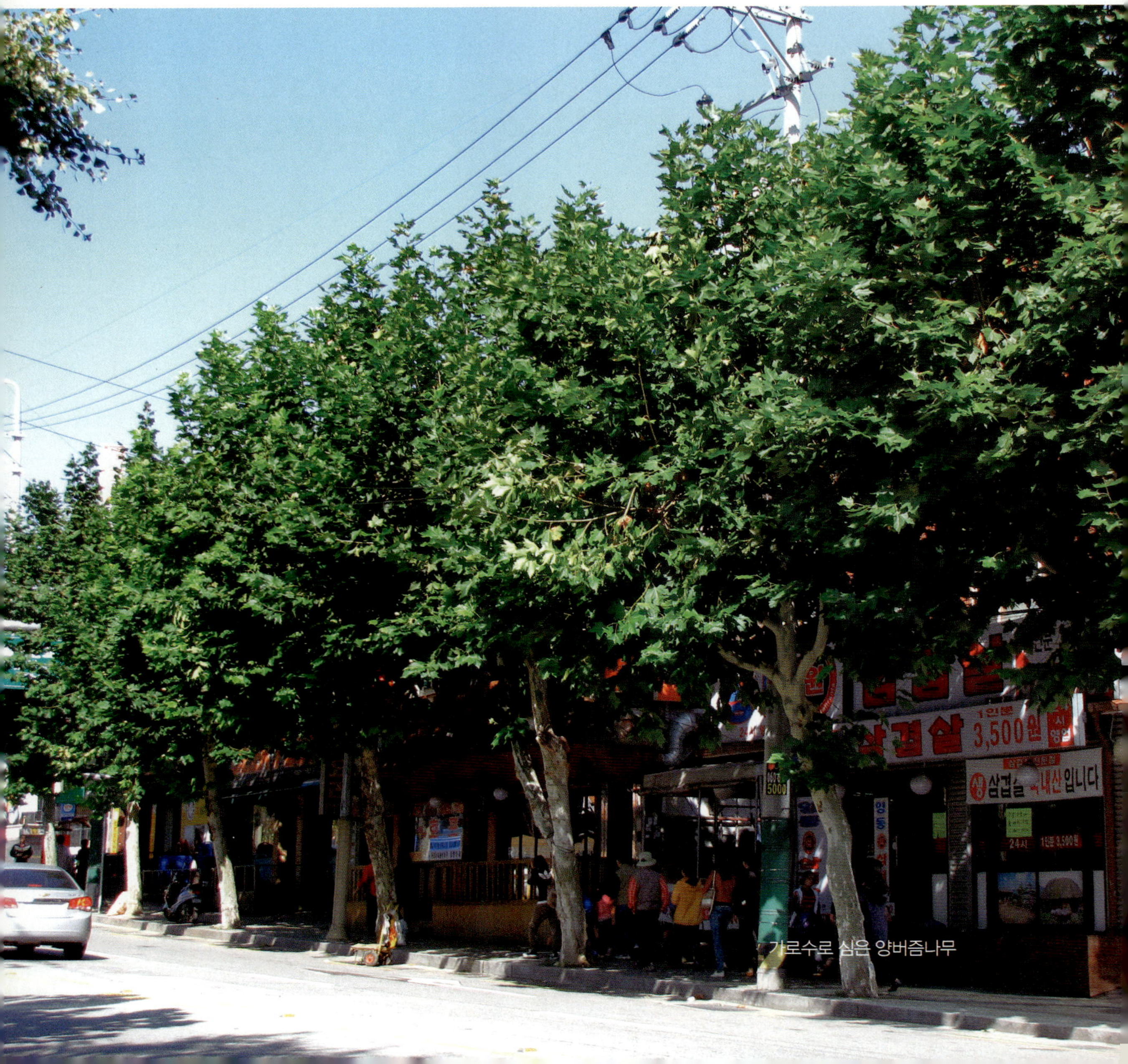

가로수로 심은 양버즘나무

▲ 양버즘나무의 7월 열매　　　　　▲ 양버즘나무의 잎

양버즘나무는 흔히 '플라타너스'라고도 말해요. 공해가 많은 곳에서도 잘 자라고 생장속도가 빠르기 때문에 가로수로 제격인 나무죠. 플라타너스는 버즘나무와 양버즘나무가 있는데 도로변에서 흔히 보는 플라타너스는 대부분 양버즘나무이고 미국에서 수입했어요.

꽃은 암꽃과 수꽃이 같은 그루에 있는데 수꽃은 잎겨드랑이에서 자란 작은 구슬 모양이고 암꽃은 큰 방울에 다닥다닥 붙어있어요. 열매는 지름 3cm 정도의 방울 모양이고 10월에 익고 겨울 내내 나뭇가지에 붙어있어요. 양버즘나무는 열매가 1~2개씩 달리고 버즘나무는 3개씩 달리므로 열매를 보고 구분하거나 잎을 보고 구분하기도 해요. 번식은 종자 번식과 꺾꽂이 번식으로 할 수 있어요.

🌸 볼 수 있는 곳

도로변에서 가로수로 심어놓은 것을 많이 볼 수 있어요. 서울 어린이대공원에는 서울에서 가장 큰 플라타너스를 볼 수 있고, 충북 충주의 플라타너스 가로수길은 드라이브족이 즐겨 찾을 정도로 유명해요.

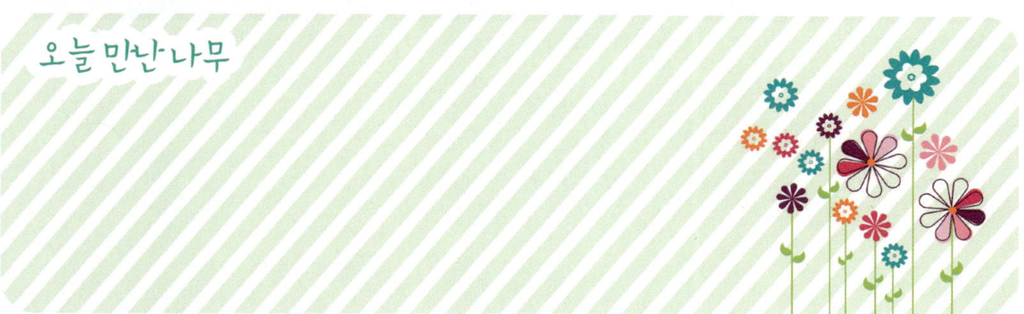

죽단화와 황매화

주택가 정원이나 동네 화단에서 흔히 볼 수 있는 키 작은 나무로는 노란색 꽃의 피는 죽단화와 황매화가 있어요. 수형과 잎 모양이 거의 비슷하기 때문에 꽃으로만 구분할 수 있어요.

죽단화 (장미과, Kerria japonica for. pleniflora (Witte) Rehder)

꽃은 4〜8월에 피고 꽃잎은 겹꽃이에요. 우리나라 남부지방에서 볼 수 있는데 요즘은 중부지방에서도 조경수 겸 관상수로 많이 키우고, 번식은 꺾꽂이와 포기나누기로 할 수 있어요.

▲ 죽단화의 수형

▲ 죽단화의 꽃

▲ 죽단화의 잎

황매화 (장미과, Kerria japonica (L.) DC. for. japonica)

황매화도 4〜8월에 꽃이 피지만 꽃잎이 5장이에요. 우리나라 전국에서 자생하며 번식은 종자, 꺾꽂이, 포기나누기로 할 수 있어요.

▲ 황매화의 수형

▲ 황매화의 꽃

▲ 황매화의 잎

큰 공원에서 많이 만나는 나무

도시의 큰 공원이나 관광지에서 자주 볼 수 있는 나무는 어떤 것들이 있을까요? 나무는 보통 물을 좋아하는 나무와 물을 좋아하지 않는 나무가 있어요. 따라서 물을 좋아하는 나무는 당연히 호수가 있는 수변공원에서 많이 볼 수 있고 햇빛을 좋아하는 나무는 단독으로 심어져 있는 경우가 많아요. 우리 주변의 큰 공원에서 만날 수 있는 나무에서 대해 차근차근 공부해 보아요.

남자에게 참 좋은	산수유
조밥 같은 흰 꽃이 무리지어 자라는	조팝나무
병 모양의 꽃이 피는	병꽃나무
사찰에서 흔히 볼 수 있는	백당나무
화단에서 흔히 볼 수 있는	수국, 산수국
참빗으로 머릿니를 잡았던	참빗살나무
자일리톨 껌의 재료로 유명한	자작나무

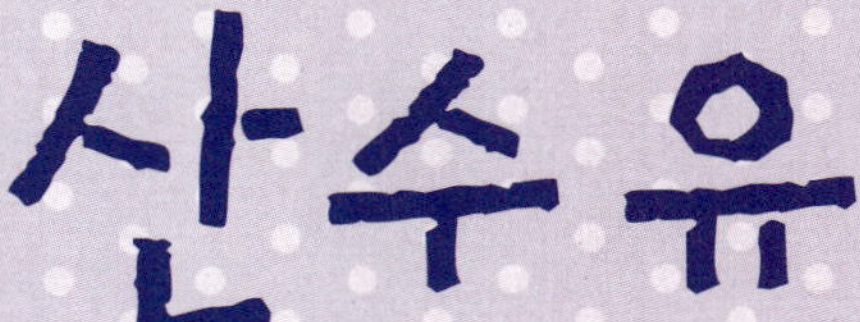

남자에게 참 좋은

산수유

과명 층층나무과　　**학명** *Cornus officinalis*　　**꽃** 3~4월　　**열매** 5~9월　　**높이** 3~7m

산수유의 3월 꽃

▲ 산수유의 수형

TV에서 나오는 CF 중에서 "남자에게 참 좋은데, 직접 말할 수는 없고……."라는 광고를 보신 적이 있을 거예요. 그 약은 산수유나무의 열매로 만들었기 때문에 광고를 봤던 어르신들이 산수유만 보면 열매 따기 바쁘다고 해요. 이 때문에 요즘 한참 수난을 당하고 있는 불쌍한 나무이기도 해요.

▲ 산수유의 수피

산수유의 꽃은 3~4월인 아주 이른 봄에 잎보다 먼저 개화를 하고, 암수술은 같은 꽃에 있어요. 꽃자루에는 보통 20~30개의 꽃이 달리는데 자세히 보면 꽃받침잎도 4개가 있고 수술과 암술도 있어요. 각각의 꽃 크기는 6~10mm 정도이므로 꽤 작은 편이죠. 잎은 마주나고 난형이거나 타원형이고 길이 4~12cm 정도이고 맥이 깊게 들어가 있고 가장자리는 밋밋하고 톱니가 없어요.

층층나무과에 속하는 나무들은 잎의 모양이 비슷한 경우가 많으므로 잎맥의 개수와 나무수피를 보고 구분해야 해요.

열매는 5월쯤부터 볼 수 있는데 처음에는 녹색이었다가 10월에 빨갛게 익어요. 이 열매는 약으로 사용할 수 있고 TV에서 광고하는 약도 이 열매로 만든 약이라고 할 수 있어요.

그런데 왜 남자한테만 좋다고 약 광고를 했을까요? 산수유 열매가 남자에게 좋은 이유는 체력을 아주 강하게 하고 귀를 밝게 하기 때문이에요. 예를 들어 식은땀이 잘나고 체력이 약하다면 산수유 열매가 함유된 약을 먹을 수 있겠죠. 그러므로 남자뿐 아니라 여자에게도 좋은 성분이라고 할 수 있는데 나이 드신 어르신을 대상으로 광고를 하다 보니 남자에게 참 좋은 약이라고 광고를 하나 봐요.

번식은 종자, 꺾꽂이, 접붙이기로 할 수 있는데 종자로 하는 것이 가장 좋아요. 종자는 가을에 채취한 뒤 바로 파종하는 것이 좋아요.

볼 수 있는 곳

산수유는 우리나라 산에서도 만날 수 있지만 대부분 키워서 기르는 경우가 많아요. 전라남도 구례에 아주 유명한 산수유마을이 있는데 마을 전체가 산수유나무로 뒤덮여 있을 지경이에요. 또한 도시공원이나 궁궐에서 산수유를 볼 수 있고, 전국의 도립수목원에서도 만날 수 있어요.

조팝나무

과명 장미과　　**학명** *Spiraea prunifolia*　　**꽃** 4~5월　　**열매** 5~9월　　**높이** 1~1.5m

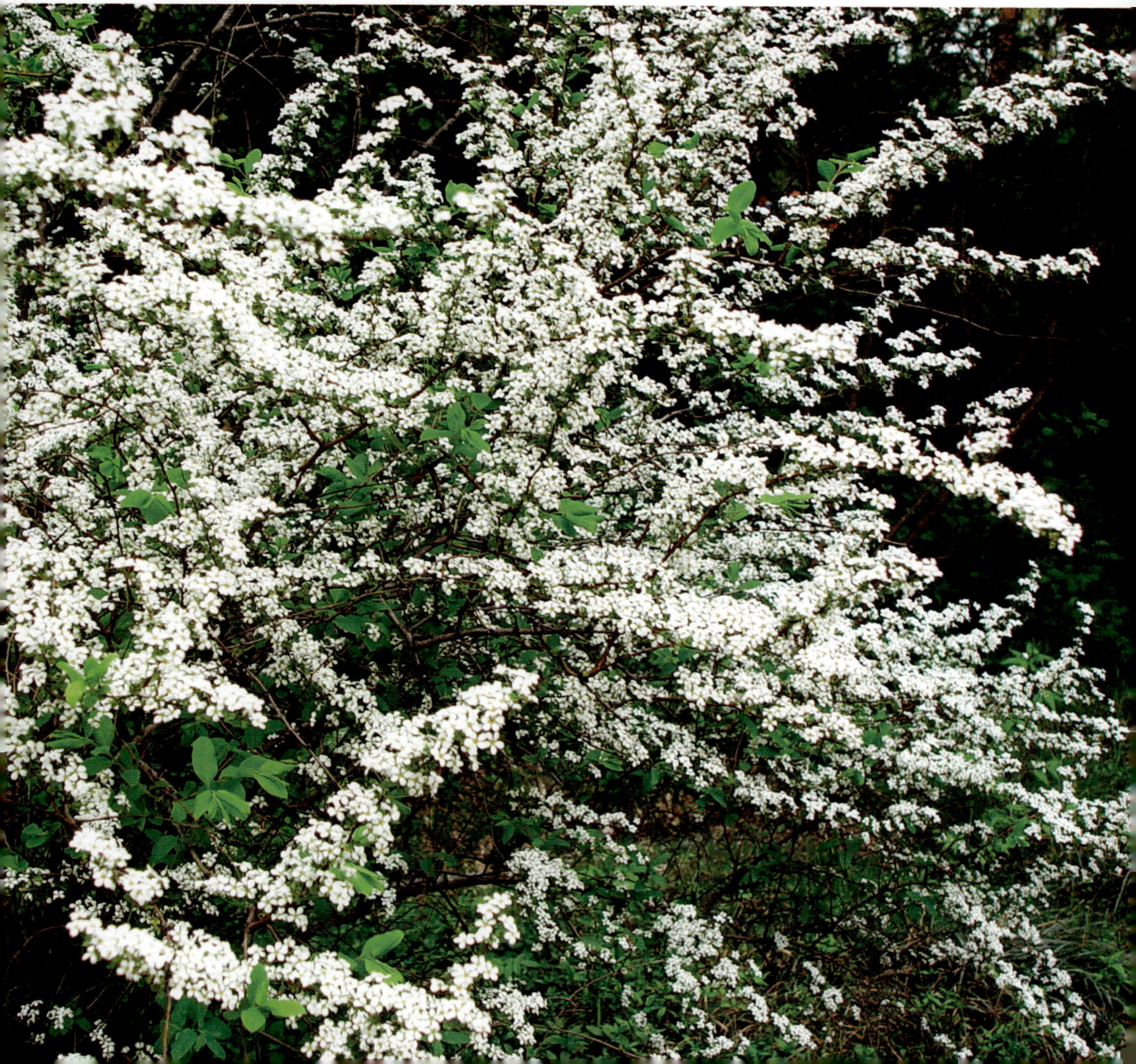

조팝나무는 꽃이 모여 있는 모습이 '조밥'을 보는 것 같다 해서 붙은 이름이에요. 남산공원 같은 큰 공원에서 키 작은 관상수로 심어놓은 것을 흔히 볼 수 있고 아파트단지에서도 간혹 만날 수 있어요.

이른 봄이 조금 지난 4~5월에 피는 꽃은 산형화서 모양으로 잎겨드랑이에서 달려요. 꽃의 크기는 1.5cm이고 꽃잎은 5개, 수술은 길고 암술대는 짧아요. 가느다란 줄기마다 잎 겨드랑이에서 꽃이 달리기 때문에 멀리서 보면 꽃이 줄기마다 무리지어 있어요. 어긋난 잎은 2~3.5cm 정도이고 타원형이거나 도란형이고 가장자리에 톱니가 있어요.

조팝나무들은 대부분 어린잎을 나물로 무쳐먹을 수 있어요. 약용 성분이 있는 뿌리는 해열, 학질, 설사, 신경통에 효능이 있어요. 번식은 종자, 포기나누기 등으로 할 수 있는데 꺾꽂이로 하는 것이 좋아요.

볼 수 있는 곳

도시의 큰 공원에서 울타리용이나 큰 나무 옆에 조경용으로 심어놓은 것을 볼 수 있어요. 또한 전국의 산에서 볼 수 있고 각 지역의 도립수목원에서도 만날 수 있어요.

병꽃나무

과명 인동과　**학명** *Weigela subsessilis*　**꽃** 4~5월　**열매** 7~9월　**높이** 2~3m

▲ 병꽃나무의 4월 꽃　　　▲ 병꽃나무의 수형

병꽃나무는 꽃의 모양이 병을 닮았다 하여 붙은 이름이에요. 우리나라 특산나무이자 멸종 위기 식물인 병꽃나무는 5월에 피는 꽃이 깔때기꼴처럼 생겼는데, 옛날 술병들은 대부분 깔때기꼴이었으므로 병꽃나무라는 이름이 붙었어요.

꽃은 4~5월에 피는데 5월초가 피크이고 처음에는 황록색이었다가 점점 빨간색으로 변해요. 이 때문에 황색꽃과 빨간색꽃이 같이 피어있는 경우도 많고, 꽃의 지름은 2~3cm, 길이는 3~4cm 정도예요. 잎은 마주나고 잎자루가 없고 타원형이거나 도란형이고 가장자리에 톱니가 있어요. 열매는 7월쯤부터 볼 수 있는데 잔털이 많고 9월에 익어요. 키는 2~3m 정도이므로 잡목 비슷하게 자라고 목재가 크지 않아 땔감으로 주로 사용했는데 멸종 위기 식물이기 때문에 현재는 땔감으로 사용하지 않아요.

▲ 병꽃나무의 열매

▲ 병꽃나무의 잎

비슷한 나무로는 붉은병꽃나무, 흰병꽃나무, 애기병꽃나무, 삼색병꽃나무, 노랑병꽃나무, 소영도리나무, 골병꽃나무가 있어요. 번식은 종자와 꺾꽂이로 할 수 있어요.

볼 수 있는 곳

전국의 산에서 볼 수 있지만 멸종 위기 직전의 식물이에요. 도시의 큰 공원에서 울타리용으로 심거나 왕릉에서 관상수로 심은 것을 간혹 만날 수 있어요. 또한 전국의 도립수목원에서 볼 수 있어요.

백당나무

과명 인동과　　**학명** *Viburnum opulus*　　**꽃** 5월　　**열매** 7~10월　　**높이** 2~3m

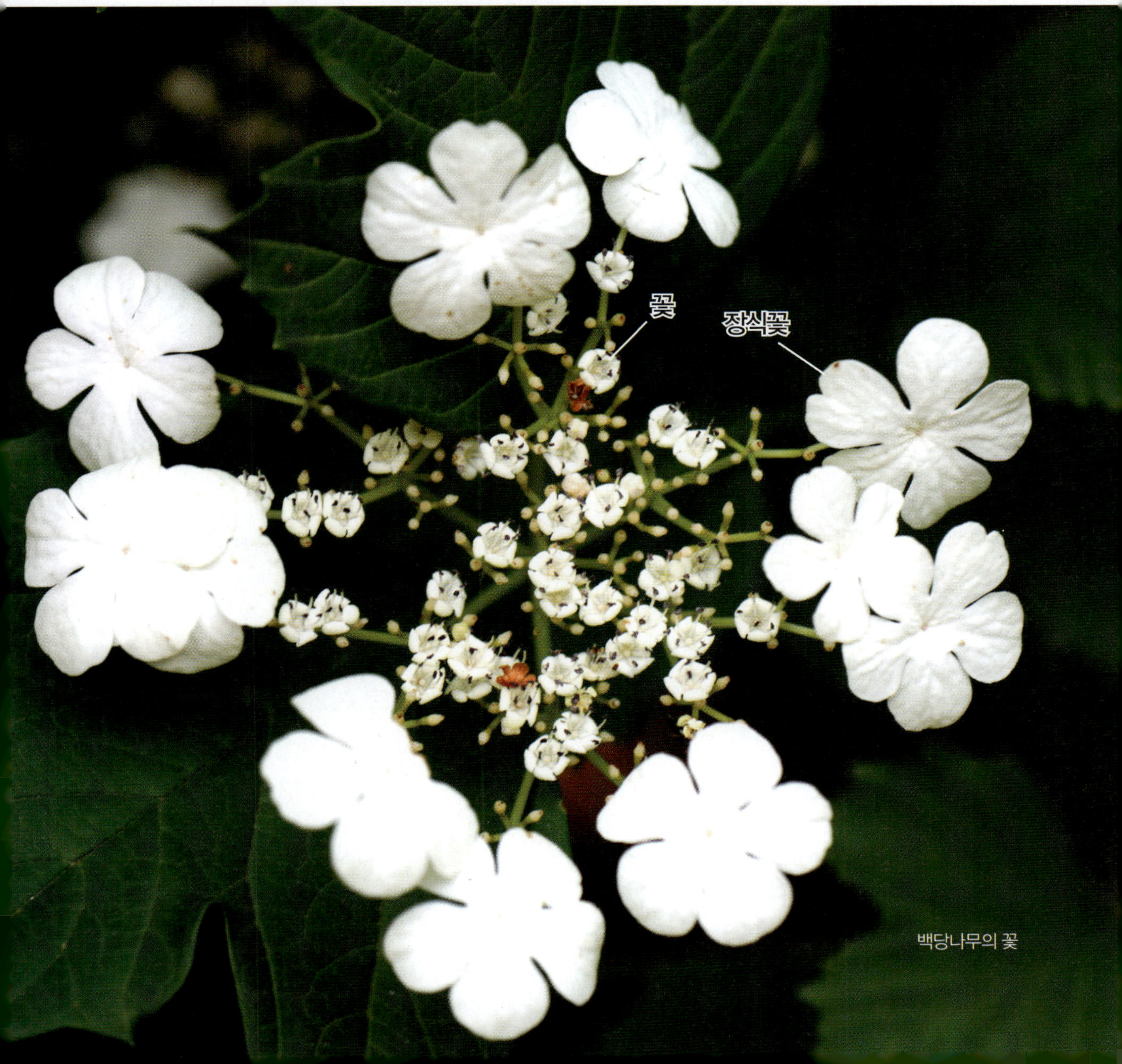

백당나무의 꽃

▲ 백당나무의 열매

▲ 백당나무의 잎

백당나무는 흔히 '접시꽃나무'라고도 불려요. 비슷한 나무로는 불두화(수국백당), 수국, 산수국 등이 있는데 불두화의 어머니에 해당하는 나무라고 할 수 있어요. 꽃은 산방화서로 달리는 중앙에 암수한꽃인 진짜 꽃이 있고 주변에는 무성화인 장식꽃(가짜 꽃)이 있어요. 진짜 꽃은 꽃잎 5개, 수술 5개, 암술대는 1개예요. 장식꽃은 진짜 꽃이 늦게 피기 때문에 벌이나 나비를 유혹하는 기능을 하고 있어요. 잎은 마주나고 넓은 난형이고 잎가장자리에 3갈래로 크게 갈라지고 갈라지지 않은 잎도 같이 달리는 경우가 많아요. 열매는 10월에 빨간색으로 익는데 아주 아름다운 편이에요.

백당나무와 비슷한 나무로는 '불두화(수국백당)'가 있는데 이 나무는 수국과 백당나무를 원예종으로 개량한 나무예요. 또한 '수국'과 '산수국'도 비슷한 나무예요. 번식은 종자와 꺾꽂이로 할 수 있는데 꺾꽂이 번식으로 하는 것이 좋아요.

▲ 어린줄기와 잎 뒷면에 털이 있는 털백당나무

▲ 수국백당나무

볼 수 있는 곳

산과 깊은 계곡에서 볼 수 있고 사찰에서도 가끔 볼 수 있어요. 하지만 도시에서 만나는 백당나무는 대부분 원예종인 수국백당일 경우가 많아요. 각 지역의 도립수목원에 가면 원예종이 아닌 백당나무를 만날 수 있어요.

수국과 산수국

과명 범의귀과　**학명** *Hydrangea macrophylla*　**꽃** 6~7월　**열매** 7월　**높이** 1m

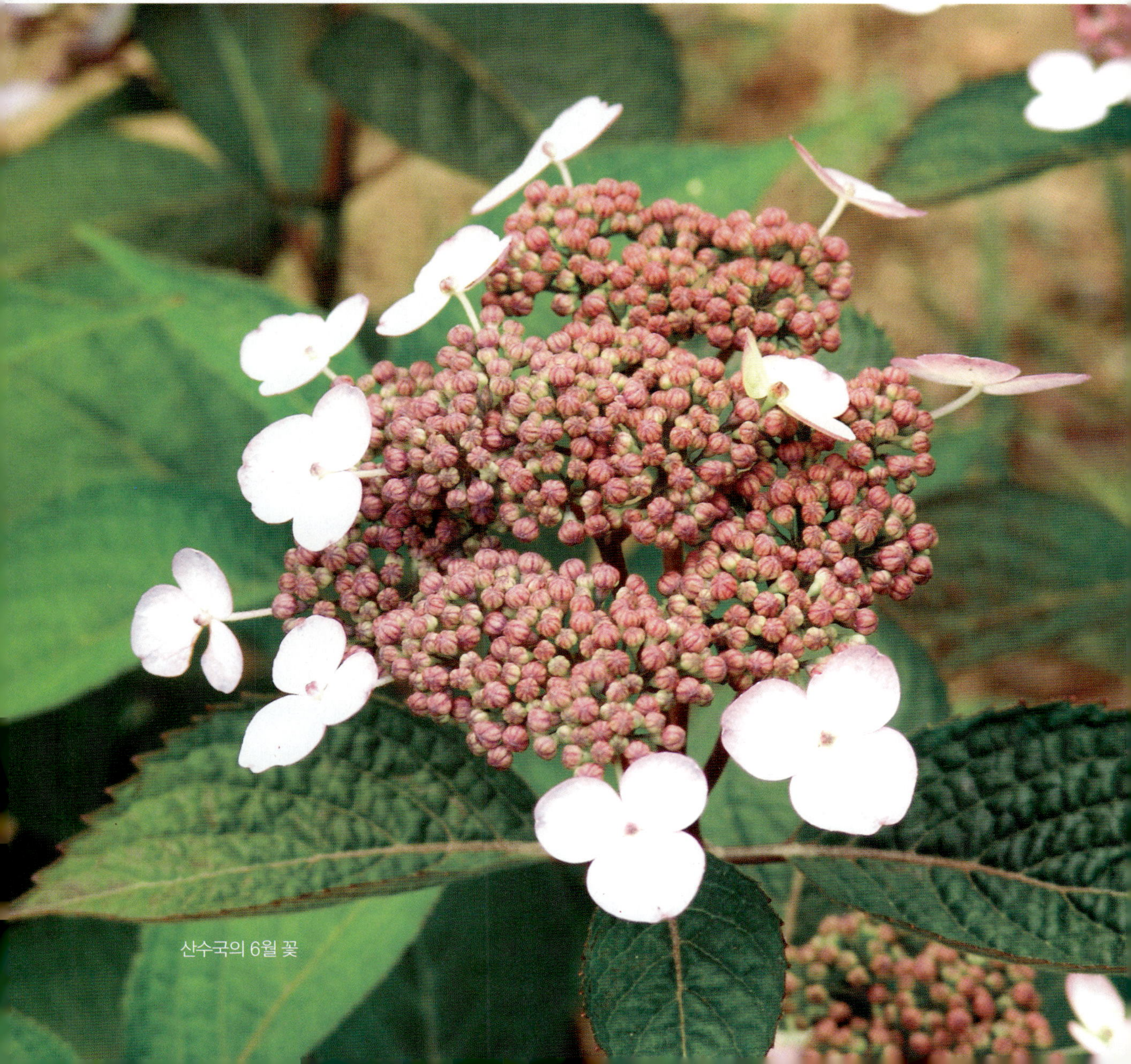

산수국의 6월 꽃

▲ 나무수국의 8월 꽃　　　　　　　　　▲ 수국 품종의 꽃

동네 화단이나 공원 풀밭에서 볼 수 있는 수국은 물을 잘 흡수하고 꽃이 공처럼 핀다고 하여 '수구화'라고 불리었다가 지금의 수국이란 이름이 되었어요. 수국은 여러 종류가 있는데 흔히 만나는 수국은 일본에서 들어온 원예종이고, 산수국은 우리나라에서 자생하는 나무예요. 원래 남부지방에서 심어 키웠지만 현재는 전국 방방곡곡과 사찰에서 키워 기르는 경우가 많아요.

6~7월에 피는 꽃은 수술이 10개 내외, 암술대는 3~4개예요. 원래 봄에서 여름으로 넘어가는 시기에는 꽃이 피는 나무가 별로 없기 때문에 6~7월에 화사한 꽃을 볼 수 있다는 점에서 큰 인기를 얻고 있어요. 잎은 마주 나고 달걀형이고 가장자리에 톱니가 있고 백당나무잎처럼 갈라지지 않아요.

대개 원예종 나무들은 열매를 맺지 않기 때문에 수국 역시 열매를 볼 수 없지만 산수국은 7월쯤에 열매를 볼 수 있고 이 열매는 10월에 익어요. 열매가 없는 수국의 번식은 꺾꽂이로 할 수 있고, 산수국은 종자와 꺾꽂이, 나무수국은 꺾꽂이와 뿌리나누기로 번식할 수 있어요.

볼 수 있는 곳

수국은 동네 화단에서도 흔히 만날 수 있고, 산수국은 중부이남지방의 산에서 볼 수 있어요. 나무수국은 일본 원산이지만 전국의 산에서 볼 수 있고 이들 수국들은 각 지역의 도립수목원에서도 만날 수 있어요.

참빗살나무

과명 노박덩굴과   **학명** *Euonymus hamiltonianus*   **꽃** 5~6월   **열매** 6~10월   **높이** 8m

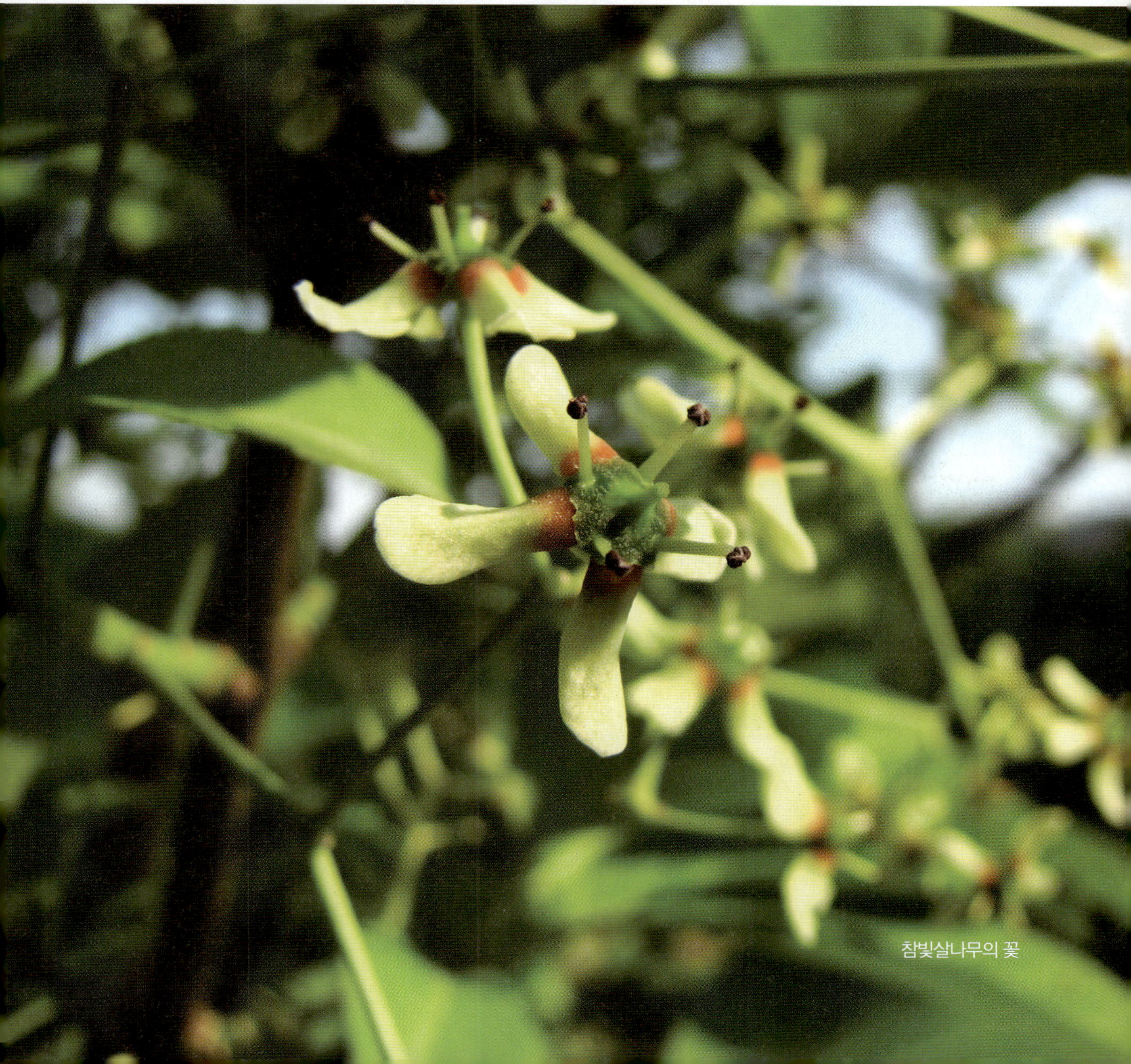

참빗살나무의 꽃

▲ 참빗살나무의 수형　　　　　　　　　　▲ 참빗살나무의 열매

참빗살나무는 시골 할머니들이 사용하는 참빗(나무빗)을 만들 수 있는 나무라고 해서 지금의 이름이 붙었어요. 참빗은 요즘도 인기가 있는데 촘촘한 빗살이 모발의 머리 이와 이의 알인 서캐까지 잡을 수 있어 머릿니를 잡고 싶어 하는 초중고생들이 즐겨 사용해요.

▲ 참빗살나무의 잎

꽃은 암수딴그루이고 취산화서 모양으로 4~5월에 피는데 꽃의 크기는 1cm 내외예요. 마주나는 잎은 긴 타원형이고 길이 5~15cm, 가장자리에 톱니가 있고 어린잎은 나물로 먹을 수 있어요. 열매는 6월쯤부터 볼 수 있는데 4개의 능선이 있고 10월에 빨간색으로 익고 열매에는 날개가 없어요. 이 나무는 회나무류와 비슷하기 때문에 열매에 날개가 있는지 없는지를 먼저 파악해야 해요.

약용성분이 있는 수피와 열매는 암, 해열, 구충에 효능이 있어요. 번식은 잘 안 되는 편이지만 꺾꽂이와 종자로 할 수 있어요.

볼 수 있는 곳

도시의 큰 공원에서 흔히 볼 수 있고 전국의 산과 계곡, 강가에서도 볼 수 있어요. 각 지역의 도립수목원에서도 만날 수 있어요.

자작나무

과명 자작나무과　　**학명** *Betula platyphylla*　　**꽃** 4~5월　　**열매** 6~10월　　**높이** 20~30m

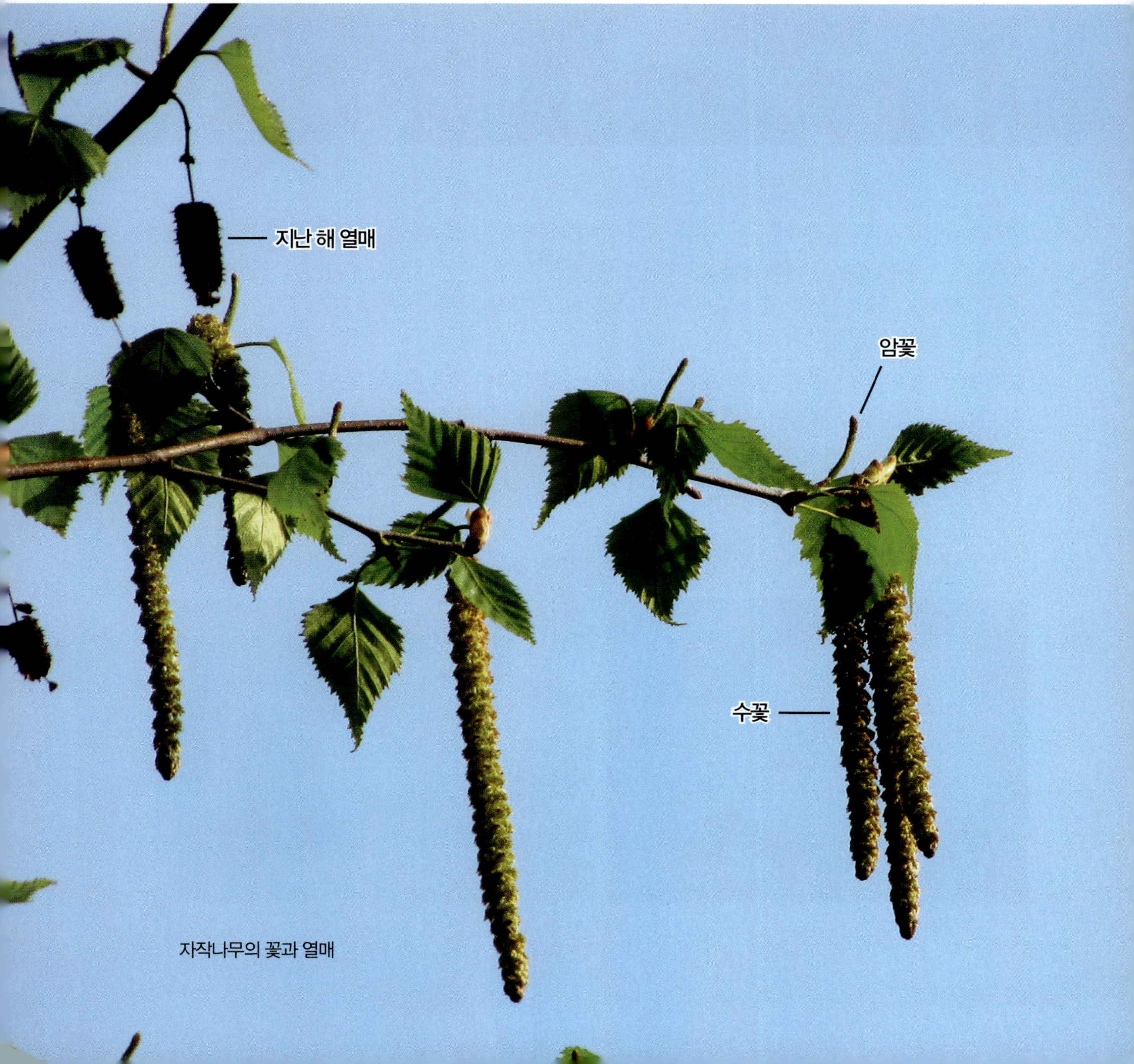

자작나무의 꽃과 열매

▲ 자작나무의 수형

나무껍질이 회색인 자작나무는 누구나 쉽게 알아볼 수 있는 나무예요. 종이처럼 잘 벗겨지는 회색껍질을 불에 태우면 자작자작 소리를 내는데 이 때문에 자작나무라는 이름이 붙었어요. 우리나라에서는 주로 북한 땅에 자생지가 있고 남한 땅의 자작나무는 심어 기른 경우가 많아요.

꽃은 4~5월에 암꽃이삭과 수꽃이삭이 같은 나무에서 개화를 해요. 수꽃이삭은 암꽃이삭에 비해 더 크고 밑으로 축 처지는 반면 암꽃이삭은 위로 치켜세워져 있어요. 간혹 나뭇가지에 원기둥 모양의 열매가 같이 붙어있는 경우도 있는데 갈색이면 작년에 자란 열매이고 녹색이면 금년에 자란 열매예요.

잎은 어긋나고 삼각꼴이고 길이 5~7cm, 가장자리에 톱니가 있고 잎의 끝 부분이 매우 뾰족

▲ 자작나무의 잎

▲ 자작나무의 수피

해요. 자작나무는 비슷한 나무가 많으므로 보통 잎과 수피를 보고 구별해야 해요. 목재는 매우 단단하고 품질이 좋기 때문에 통나무집을 건축할 때 아주 좋고 가구나 펄프용재로 사용할 수 있어요. 수액은 약용성분이 있어 약용하거나 술을 담글 수 있어요.

TV 광고에서 흔히 봤던 자일리톨은 말하자면 자작나무의 수액에 함유된 천연감미료를 말해요. 이 천연감미료는 설탕과 달리 충치를 일으키는 성분이 없는 감미료이기 때문에 단맛이 필요한 제품에 마음껏 사용할 수 있는 것이죠. 우리나라에서는 팔만대장경을 자작나무 목재로 만들었다고도 해요. 또한 약용성분이 풍부한 수피는 황달, 종기, 폐렴에 좋고 몸속의 독을 없애는 효능이 있어요.

자작나무와 비슷한 나무로는 '사시나무', '은사시나무', '거제수나무', '물박달나무'가 있는데 잎 모양과 톱니모양, 수피를 보면 금방 구별할 수 있어요. 번식은 가을에 채취한 종자를 바로 파종하는 것이 좋아요.

🌸 볼 수 있는 곳

도시의 큰 공원에서 볼 수 있는데 주로 물가에 많이 심어져 있어요. 서울의 선유도공원에서도 자작나무를 볼 수 있어요. 또한 전국의 도립수목원에서도 볼 수 있고 시골 강변길이나 둑길, 동네 뒷산에서도 흔히 볼 수 있어요. 강원도에서는 인위적으로 조림한 자작나무숲이 참 많은데 가을에 특히 예뻐요.

동네 뒷산에서 흔히 보는 나무

도시의 동네 뒷산에 올라가면 흔하게 볼 수 있는 나무가 있어요. 아마 참나무, 밤나무, 아까시나무, 벚나무, 느티나무, 자작나무, 은행나무, 소나무, 누리장나무 종류일 거예요. 봄에는 산철쭉을 많이 볼 수 있고 여름에는 산딸기와 국수나무를 만날 수 있어요. 요즘은 동네 산에도 다양한 나무를 심기 때문에 노린재나무나 때죽나무 같은 나무도 만날 수 있어요. 이번 장에서는 동네 뒷산에서 흔하게 접하는 나무에 대해 알아보아요.

양들도 먹으면 죽는다는 것을 알고 있는	산철쭉
여름이면 동네 뒷산에서 흔히 만날 수 있는	산딸기
동네 뒷산에서 잡목처럼 자라는	국수나무
해리 포터의 마법사의 지팡이	딱총나무

양들도 먹으면 죽는다는 것을 알고 있는

산철쭉

과명 진달래과   학명 *Rhododendron yedoense*   꽃 4월   열매 6~9월   높이 1~2m

▲ 산철쭉의 꽃　　　　　　　　　　　　▲ 산철쭉의 잎

산철쭉은 산에서 자라는 철쭉을 말해요. 진달래와 비슷하지만 잎이 먼저 나고 꽃이 나중에 피는 점이 진달래와 달라요. 또한 진달래꽃은 먹을 수 있지만 산철쭉꽃은 독성이 심해 먹을 수 없어요. 아저씨는 식물을 연구하는 사람이기 때문에 산철쭉 꽃도 대범하게 따 먹어봤는데 꽃잎 한 장을 씹는 순간 혀에서 바로 독성이 왔어요. 아마 산철쭉 꽃 여러 송이를 따먹었다면 구토를 하고 사지마비가 일어났을 거예요.

철쭉은 이 꽃의 한자 이름인 척촉(躑躅)에서 따온 이름이에요. 먼 옛날부터 양들이 이 식물을 잘못 먹으면 죽을 수도 있다는 것을 알았기 때문에 이 꽃 앞에서는 머뭇거리며 외면했다고 해서 '척촉'이란 이름이 붙었는데, 우리나라에선 발음하기 쉽도록 철쭉으로 변했다고 해요.

꽃은 4-5월에 2~3송이씩 피고 꽃대에 털이 있어요. 암수한꽃이기 때문에 수술 10개와 암술대가 같이 보여요. 잎은 마주나거나 어긋나고 가장자리에 톱니가 없고 표면에 약간의 털이 있어요.

▲ 꽃잎이 겹꽃인 만첩산철쭉

▲ 꽃이 산철쭉에 비해 예쁜 철쭉

관상수로도 인기가 많은 산철쭉은 동네 화단에서도 흔히 볼 수 있어요. 동네 화단에서 볼 수 있는 산철쭉은 꽃의 색상이 분홍색이면 산철쭉이고 짙은 붉은색이거나 여러 가지 색이 섞여 있으면 원예종 철쭉이에요. 원예종 철쭉은 화원에서 '아잘레아'라고 말해요. 번식은 종자와 꺾꽂이로 할 수 있어요.

도시와 동네 뒷산에서 흔히 접할 수 있는 산철쭉과 달리 진짜 철쭉은 높은 산의 능선에서 볼 수 있어요. 진짜 철쭉은 '참철쭉'이라는 별명이 있는데 꽃의 색상이 연분홍색이고, 꽃과 잎의 크기가 산철쭉에 비해 1.5배 정도 큰 편이에요.

볼 수 있는 곳

산철쭉은 우리나라 전국의 산에서 볼 수 있고 대개 군락을 이루는 경우가 많아요. 주로 양지바른 바위 언덕에서 볼 수 있지만 큰 나무 아래 음지에서도 볼 수 있어요. 철쭉은 높은 산의 능선에서 볼 수 있고 단독으로 자라는 경우가 많아요. 두 식물은 각 지역의 도립수목원에서도 만날 수 있어요.

산딸기

과명 장미과　**학명** *Rubus crataegifolius*　**꽃** 5월　**열매** 6~7월　**높이** 1~2m

▲ 산딸기의 5월 꽃　　　　▲ 산딸기의 7월 열매

산딸기는 동네 산에서 가장 흔하게 볼 수 있는 나무예요. 봄과 가을에는 알아보지 못하지만 6~7월에 열매가 생기면 누구나 쉽게 알아차리죠. 그런데 산에서 볼 수 있는 딸기나무는 산딸기 외에도 곰딸기, 멍석딸기, 뱀딸기, 줄딸기 등 30여 가지가 있어요. 하지만 대부분의 딸기는 사람이 먹을 수 있으므로 딸기가 보이면 하나씩 따 먹어도 상관없어요.

산딸기의 꽃은 5월에 피고 암술과 수술이 같은 꽃에 있어요. 지름은 2cm 정도이고 꽃잎은 5개 인데 꽃잎이 쪼글쪼글한 경우가 많아요. 열매는 6~7월에 볼 수 있는데 빨간색 열매도 익지 않 은 상태이면 약간 신맛이 있고 잘 익은 열매는 아주 달달하고 맛있어요. 약으로 사용할 때는 아 직 익지 않은 녹색 열매를 수확한 뒤 끓는 물에 1분 정도 삶았다가 잘 말린 뒤 사용하는데 몸보 신, 자양강장, 시력은 물론 잦은 소변에 효능이 있어요.

▲ 산딸기의 잎자루　　　　　　　　▲ 산딸기의 잎

　잎은 난형이고 가장자리가 3~5회로 갈라지거나 갈라지지 않고 열매가 있는 줄기의 잎은 3개로 갈라지거나 갈라지지 않는 경우도 있어요. 잎의 길이는 4~10㎝ 정도이고 잎자루와 줄기에는 가시가 있어요. 산딸기류는 대부분 잎 모양으로 구분하기 때문에 잎의 모양이 본문 사진과 다르다면 다른 종류의 딸기나무라고 할 수 있어요. 번식은 종자 번식이 어려우므로 꺾꽂이와 뿌리나누기로 하는 것이 좋아요.

볼 수 있는 곳

산딸기는 동네 산에서 흔히 볼 수 있고 전국의 높은 산에서도 볼 수 있어요. 시골에서는 들판이나 초원에서도 자라는 경우가 많아요.

동네 뒷산에서 잡목처럼 자라는

국 수 나 무

과명 장미과　**학명** *Stephanandra incisa*　**꽃** 5~6월　**열매** 6~9월　**높이** 1~2m

국수나무의 수형

▲ 국수나무의 꽃 　　　　　　　　　▲ 국수나무의 잎

국수나무는 줄기 속의 흰 부분을 밀면 국수다발처럼 뽑힌다고 해서 이름이 붙었어요. 동네 뒷산은 물론 시골 들판에서도 흔하게 볼 수 있는 나무라고 할 수 있겠죠.

꽃은 5~6월 새로 나온 가지에서 피고 2~6cm의 원추화서에 아주 자잘한 꽃들이 무리지어 달려 있어요. 각각의 꽃은 지름 4~5mm이고 꽃잎은 5장, 수술은 10개, 암술은 1개예요. 잎은 산딸기 잎처럼 가장자리에 큰 톱니가 있지만 줄기에 가시는 없어요. 잎과 줄기는 염색에 사용할 수 있고 어린잎은 나물로 먹을 수 있지만 맛은 없어요.

산에서 만나는 국수나무는 대개 뿌리에서 줄기가 많이 올라오고 덩굴처럼 자라곤 해요. 그래서 등산을 할 때 발에 걸리는 경우도 많다고 할 수 있겠죠. 비슷한 나무로는 '섬국수나무', '나도국수나무', '중산국수나무' 등이 있는데 잎이나 꽃피는 모습이 조금씩 다르고, 번식은 종자, 꺾꽂이, 뿌리나누기로 할 수 있어요.

볼 수 있는 곳

동네 뒷산에서 흔히 볼 수 있고 전국의 산에서도 볼 수 있어요. 각 지역의 도립수목원에서도 만날 수 있어요.

딱총나무

과명 인동과 **학명** *Sambucus williamsii* **꽃** 5월 **열매** 6~7월 **높이** 3m

▲ 딱총나무의 꽃

▲ 딱총나무의 잎

딱총나무는 영화 해리포터에서 마법사의 지팡이로 유명해요. 소설에서도 딱총나무 지팡이가 등장하는데 유럽의 마법사들이 실제로 마법사의 지팡이를 만들 때 딱총나무로 만들었다고 해요. 우리나라에서의 딱총나무는 줄기를 꺾으면 딱 하고 총소리가 난다고 해서 딱총나무라는 이름이 붙었어요. 특히 뼈가 부러진 골절상에 특효가 많으므로 위급할 때 약으로 달여먹는 경우가 많았어요. 꽃은 5월에 피고 가지 끝에서 원추화서로 달리고 연노란색인데 꽃 역시 달여 먹을 수 있어요. 줄기는 마주나고 작은 잎이 3~7개 달려있고 가장자리에 톱니가 있어요.

볼 수 있는 곳

조금 높은 산의 계곡 가에서 볼 수 있어요. 각 지역의 수목원에서는 딱총나무를 비롯해 개딱총나무, 지렁쿠나무, 말오줌나무, 미국딱총나무 등 다양한 딱총나무를 볼 수 있어요.

22

궁궐에서 볼 수 있는 나무

우리나라의 경복궁, 창덕궁, 창경궁에서 볼 수 있는 나무에 대해 알아보아요. 창경궁과 창덕궁은 경복궁에 비해 나무들을 많이 관찰할 수 있어요. 하지만 창덕궁은 관람이 불편하므로 창경궁에서 관찰하는 것이 더 좋아요.

팽총의 총알이 되어준 고마운 열매	팽나무
들꿩이 좋아하는	덜꿩나무
줄기에 매의 가시 같은 발톱이 있는	매발톱나무
줄기를 꺾으면 냄새가 나서 새들도 싫어하는	귀룽나무
씨앗이 보리를 닮은	보리수나무
5리마다 심었던	오리나무

팽나무

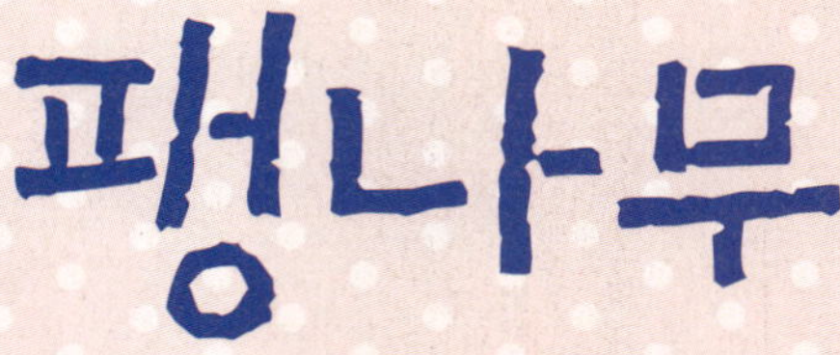

과명 느릅나무과　**학명** *Celtis sinensis*　**꽃** 4월　**열매** 5~10월　**높이** 20m

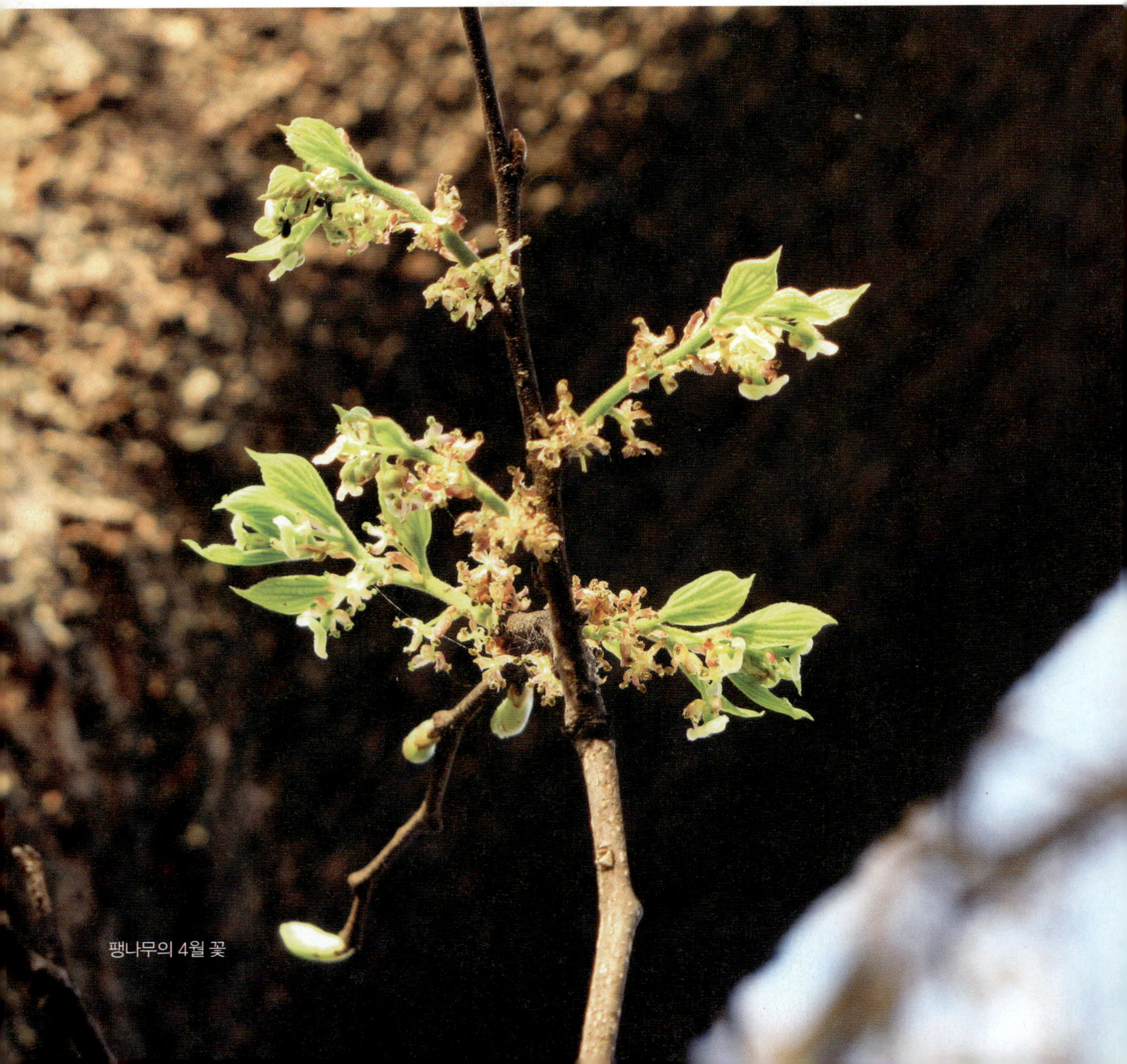

팽나무의 4월 꽃

옛날에는 팽총이라는 대나무 총이 있었어요. 속이 비어있는 대나무의 양쪽에 팽나무의 여물지 않은 녹색 열매를 1개씩 삽입한 뒤 반대쪽 구멍에다 대나무 속과 똑같은 두께의 막대기를 집어 넣고 꾹 누르면 반대편에 있는 팽나무 열매가 팽~ 하며 날아갔었죠. 이를 팽총이라고 부르는 데 날아가는 소리가 팽~ 하고 들렸다 하여 팽나무라고 불러요.

팽나무의 꽃은 암수술이 따로 있거나 같이 있는 잡성이고 대개 4월에 개화를 해요. 꽃의 크기 가 굉장히 작고 꽃처럼 보이지 않기 때문에 잘 찾지 않으면 볼 수 없어요. 열매는 5~6월부터 볼 수 있는데 처음에는 길쭉한 모양이었다가 차츰차츰 구슬 모양으로 변하고 10월에 빨간색으 로 익어요. 잘 익은 열매는 사람이 먹을 수 있는데 그럭저럭 먹을 만해요.

잎은 어긋나고 길이 4~11cm 정도인데 표면에 광택이 있고 맥이 깊게 발달한 흔하지 않는 모 양을 가지고 있어요. 이 때문에 팽나무는 잎만 봐도 쉽게 알아볼 수 있는데 일단은 수목원에서 실물을 보고 머릿속에 기억해야 해요. 이 잎은 차로 마실 수 있고 각종 종기에 짓이겨 바를 수 있어요. 또한 약용성분이 풍부한 수피는 두드러기, 종기, 종창에 달여 먹으면 효능이 있고 번 식은 종자, 접붙이기, 꺾꽂이로 할 수 있어요.

우리나라 남쪽지방에서 볼 수 있는 팽나무는 느티나무처럼 가지가 잘 벌어지고 오래 사는 나무 이기 때문에 당산나무로도 유명해요. 전국적으로도 400~500년 정도 살아온 팽나무가 많고 이들 대부분은 천연기념물로 지정되어 있어요.

팽나무는 특히 남쪽지방에서 인기가 많아 경남 고성에는 사람처럼 '김목신(金木神)'이라는 이름 을 가진 팽나무도 있어요. 이 나무는 1970년경 이 마을 주민인 이대명님이 자기 재산을 물려

▲ 팽나무의 수형

주어 논도 가지고 있고 세금도 내고 있어요. 팽나무가 소유한 논은 마을사람들이 공동으로 농사를 짓고 가을에 수확한 뒤 이 나무에게 제사를 올린다고 해요. 그런 뒤 남아있는 돈으로 재산세 5천원을 낸다고 하니까 마을의 안녕과 행복을 기원하는 당산나무라고 할 수 있어요.

볼 수 있는 곳

주로 우리나라의 전라도, 경상도, 제주도에서 많이 볼 수 있어요. 또한 경복궁과 창경궁에서도 볼 수 있고 각 지역의 도립수목원에서도 볼 수 있어요.

덜꿩나무

과명 인동과   **학명** *Viburnum erosum*   **꽃** 5월   **열매** 7~9월   **높이** 2~3m

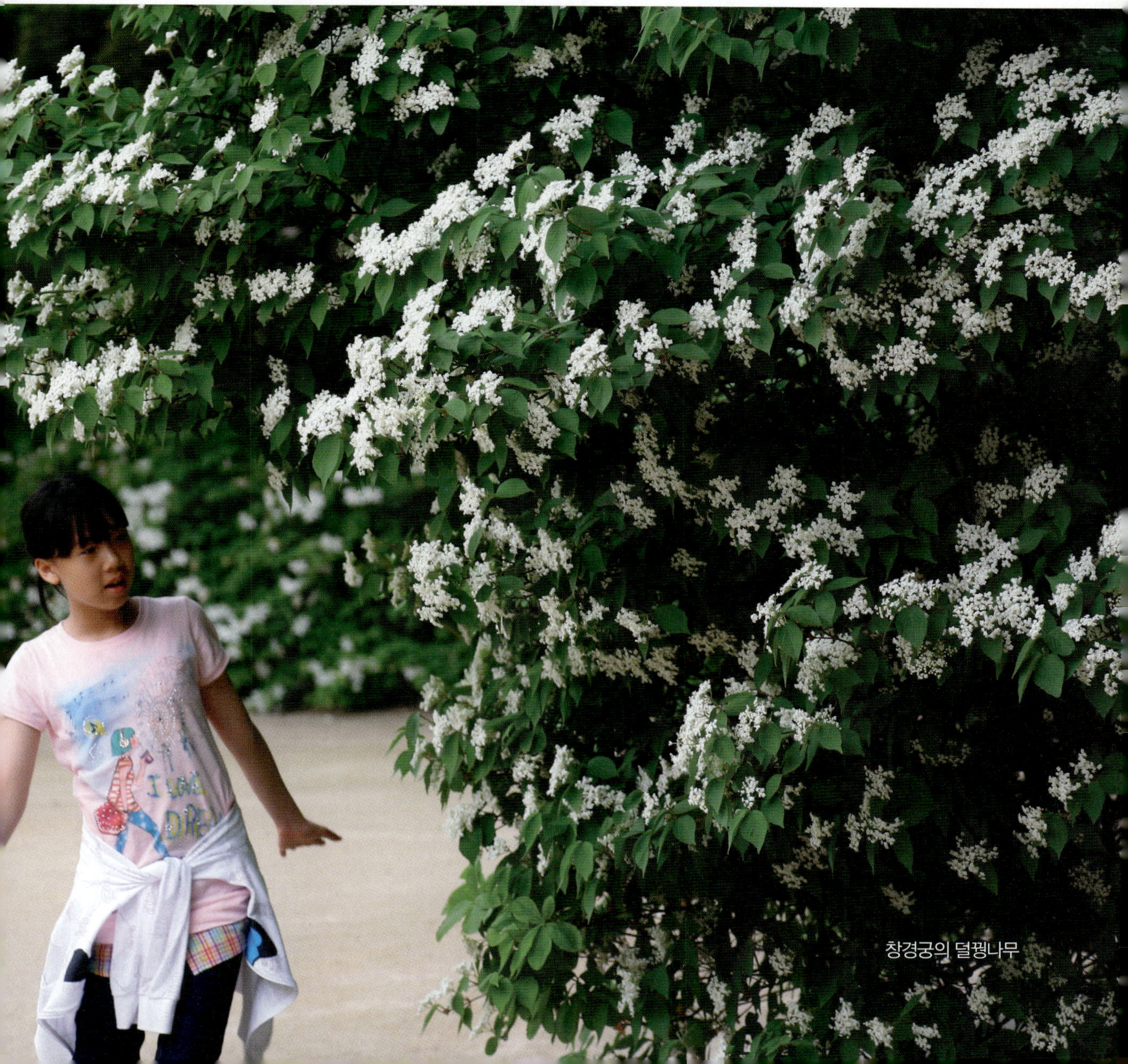

창경궁의 덜꿩나무

▲ 덜꿩나무 꽃　　　　　　　　　　　▲ 덜꿩나무의 열매

덜꿩나무는 들꿩이 잘 날아온다고 해서 붙은 이름이에요. 인동과의 가막살나무와 거의 비슷한 나무이지만 잎자루 밑에 턱잎이 있는 것으로 구별할 수 있어요. 턱잎이란 퇴화된 잎을 말하고 보통 아주 작은 크기의 잎으로 되어 있어요.

▲ 덜꿩나무의 잎

꽃은 가막살나무처럼 5월에 피고 복산형화서 모양으로 작은 꽃들이 무리지어 피어요. 꽃의 지름은 6~7mm 정도이고 전체 꽃차례의 크기는 지름 8cm 정도예요. 열매는 6~7월부터 볼 수 있는데 초록색이었다가 9월에 빨간색으로 익어요. 열매는 사람이 먹을 수 있고 새들도 좋아해요. 잎은 마주나고 가장자리에 톱니가 있고 잎자루 아래에는 작은 턱잎이 있어요. 어린잎은 나물로 좋고 줄기와 잎은 부스럼과 잎안 통증에 달여 먹을 수 있어요.

덜꿩나무는 창경궁 춘당지 가는 길에 있는데 5월에는 꽃이 만발하여 사람들의 주목을 받아요. 재미있는 것은 한때 이곳에 이 나무의 이름을 '가막살나무'로 걸어놓았는데 이 때문에 식물을 좋아하는 사람들 사이에서 이견이 많았다고 해요. 번식은 종자, 꺾꽂이, 뿌리나누기로 할 수 있어요.

 볼 수 있는 곳

우리나라 중부 이남의 산에서 흔하게 볼 수 있어요. 또한 창경궁과 전국의 수목원에서 볼 수 있어요.

매발톱나무

과명 매자나무과　　**학명** *Berberis amurensis*　　**꽃** 4~5월　　**열매** 7~9월　　**높이** 1~3m

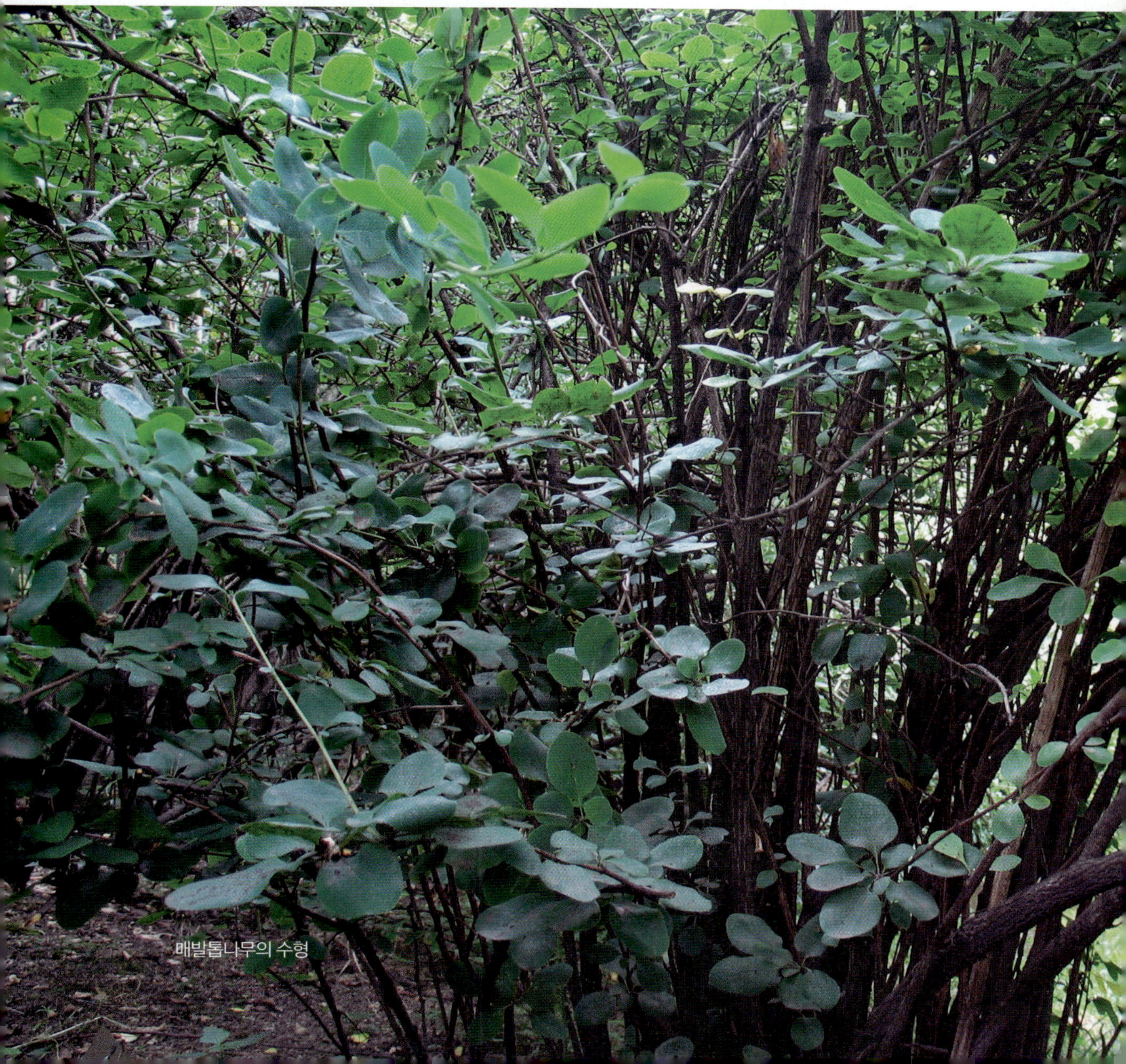

매발톱나무의 수형

▲ 매발톱나무의 꽃
▲ 매발톱나무의 잎

궁궐에서 볼 수 있는 매발톱나무는 줄기의 가시가 매의 발톱처럼 생겼다고 해서 붙은 이름이에요. 매자나무와 비슷하지만 매자나무는 줄기에 가시가 없는 것으로 구분할 수 있어요. 창경궁의 매발톱나무는 종묘 가는 길에 울타리용으로 심어놓은 것을 볼 수 있는데 5~6월이면 노랗게 자란 꽃을 쉽게 볼 수 있어요.

매발톱나무는 꽃에서 독특한 향기가 있고 이 꽃은 4~5월에 개화를 해요. 꽃은 길이 10cm 정도의 총상화서 모양으로 달리고 꽃의 지름 1cm 정도예요. 보통 10~20개의 꽃이 무리지어 달리는데 언뜻 보면 주머니를 보는 것 같아요.

잎은 어긋나고 가장자리에 아주 날카로운 톱니가 있어요. 매자나무는 잎의 가장자리에 둔한 톱니가 있으므로 보통 잎을 보고도 구분할 수 있어요. 열매는 원기둥 모양이고 9월에 있는데 약용성분이 풍부해 각종 염증에 효능이 있어요. 이 열매는 사람이 먹을 수 있지만 그냥은 먹지 않고 잼을 만들어 먹는 것이 좋아요. 뿌리 또한 약용 성분이 있어 근육통, 관절염, 변비, 황달에 좋고 암을 치료할 수 있다고 하여 인기가 많아요.

비슷한 나무로는 매자나무가 있지만 톱니모양이 틀리고 줄기에 가시가 없으므로 쉽게 구분할 수 있고, '섬매발톱나무'와 '왕매발톱나무'와는 여러 가지가 비슷해서 구분하는 것이 쉽지만은 않아요. 번식은 가을에 종자를 채취한 뒤 바로 파종하면 좋아요.

볼 수 있는 곳

중부이북의 산에서 볼 수 있고 전국의 도립수목원에서도 만날 수 있어요.

귀룽나무

과명 장미과　　**학명** *Prunus padus*　　**꽃** 4~5월　　**열매** 6~7월　　**높이** 15m

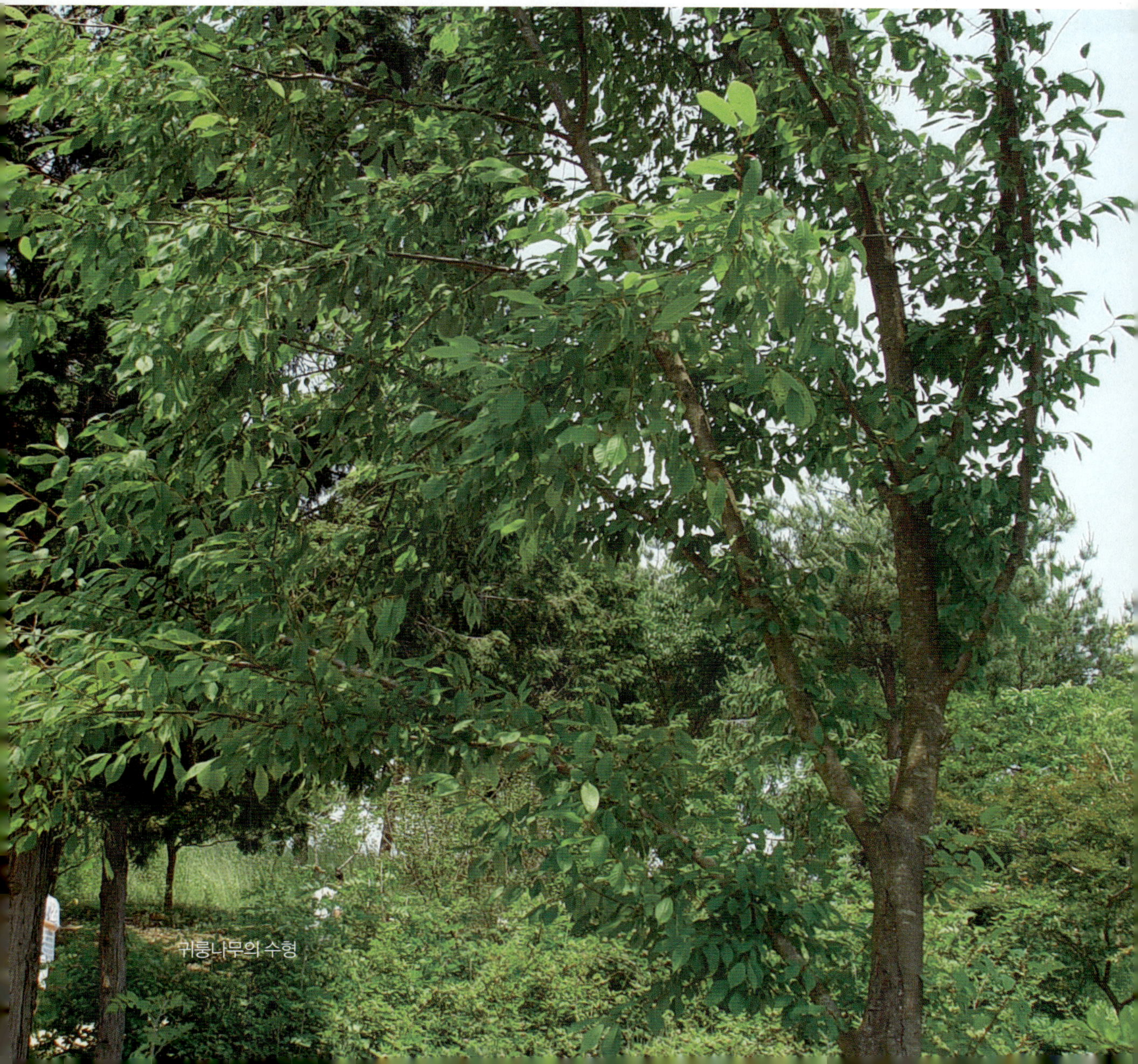

귀룽나무의 수형

▲ 귀룽나무의 꽃   ▲ 귀룽나무의 열매

한자의 구룡목(九龍木)에서 이름을 따온 귀룽나무는 이른 봄 목련과 벚꽃이 필 때 같이 피거나 조금 늦게 꽃을 피우는 나무예요. 사람들이 목련과 벚꽃 구경을 할 즈음에 귀룽나무도 꽃을 피우기 때문에 인기가 없지만 자세히 보면 바람에 살랑대는 꽃이 여간 아름다운 게 아니예요.

꽃은 4~5월에 총상화서로 달리고 자잘한 꽃들이 무리지어 개화를 해요. 어긋나는 잎은 가장자리에 톱니가 있는데 어린잎은 특유의 냄새가 있고 줄기를 꺾으면 고약한 냄새가 나기도 해요. 이 때문에 새와 파리들이 이 나무에 앉는 걸 싫어해 삼십육계 도망을 가죠. 하지만 나비들은 큰 새와 파리들이 없으므로 이 나무에 알을 까는 것을 무척 좋아해요.

열매는 7월에 검정색으로 익는데 생으로 먹기에는 맛이 별로이므로 어른들은 술로 담가 먹고, 어린잎은 나물로 먹을 수도 있어요. 번식은 종자와 접붙이기로 할 수 있어요.

🌸 볼 수 있는 곳

우리나라 전국의 높은 산에서 만날 수 있어요. 창경궁에서는 춘당지 가는 길목의 자판기 있는 곳에 귀룽나무들이 모여 있어요. 또한 전국의 수목원에서 만날 수 있어요.

보리수나무

과명 보리수나무과　**학명** *Elaeagnus umbellata*　**꽃** 5~6월　**열매** 7~11월　**높이** 3~4m

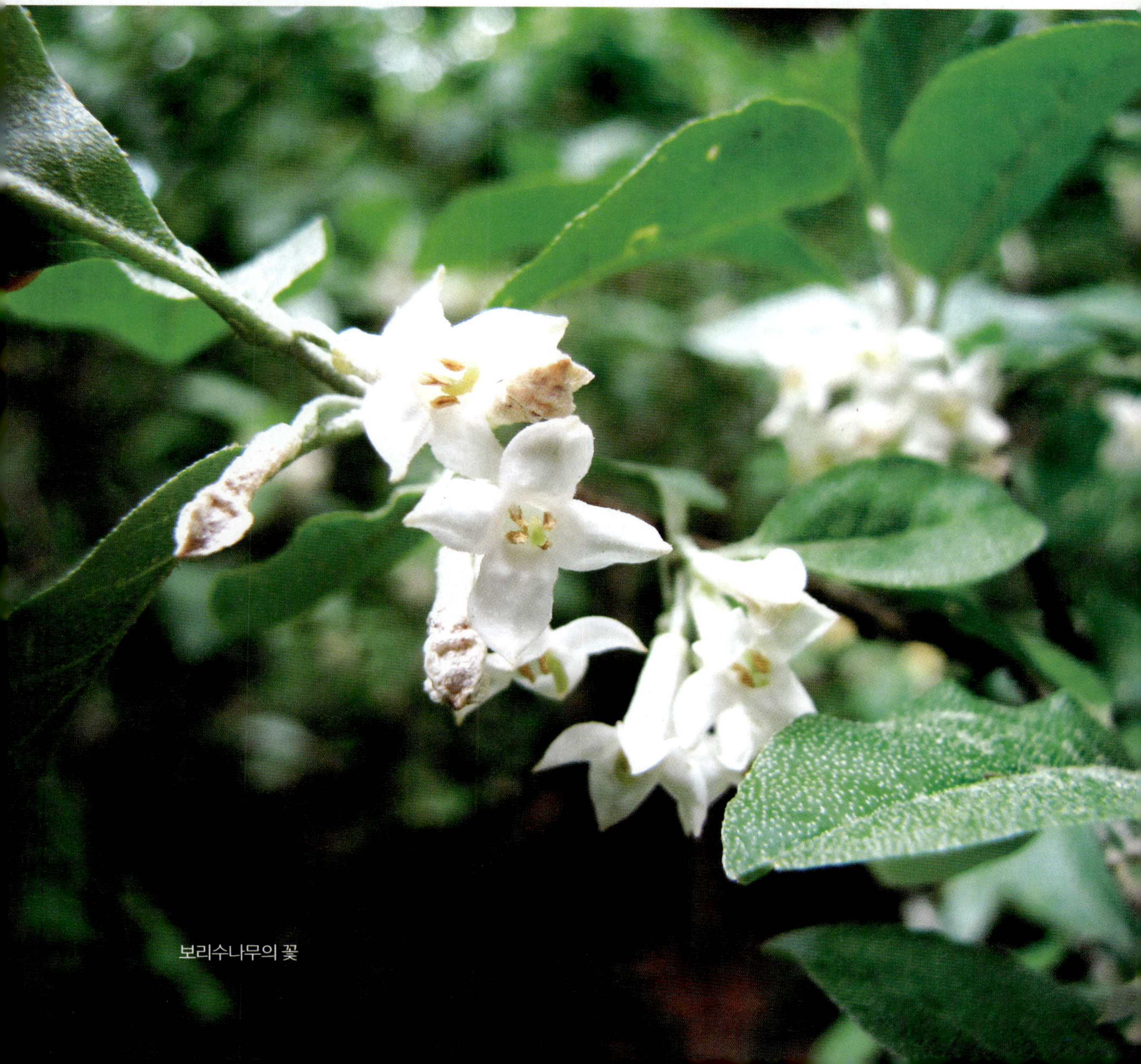

보리수나무의 꽃

▲ 보리수나무의 열매　　　　　　　　　▲ 뜰보리수나무의 열매

우리나라와 일본, 중국, 인도에서 자생하는 보리수나무는 씨앗이 보리를 닮았다 하여 지금의 이름이 붙었어요. 창경궁에서는 온실 오른쪽 편에 보리수나무가 있는데 키는 3m 정도이고 약간 기울어져 자라고 있어요.

꽃은 5~6월에 흰색으로 개화를 하고 보통 1~7개가 한꺼번에 달려요. 비슷한 나무인 뜰보리수나무는 꽃이 1~3개씩 달리는 점이 서로 다르다고 할 수 있어요. 열매는 7월경에 볼 수 있는데 11월에 빨간색으로 익고 거의 둥근 모양인 반면, 뜰보리수의 열매는 약간 긴 원형이에요. 두 나무의 열매는 사람이 먹을 수 있는데 씨앗을 뱉어보면 보리와 비슷하다는 것을 알 수 있어요. 번식은 둘 다 종자, 꺾꽂이, 뿌리나누기로 할 수 있어요.

🌼 볼 수 있는 곳

보리수나무는 전국의 산에서도 볼 수 있는 반면 일본원산의 뜰보리수 나무는 키워 기르는 경우가 많아요. 각 지역의 도립수목원에서도 보리수나무와 뜰보리수나무를 만날 수 있어요.

오늘 만난 나무

오리나무

과명 보리수나무과　**학명** *Elaeagnus umbellata*　**꽃** 5~6월　**열매** 7~11월　**높이** 3~4m

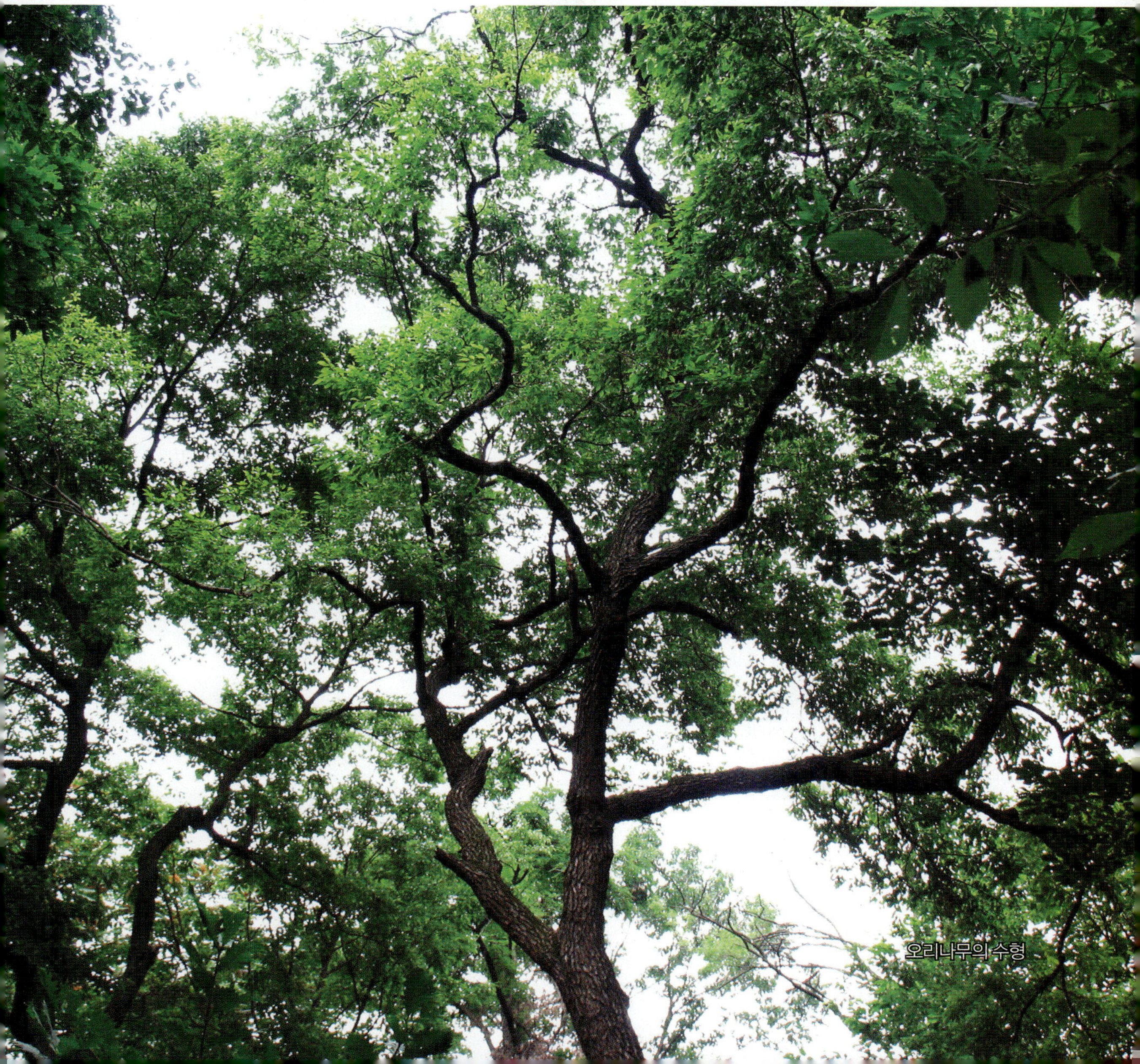

오리나무의 수형

▲ 오리나무의 3월 꽃　　　　　　　　　　　　▲ 오리나무의 9월 열매

옛날에 5리마다 이 나무를 심어 거리를 표시했다고 해서 오리나무라는 이름이 붙었어요. 중국은 회화나무를, 일본은 팽나무를 일정 거리마다 심어 표시했으므로 그들과 같은 임무를 가졌던 나무라고 할 수 있겠죠. 아마 장사꾼이나 가마 탄 사람들은 5리마다 서 있는 이 나무를 보고 자신의 이동거리를 짐작했을 것 같아요.

자작나무과의 오리나무는 자작나무처럼 3월에 꽃을 볼 수 있어요. 꽃은 암수한그루이고 잎이 나기 전에 개화하는데 수꽃이삭은 4~9cm로서 축 늘어져있고, 암꽃은 수꽃 근처 줄기에 길이 4mm 정도의 아주 작은 크기로 붙어 있어요.

잎은 어긋나고 양면에 광택이 있고 가장자리에 톱니가 있어요. '덤불오리나무', '사방오리나무', '물오리나무' 등의 비슷한 나무들과는 꽃이 피는 모습, 잎의 생김새를 보고 구별할 수 있어요. 열매는 2~6개씩 달리는데 길이 2~2.5cm의 긴 난형이고 10월에 익고 다음 해까지 달려있는 경우가 많아요.

▲ 오리나무의 잎

목재는 나무 탈을 만들거나 연필, 성냥개비, 손잡이, 나막신을 만들 수 있고, 줄기는 잘게 썰어 농약처럼 사용할 수 있었어요. 약용성분이 있는 수피는 설사, 장염, 출혈, 혈변, 간에 달여 먹으면 효과가 좋아요. 번식은 종자로 할 수 있어요.

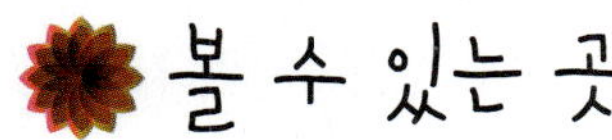

▲ 오리나무의 겨울

유사종은 앞의 나무들 외에 '털오리나무', '뾰족잎오리나무', '섬오리나무' 등이 있는데 대개 잎 모양을 보고 구분하는 경우가 많아요. 오리나무는 5리마다 이 나무를 심었기 때문에 전국에서 볼 수 있을 뿐 아니라 시골 농가나 논둑에서도 흔히 볼 수 있어요. 일단 물가에서 잘 자라고 생장 속도가 무척 빠를 뿐 아니라, 흙의 유실을 막을 수 있을 정도로 땅 속 뿌리의 힘이 매우 강한 나무이기 때문에 논둑에도 심었던 것이죠.

볼 수 있는 곳

전국의 산기슭이나 개울가에서 볼 수 있어요. 각 지역의 도립수목원에서도 만날 수 있어요.

뽕나무와 모감주

뽕나무와 모감주나무도 궁궐에서 볼 수 있어요.

뽕나무 (뽕나무과, Morus alba)

양잠사업에서 중요한 뽕나무는 열매를 많이 먹으면 방구가 잘 나온다 해서 붙은 이름이라고도 해요. 꽃은 암수딴그루이고 6월에 개화하고, 열매인 오디는 산딸기 맛과 비슷해요.

▲ 뽕나무의 수형

▲ 뽕나무의 암꽃

▲ 뽕나무의 열매

모감주나무 (무환자나무과. Koelreuteria paniculata)

노란색 꽃이 피는 모감주나무의 열매는 꽈리처럼 생겼어요. 꽃은 7월에, 열매는 9월에 볼 수 있고 꽈리안의 씨앗은 염주를 만들기도 했어요.

▲ 모감주나무의 수형

▲ 모감주나무의 꽃

▲ 모감주나무의 열매

다래와 머루

산에서 만나는 열매가 맛있는 덩굴식물에 대해 알아보아요.

다래 (다래나무과, Actinidia arguta)

흔히 다래덩굴이라고 불리는 덩굴식물이에요. 꽃은 5월에 피고 암수꽃이 따로 있고, 어긋난 잎은 가장자리에 날카로운 톱니가 있어요. 열매는 뭉툭한 원형인데 이 열매는 사람이 먹을 수 있고 맛이 아주 좋아요. 덩굴의 길이는 20m까지 자라는데 주로 깊은 산의 나무 밑에서 볼 수 있어요.

▲ 다래 꽃

▲ 다래 잎

▲ 다래 열매의 알맹이

머루 (포도과, Vitis coignetiae)

머루는 흔히 산포도라고 부르는 야생포도의 하나예요. 잎의 생김새는 포도잎과 비슷하고 열매도 포도와 비슷해요. 꽃은 6월에 피는데 그다지 아름답지 않아요. 열매는 7월부터 볼 수 있지만 9월에 검정색으로 익을 때 따 먹는 것이 좋고, 열매 안에는 씨앗이 2~3개씩 들어있어요. 다래와 달리 낮은 산과 들판에서 흔히 볼 수 있는데 주로 계곡 가에서 많이 볼 수 있어요.

▲ 머루 꽃

▲ 머루 잎

▲ 머루 열매

남부지방에서 자라는 나무

우리나라 남부지방은 중부지방에 비해 평균기온이 따뜻한 편이에요. 이 때문에 남부지방에는 중부지방에서 볼 수 없는 나무들이 많이 자라고 있어요. 대개 난대 식물이거나 아열대식물에 속하는 나무들이에요. 남부지방 나무 중에서 몇몇은 요즘 중부지방에서도 잘 자라는 경향이 있지만 남부지방의 섬에서 자라는 나무들은 지금도 중부지방에서는 월동을 하지 못하기 때문에 중부지방에서는 보통 식물원 온실에서 볼 수 있어요.

남부지방에서 많이 키우는 관상수	배롱나무
후박엿을 만들어 먹을 수 있는	후박나무
잎에서 반들반들 광이 나는	광나무
다정하게 꽃이 모여서 피는	다정큼나무
남부지방에서 볼 수 있는	식나무, 금식나무
굿을 하는 것처럼 잎이 달리는	굴거리나무
머리에 바르는 동백기름의 재료	동백나무

배롱나무

과명 부처꽃과   학명 *Lagerstroemia indica*   꽃 7~9월   열매 8~10월   높이 3~6m

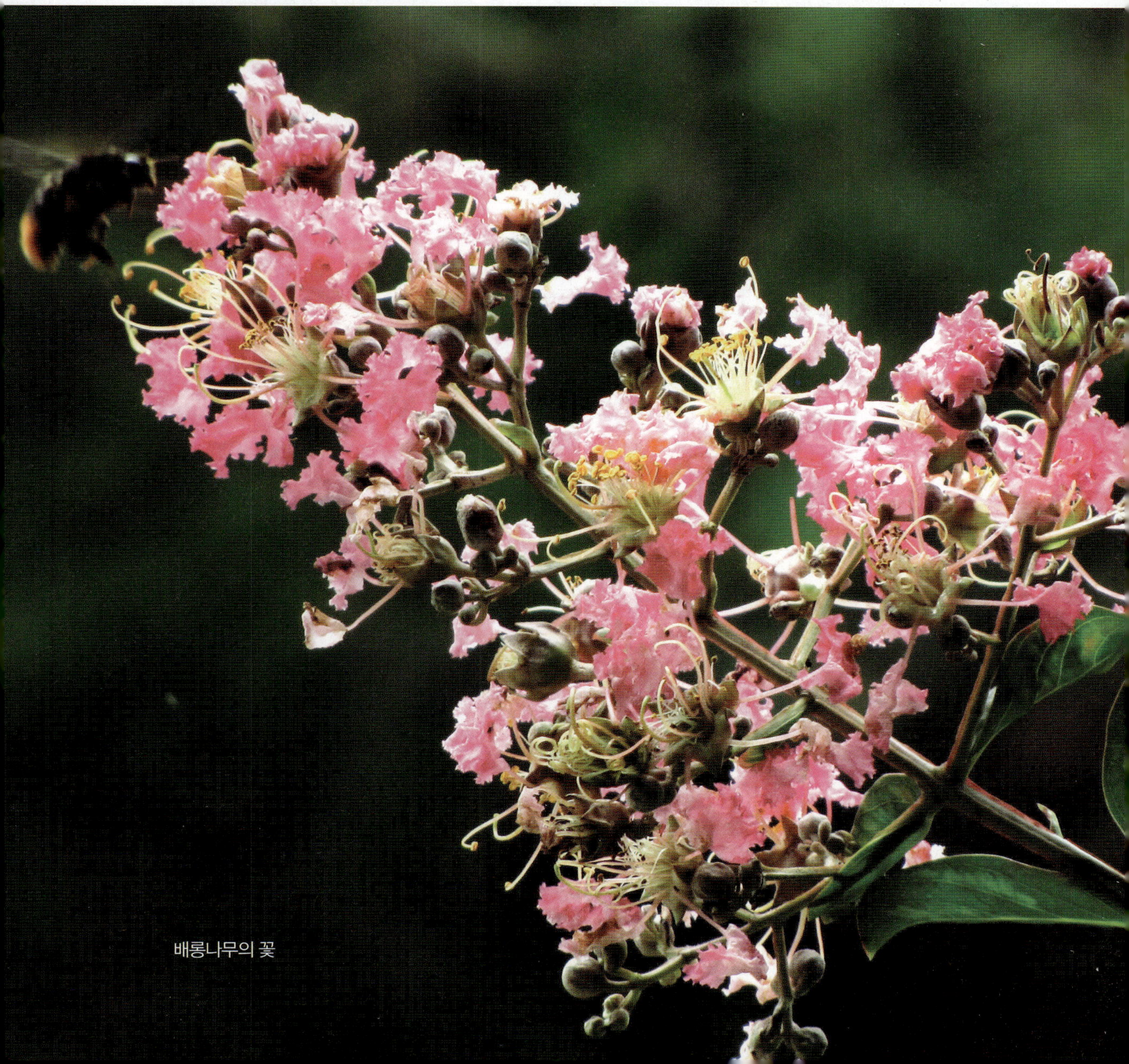

배롱나무의 꽃

▲ 배롱나무의 수형

배롱나무의 원산지는 중국 남부이지만 우리나라의 남부지방 양반집에서 오래전부터 심어온 나무예요. 황노란색의 수피는 예쁠 뿐 아니라 줄기는 수려하게 퍼지기 때문에 정원에서 키우기에 딱 좋았어요. 게다가 3~6m 정도로만 자라기 때문에 관리도 쉬운 편이었죠.

배롱나무의 꽃은 한 여름인 7~9월 사이에 개화를 해요. 한번 개화하면 100일 정도 꽃을 볼 수 있기 때문에 '백일홍'이란 별명이 있지만, 화초 중에도 백일홍이란 꽃이 있기 때문에 흔히 '목백일홍'이라고 말해요. 꽃은 암수술이 한 꽃에 있고, 원추화서로 달리고, 원추화서의 전체 길이는 10~25cm예요. 주름이 많은 꽃잎은 6개이고 수술은 30~40개인데 가장자리의 6개는 매우 길고, 암술은 1개예요. 꽃잎은 분홍색과 흰색이 있지만 요즘 나오는 개량형은 다른 색도 있어요. 이 꽃은 약용성분이 함유되어 있어 각종 피부병과 지혈제로 사용할 수 있어요.

▲ 배롱나무의 열매

▲ 배롱나무의 잎

가죽질의 잎은 마주나고 가장자리에 톱니가 없고 광택이 있어요. 열매는 길이 1~2cm의 타원형이고 씨앗이 6~8개가 들어있어요. 황갈색의 수피는 잘 벗겨지는 편이고 모과나무 수피와 비슷해요.

원래 배롱나무는 백일홍나무라고 불렀지만 소리나는 대로 부르다보니 '배기롱나무'라고 하는 경우가 많았어요. 그러다 보니 가운데의 '기'자가 빠지고 지금의 배롱나무라는 이름이 된 것이죠. 번식은 종자, 꺾꽂이, 휘묻이로 할 수 있어요.

볼 수 있는 곳

남부지방의 관광지 중에서 옛날 양반집과 서원에서 흔히 볼 수 있어요. 전라남도 담양의 소쇄원, 전라북도 고창의 선운사, 경상북도 안동의 병산서원 배롱나무는 사진작가들도 즐겨 찾는 유명한 나무예요. 또한 전국의 도립수목원에서도 만날 수 있어요. 원래 남부지방에서 심어 키우지만 지구온난화 때문에 요즘은 중부지방에서도 아주 잘 자라는 편이에요. 서울에서는 홍릉수목원에서 배롱나무를 볼 수 있어요.

후박나무

과명 녹나무과　**학명** *Machilus thunbergii*　**꽃** 5~6월　**열매** 6~9월　**높이** 20m

▲ 후박나무의 수형

▲ 후박나무의 6월 꽃

후박나무는 나무껍질이 두껍다 해서 두터울 후(厚), 클 박(朴)이란 이름이 붙었어요. 그런데 중부지방에서는 일본목련도 후박나무라고 부르기 때문에 헷갈리는 경우가 많지만, 진짜 후박나무는 바로 이 나무를 말해요.

냉장고가 없었던 시절 울릉도 주민들은 이 나무껍질의 진액과 열매를 오랫동안 약용하기 위해 엿으로 만들었는데 그것이 후박엿이에요. 훗날 울릉도 후박엿이 육지에 알려지자 주민들이 너도 나도 후박엿을 만들기 시작했고 이 때문에 후박나무는 수난을 당하기 시작했어요. 이래서는 안되겠다 싶어 후박나무도 보호하고 엿도 만들 겸 꾀를 내다보니 울릉도의 지천에 깔린 호박열매가 딱 좋았죠. 그 후 울릉도 주민들은 호박으로 엿을 만들기 시작했는데 그것이 지금의 울릉도 특상품 호박엿이죠. 그러니까 울릉도의 특상품은 호박엿이 유명하지만 후박엿도 있었던 셈이죠.

▲ 후박나무의 6월 열매   ▲ 후박나무의 잎

후박나무의 꽃은 5~6월에 원추화서로 달리고 꽃의 지름은 1cm 정도일 정도로 아주 작아요. 열매는 6월부터 볼 수 있는데 9월에 흑자색으로 익고 전분성분이 함유되어 있어요. 수피는 약용성분이 많아 해열, 위장병, 구토, 설사, 천식에 효능이 있고 나무속 기둥에는 모기향 성분이 있어요. 번식은 여름에 가장 잘 익은 종자를 채취한 뒤 즉시 파종해야 하며 발아까지 걸리는 시간은 10~20일 정도예요.

🌸 볼 수 있는 곳

남부해안지방과 섬지방, 울릉도, 여수 오동도, 목포 유달산, 전북 변산반도에서 볼 수 있어요. 전라도와 경상도의 도립수목원과 태안 안면도수목원은 야외에서 후박나무를 만날 수 있어요. 중부지방의 도립수목원들은 대개 온실에서 후박나무를 볼 수 있어요.

오늘 만난 나무

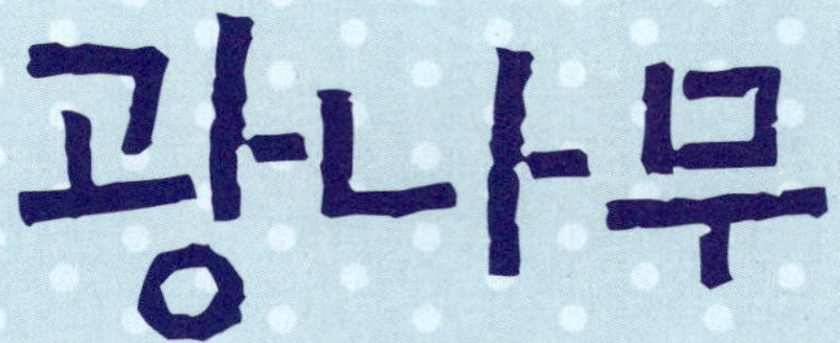

과명 물푸레나무과　**학명** *Ligustrum japonicum*　**꽃** 7~9월　**열매** 8~10월　**높이** 2~5m

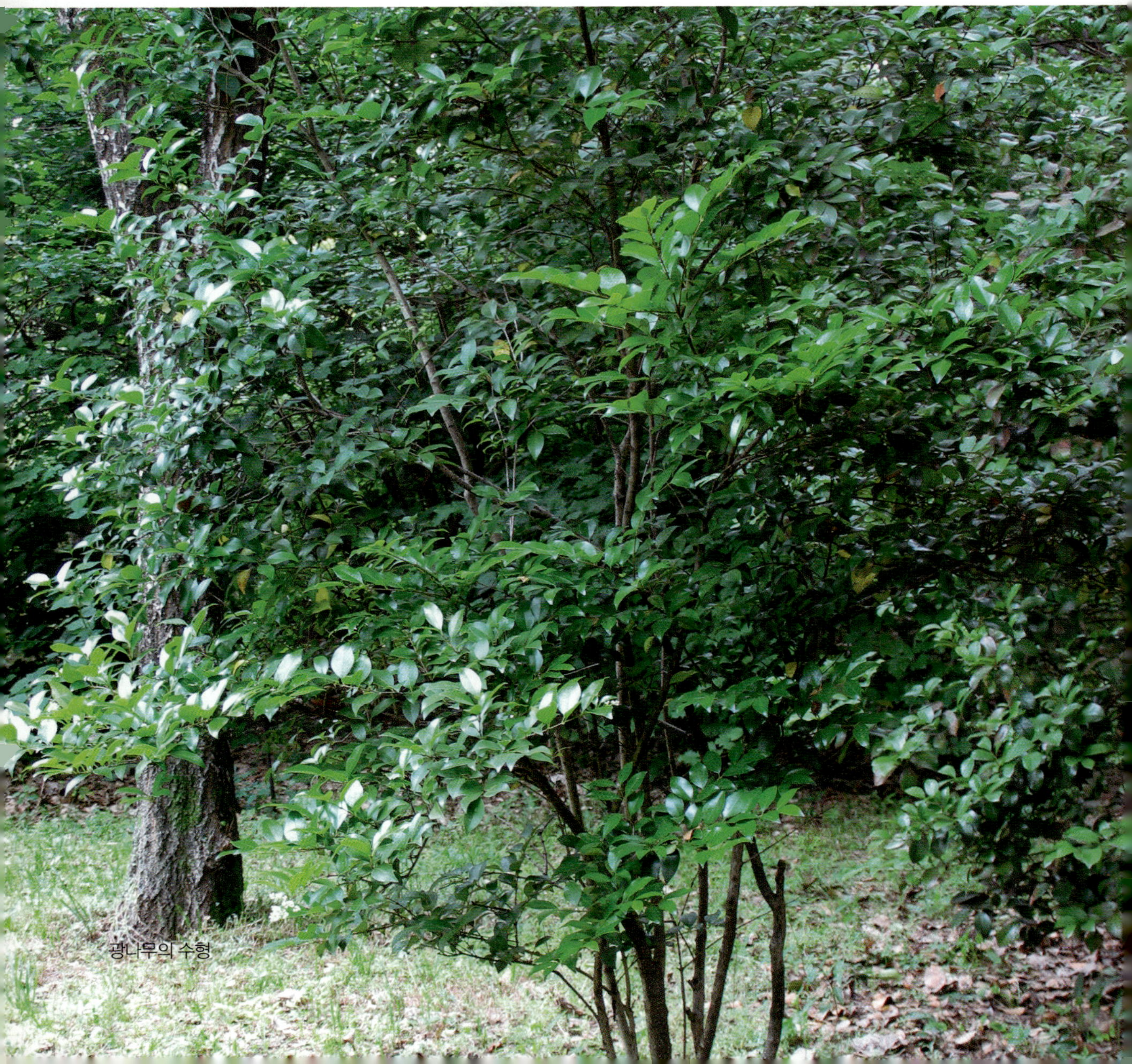

광나무의 수형

▲ 광나무의 11월 열매　　　　　　　　▲ 광나무의 7월 꽃

남부해안지방과 섬에서 볼 수 있는 이 나무는 잎에서 광이 난다고 해서 광나무라는 이름이 붙었어요. 중부지방에서는 볼 수 없지만 남부지방에서는 큰 도시에서도 공원수로 심은 경우가 많고 시골에서는 울타리로 심어놓은 것도 만날 수 있어요.

꽃은 7~8월에 피는데 복총상화서 모양으로 달리고 꽃의 생김새는 쥐똥나무 꽃과 비슷해요. 열매는 8월경부터 볼 수 있는데 10월에 익고, 잎은 마주나고 표면에 광택이 있어요. 약용성분이 있는 열매, 잎, 뿌리, 수피를 달여 먹으면 자양강장, 종기, 어두운 귀, 궤양, 화상, 구내염, 통증에 좋고 흰 머리카락을 흑발로 만들 정도로 머리카락에도 좋다고 해요. 번식은 종자와 꺾꽂이로 할 수 있어요.

볼 수 있는 곳

전라도와 경상도의 해안지방과 남부섬지방의 산에서 볼 수 있어요. 전라도와 경상도의 도립수목원과 태안 안면도수목원은 야외에서 볼 수 있고 중부지방의 도립수목원에서는 온실에서 광나무를 볼 수 있어요. 광나무는 난대식물이지만 강원도를 제외한 중부지방에서도 월동이 가능하고, 서울 홍릉수목원의 광나무는 야외에서 키우고 있음에도 해마다 꽃을 피우고 있어요.

오늘 만난 나무

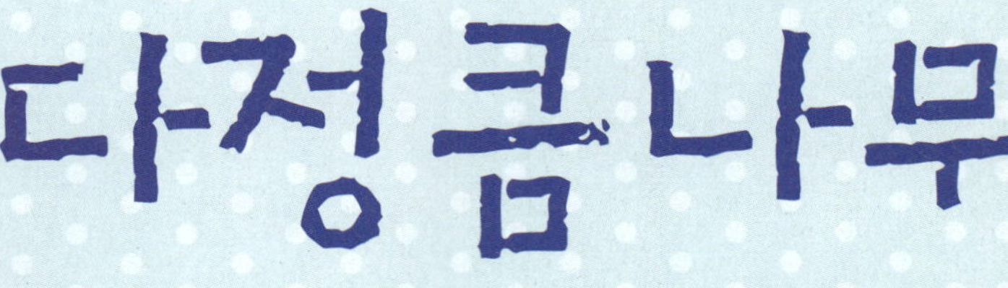

다정큼나무

과명 장미과 **학명** *Raphiolepis indica* **꽃** 4~6월 **열매** 10~11월 **높이** 1~4m

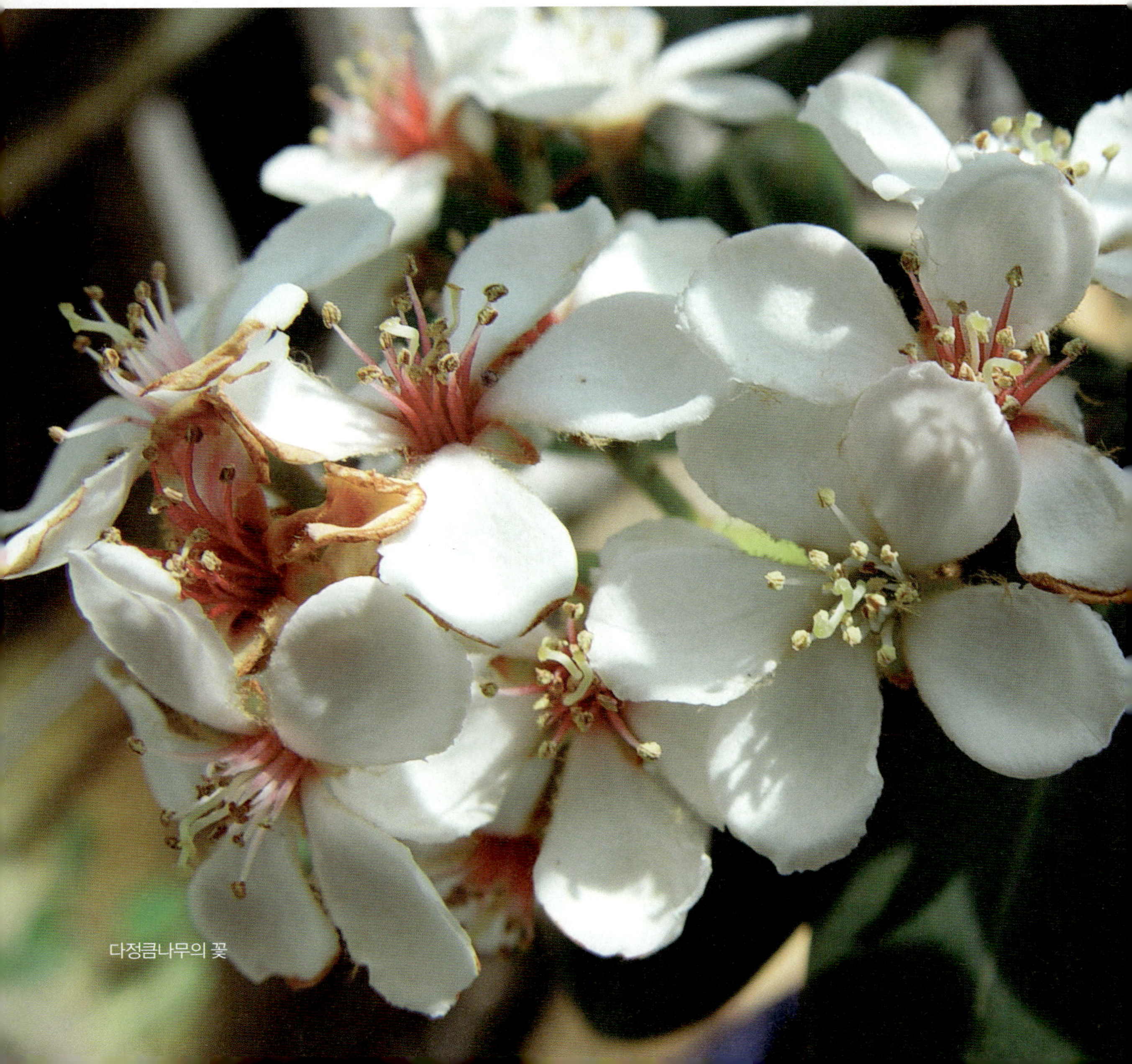

다정큼나무의 꽃

▲ 다정큼나무의 잎　　　　　　　▲ 다정큼나무의 수형과 열매

남부지방의 산이나 해안가에서 볼 수 있는 다정큼나무는 꽃과 줄기가 다정하게 모여서 핀다고 하여 이름이 붙었어요. 나무의 키가 작기 때문에 중부지방의 가정집에서도 실내나무로 키우는 경우가 많아요.

꽃은 4~6월에 원추화서로 피고 꽃의 지름은 10cm 내외, 꽃잎은 5개예요. 잎은 마주나고 장타원형이거나 달걀형이고 열매는 12월에 익어요. 열매를 수확한 뒤 땅에 묻어두었다가 다음 해 봄에 파종하면 번식이 되고, 꺾꽂이로도 번식할 수 있어요. 수피에서는 염료를 축출할 수 있고 잎과 뿌리를 달여 먹으면 통증에 효능이 있어요.

비슷한 나무로는 잎이 둥글게 생긴 '둥근잎다정큼'과 잎이 긴 '긴잎다정큼'이 있어요.

볼 수 있는 곳

남부해안지방의 산이나 바닷가에서도 볼 수 있어요. 서울은 창경궁 온실을 비롯 여러 곳의 식물원 온실에서 흔히 만날 수 있어요. 또한 전국의 수목원에서도 볼 수 있어요.

식나무와 금식나무

과명 층층나무과　**학명** *Aucuba japonica*　**꽃** 3~4월　**열매** 7~12월　**높이** 13m

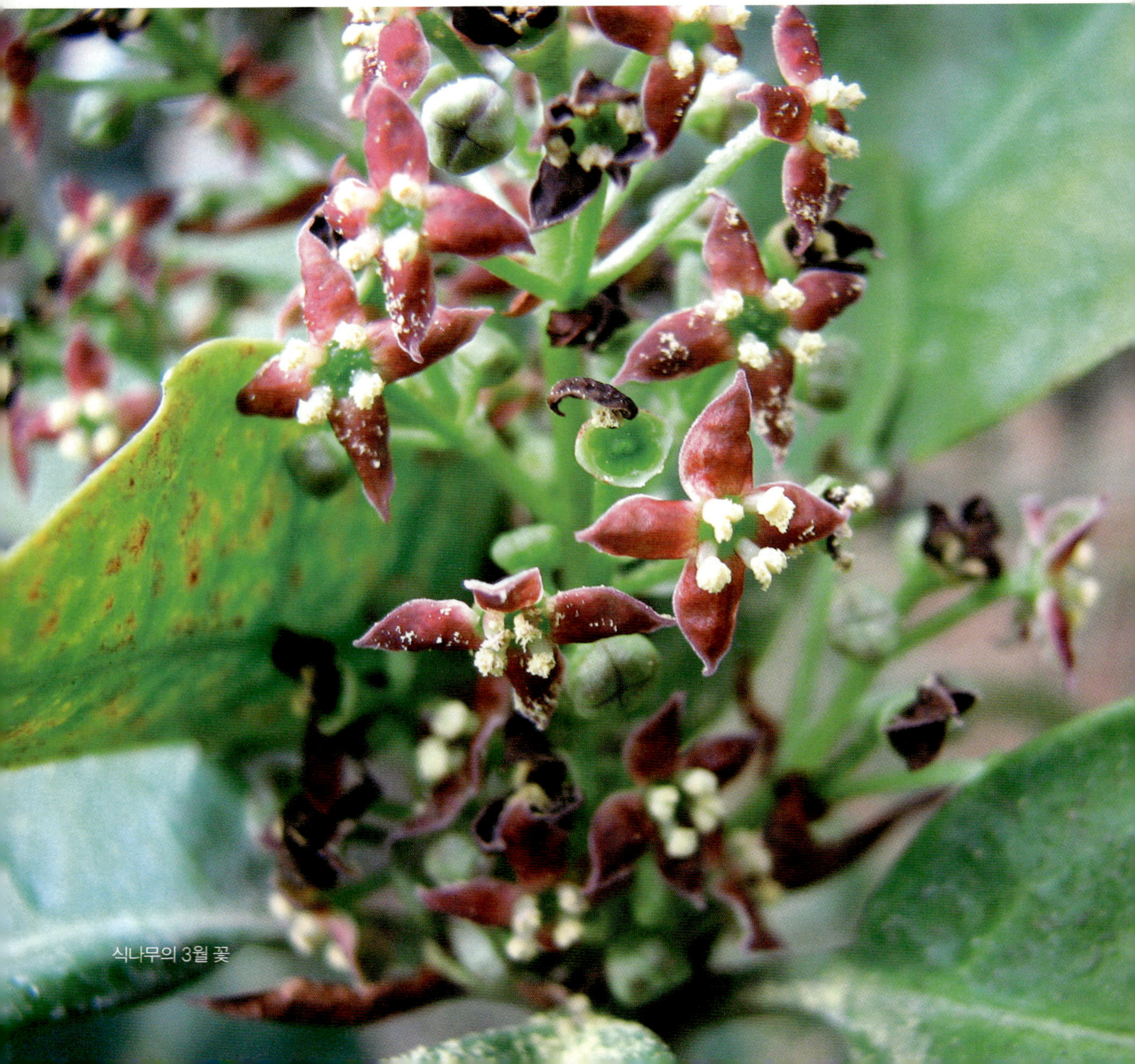

식나무의 3월 꽃

▲ 식나무의 수형　　　　　　　　　▲ 식나무의 11월 열매

식나무는 녹나무과의 '참식나무'와 달리 층층나무과에 속하는 나무예요. 참식나무와는 아예 형제가 아니라는 뜻인데 이름이 많이 비슷하고 잎에서 광택이 나는 것도 비슷해요. 하지만 식나무는 적자색 꽃이 피고 참식나무는 노란색 꽃이 피므로 구별할 수 있어요.

꽃은 암수딴그루이고 3~4월에 여러 개씩 달리고 꽃의 지름은 8mm 정도예요. 열매는 여름부터 볼 수 있는데 녹색이었다가 10월부터 빨간색으로 익어요. 잎은 마주나고 광택이 있으며 가장자리에 톱니가 있어요. 이 잎은 약용성분이 있기 때문에 찰과상, 통상, 화상, 치질에 생잎을 짓이겨 바를 수 있어요. 번식은 종자, 꺾꽂이, 접붙이기로 할 수 있어요.

이름이 비슷한 나무인 '금식나무'와 '얼룩식나무'는 식나무를 개량한 원예종 나무로서 잎에 금색 반점이 있는 것이 특징이에요.

🌸 볼 수 있는 곳

해안지방과 남부지방의 섬에서 볼 수 있어요. 중부지방의 수목원에서는 온실에서 만날 수 있고 남부지방의 수목원에서는 야외에서 식나무를 볼 수 있어요. 서울에서는 창경궁 온실에서 식나무를 볼 수 있는데 이름표가 붙어있지 않으므로 잘 찾아봐야 해요.

굴거리나무

과명 대극과　학명 *Daphniphyllum macropodum*　꽃 4~6월　열매 7~10월　높이 3~10m

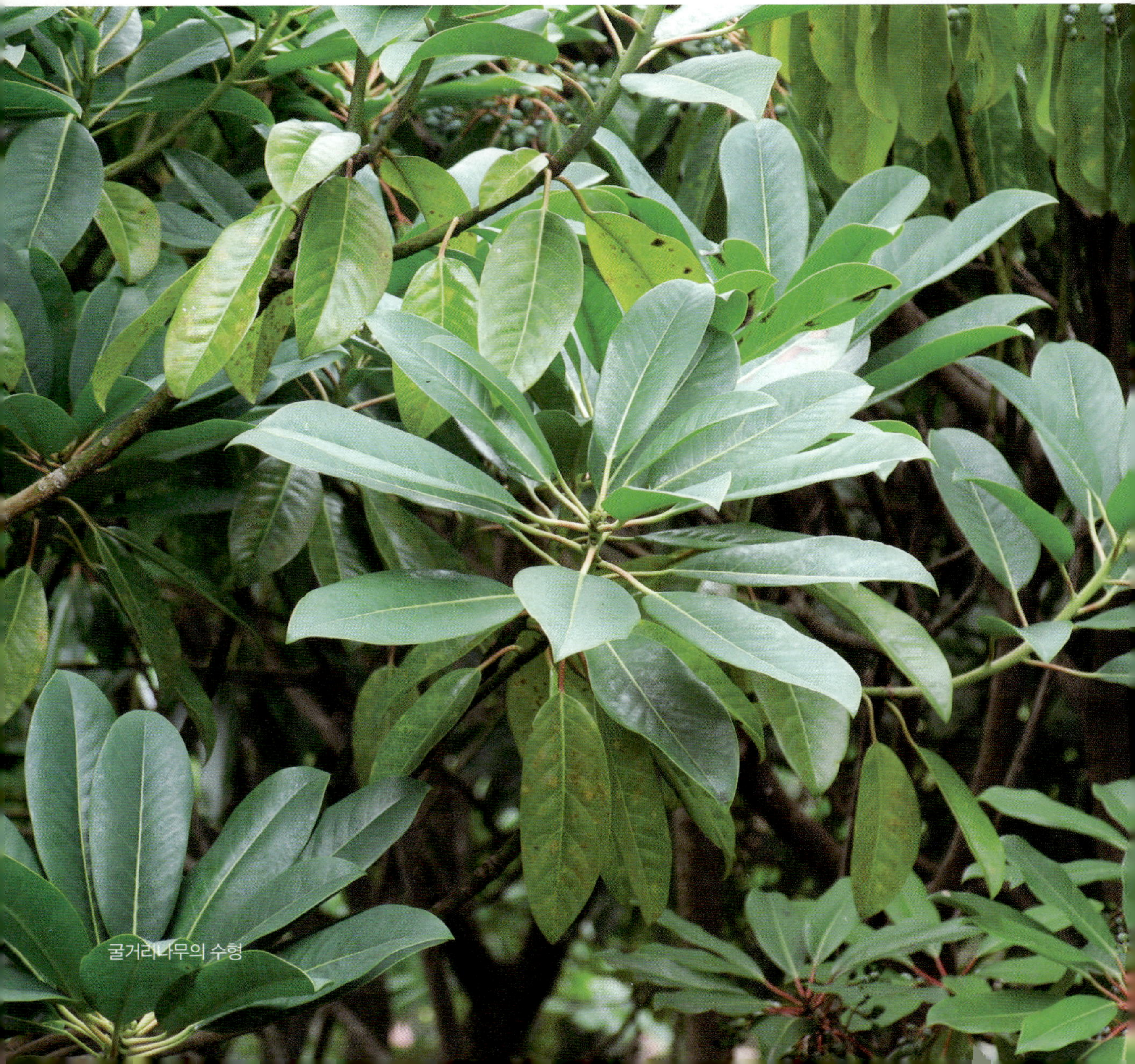

굴거리나무의 수형

굴거리나무는 나무의 수형이 굿을 하는 것처럼 달린다고 해서 붙은 이름이에요. 굿을 할 때는 무당들이 칼을 양손에 들고 머리 위로 돌리는데 굴거리나무의 잎이 달리는 것을 보면 진짜 굿을 하는 모습이 연상되곤 해요. 어떤 고장에서는 잎이 고개를 숙이고 달린다 하여 굴거(屈居)라고 말한 것이 지금의 나무이름이 되었다고도 해요.

꽃은 암수한그루이고 총상화서에 달리고 수꽃은 8~10개의 수술, 암꽃은 2개의 암술대가 있어요. 잎은 어긋나게 달리지만 가지 끝에서는 모여서 달려요. 이 잎은 봄에는 고개를 바짝 쳐들고 자라지만 여름에는 더위를 타 고개를 푹 숙이고 있는 경우가 많아요. 열매는 여름부터 볼 수 있는데 처음에는 녹색이었다가 10월부터 어두운 색으로 익어요. 번식은 종자, 꺾꽂이, 휘묻이로 할 수 있어요.

🌸 볼 수 있는 곳

남부지방과 서해안 일부지방, 그리고 제주도에서 볼 수 있어요. 내륙에서는 전주권에서도 자생지가 있어요. 또한 전국의 도립수목원에서도 만날 수 있어요.

동백나무

과명 차나무과   **학명** *Camellia japonica*   **꽃** 12~4월   **열매** 5~10월   **높이** 3~15m

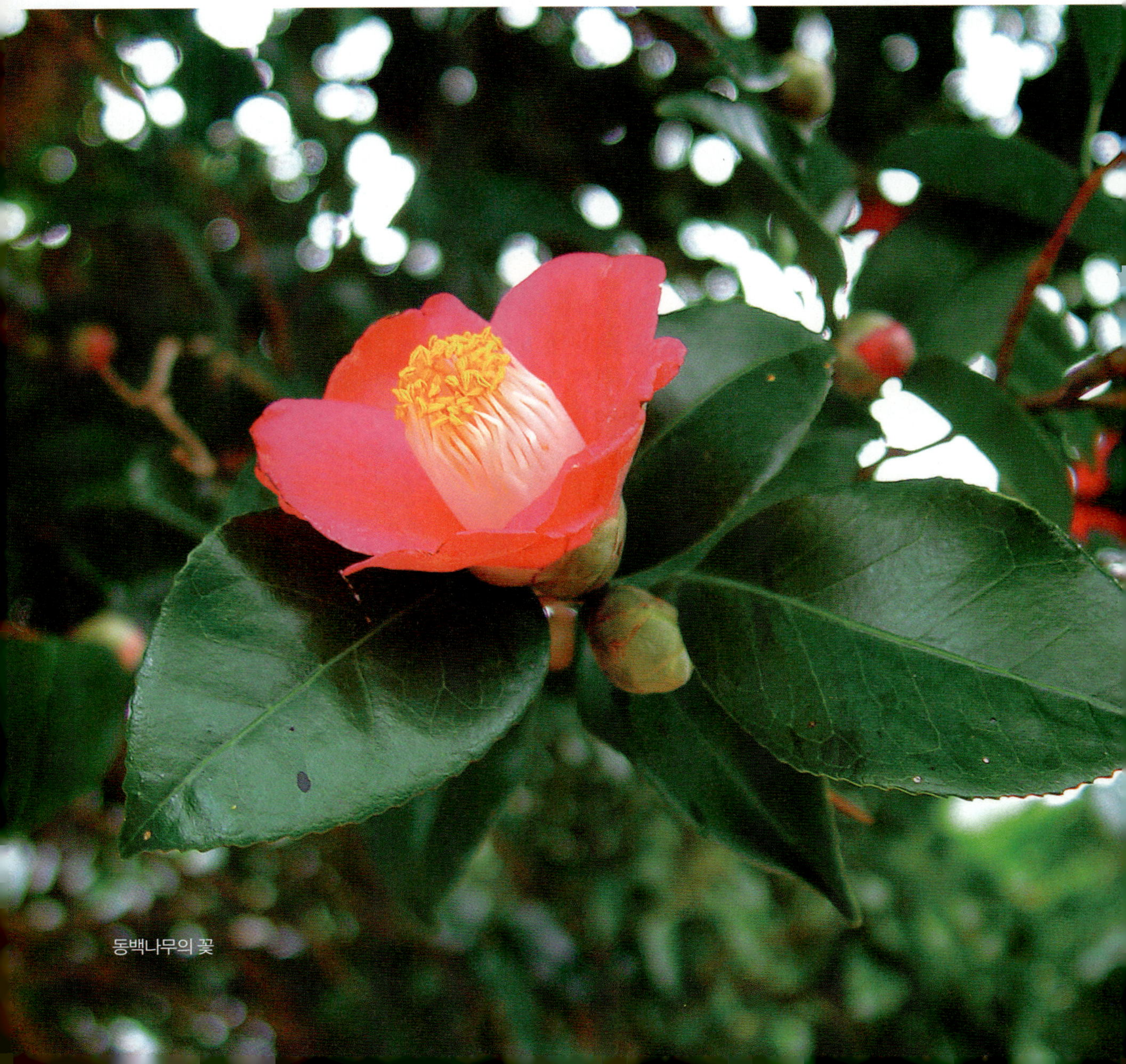

동백나무의 꽃

▲ 동백나무의 열매

▲ 애기동백의 꽃

이 나무는 겨울에 꽃이 피는 나무란 뜻에서 동백(冬柏)나무라는 이름이 붙었어요. 스프레이 같은 모발관리 화장품이 없었던 옛날에는 이 나무에서 축출한 기름을 머리에 발랐는데 그것을 동백기름이라고 말해요. 비록 머리에 바르는 기름이었지만 식용유가 없었을 때는 이 기름을 식용유 대용으로 사용하기도 했어요.

▲ 동백나무의 수형

꽃은 암수술이 하나의 꽃에 있고 지역에 따라 편차가 있지만 12~4월 사이에 개화를 해요. 꽃은 약용성분이 풍부해 화상, 비출혈, 타박상, 종기가 났을 때 잘 말려서 달여 먹어요. 잎은 어긋나고 타원형이거나 긴 타원형이고 가장자리에 톱니가 있어요. 열매는 5월쯤부터 볼 수 있는데 지름 3~7cm의 자두알 정도의 크기이고 표피가 딱딱해요. 열매는 10월에 익으면 표피가 저절로 갈라지면서 큰 씨앗이 보여요. 번식은 종자와 꺾꽂이로 할 수 있어요.

우리나라에서는 느티나무만큼 유명한 나무이기 때문에 오래된 동백나무숲은 천연기념물로 지정되어 있어요.

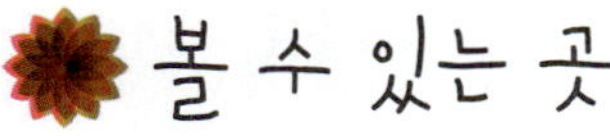 볼 수 있는 곳

남부해안지방과 섬에서 볼 수 있어요. 유명한 동백나무 숲은 고창 선운사 동백나무숲, 대청도 동백나무숲, 해남 윤선도유적지 동백나무숲이 있어요. 또한 각 지역의 도립수목원에서도 동백나무를 만날 수 있어요.

쪽동백나무와 나래쪽동백나무

동백나무와 이름이 비슷한 나무로는 '쪽동백나무'와 '나래쪽동백나무'가 있어요.

쪽동백나무 (때죽나무과. Styrax obassia)

쪽동백나무는 때죽나무과 식물이지만 동백나무처럼 머릿기름을 짤 수 있는 나무예요. 기름의 품질이 좋아 방부제로 사용한 기록도 있어요. 전국의 산에서 볼 수 있는데 높이는 10m, 꽃은 5~6월에 피고 열매는 9월에 익어요. 꽃의 모양이 때죽나무꽃과 비슷하지만 종 모양의 꽃이 일렬로 달리는 것으로 구분할 수 있어요. 각 지역의 수목원에서도 만날 수 있어요.

▲ 쪽동백나무의 꽃

▲ 쪽동백나무의 열매

▲ 쪽동백나무의 잎

나래쪽동백 (때죽나무과. Pterostyrax hispida)

쪽동백나무와 비슷하지만 열매에 날개가 있기 때문에 나래쪽동백이라고 불러요. 일본 원산이며 대개 남부지방에서 심어 기르지만 수목원에서도 만날 수 있어요. 높이는 10m 정도이고 꽃은 5~6월에, 열매는 9월에 익는데 구술 모양의 열매에 날개가 있어요. 우리나라는 열매에 날개가 달린 식물에는 식물이름 앞에 '나래'라는 이름을 붙여요.

▲ 나래쪽동백의 잎

▲ 나래쪽동백의 열매

▲ 나래쪽동백의 수형

이름이 재미있는 나무

나무 중에는 이름에 재미있는 유래가 있는 나무들이 있어요. 나무마다 있는 재미있는 유래를 알아보면서 그 나무의 쓰임새를 공부해 보아요.

물고기를 떼로 잡을 수 있는	때죽나무
윷을 만들 수 있는	윤노리나무
밤에 보면 사람이 서 있는 것 같은	사람주나무
공기정화식물로 유명한	팔손이나무
나무껍질이 너무 질기고 좋은	피나무
열매가 베개 모양인	까마귀베개
나무껍질을 벗기면 녹색 속껍질이 보이는	대팻집나무
종이라는 발음이 있게 한	닥나무
불이 났을 때 거품이 일어나 화재를 차단하는	아왜나무
병아리처럼 앙증맞은 꽃이 피는	병아리꽃나무

때죽나무

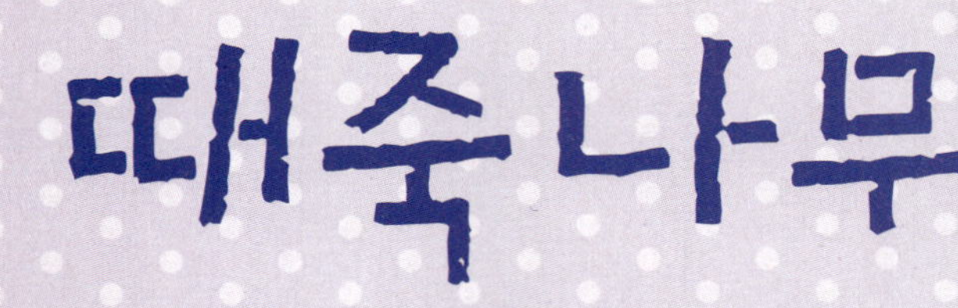

과명 때죽나무과　　**학명** *Styrax japonicus*　　**꽃** 5~6월　　**열매** 7~9월　　**높이** 4~10m

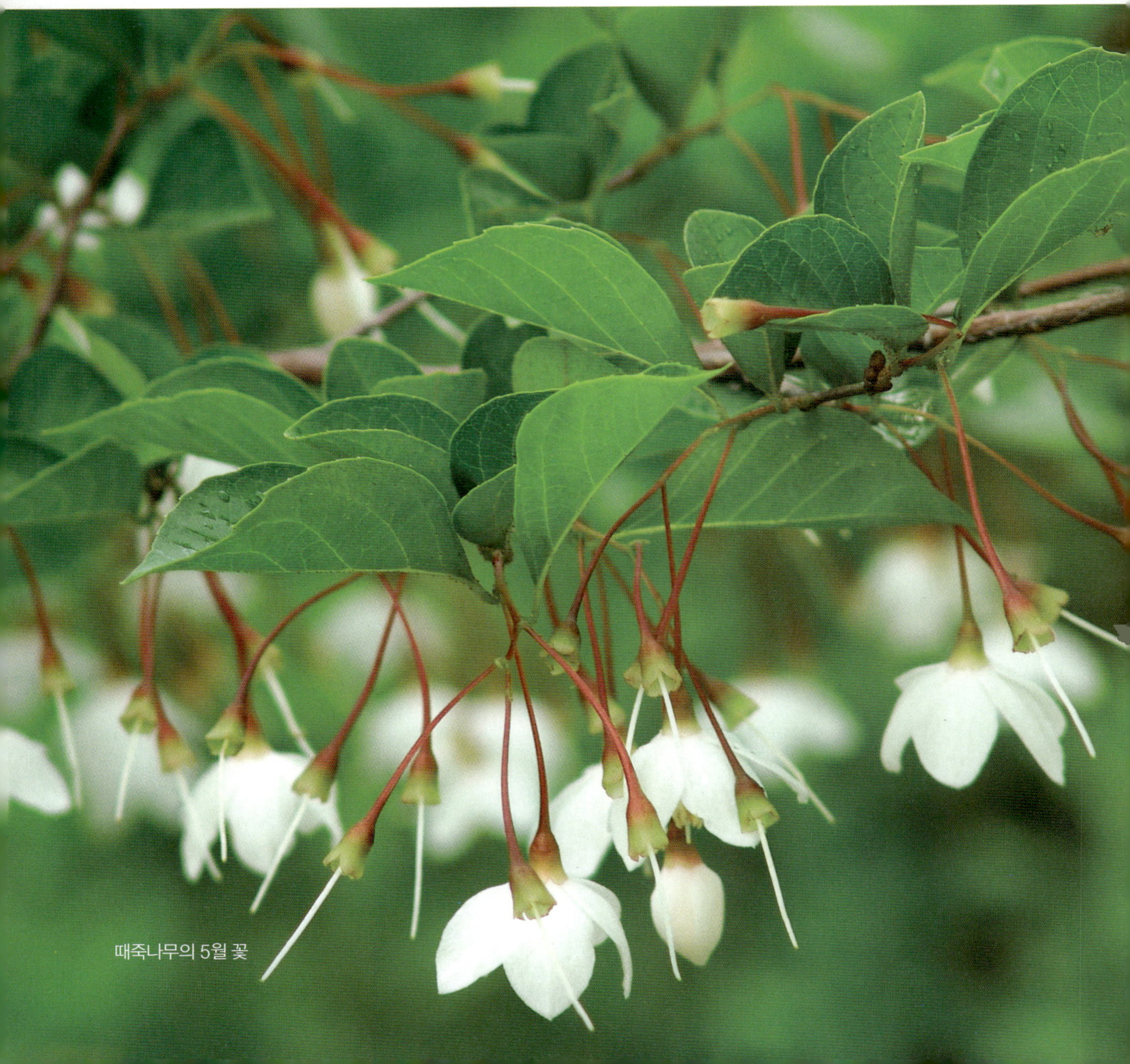

때죽나무의 5월 꽃

▲ 때죽나무의 수형　　　　　　　　　　　▲ 때죽나무의 8월 열매

때죽나무는 우리 주변의 산에서 흔히 볼 수 있지만 공원에서도 만날 수 있어요. 5월에 무리지어 피는 초롱 모양의 꽃이 관상수로 인기 있기 때문이겠죠. 꽃의 이름에 대해서는 여러 가지 유래가 있어요. 열매 찧은 물을 냇가에 뿌리면 물고기가 떼로 죽어서 올라왔다고 해서 떼죽나무라고 불렸다가 현재의 때죽나무라는 이름이 되었다는 설이 있고, 나무껍질에 때가 낀 것처럼 얼룩이 많다고 해서 때죽나무라고 불렸다고도 해요. 항간에는 열매가 달리는 모습이 왜적이 떼로 몰려오는 것과 비슷해 보인다 해서 붙었다고도 해요. 그만큼 꽃도 열매도 떼를 지어서 피기 때문에 사람들이 아주 좋아나는 나무 중 하나라고 할 수 있어요.

꽃은 5~6월에 피는데 암수술을 같은 꽃에서 볼 수 있어요. 꽃의 지름은 1.5~3.5㎝이고 잎 겨드랑이에서 1~5개씩 달려요. 꽃의 생김새는 쪽동백나무와 비슷하지만 때죽나무 꽃은 잎겨드랑이에서 1~5개씩 달리고, 쪽동백나무의 꽃은 꽃대에 수십 개의 꽃이 일렬로 달리는 것이 서로 달라요.

▲ 때죽나무의 잎

▲ 때죽나무의 수피

열매는 7월부터 볼 수 있는데 처음에는 녹색이었다가 9월에 회백색으로 익어요. 어긋나는 잎은 타원형이고 끝 부분이 약간 무디게 뾰족해요. 잎 가장자리에는 둔한 톱니가 있거나 톱니가 없는 경우도 있어요. 목재는 양산자루나 나무세공품의 재료로 사용할 수 있고, 번식은 종자, 꺾꽂이, 접붙이기로 할 수 있는데 보통 꺾꽂이로 하는 경우가 많아요.

▲ 때죽나무 잎에서 많이 볼 수 있는 벌레집

🌺 볼 수 있는 곳

때죽나무는 우리나라 전국의 산에서 볼 수 있고 왕릉이나 도시공원에서도 가끔 볼 수 있어요. 또한 전국의 수목원에서도 볼 수 있어요.

●재미있는 나무 이야기●

때죽나무로 물고기 잡기

때죽나무의 열매에는 '에고사포닌'이라는 독성 성분이 있어서 물고기를 잡을 수 있어요. 먼저 잎과 녹색 열매를 한아름 따서 돌로 열심히 빻으면 즙이 나와요. 이 즙을 냇가에 둑을 막고 뿌리면 둑 안에서 즙이 퍼지면서 헤엄치던 물고기들이 둥둥 떠올라요. 때죽나무의 독성은 맹독 성분이 아니기 때문에 즙을 열심히 만들어야 해요.

윤노리나무

과명 장미과   **학명** *Pourthiaea villosa*   **꽃** 5월   **열매** 7~9월   **높이** 5m

▲ 윤노리나무의 수형

▲ 윤노리나무의 5월 꽃

윤노리나무는 명절놀이도구인 '윷'을 만들었던 나무라고 해서 윤노리라는 이름이 붙었어요. 목재는 품질이 좋고 탄력성이 강해 윷은 물론 농기구의 자루, 소의 코뚜레를 만들기도 했어요.

꽃은 5월에 피는데 사과꽃과 비슷하게 생긴 흰색이고, 수술은 20개, 암술대는 2~4개예요. 잎은 어긋나고 도란형이고 가장자리에 톱니가 있고 윗부분이 갑자기 좁아져요. 이 잎은 나비 애벌레들이 좋아해요. 열매는 6~7월부터 볼 수 있는데 9월에 붉은색으로 익고, 새들이 즐겨 먹기 때문에 새들의 배설물로 씨앗이 퍼지기도 해요. 이 열매는 사람이 먹을 수도 있는데 약간 달달한 맛이 있어요. 번식은 종자와 포기나누기로 할 수 있어요.

▲ 윤노리나무의 11월 열매   ▲ 윤노리나무의 수피

비슷한 나무로는 한라산에서 볼 수 있는 '떡윤노리나무'와 '민윤노리나무', '털윤노리나무'가 있는데 이중에 떡윤노리나무는 우리나라 특산식물이에요. 윤노리나무는 단풍이 아름답기 때문에 조경수로 많이 개발되어 있어요.

▲ 윤노리나무의 잎

볼 수 있는 곳

윤노리나무는 주로 중부 이남의 산에서 만날 수 있어요. 또한 전국의 도립수목원에서 볼 수 있어요.

사람주나무

과명 대극과　　**학명** *Sapium japonicum*　　**꽃** 5~6월　　**열매** 7~10월　　**높이** 6m

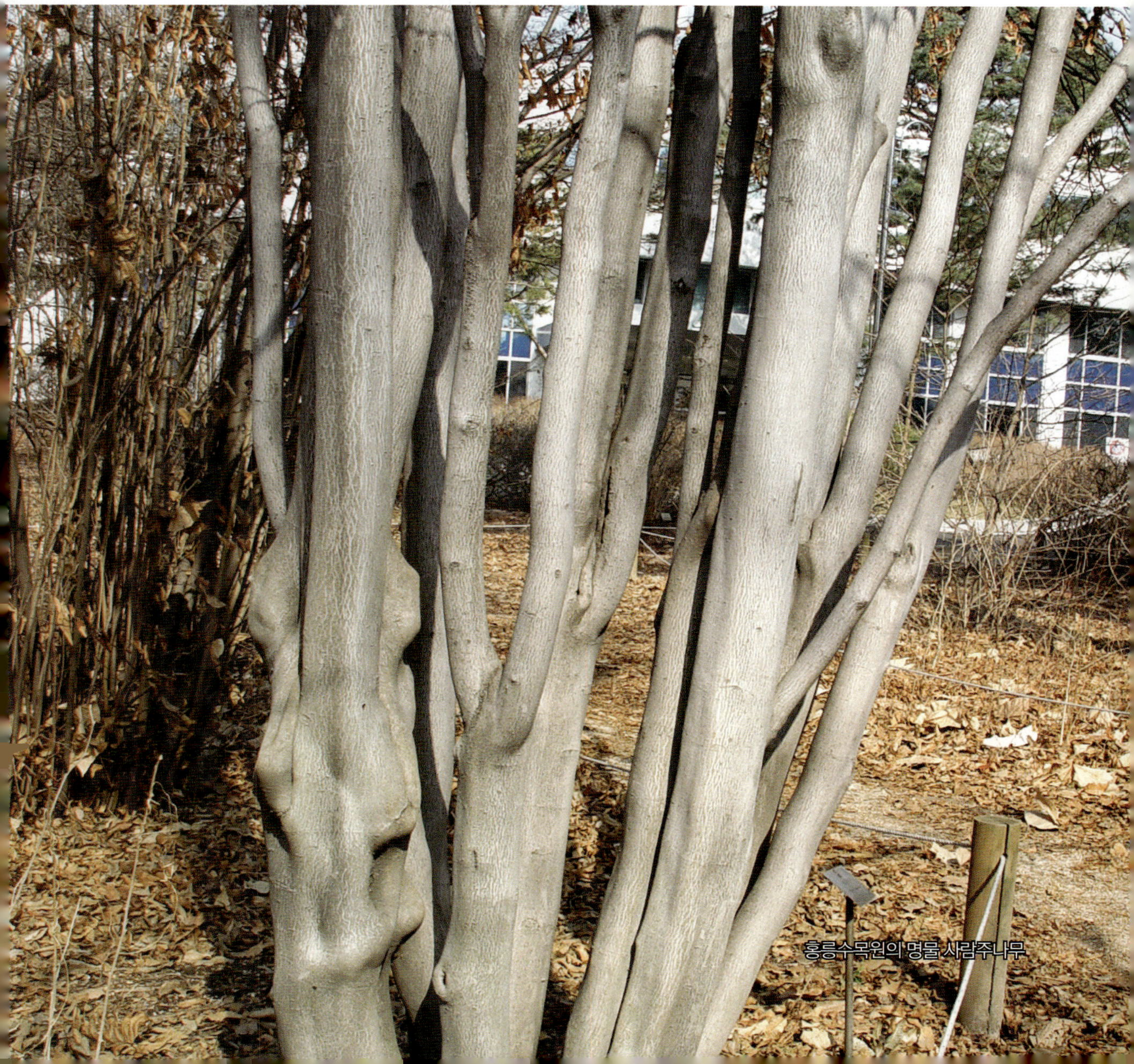

홍릉수목원의 명물 사람주나무

▲ 사람주나무의 5월 수꽃

▲ 사람주나무의 단풍

사람주나무는 한자로 백목(白木)이라고 말해요. 나무껍질이 백옥처럼 하얗기 때문에 붙은 이름이에요. 이 때문에 달밤에 보면 수피가 달빛에 반사되며 사람이 서있는 것처럼 보여요. 이 때문에 사람주나무라는 이름이 붙었다는 믿거나 말거나 한 이야기가 있어요. 실제 홍릉수목원의 어떤 사람주나무는 사람의 다리를 보는 것 같기도 하므로, 수도권에 사는 분들은 홍릉수목원의 사람주나무를 꼭 구경해보세요.

▲ 사람주나무의 7월 열매

사람주나무는 대개 줄기가 갈라지면서 옆으로 퍼지기보다는 위로 올라가는 성질이 있어요. 꽃은 암수한그루이고 수꽃은 길고 암꽃은 짧아요. 열매는 3개의 구술이 뭉쳐있는 것처럼 3갈래로 갈라져있고 씨앗이 각각 1개씩 들어있으므로 총 3개의 씨앗이 들어있어요. 씨앗에는 기름 성분이 있어 기름을 짤 수 있는데 식용하거나 등유용으로 사용할 수 있어요. 잎은 호생하고 타원형이거나 달걀형이고 길이 7~15cm의 크기를 가졌어요. 잎의 가장자리는 밋밋하고, 잎자루를 자르면 우윳빛의 유액이 나와요.

번식은 남부지방의 경우 종자를 채취한 뒤 바로 파종해야 하고, 중부지방에서는 종자를 마른 모래와 혼합하여 저장한 뒤 다음에 봄에 파종해야 해요.

 ## 볼 수 있는 곳

전국의 산과 해안에서 볼 수 있으나 난대성 성격이 강해 남부지방에서 더 많이 볼 수 있어요. 각 지역의 도립수목원에서도 만날 수 있어요.

공기정화식물로 유명한

팔손이나무

과명 두릅나무과　**학명** *Fatsia japonica*　**꽃** 10~11월　**열매** 12~5월　**높이** 2~4m

팔손이나무의 꽃

▲ 팔손이나무의 잎

팔손이나무는 잎이 8개로 갈라진다고 해서 붙은 이름이에요. 실제 잎을 보면 7개나 9개로도 갈라지지만 대개 8개로 갈라지는 경우가 많아요. 우리나라 남부지방에서 흔히 볼 수 있는 난대 성식물이지만 공기정화능력이 탁월해 요즘은 중부지방의 실내에서 기르는 경우가 많아요.

꽃은 가지 끝에서 산형화서가 원추화서 모양을 이루어 피고 5mm 정도의 작은 꽃이 공처럼 모여서 달려요. 사진에서 보면 둥근 공부분이 산형화서 모양이고, 둥근 공 여러 개가 모여 있는 모습이 원추화서 모양이에요. 꽃은 10~11월의 늦가을에 피기 때문에 먹을거리를 장만하지 못한 게으름뱅이 곤충들이 윙윙거리며 모여들어요. 지름 20~40cm의 잎은 7~9개로 갈라지고 광택이 있어요. 팔손이 잎은 공기정화실력도 뛰어나지만 목욕물에 담근 뒤 목욕을 하면 각종 근육통을 예방하는 효과가 있어요. 열매는 12월부터 볼 수 있고 다음해 5월에 익는데 지름 5mm의 콩알 모양이에요.

번식은 종자, 꺾꽂이, 포기나누기로 할 수 있는데 종자 번식은 5월에 종자를 채취한 뒤 즉시 파종해야 해요.

볼 수 있는 곳

남부해안지방과 섬에서 볼 수 있어요. 중부지방에서는 수목원 온실에서 볼 수 있어요. 동네 꽃집에서도 공기정화식물로 판매하는 팔손이나무 묘목을 흔히 볼 수 있어요.

피나무

과명 피나무과　　**학명** *Tilia amurensis*　　**꽃** 6월　　**열매** 7~10월　　**높이** 20m

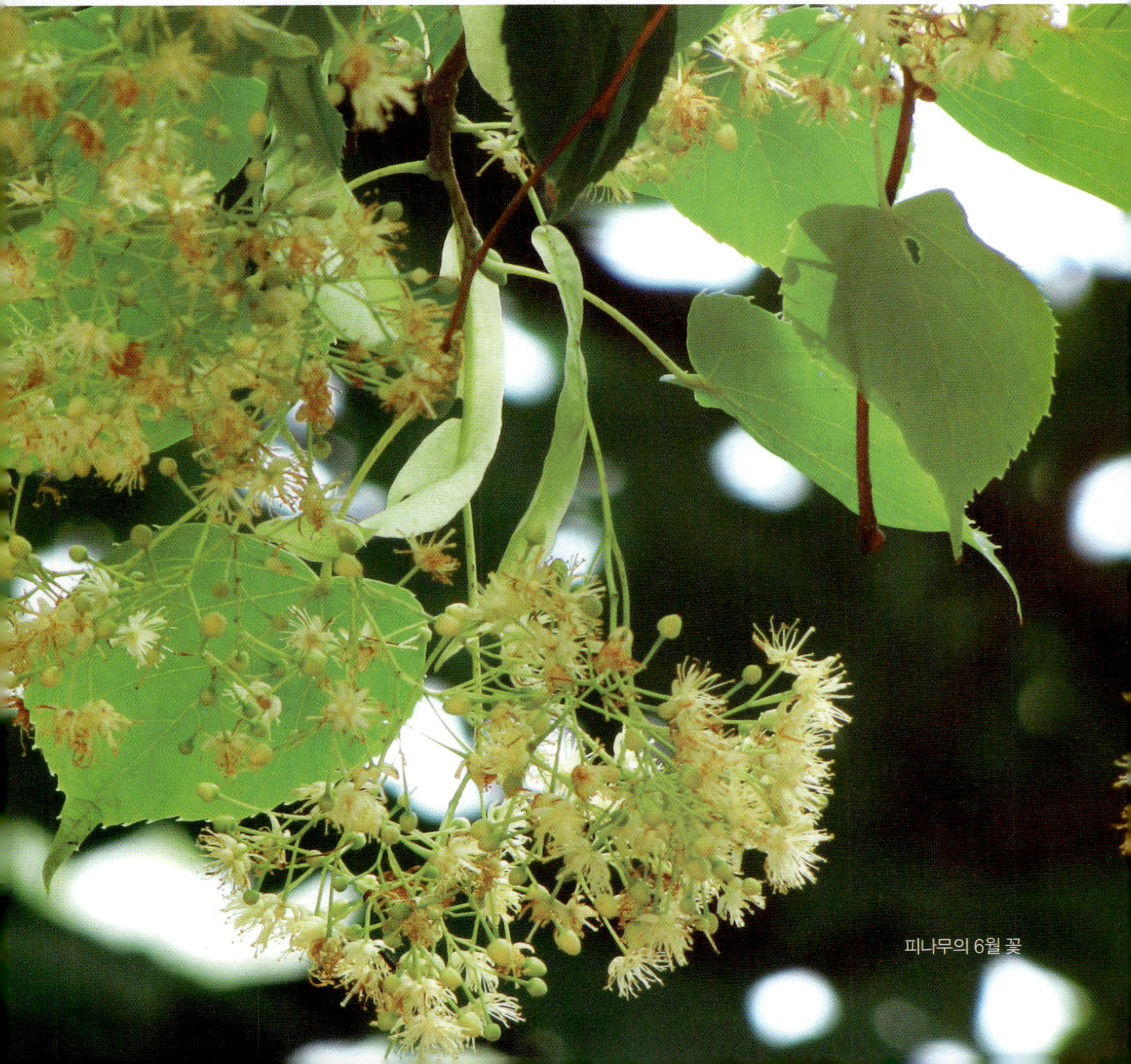

피나무의 6월 꽃

피나무의 이름을 처음 들으면 피를 철철 흘리는 나무이거나 피와 연관된 나무라고 흔히 생각하는데, 사실 피나무는 나무껍질을 뜻하는 한자 피(皮)에서 유래한 이름이에요. 나무껍질을 뜻하는 피(皮)자를 사용하는 나무이므로 나무껍질이 얼마나 좋은 나무인지 충분히 예측할 수 있을 거예요. 피나무의 나무껍질은 섬유질이 발달해 예로부터 밧줄 같은 튼튼한 줄을 만들 때 사용했어요. 그 때문에 피목(皮木)이라고 불렀고 피목을 우리말로 풀다보니까 피나무가 된 것이죠. 요즘은 피나무 속껍집을 사용하는데 샌들 같은 것을 만들 수 있어요.

꽃은 6월에 피는데 잎겨드랑이에서 지름 1.5cm의 꽃이 3~20개씩 달리고, 이 꽃은 차로 마실 수 있는데 진정, 발한에 효능이 있어요. 잎은 어긋나고 길이 3~9cm 정도이고 넓은 난형이에요. 어린잎은 진짜 먹을 것이 없을 때 굶주림을 면하기 위해 먹기도 하지만 보통은 먹지 않아요. 열매는 7월부터 볼 수 있고 10월에 익는데 사람이 식용할 수 있고, 열매를 으깬 반죽은 먹을 만하다는 연구도 있었지만 부패가 굉장히 빨리 된다고 해요.

피나무의 목재는 악기, 바둑판, 조각재, 밥상, 자루를 만들 때 사용할 수 있고 번식은 종자, 꺾꽂이, 휘묻이, 접붙이기로 할 수 있어요. 비슷한 나무로는 '털피나무', '찰피나무', '평안피나무', '섬피나무', '구주피나무', '뽕잎피나무' 등이 있어요.

볼 수 있는 곳

남부지방을 제외한 중부지방과 전라북도의 산에서 볼 수 있어요. 또한 전국의 수목원에서도 만날 수 있어요.

까마귀베개

과명 갈매나무과　**학명** *Rhamnella frangulioides*　**꽃** 5~7월　**열매** 7~10월　**높이** 3~7m

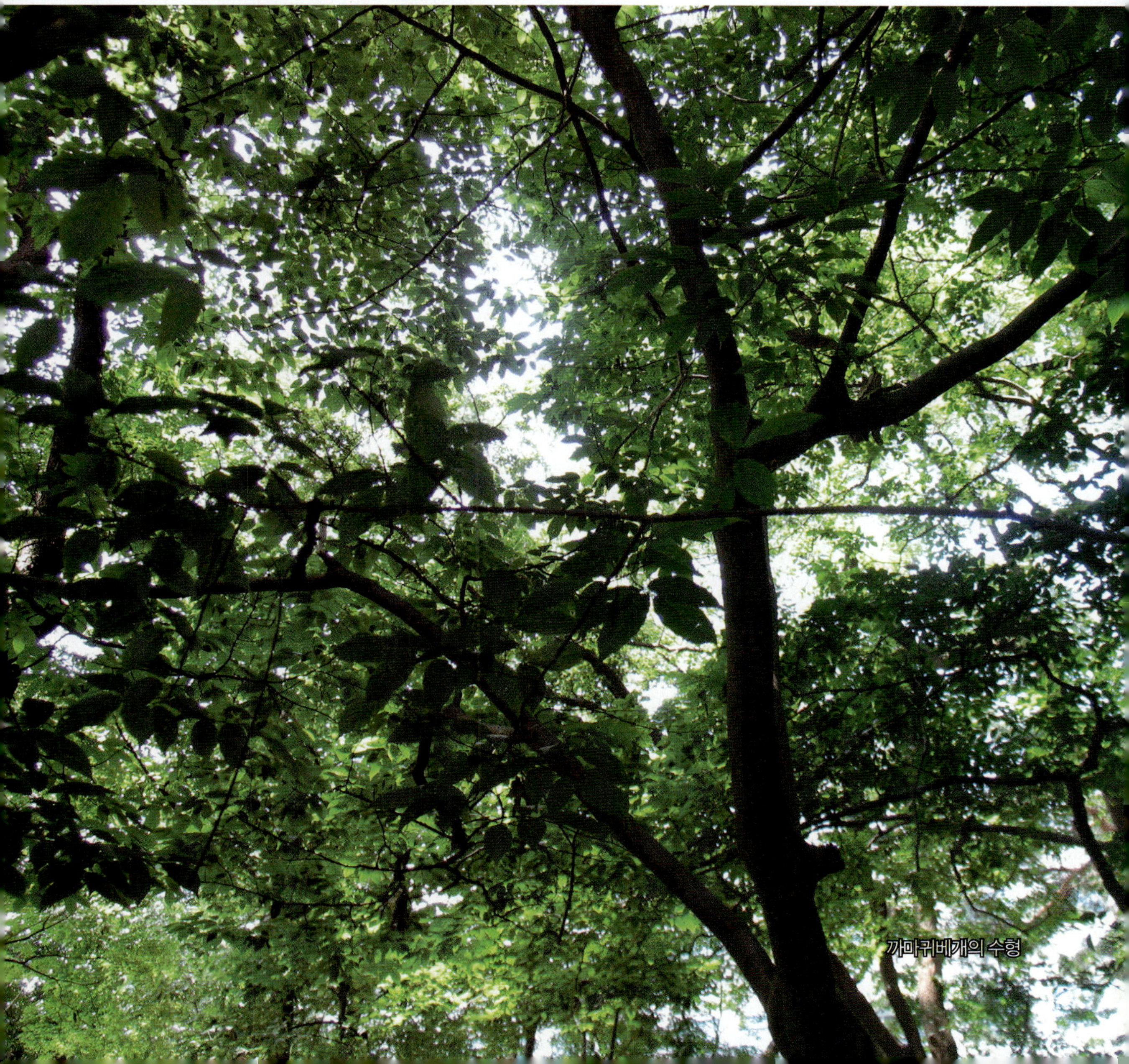

까마귀베개의 수형

▲ 까마귀베개의 6월 꽃 　　　　　▲ 까마귀베개의 8월 열매

열매 생김새가 까마귀가 베기에 적당한 베개 모양이라서 까마귀베개나무라는 이름이 붙었어요. 꽃은 5~7월에 잎겨드랑이에서 2~15개씩 달리고 꽃의 크기는 4mm 정도로 아주 작아요. 어긋나는 잎은 긴 달걀모양이고 가장자리에 톱니가 있고 작은 턱잎이 있어요. 열매는 원통형이고 길이 1cm 정도이고 7월에는 녹색이었다가 주황색으로 변하고 10월에 검정색으로 익어요. 번식은 종자로 할 수 있고, 줄기는 기력 감퇴 증상에 약으로 사용할 수 있어요.

▲ 까마귀베개의 잎

 # 볼 수 있는 곳

남부지방의 산과 제주도에서 자생하지만 중부지방에서도 성장이 양호한 편이에요. 전국의 도립수목원에서도 만날 수 있어요.

대팻집나무

과명 감탕나무과　　**학명** *Ilex macropoda*　　**꽃** 5월　　**열매** 7~10월　　**높이** 15m

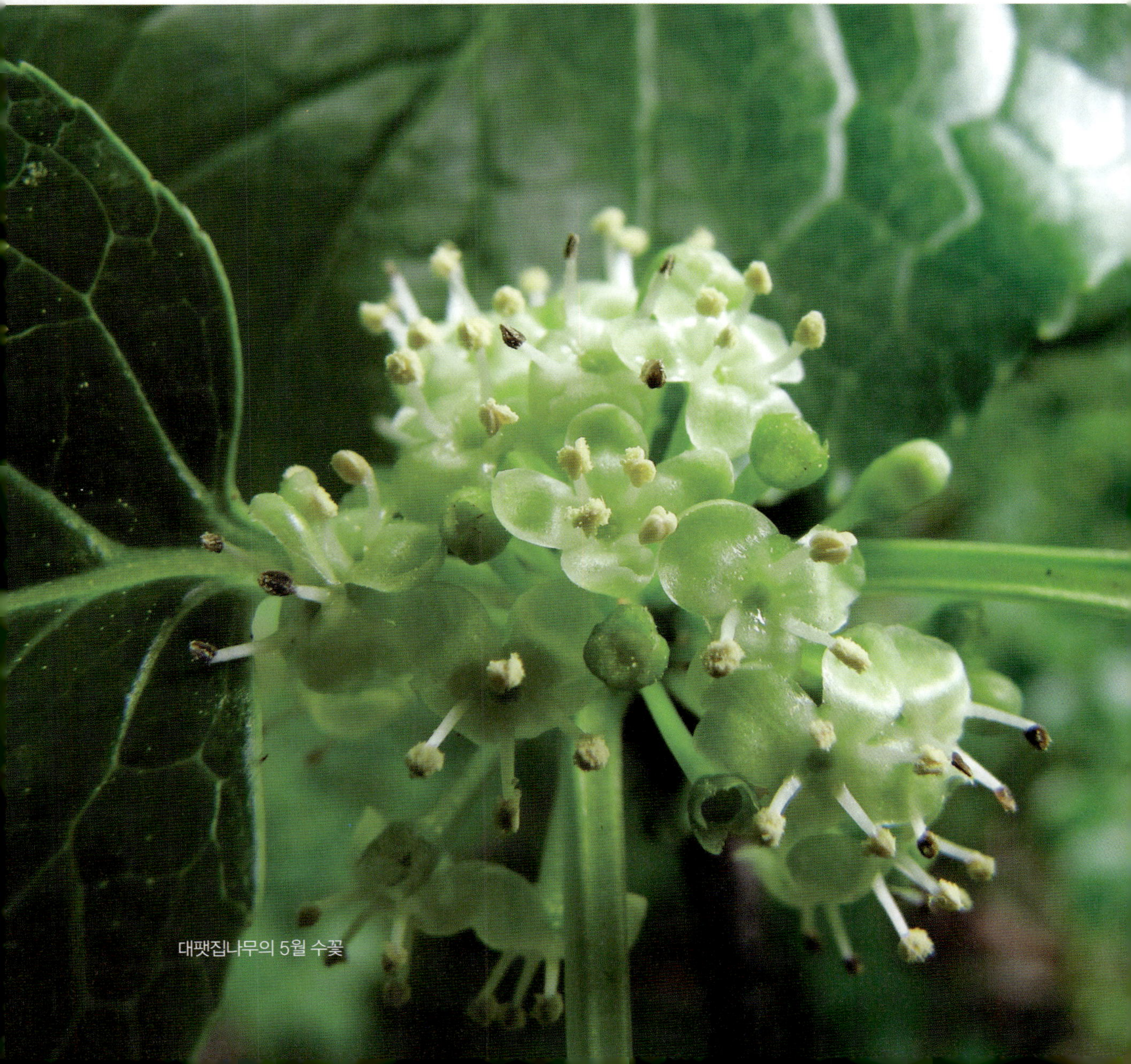

대팻집나무의 5월 수꽃

▲ 대팻집나무의 수형　　　　　　　　▲ 대팻집나무의 잎

목재를 건조시켜도 치밀하고 단단해서 대팻집을 만들어 사용한 나무라고 해서 대팻집나무라고 말해요. 목재는 목각인형 같은 세공품을 만들기에도 좋은 편이에요.

대팻집나무는 다른 나무와 달리 나무껍질을 벗기면 속껍질이 녹색이에요. 그래서 우리나라에서는 댕강나무를 보면 줄기를 한 번씩 꺾어보는 것처럼, 이 나무를 '青肌'라고 부르는 이웃 일본에서는 이 나무를 보면 나무껍질을 강하게 문질러 내피가 녹색인지 꼭 확인한다고 해요.

대팻집나무의 꽃은 암수딴그루로서 5월에 피고 수꽃은 한 번에 많이 달리고 암꽃은 서너 개씩 모여 피어요. 열매는 작은 콩 같고 9~10월에 빨간색으로 익는데 곰들이 즐겨 따 먹어요. 잎은 어긋나거나 모여서 나오는 경우가 있고, 잎의 모양은 넓은 난형이고 가장자리에 톱니가 있어요. 번식은 종자와 접붙이기로 할 수 있어요.

🌻 볼 수 있는 곳

우리나라의 충청 이남과 제주도의 산에서 볼 수 있어요. 또한 전국의 도립수목원에서도 만날 수 있어요.

오늘 만난 나무

닥나무

과명 뽕나무과　**학명** *Broussonetia kazinoki*　**꽃** 5월　**열매** 6~8월　**높이** 3m

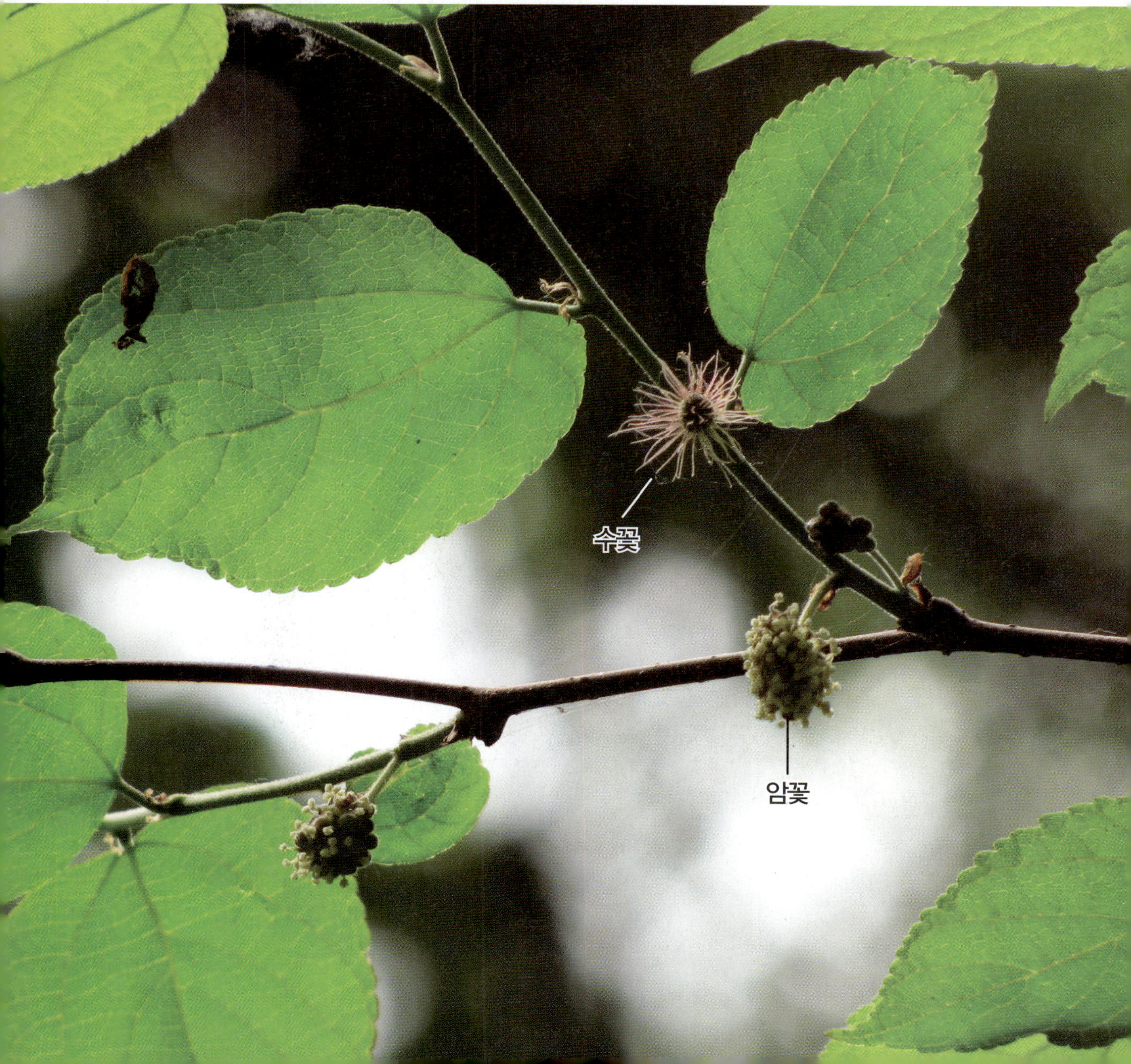

닥나무는 우리나라 한지인 닥종이를 만들 때 사용한 나무를 말해요. 닥나무의 이름은 한자로 저(楮)라고 쓰는데 옛날 중국인들의 언어로는 '저(楮)'를 지금이 '닥'과 비슷한 발음으로 읽었다고 해요. 즉 '닥'나무는 '저(楮)'를 중국식 발음으로 읽은 것이라고 할 수 있겠죠. 당시 닥종이는 닥나무의 나무껍질로 만들기 때문에 닥나무 저(楮), 껍질 피(皮)라고 해서 '저피'라고 읽었어요. 이 역시 세월이 흐르면서 지금의 '종이'라는 발음의 어원이 되었죠.

닥나무의 꽃은 5월에 암수꽃이 같은 그루에서 개화를 해요. 잎은 달걀형, 타원형, 2개로 갈라진 잎, 3개로 갈라진 잎이 있는데 이들 잎들이 같은 나무에 붙어있기도 해요. 말하자면 같은 나무에 붙어있는 잎들도 변화가 무척 심한 편이에요.

번식은 가을에 종자를 채취한 뒤 바로 파종해도 되지만 꺾꽂이나 뿌리를 잘라 심는 것이 더 잘 되는 편이에요. 어린잎과 열매는 사람이 식용할 수 있고, 나무껍질은 한지공장에서 화선지나 창호지를 만들 때 사용해요.

▲ 닥나무의 3갈래로 갈라져 있는 잎

▲ 닥나무의 수형

 ## 볼 수 있는 곳

닥나무는 전국의 산에서 만날 수 있지만 보통 해발 700m 이하에서만 발견할 수 있어요. 또한 전국의 수목원에서도 만날 수 있어요.

오늘 만난 나무

불이 났을 때 거품이 일어나 화재를 차단하는

아왜나무

과명 인동과　학명 *Viburnum odoratissimum*　꽃 6월　열매 7~9월　높이 6~9m

아왜나무의 꽃

▲ 아왜나무의 수형

▲ 아왜나무의 잎

아왜나무는 '아, 왜 불러?'를 연상시키는 나무 이름을 가졌지만 제도방언인 '아웨낭'에서 온 말이에요. '낭'은 제주방언으로 나무를 뜻하므로 아웨나무가 아왜나무로 변화된 것이겠죠. 사람에 따라서는 일본에서 이 나무를 부를 때 거품이 일어나 불을 끄는 나무라는 뜻의 '아와부끼나무'라고 부르고, '와아부끼나무'의 앞 글자를 따서 아왜나무가 되었다고도 해요. 그런데 제주방언은 일본말에 많은 영향을 준 말이기 때문에 아무래도 어떤 연관성이 있어 보이지만 '아웨'가 무엇을 뜻하는지는 아직 알 수가 없어요.

말 그대로 아왜나무는 산불이 번지는 것을 방지하기 위해 심는 방화수로 유명해요. 아왜나무는 그 특성상 잎과 줄기에 많은 양의 수분을 축적하고 있는데 열을 받으면 수분이 거품으로 변해 나무 밖으로 나오는 거예요. 이 때문에 산불이 번지는 것을 막는 효과가 있어 제주도는 물론 남부지방의 도로변에서 방화수로 심는 경우도 만날 수 있어요.

아왜나무의 꽃은 초여름인 6월에 원추화서로 개화를 해요. 꽃은 향기가 있어 벌들이 아주 좋아하고, 잎은 마주나고 타원형이고 광택이 있어요. 열매는 8~9월에 빨간색으로 익는데 하나의 큰 씨앗이 들어있어요. 이 열매는 사람이 식용할 수 있지만 인동과 식물의 열매들은 대개 맛이 없거나 특유의 향이 있기 때문에 즐겨 먹지는 않아요. 번식은 종자와 꺾꽂이로 할 수 있어요.

🌺 볼 수 있는 곳

주로 제주도에서 많이 볼 수 있지만 남부해안지방에서 도로변에 방화수로 심어놓은 것도 볼 수 있어요. 중부지방 수목원에서는 온실에서 아왜나무를 만날 수 있어요.

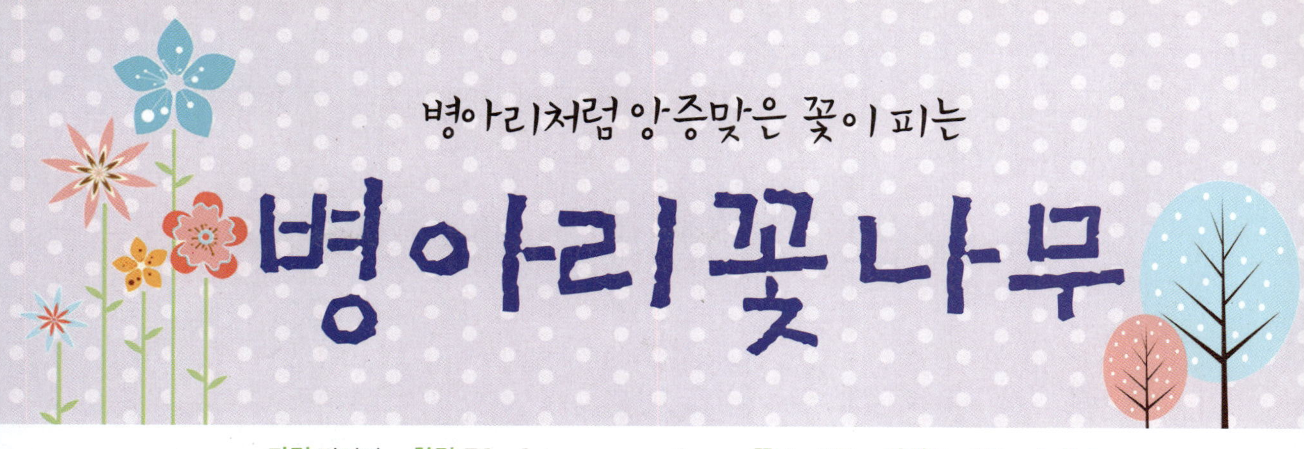

병아리꽃나무

과명 장미과　　**학명** *Rhodotypos scandens*　　**꽃** 4~5월　　**열매** 5~9월　　**높이** 2m

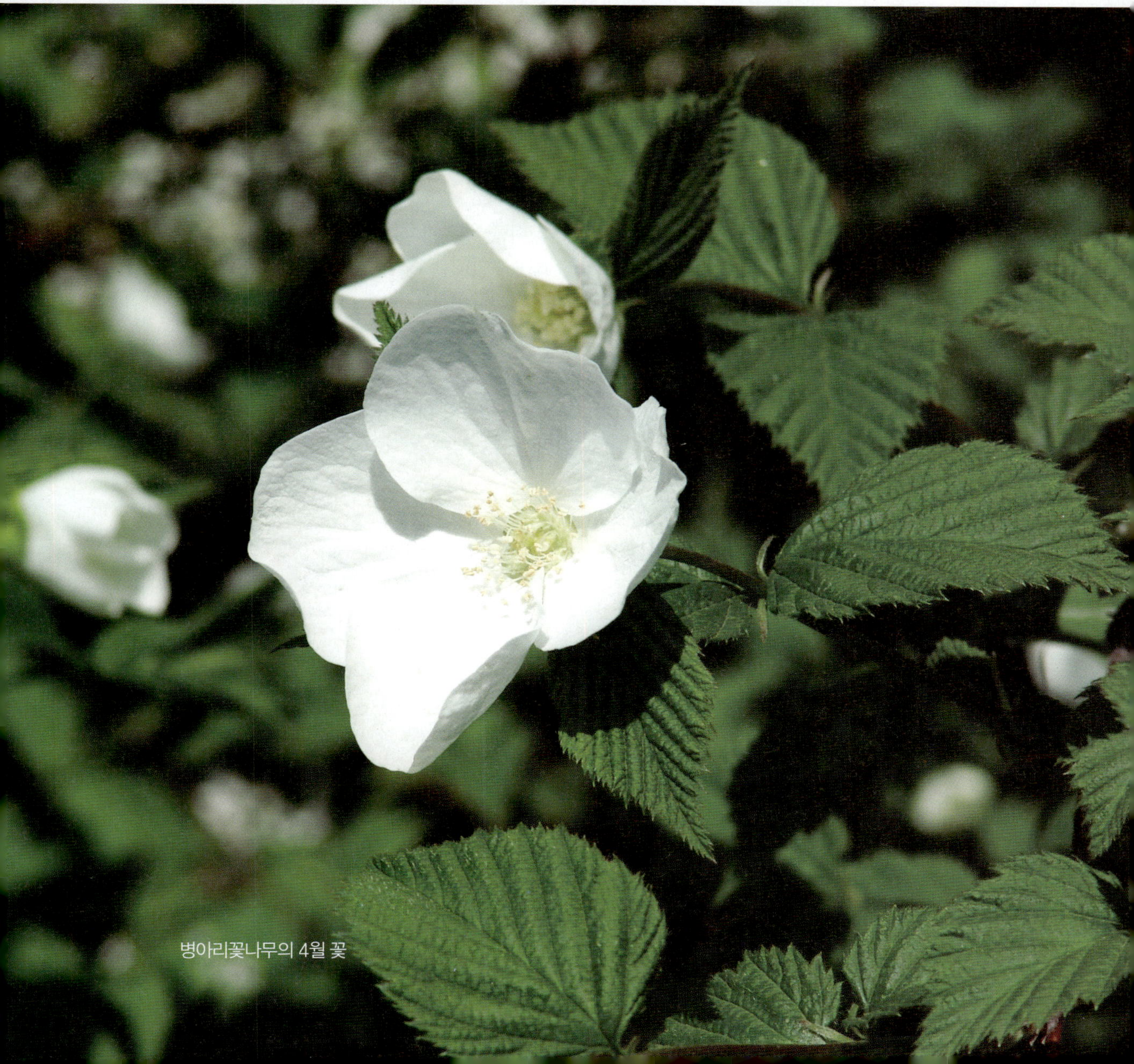

병아리꽃나무의 4월 꽃

▲ 병아리꽃나무의 수형   ▲ 병아리꽃나무의 5월 열매

병아리꽃나무는 이른 봄에 피는 꽃이 병아리를 떠올리게 한다고 하여 이름이 붙었어요. 실제 이 꽃을 처음 보면 병아리처럼 앙증맞기 때문에 귀엽다는 생각이 들 거예요.

꽃은 쌀쌀한 봄인 4~5월에 피고 지름 3~5㎝ 정도의 크기를 가졌어요. 꽃잎은 4개, 수술은 많고, 심피는 4개인데 이 심피가 나중에 열매로 성장을 해요. 열매는 빠르면 5월부터 볼 수 있는데 녹색이었다가 9월에 검정색으로 익어요. 병아리꽃나무는 비슷한 모양의 식물이 없으므로 한번 보면 절대 잊어버리지 않게 되죠.

번식은 종자 번식과 꺾꽂이로 할 수 있는데 보통 종자 번식을 많이 하는 편이에요.

🌼 볼 수 있는 곳

내륙지방에서는 중부 이남의 산기슭에서 볼 수 있고, 동해안 전 지역에서도 볼 수 있어요. 주로 산기슭이나 농가 부근, 해안가에서 자라는 경우가 많아요. 요즘은 서울 같은 대도시의 공원에서도 풀밭에 심어 기르는 경우가 많아요.

잎이 바늘처럼 생긴 침엽수

잎이 뾰족한 나무들을 침엽수라고 해요. 침엽수는 소나무처럼 바늘 같이 생긴 잎이 달리는 나무도 있지만 줄 모양의 부드러운 잎이 달리는 친구도 있어요. 또한 대부분의 침엽수는 상록성이기 때문에 한 겨울에도 푸른 잎을 자랑해요. 침엽수는 바늘 모양의 잎 때문에 인기가 없지만 사실은 공기정화실력이 탁월해 지구의 공기를 맑게 하는 없어서는 안 되는 나무들이에요. 어떤 연구기간의 연구에 의하면 소나무의 공기정화실력은 활엽수 못지않다고 하므로 가정에서 소나무를 관상수나 분재로 키워보는 것도 재미있을 것 같아요. 지금부터 침엽수를 대표하는 나무들에 대해 알아보아요.

바늘잎이 두 개씩 나면 우리 소나무	소나무
소나무와 닮았지만 잎이 5개인	잣나무
키가 작아도 나이가 많은	주목
우리나라 특산식물인	구상나무
추운 지방과 높은 산에서 자라는	가문비나무
울릉도에서 5천 년 동안 살아온	향나무
우리나라 천연기념물 제1호	측백나무
내장산과 제주도에 천연기념물이 있는	비자나무
크리스마스트리로 유명한	전나무

바늘잎이 두 개씩 나면 우리 소나무

소 나 무

과명 소나무과　　**학명** *Pinus densiflora*　　**꽃** 4~5월　　**열매** 6~10월　　**높이** 35m

천연기념물 제103호인 속리산 정이품 소나무

▲ 쌀알처럼 생긴 것이 소나무의 수꽃   ▲ 소나무의 암꽃

우리나라 소나무는 바늘잎이 2개씩 나고 약간 비틀려있고 2년 뒤 낙엽으로 떨어져요. 수피(나무껍질)는 붉은색을 띠고 겨울눈도 붉은색에 가까워요. 우리나라 전국의 산에서 흔히 볼 수 있어 육지의 소나무라는 뜻에서 '육송'이라는 별명이 있고, 수피에 밝은 붉은색이 많다 하여 '적송'이라고도 말해요. 바닷가에서 만나는 소나무는 육송도 있지만 해송이 더 많다고 할 수 있어요.

꽃은 암수한그루에서 나고 수꽃은 그해 새로 자란 어린 가지의 밑 부분에 노란색 타원형으로 붙고 길이는 1cm 정도이고 촘촘히 붙어있기 때문에 마치 쌀알이 붙어있는 것처럼 보여요. 자주색 암꽃은 새 가지의 끝에 1~3개씩 붙어있고 길이는 6mm 정도예요.

미국 원산의 리기다소나무는 땔감용 나무가 부족했던 1906년에 도입되어 우리 산에 즐겨 조림된 나무예요. 이 때문에 우리 산에는 아직도 리기다소나무를 많이 볼 수 있어요. 리기다소나무는 상단부 수피가 밝은 붉은색이 아닌 어두운 적갈색이고, 잎이 3~4개씩 모여나기 때문에 우리 소나무와 구분할 수 있어요.

소나무의 열매는 난형이고 흔히 솔방울이라고 말해요. 솔방울의 길이는 4.5cm, 직경 3cm 정도이고 9월에 익어요. 이 열매 안에는 140~200개의 씨앗이 들어있는데 씨앗은 타원형이고 날개가 있고 길이 5~6mm 정도예요.

▲ 잎이 2개씩 나는 소나무

▲ 잎이 3~4개씩 나는 리기다소나무

▲ 소나무의 6월 열매

▲ 소나무의 겨울(수피 상단부에 밝은 붉은색이 많이 보임)　▲ 리기다소나무(수피에 어두운 붉은색이 있으나 거무틱틱)

번식은 가을에 씨앗을 채취한 뒤 스타킹 등에 넣어 건조한 곳에 저장했다가 파종하기 전 한달 동안 땅에 모래와 섞어 묻어두었다가 파종해야 해요. 접붙이기도 가능한데 보통 곰솔에 접을 붙이는 경우가 많아요.

목재는 건축, 가구, 토목, 수레, 상자, 교각, 펄프용으로 사용할 수 있는데, 궁궐 보수와 공사에는 금강송(forma erecta UYEKI)이라고 불리는 소나무를 사용해요. 금강송은 태백산 일대의 눈보라 속에서 자랄 뿐 아니라 곧게 자라는 강직한 속성이 있어 '강송'이라는 별명이 있어요. 처진 소나무(forma pendula Mayr.)는 가지가 아래로 축 처지면서 자라는 소나무이며 특별한 유전으로 나타난 소나무예요.

약용성분이 풍부한 소나무는 줄기, 솔잎, 수피, 뿌리를 다양한 증상에 약용할 수 있어요. 솔잎은 살충, 가려움증에, 수피는 어혈에, 꽃가루(송화분)는 지혈에, 뿌리는 근육통 같은 각종 통증에, 가지는 독사에 물린 상처나 종기를 빼낼 때 약으로 사용할 수 있어요.

소나무는 흔히 선비들과 임금이 좋아한 나무라고 해서 요즘은 부잣집 정원수로 인기가 많아요. 그래서 어린 묘목은 10만 원대에 거래되기도 하지만 오래 살고 수형이 멋진 소나무는 몇 천만 원대에 거래되기도 해요. 이 때문에 소나무를 몰래 캐서 팔아먹는 소나무 절도단까지 나타나고 있어요.

🌼 볼 수 있는 곳

소나무는 우리나라 전국의 산에서 볼 수 있고 각 지역에 도립수목원에서도 만날 수 있어요. 요즘은 아파트단지에 정원수로 많이 심기 때문에 아파트단지에서도 볼 수 있어요. 리기다소나무는 시골 야산이나 공장, 민둥산, 사방공사를 한 지역에서 많이 심었어요.

백송과 반송

소나무의 동생인 백송과 반송에 대해 알아보아요.

백송 (소나무과, Pinus bungeana)

백송은 일반적인 소나무의 달리 수피가 거북이등처럼 갈라지지 않고 흰색이에요. 높이는 15m까지 자라고 꽃은 5월에, 열매는 10월에 익어요. 중국 원산이며 우리나라에서는 심어서 기르는 경우가 많아요. 잎의 개수는 3개씩 모여 달려요.

▲ 백송의 수형

▲ 백송의 수피

▲ 잎이 3개씩 달리는 백송

반송 (소나무과, Pinus densiflora for. multicaulis Uyeki)

반송은 소나무와 달리 아래 부분에서 굵은 가지가 갈라지기 때문에 전체적으로 둥글게 자라는 소나무를 말해요. 꽃은 5월에, 열매는 9월에 익고 높이는 10m까지 자라기도 하지만 2~3m 크기인 경우도 있어요. 잎의 개수는 소나무처럼 2개예요.

▲ 반송의 수형

▲ 반송의 수피

▲ 잎이 2개씩 달리는 반송

잣나무

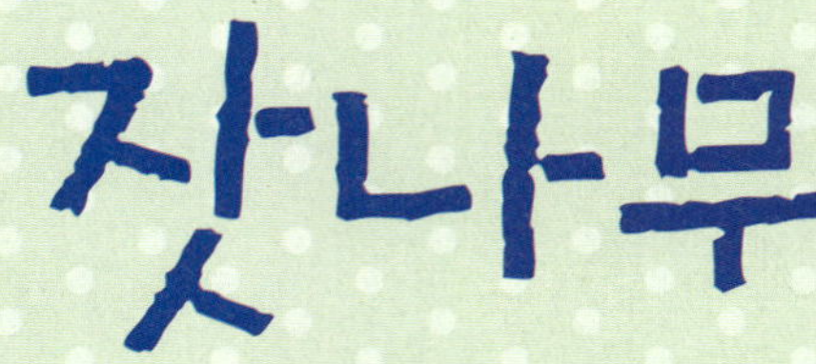

과명 소나무과　**학명** *Pinus koraiensis*　**꽃** 5월　**열매** 7~10월　**높이** 30m

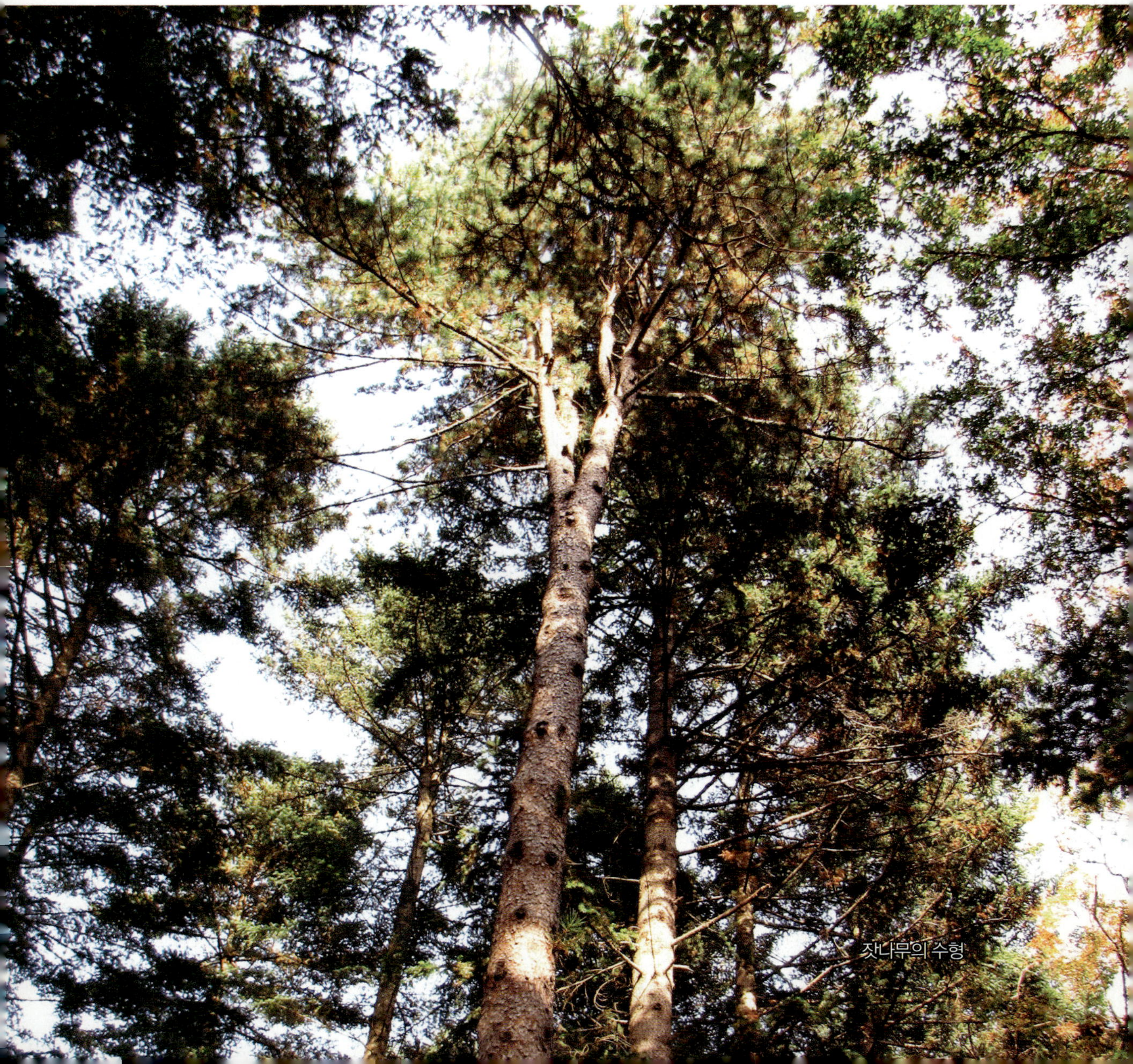

잣나무의 수형

▲ 5개씩 달리는 잣나무의 잎

▲ 잣나무의 수피

잣나무는 언뜻 보면 소나무와 아주 비슷해요. 그런데 열매는 솔방울에 비해 더 큼직하고 잎이 5개씩 달리는 것이 소나무와 구별할 수 있는 점이에요. 수꽃과 암꽃은 피는 모양이 소나무와 비슷하지만 생김새는 아주 조금 달라요.

▲ 잣나무의 열매

꽃은 암수한그루로서 5월에 피며 수꽃은 5~6개가 새로 자라는 가지 밑에 달리고 암꽃은 2~5개가 가지 끝에 붙어요. 열매는 소나무과 식물 중에서 가장 큰 길이 12~15cm 정도이고 열매 1개에 약 100개의 씨앗이 들어있는데 이 씨앗이 흔히 먹는 잣이에요. 번식은 이 씨앗을 12월 중에 모래와 섞어 땅에 묻어 두었다가 다음 해 봄에 파종해야 해요.

잣나무의 목재는 품질이 아주 좋은 편으로 집을 짓거나 배를 만들 때 사용할 수 있고 씨앗은 생으로 먹을 수도 있지만 약으로 사용하면 변비, 자양강장, 팔다리 마비증상에 좋아요. 열매가 귀한 만큼 산에서 잣나무를 보면 열매를 따려고 하는 경우가 많은데 이때는 가지와 새 순이 부러지지 않도록 조심하며 따는 것이 좋아요. 참고로 섬잣나무, 스트로브잣나무 등 잣나무라고 불리는 나무들은 모두 잎이 5개씩 붙어있어요.

볼 수 있는 곳

우리나라 전국의 산에서 볼 수 있고 고산지대에서도 볼 수 있어요. 잣으로 유명한 경기도 가평과 강원도 홍천에서는 흔히 볼 수 있고, 전국의 도립수목원에서도 볼 수 있어요.

주목

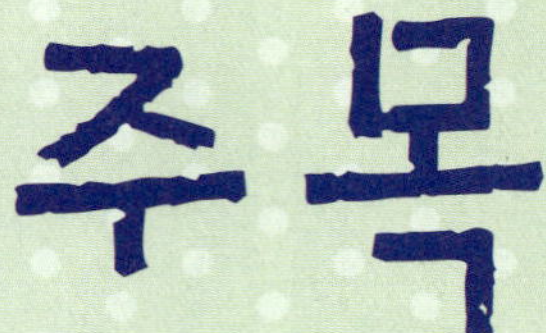

과명 주목과   **학명** *Taxus cuspidata*   **꽃** 4월   **열매** 8~10월   **높이** 17m

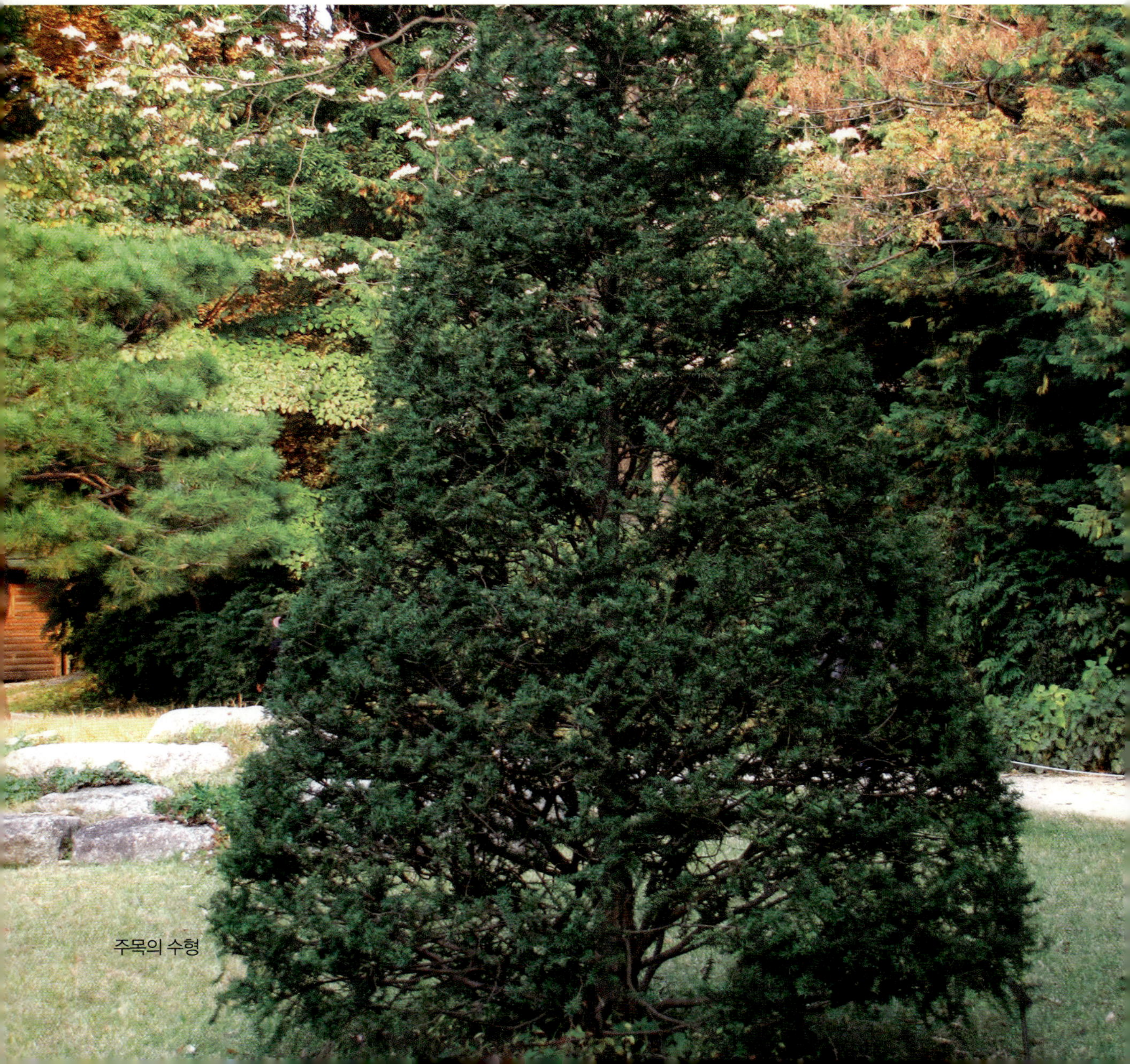

주목의 수형

주목은 우리나라의 높은 산꼭대기와 능선에서 자라는 나무예요. 원래 주목의 수형은 고산지대에서 풍마와 싸우느라 가지가 제멋대로 퍼지지만 도시에서 관상수로 심은 주목은 대개 가지치기를 하여 삼각 꼴인 경우가 많아요.

꽃은 암수한그루이며 4월에 피는데 수꽃은 6개의 인편에 싸여있고 8~10개의 수술이 있는 둥근 모양이고 암꽃은 10개의 인편에 싸여있는 작은 돌기 모양이에요. 열매는 8~10월에 빨간색으로 익고 가운데 홈이 파있고 씨앗이 들어있어요. 이 열매는 독성이 있으므로 식용할 수는 없어요. 잎은 나선 모양의 풍차처럼 달리고 뒷면에 2줄의 연한 황색 줄이 있고 윗부분이 뾰족해요. 잎이 주목처럼 생긴 나무들은 보통 잎 뒷면의 줄 개수를 보고 구별하는 경우도 있어요. 목재는 조각품이나 가구를 만들 수 있고, 번식은 종자와 꺾꽂이로 할 수 있는데 자라는 속도가 아주 느리기 때문에 1~2m 높이의 주목도 보통은 몇십 년 이상 자란 나무라고 할 수 있어요.

주목은 "살아 천년, 죽어 천년"이란 말이 있듯 살아서 천년을 살고, 죽어서는 고목으로 천년을 산다고 해요. 이 때문에 높은 산에 올라가면 주목 군락 중에서 고사목으로 변한 주목도 흔히 볼 수 있어요. 나무 수피가 붉기 때문에 붉은 주(朱), 나무 목(木)자를 써 지금의 주목이란 이름이 되었어요.

볼 수 있는 곳

강원도와 경상도의 높은 산에서 볼 수 있고 소백산의 주목군락지는 천연기념물로 지정되어 있어요. 또한 도시공원에서 관상수로 심어놓은 것을 흔히 볼 수 있고 각 지역의 도립수목원에서도 만날 수 있어요.

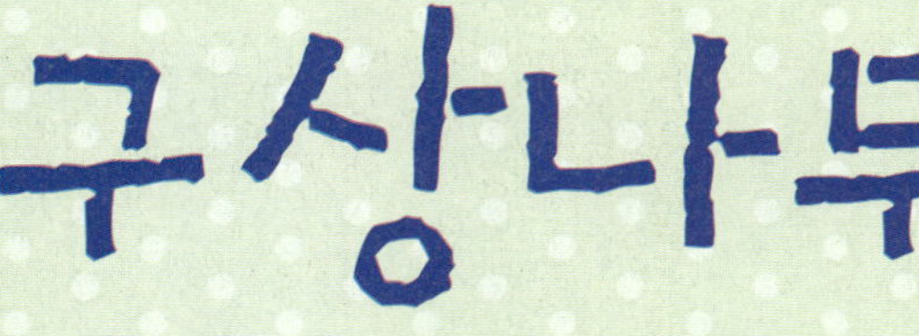

우리나라 특산식물인

구상나무

과명 소나무과   **학명** *Abies koreana*   **꽃** 5~6월   **열매** 7~10월   **높이** 18m

구상나무의 수형

▲ 구상나무의 7월 열매   ▲ 구상나무의 5월 암꽃

주목은 가지치기를 해서 삼각 꼴로 자라지만 구상나무는 가지치기를 하지 않아도 스스로 삼각 꼴 모양으로 자라는 나무예요. 이 때문에 크리스마스트리 대용으로 사용할 수 있는 나무라고 할 수 있어요.

잎은 주목 잎과 비슷하지만 주목 잎은 윗부분이 뾰족한 반면 구상나무 잎은 조금 납작하고 부드러운 편이에요. 잎 뒷면은 주목 잎처럼 2개의 줄이 있어요. 꽃은 암수한그루이며 5~6월에 개화를 하는데 수꽃은 주목 수꽃과 비슷하고 암꽃은 잎 끝에 작은 구슬처럼 붙어요. 열매는 구과로 원통형이며 길이 4~6cm, 지름 2~3cm 정도이고 씨앗의 크기는 6mm 정도예요.

구상나무는 우리나라 특산식물이기 때문에 종명 Abies koreana를 보면 알 수 있듯, 한국을 연상시키는 이름을 종명으로 지었다고 해요. 나무이름은 구부러져있는 바늘 모양의 돌기가 있다고 해서 갈고리 구(鉤), 형상 상(狀)자를 붙여 구상나무라고 이름을 붙였어요. 줄기에는 바늘 모양의 돌기가 없으므로 열매 표면의 돌기를 보고 붙인 이름 같아요. 구상나무는 열매색상이 다른 경우도 있는데 열매가 푸른 것은 푸른구상나무, 열매가 붉은 것은 붉은구상나무라고 말해요.

🌸 볼 수 있는 곳

전형적인 고산식물로 한라산의 해발 1400m 이상에서 볼 수 있고, 덕유산과 지리산에서도 볼 수 있어요. 또한 전국의 도립수목원에서 만날 수 있어요.

가문비나무

과명 소나무과　학명 *Picea jezoensis*　꽃 5~6월　열매 9~10월　높이 40m

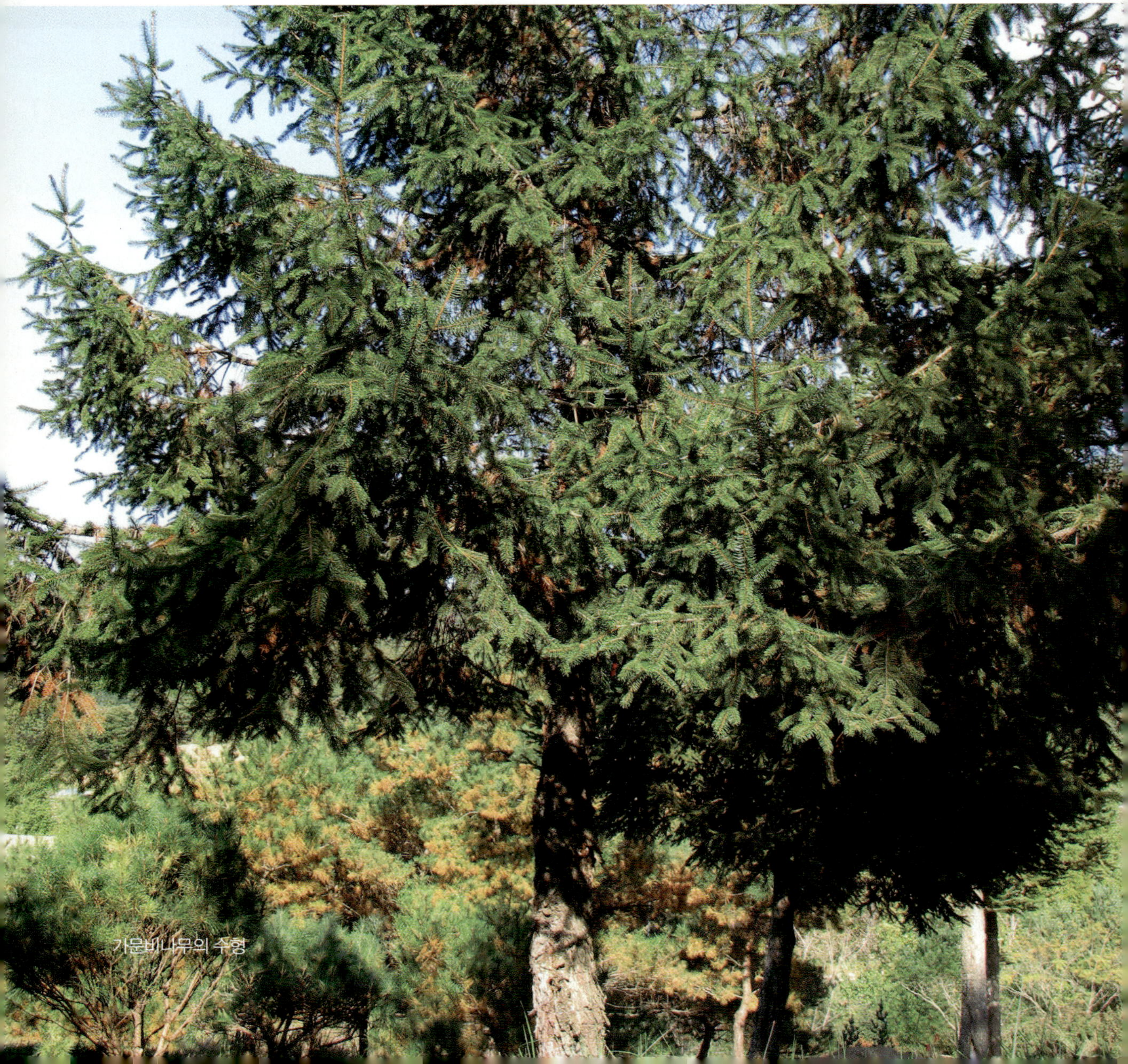

가문비나무의 수형

▲ 가문비나무의 잎　　　　　　　　▲ 풍겐스 가문비나무의 5월 꽃

가문비나무는 전형적인 추운지방 나무예요. 그래서 우리나라의 덕유산이나 지리산, 계방산, 금강산, 백두산 등의 비옥한 계곡에서 어쩌다 볼 수 있을 정도로 자생지가 한정되어 있고 우리나라에선 멸종 위기는 아니더라도 취약종으로 지정되어 있어요. 가문비나무는 원래 나무껍질이 검기 때문에 흑피목(黑皮木)이라 하여 '검은피나무'로 불렸는데 발음을 빨리 하다 보니 지금의 가문비나무라는 예쁜 이름이 되었어요.

꽃은 암수한그루이고 5~6월에 황갈색으로 개화를 해요. 수꽃은 길이 1.5cm 정도의 원통 모양의 황갈색이고, 암꽃은 길이 1.5cm 정도이지만 타원형이고 자주색이에요. 열매는 9~10월에 익는데 원통 모양이거나 원통상 타원 모양이고 길이 4~7.5cm 정도예요. 씨앗은 길이 7mm 정도의 흑갈색이고 타원형이에요. 번식은 이 씨앗을 채취한 뒤 스타킹에 넣어 건조한 곳에 매달아두었다가 1개월 전에 땅에 묻었다가 다시 꺼내 파종해야 해요.

원래 가문비나무는 전형적인 추운지방나무이므로 우리나라에선 높은 산에서 볼 수 있어요. 그러나 지구온난화 때문에 우리나라 평균기온이 올라가면서 점점 자생지가 줄어들고 있다고 해요.

🌺 볼 수 있는 곳

지리산에 유명한 가문비군락지가 있지만 일반인은 접근할 수 없는 산행불가지역에 있어요. 가문비나무를 보려면 각 지역의 도립수목원이 좋아요.

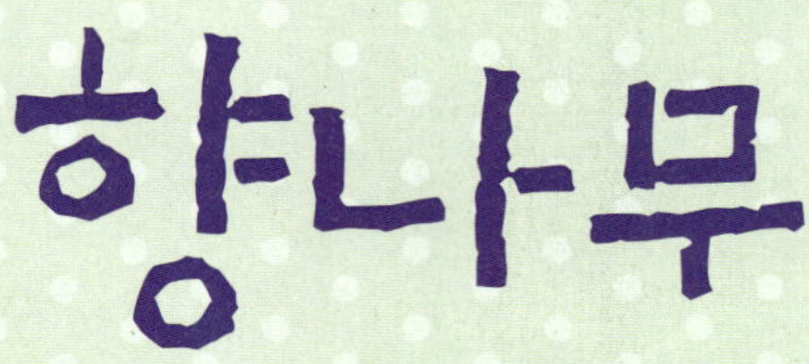

울릉도에서 5천 년 동안 살아온

향나무

과명 측백나무과　**학명** *Juniperus chinensis*　**꽃** 4월　**열매** 5~10월　**높이** 20m

향나무의 잎

향나무는 교정이나 아파트단지, 공원에서도 흔히 보는 나무이지만 실은 오래 사는 나무로 아주 유명해요. 우리나라에서 오래 산 나무들은 대개 1천년 정도 살아온 나무들이지만 울릉도에는 지난 5천년 동안 살아온 향나무가 있어요. 비록 울릉도 절벽 가에 붙어 자라고 있어 가까이서는 볼 수 없지만 전문가의 연구에 의하면 나무의 나이가 5천년이라고 해요.

만일 그것이 사실이라면 이 나무는 고구려, 백제, 신라가 만들어지기 훨씬 전인 고조선의 건국 시대보다 더 이전인 기원전 3000년쯤인 이집트 문명이 탄생할 무렵에 씨앗이 발아해 태어난 나무라고 할 수 있겠죠. 그러므로 오래 산 나무 앞에서의 인간은 한없이 자신을 겸손하게 낮추는 방법도 터득해야겠어요.

향나무는 키가 20m까지 자라는 나무로서 암수딴그루의 상록성 식물이에요. 보통 향나무를 만질 때는 뾰족한 바늘모양의 잎에 손가락을 찔리는데 새로 자란 잎은 뾰족하고 몇 년 된 잎은 뾰족하지 않아요. 꽃은 4월에 피고 수꽃은 전년도 잎 끝에 달리고 암꽃은 그 옆 갈라진 잎 끝에 붙어요. 열매는 씹던 껌을 둥글게 뭉친 모양이고 자흑색으로 익어요. 독특한 향기가 있는 목재는 향이나 연필을 만들 때 사용할 수 있고, 번식은 종자와 꺾꽂이로 할 수 있어요.

🌸 볼 수 있는 곳

향나무는 우리 주변의 화단에서 흔히 볼 수 있고 교정에서도 볼 수 있어요. 우리나라에는 향나무 천연기념물이 약 10여 군데에 있고 비슷한 나무로는 '둥근향나무'와 '연필향나무' 등이 있어요.

측백나무

과명 측백나무과　　**학명** *Thuja orientalis*　　**꽃** 5월　　**열매** 5~9월　　**높이** 15~25m

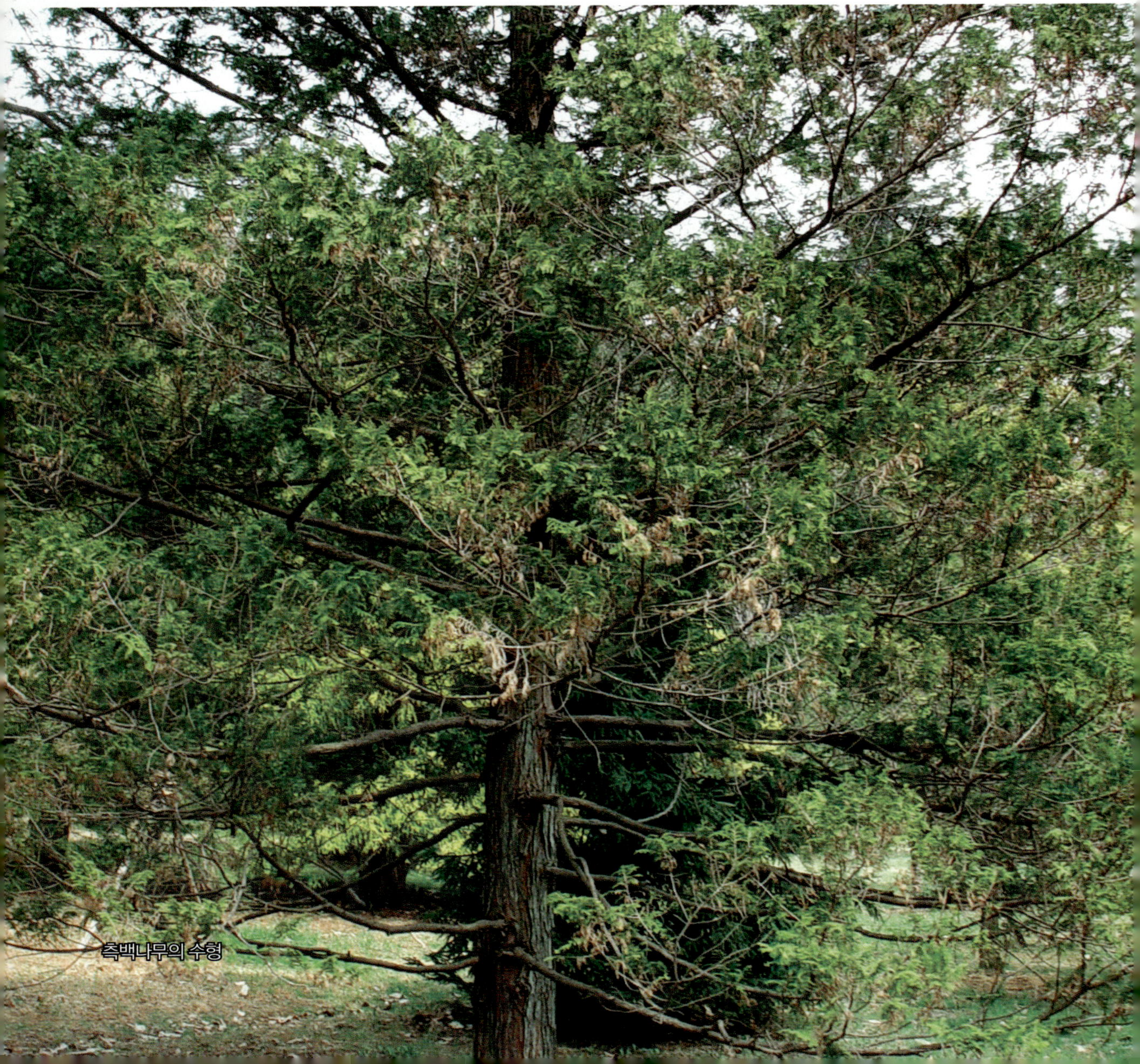

측백나무의 수형

▲ 측백나무의 7월 열매　　　　　　　　▲ 서양측백나무의 4월 열매

측백나무과에 속하는 나무로는 측백나무를 비롯해 향나무, 연필향나무, 섬향나무, 노간주나무, 편백나무, 화백나무, 눈측백나무 등 130~140종이 있어요. 측백나무과에 속해있으면서 측백이라는 이름을 사용하고 있으니 이 나무가 우두머리인 셈이죠. 여기서 측백(側柏)이란 잎이 옆을 향해 자란다 해서 붙은 이름이에요. 그러므로 측백나무과 나무들의 잎을 보면 자잘한 비늘잎이 계속 옆을 향해 자라는 것을 알 수 있어요.

측백나무의 꽃은 암수한그루이며 수꽃은 갈라진 잎 끝에 붙고, 암꽃은 그 옆 다른 갈라진 잎 끝에 붙어요. 열매는 향나무 열매와 비슷하고 씨앗이 2~6개씩 들어있어요.

우리 주변에서 흔히 조경수로 많이 심는 서양측백나무는 북미원산의 나무로서 꽃의 모양이 측백나무 꽃과 달라요. 서양측백나무의 꽃은 초록색으로 열린 뒤 익을 때 나무처럼 단단해지고 꽃봉오리처럼 벌어지기 때문에 대개 꽃인 줄 착각하는 경우가 많아요.

국내 천연기념물 제1호는 바로 측백나무인데 대구 동구 도동에 있고, 절벽 가에 1천 그루의 측백나무 군락이 있어요. 측백나무의 번식은 종자와 꺾꽂이로 할 수 있어요.

🌸 볼 수 있는 곳

대구 동구 도동의 측백나무 천연기념물은 도로변에서 볼 수 있는 절벽에 있어요. 그 외 각 지방의 도립수목원에서 측백나무를 만날 수 있어요. 도시 공원에서 조경수로 심은 측백나무는 서양측백나무거나 원예종인 경우가 많아요.

비자나무

과명 주목과　　**학명** *Torreya nucifera*　　**꽃** 4월　　**열매** 6~10월　　**높이** 25m

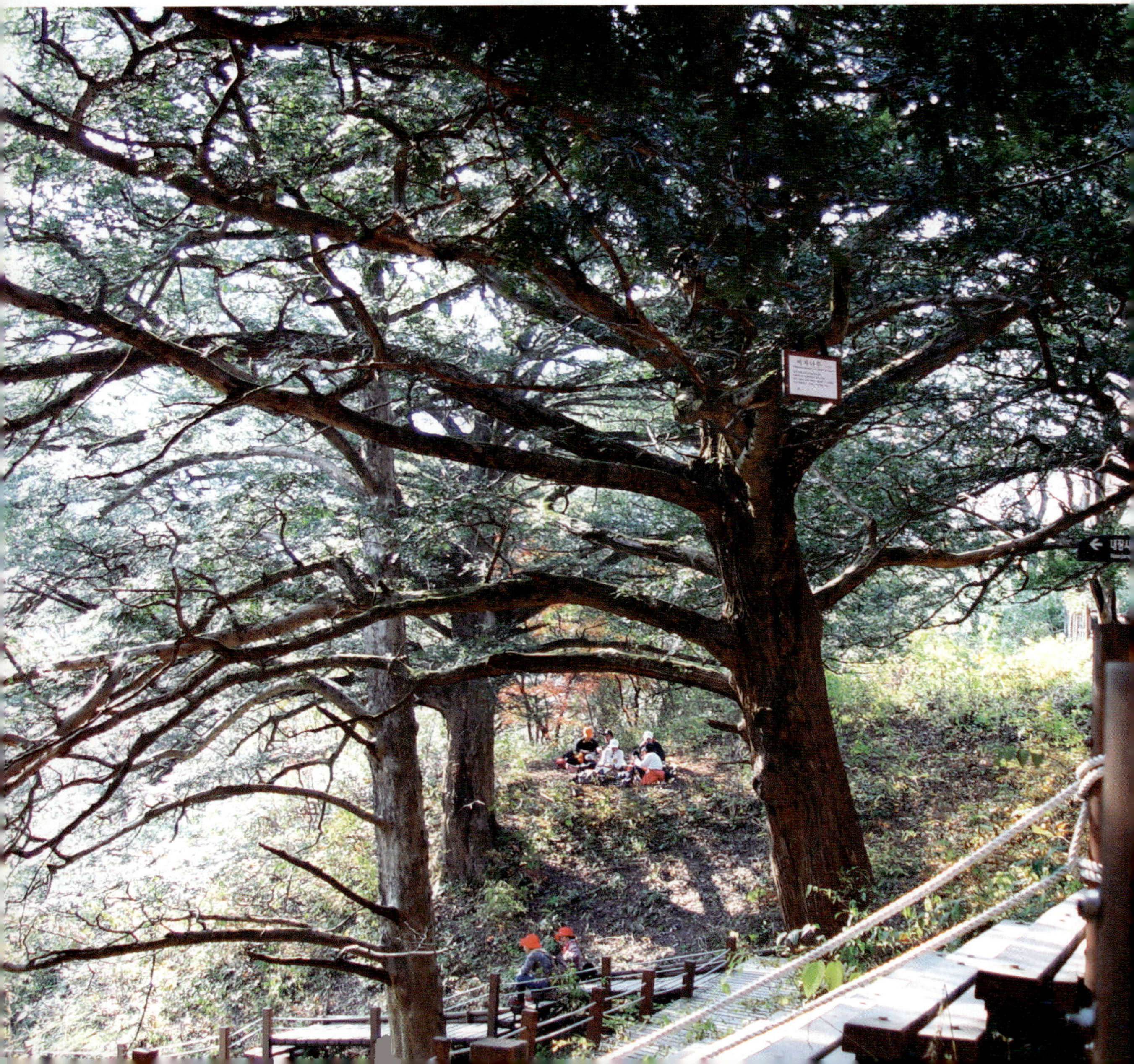

키 큰 침엽수들은 대개 추운지방에서 잘 자라지만 비자나무는 더운 지방에서 잘 자라는 침엽수예요. 우리나라 특산식물이며 대부분 군락을 이루어 자라기 때문에 유명한 곳은 천연기념물로 지정되어 있어요. 가장 유명한 곳은 내장산 비자나무숲과 제주도의 비자나무숲인데 면적도 넓을 뿐 아니라 크고 오래된 비자나무들도 많이 볼 수 있어요.

4월에 개화하는 비자나무 꽃은 암수딴그루예요. 수꽃은 원형이고 10개 내외의 갈색 포가 있고 길이 1cm 정도이고 10~20개의 꽃이 모여 붙어요. 암꽃은 2~3개씩 모여 피고 5~6개의 포로 싸여 있어요. 열매는 5월경부터 볼 수 있는데 대추알처럼 생겼고 2~3개가 모여 달리고 9~10월에 익어요. 잎은 주목 잎과 비슷하지만 끝부분이 매우 날카롭기 때문에 찔리면 가시로 세게 찌르는 듯한 통증이 있어요. 주목은 별로 아프지 않으므로 이것으로 두 나무를 구별하기도 해요. 번식은 종자와 꺾꽂이로 할 수 있어요.

볼 수 있는 곳

전국에 약 10여 군데의 비자나무 천연기념물이 있어요. 각 지역의 도립수목원에서도 만날 수 있어요.

전나무

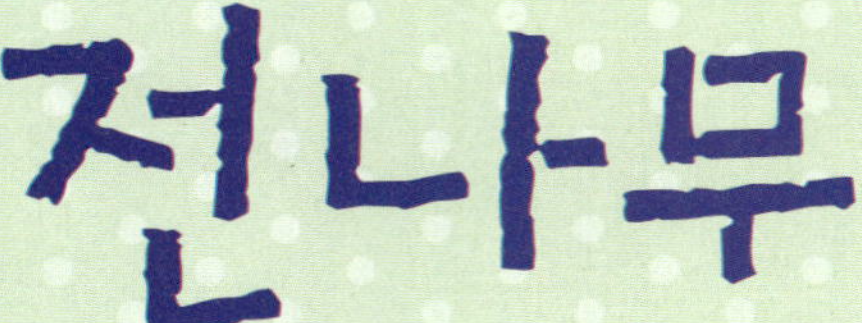

과명 소나무과　**학명** *Abies holophylla*　**꽃** 4~5월　**열매** 8~10월　**높이** 40m

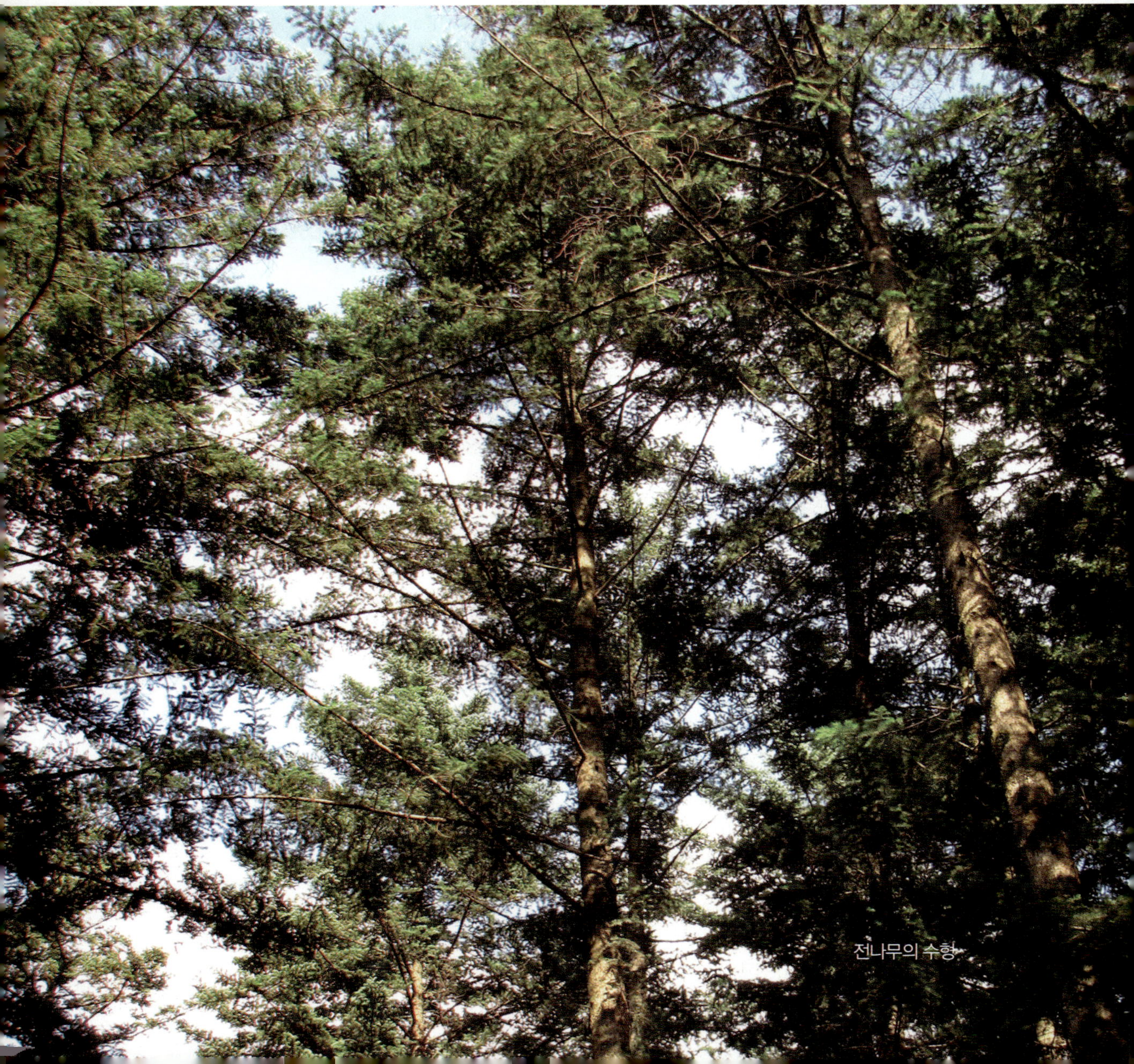

전나무의 수형

▲ 전나무의 잎　　　　　　　　　　▲ 전나무의 수피

독일의 신학자 마틴 루터는 크리스마스이브에 전나무 숲길을 걷다가 달빛에 반짝이는 전나무를 보고 깨달음을 얻었다고 해요. 그는 전나무 한그루를 가져와 촛불과 리본으로 장식하고 그날 밤 예수의 탄생을 축하하였어요. 그 후 전나무는 크리스마스트리로 사용하는 유명한 나무가 되었어요. 비록 외국에서 먼저 알려졌지만 우리나라에서도 전나무는 전국의 깊은 산속에서 흔히 볼 수 있어요. 광릉 국립수목원의 전나무길이나 오대산 월정사 전나무 숲은 눈 내리는 겨울에도 찾는 사람이 많을 정도로 유명한 관광지죠.

전나무의 꽃은 4~5월에 피는데 암수한그루이고 수꽃은 길이 1.5cm의 황록색이고 암꽃은 길이 3.25cm로 2~3개씩 붙어요. 열매는 구상나무 열매와 비슷한 모양이고 크기는 12cm 내외이고 초록색이에요. 잎은 줄 모양이지만 조금 날카로운 편이고 뒷면에 숨구멍선이 2개씩 있어요. 번식은 가을에 종자를 채취한 뒤 땅에 묻어두었다가 다음해 봄에 파종해야 해요.

우리나라에서 자라는 전나무는 키가 40m까지 자랄 정도로 훤칠한 키를 자랑해요. 우리나라에 자생지가 있는 나무 중에는 아마 가장 높이 자라는 나무일 거예요.

볼 수 있는 곳

높은 산의 깊은 골짜기에서 군락으로 자라는 모습을 볼 수 있어요. 오대산 월정사의 전나무길은 특히 유명해요. 전국의 도립수목원에서도 볼 수 있어요.

키가 정말 큰 교목

키가 30~50m까지 자라는 키 큰 나무들이 있어요. 우리나라에서 볼 수 있는 키 큰 나무들은 대개 침엽수이지만 활엽수도 키가 만만치 않게 높은 경우가 많아요. 올려다보는 것만으로도 아찔한 키 큰 나무에 대해 알아보아요.

3억 년 만에 되살아난 나무	메타세쿼이아
메타세쿼이아를 닮았지만 닮지 않은	낙우송
광주의 가로수로 유명한	히말라야시다
제주도에서 드라이브 길로 유명한	삼나무
미루나무로 오해를 받는	양버들
3만 2천 년을 살았다는	참중나무

3억 년 만에 되살아난 나무

메타세쿼이아

과명 낙우송과 **학명** *Metasequoia glyptostroboides* **꽃** 2~3월 **열매** 8월 **높이** 35m

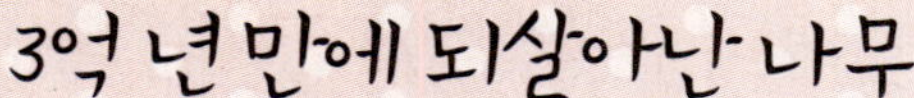

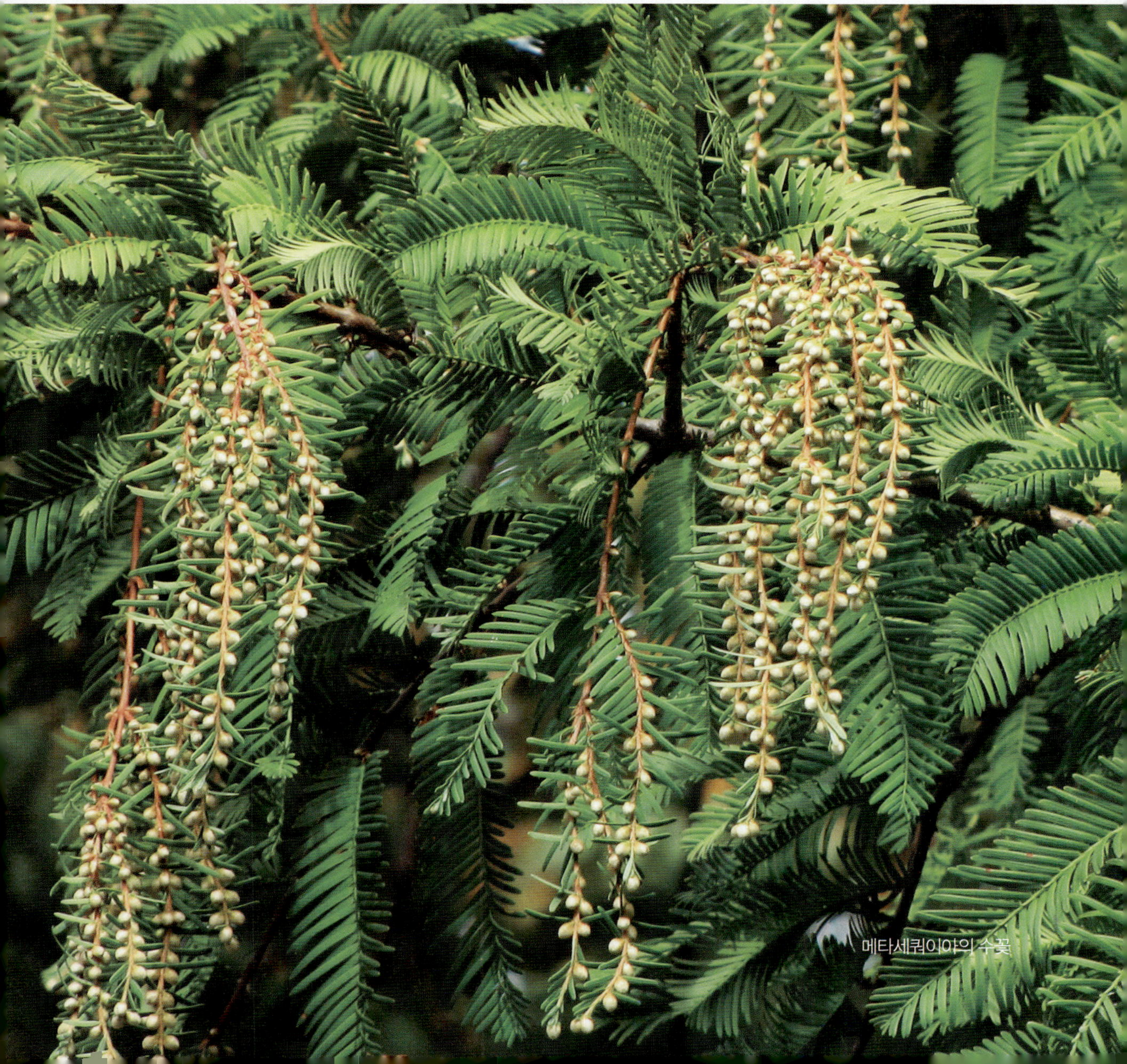

메타세쿼이아의 수꽃

▲ 메타세쿼이아의 열매   ▲ 작은 잎이 마주나는 메타세쿼이아

지구가 탄생한 이후 약 46억년 동안 지구상에는 수많은 식물들이 존재하고 사라졌는데 이처럼 말없이 사라진 식물 중에 몇몇은 자신의 존재를 화석으로 남기고 있어요. 메타세쿼이아는 지구에서 발견된 화석식물 중 하나로서 화석으로 발견된 식물 중에서 지금까지 멸종하지 않고 살고 있는 식물로 유명해요. 재미있는 것은 메타세쿼이아 화석이 중국 뿐 아니라 우리나라 포항에서도 발견되었다는 점이에요. 그러므로 우리 땅에 살고 있는 식물 중에는 가장 장구한 역사를 가진 식물이라고 할 수 있겠죠. 하지만 우리 땅에서 살았던 메타세쿼이아는 석탄기 이후 기후변동 때 멸종한 것으로 보이며, 현재 우리들이 볼 수 있는 메타세쿼이아는 중국에서 가져온 나무를 심어 기른 것들이에요. 석탄기는 3억 년 전의 일이므로 우리나라에선 3억 년 만에 되살아난 나무인 셈이죠.

▲ 메타세쿼이아의 수피

메타세쿼이아의 꽃은 암수한그루이고 2~3월에 피지만 어떤 지역에서는 10월에 피기도 해요. 수꽃은 잎겨드랑이에서 총상화서로 달리고 20개의 수술이 있고, 암꽃은 22~26개의 마주보는 실편이 있고 아래로 늘어져 있어요. 열매는 둥근 모양이고 길이 1.8~2.5cm 정도이고 씨앗에 날개가 있어요. 잎은 마주나고 각각의 잎마다 붙어있는 작은 잎들도 마주나기 때문에 잎을 보면 낙우송과 구별할 수 있어요. 낙우송의 잎은 서로 어긋나게 달리고, 각각의 잎에 있는 작은 잎들도 어긋나게 달리기 때문이에요.

성장속도가 매우 빠를 뿐 아니라 수형이 아름답기 때문에 중국에서 도입된 이후 메타세쿼이아는 우리나라 여러 곳에서 가로수로 심어졌어요. 그중 가장 유명한 곳이 전라남도 담양의 메타세쿼이아 가로수 길이에요.

메타세쿼이아 가로수의 특징은 공해에 강하고 잔벌레가 끼지 않을 뿐 아니라 바람에 강하다는 점에 있어요. 그러나 가지가 잘 뻗고 쑥쑥 자라기 때문에 도시에서는 전깃줄과 엉키는 경우가 많다고 해요. 이 때문에 식물학자들은 메타세쿼이아 가로수를 권장하되 전깃줄이 없는 곳을 추천하고 있고 공원의 조경수로도 특히 적극 권장하고 있어요.

▲ 메타세쿼이아의 수형

번식은 종자를 스타킹에 넣어 건조한 곳에 걸어두었다가 1개월 전 땅에 묻어두었다가 파종해야 해요. 꺾꽂이 번식도 매우 잘되는 편이에요.

🌺 볼 수 있는 곳

심어 기르는 나무이기 때문에 산에서는 볼 수 없어요. 서울의 경우 양재천 길에서 볼 수 있어요. 강원도 남이섬 메타세쿼이아 길과 전라남도 담양 메타세쿼이아 가로수 길은 전국적으로 유명한 관광지예요. 또한 각 지역의 도립수목원에서도 볼 수 있지만 몇몇 도립수목원에서는 이 나무가 없는 경우도 있어요.

낙우송

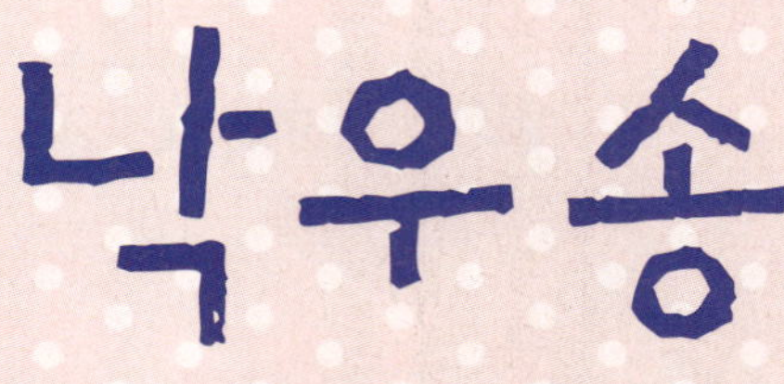

과명 낙우송과   **학명** *Taxodium distichum*   **꽃** 4~5월   **열매** 6~9월   **높이** 50m

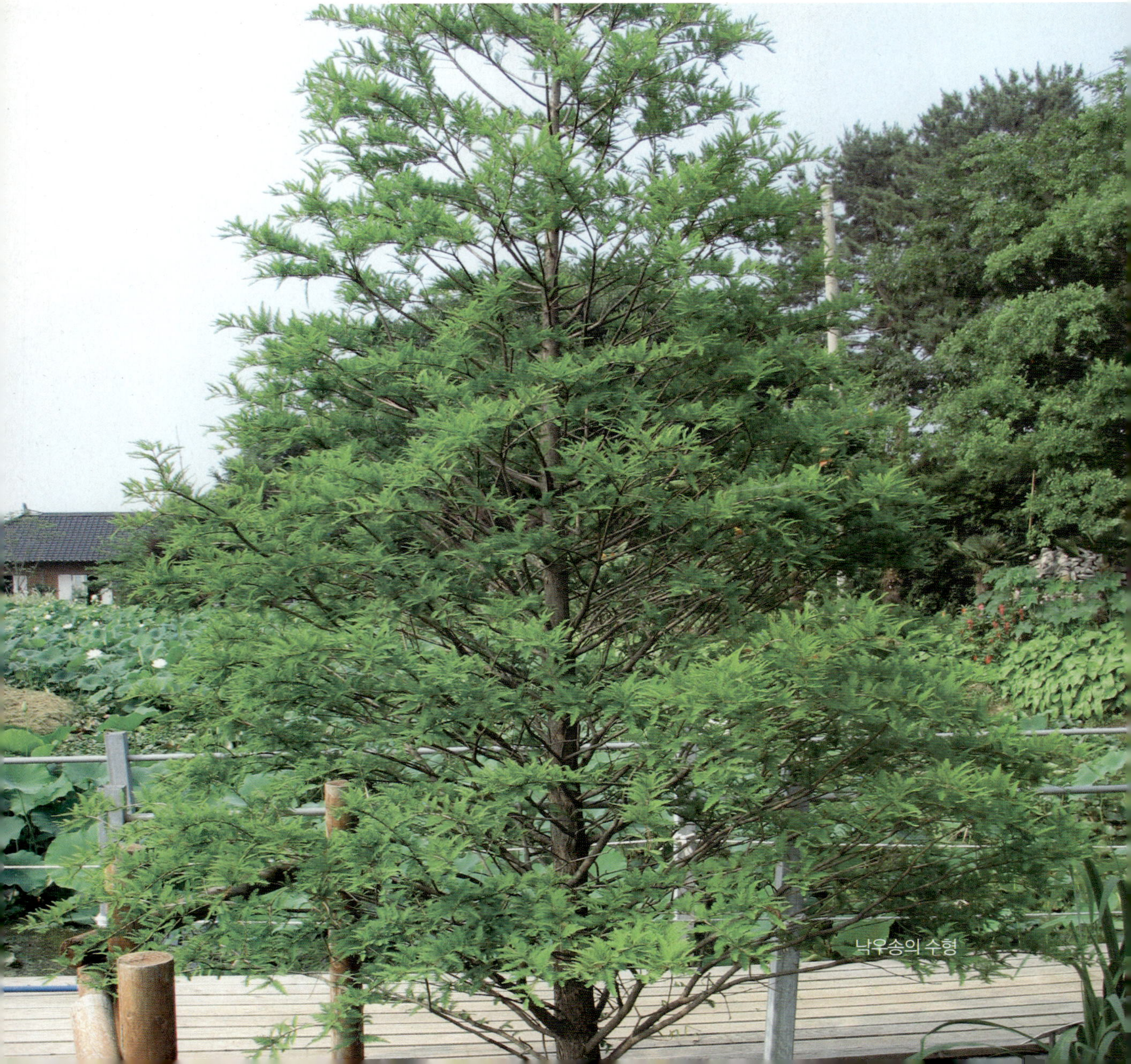

낙우송의 수형

낙우송이란 이름은 잎이 솔잎처럼 가는데 낙엽이 지는 나무라는 뜻에서 붙은 이름이에요. 미국에서 도입한 낙우송은 메타세쿼이아와 쌍둥이처럼 닮은 나무이기 때문에 헷갈려하는 사람들도 많죠. 그러나 잎이 어긋나 달리기 때문에 이 점만 기억하면 낙우송과 메타세쿼이아를 충분히 구별할 수 있어요.

낙우송은 메타세쿼이아와 달리 암수딴그루이고 4~5월에 개화를 해요. 열매는 둥근 모양이고 씨앗은 삼각형이고 날개가 있어요. 잎은 어긋나고 작은 잎도 대개 어긋나게 달리지만 간혹 작은 잎들이 마주나는 경우도 있어요. 따라서 줄기 잎이 어긋나있는지 확인하는 작업이 필요하겠죠. 번식은 종자와 꺾꽂이로 할 수 있어요.

낙우송은 메타세쿼이아와 달리 물가에서 아주 잘 자라기 때문에 연못가에 심는 관상수로 유명해요. 어떤 곳은 아예 얕은 물속에 이 나무를 심기도 하죠.

🌺 볼 수 있는 곳

남부지방에서 심어 기르는 나무이므로 주로 남부지방에서 많이 만날 수 있어요. 남부지방의 공원이나 학교 교정에서 볼 수 있고 전국의 도립수목원에서도 만날 수 있어요. 요즘은 중부지방에서도 수변조경용 나무로 즐겨 심는데 주로 연못 옆에 많이 심어요.

히말라야시다

과명 소나무과　학명 *Cedrus deodara*　꽃 10월　열매 다음해 10월　높이 50m

히말라야시다의 수형

▲ 히말라야시다의 잎

▲ 히말라야시다의 열매

히말라야시다의 국내 정식명칭은 '개잎갈나무'라고 해요. 식물이름에 '개'자가 붙으면 나쁜 의미이므로 잎갈나무보다 나쁜 나무라는 뜻이겠죠. 그래서 아저씨는 히말라야시다라는 원래 이름을 사용하길 좋아해요. 시다(cedar)는 삼나무를 뜻하므로 히말라야시다란 히말라야산맥에서 자라는 삼나무라는 뜻이죠. 이 나무는 1930년경 우리나라에 도입되었는데 겨울철 월동에 문제점이 많아 주로 남부지방에서 심었고 부산 용두산공원과 광주에서 특히 많이 심었어요.

▲ 히말라야시다의 수피

꽃은 암수한그루이고 10월에 개화를 해요. 열매는 타원형이고 씨앗에는 날개가 있어요. 잎은 히말라야시다를 알아볼 수 있는 주요 포인트인데 솔잎 절반정도 길이의 바늘잎이 한바퀴 빙 돌아가듯 달려있어요. 이 잎은 날카롭게 생겼지만 손바닥에 찔러도 별로 아프지 않아요. 번식은 종자와 꺾꽂이로 할 수 있어요.

🌺 볼 수 있는 곳

부산용두산공원은 이 나무를 모아서 심은 장소가 있고 광주는 중심가에 이 나무를 가로수로 심었어요. 수도권 사람들이 광주를 처음 찾으면 가로수가 중부지방과 달리 삼각형 수형이기 때문에 아름답다고 생각하는데 이 나무를 심었기 때문이죠. 또한 전국의 도립수목원에서 히말라야시다를 볼 수 있어요.

삼나무

과명 낙우송과   학명 *Cryptomeria japonica*   꽃 3월   열매 6~10월   높이 45m

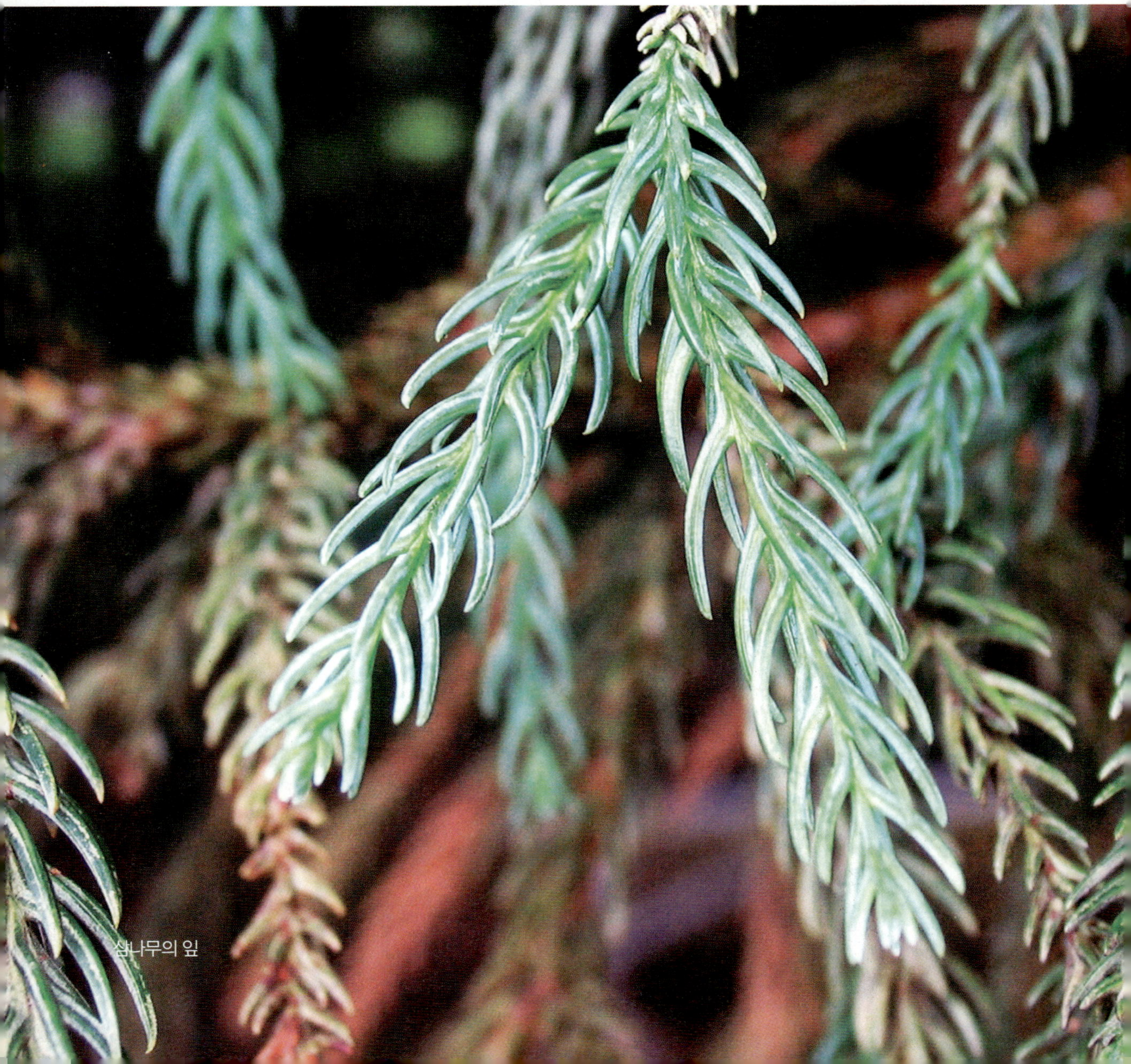

삼나무의 잎

삼나무 또한 울릉도에서 식물화석이 발견되었지만 우리나라에 자생지가 없는 일본에서 도입한 나무예요. 원래 식물은 자생지를 발견하면 자기나라 식물로 인정하지만 자생지가 발견되지 않으면 외국에서 도입한 나무로 보고 있어요. 이 때문에 일본인 식물학자들은 자기들의 국화인 왕벚나무 자생지가 일본 땅에는 없고 우리나라 제주도에 있다는 사실에 항상 억울해하죠.

삼나무는 일본에서 가장 흔하게 볼 수 있는 나무 중 하나로 일본인들은 전 국토에 삼나무를 많이 심었다고 해요. 삼나무를 적극 조림한 이유는 여러 가지 이유가 있겠지만 일단 45m 높이까지 자라기 때문에 나중에 전신주를 만들기에 딱 안성맞춤이었죠.

▲ 삼나무의 수형

우리나라는 기후특성상 남부지방에서 잘 자라기 때문에 남부해안지방에서 즐겨 심었는데 특히 바람 많은 제주도는 바람을 막는 방풍림으로 삼나무가 딱 좋았기 때문에 많이 심었다고 해요. 제주도의 방풍림은 바람을 막을 목적이 있었기 때문에 대부분 도로변에 식재하였어요. 이것이 지금은 관광지가 되어 제주도 삼나무 길은 드라이브를 즐기려는 사람들이 즐겨찾는다고 해요. 삼나무를 다른 침엽수와 구별하는 방법은 딱 한가지예요. 잎이 가시처럼 생겼고 기러기의 날개모양으로 이어져 있어요.

볼 수 있는 곳

삼나무는 심어 기른 나무이므로 방풍림으로 조림된 곳이나 가로수로 만날 수 있어요. 제주도의 삼나무길이 전국적으로 유명하고 보성녹차밭의 삼나무 길은 산책로로 유명해요. 또한 전국의 도립수목원에서도 만날 수 있어요.

양버들

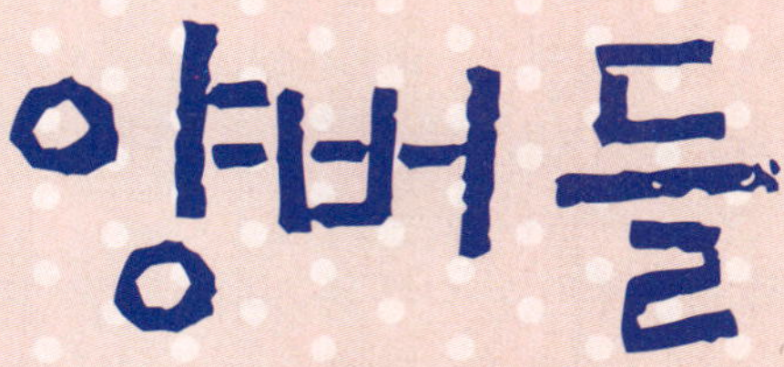

과명 버드나무과　**학명** *Populus nigra*　**꽃** 3~4월　**열매** 4~5월　**높이** 30m

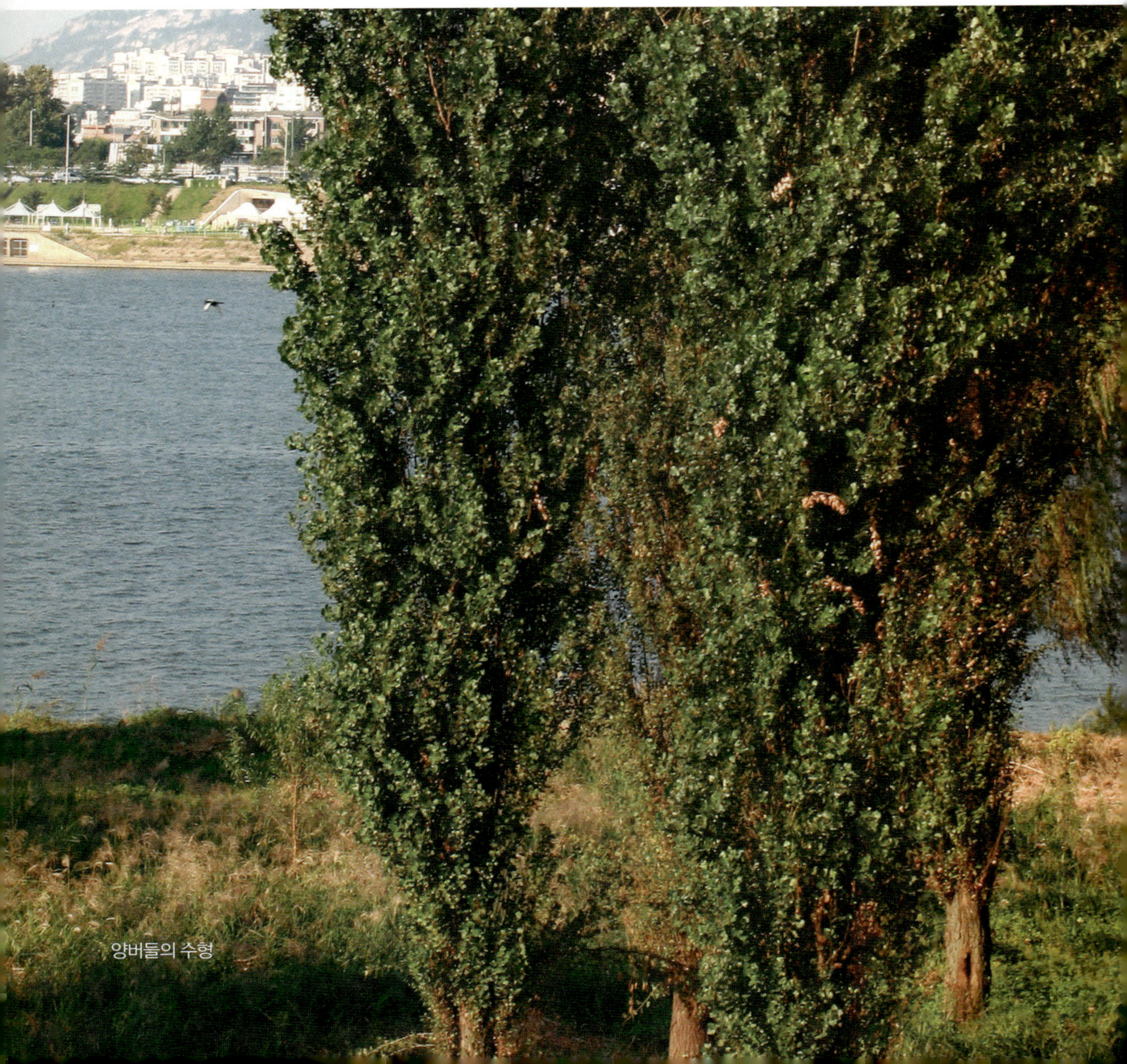

양버들의 수형

양버들은 흔히 미루나무(미류나무)로 오해를 많이 받아요. 왜 양버들이 미루나무로 알려진 것인지는 알 수 없지만 식물학자들은 사진 속의 나무를 미루나무가 아닌 양버들이라고 말해요. 나무수형이 빗자루처럼 생겼으면 양버들이고, 잎의 생김새가 비슷하지만 수형이 일반 나무처럼 생겼으면 미루나무라고 할 수 있어요. 이들 나무들은 학명에 Populus 라는 글자가 들어가듯이 흔히 포플러나무라고도 말해요.

▲ 양버들의 잎

포플러나무들은 일반적으로 잎이 많기 때문에 바람이 불면 잎사귀가 서로 부딪치는 소리가 시원하게 들려요. 무더운 한여름에 양버들이 보이는 평상에서 매미 소리를 들으며 수박을 먹는 것만큼 시원한 일도 없겠죠.

양버들은 유럽에서 들어온 나무로서 주로 시골길이나 강변길에 많이 심었어요. 빗자루 모양의 수형이 워낙 시원했기 때문에 무더운 여름에는 양버들이 있는 풍경만으로도 시원한 기분이 들었죠. 그러나 그 이후에는 성장속도가 더 빠른 이태리 포플러를 조림하면서 시골의 양버들이 많이 사라지고 있어요. 설상가상 남아있는 나무들도 대부분 수나무이기 때문에 자체적으로 번식도 못하고 있는 형편이에요.

번식은 종자와 꺾꽂이로 할 수 있지만 보통 꺾꽂이로 하는 것이 좋고 종자 번식은 상당히 안 되는 편이에요.

🌺 볼 수 있는 곳

서울에서는 선유도공원의 한강변에 심어진 양버들을 볼 수 있어요. 지방에서는 강가에 양버들이 심어진 것을 간간히 볼 수 있어요. 대부분의 국민들이 지금도 양버들을 미루나무라고 말하는 경우가 많아요.

참중나무

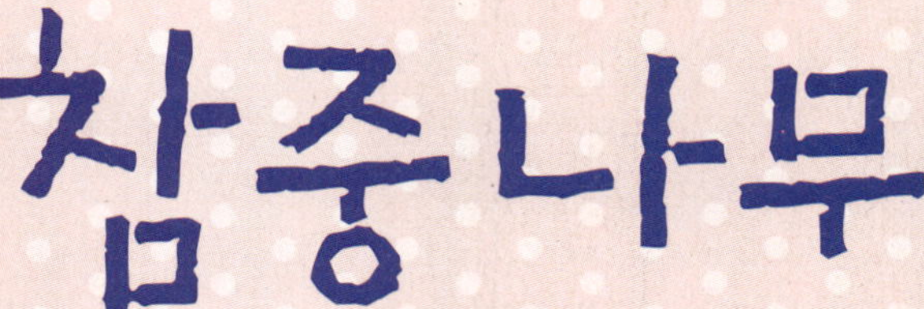

과명 멀구슬나무과　**학명** *Cedrela sinensis*　**꽃** 6월　**열매** 7~9월　**높이** 30m

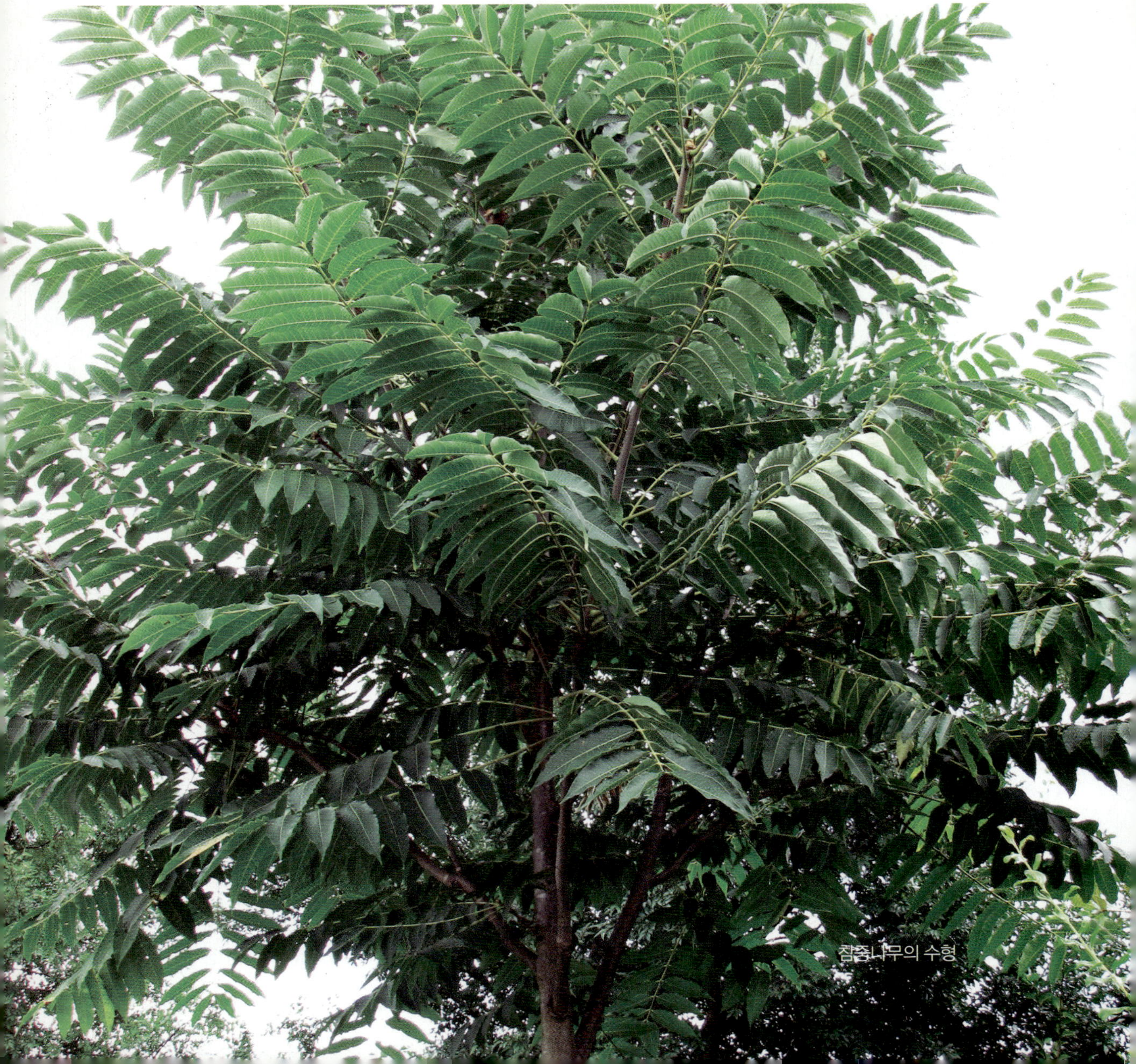

참중나무의 수형

▲ 참중나무의 열매　　　　　　　　▲ 작은 잎 하단부에 돌출부가 없는 참중나무 잎

참중나무는 죽순을 먹듯 새 순을 먹을 수 있는 나무라는 뜻에서 이름이 붙었어요. 이 때문에 먹을 수 있는 죽나무라는 뜻에서 '참죽나무'라고도 말해요.

중국에서 춘나무라고 부르는 참중나무는 중국의 옛 고사에도 당당하게 등장하는 나무예요. 중국의 어느 시골마을에 멋지게 자란 '춘나무'가 있었다고 해요. 장자는 그 나무를 보고 "춘나무는 8천 살을 봄으로 살고 8천 살은 가을로 산다"고 평가했다고 해요. 계산해보니까 1년 4계절을 3만 2천년으로 사는 나무였어요. 만일 10년을 살면 32만년을 사는 나무였던 것이죠.

이 고사 때문에 춘나무는 1년을 3만 2천년으로 사는 나무로 유명해졌고, 춘나무가 있는 마을의 촌장님은 '춘부장'이라고 불렀다고 해요. 춘부장은 1년을 3만 2천년으로 사는 나무를 키우는 어른이므로 정말 고귀하신 분이라고 할 수 있겠죠. 훗날 춘부장이란 말은 친구의 아버지를 높여 부를 때 사용되었으므로, 자신의 아버지 뿐 아니라 친구의 아버지도 공경해야 한다는 뜻을 담고 있어요.

참중나무는 가중나무(가죽나무)와 비슷하기 때문에 처음 보면 구별할 수 없는 경우가 많아요. 이때는 작은 잎의 밑 부분을 보면 알 수 있어요. 참중나무 잎은 작은 잎 밑 부분에 양쪽으로 나온 돌출부가 없지만, 가중나무 잎은 밑 부분에 양쪽으로 나온 돌출부가 있어요.

볼 수 있는 곳

중국 원산이지만 새 순을 먹기 위해 고려시대에부터 심어 기르면서 지금은 전국의 산에서도 볼 수 있어요. 또한 각 지역의 도립수목원에서도 만날 수 있어요.

학습능력을 향상시키는 나무

선비들은 자신의 학습 능력을 향상시키거나 출세의 꿈을 키우기 위해 나무를 가까이 하는 경우가 많았어요. 어떤 나무는 학자수라고 해서 학자들이 즐겨 심었고, 심신이 지치고 머리가 아플 때는 대나무를 보며 마음을 다잡아주었죠. 좋아하는 나무를 보면서 자신의 꿈을 키워보는 것도 좋을 것 같아요.

행운, 출세, 학자를 뜻하는	회화나무
봉황새가 서식하는	벽오동
이 나무가 죽지 않으면 나도 죽지 않은 것으로 알라	골담초
전기가 나가면 켜는 촛불	쉬나무
벼과 식물 중에서 가장 키가 큰	대나무

회화나무

과명 콩과   **학명** *Sophora japonica*   **꽃** 7~8월   **열매** 8~10월   **높이** 25m

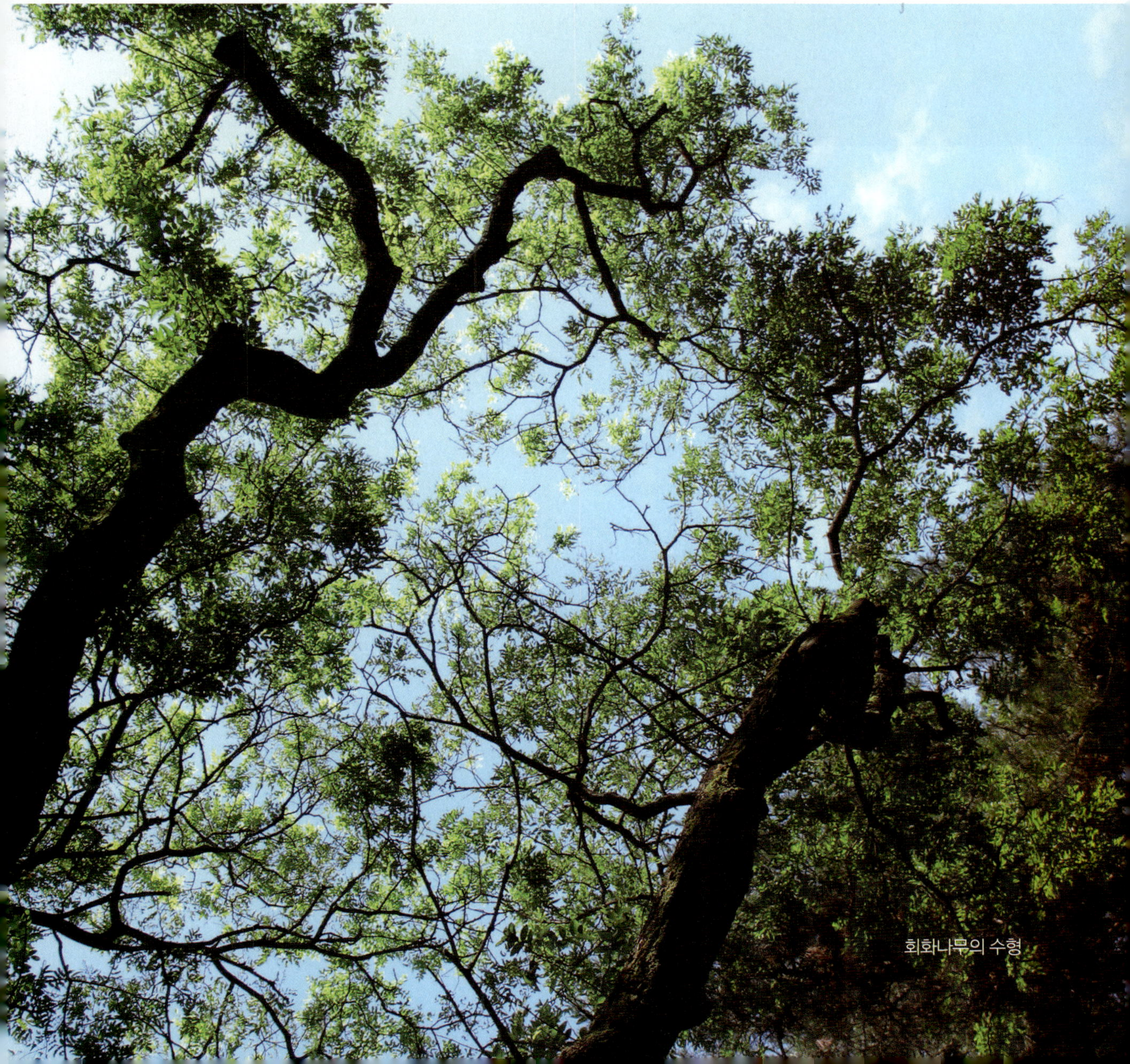

회화나무의 수형

우리나라는 예로부터 묘지에 심을 수 있는 나무가 있었다고 해요. 왕의 능에는 소나무를 심을 수 있었고, 왕족의 묘에는 측백나무를, 높은 직위의 관리 묘에는 회화나무를, 학자의 묘에는 모감주나무를 심을 수 있었어요. 그리고 저처럼 서민들은 사시나무를 심는 것에 만족해야 했죠. 만일 죽은 사람의 직급보다 높은 나무를 심으면 그 후손은 곤장을 쳐 맞아야 했다는데 제 후손들은 아비 위한다고 더 좋은 나무 심다가 곤장을 몇 천배 더 맞았을 것 같아요.

우리나라의 회화나무는 복이 들어오는 나무라고 하여 권세 있는 양반가나 학자들만이 키울 수 있었어요. 중국에서의 회화나무는 출세를 할 수 있는 나무로 유명했고, 서양에서의 회화나무는 학자가 태어나는 나무로 소문났지요. 이 때문에 우리나라에는 회화나무 3그루가 집안에 있으면 모든 일이 만사형통이라고 생각했었죠. 첫 번째 회화나무는 행운을 담당하고, 두 번째 회화나무는 출세를 담당하고, 세 번째 회화나무는 지식을 담당하므로, 당연히 모든 일이 만사형통일 수밖에 없었던 것이죠. 이 때문에 우리나라의 옛 양반집이나 서원에는 지금도 회화나무가 많이 남아 있어요. 전국에 5~6개의 회화나무 천연기념물이 있을 정도이니 우리나라 선비들이 얼마나 이 나무에 애착을 가졌는지 이해하실 거예요.

콩과식물인 회화나무는 전체적으로 아까시나무와 판박이라고 할 수 있는 나무라고 할 수 있어요. 꽃은 7-8월에 피는데 아까시꽃과 거의 비슷한 모양을 가지고 있어요. 잎은 어긋나고 '기수우상복엽'이며 작은 잎이 9~15개가 붙어있는데 잎의 생김새도 아까시잎과 쌍둥이예요. 물론 회화나무 잎은 두툼한 다육질이고 광택이 있다는 점이 서로 달라요. 열매 또한 아까시열매와 비슷한데 8월부터 볼 수 있고 10월이면 갈색으로 익어요.

▲ 회화나무의 8월 열매　　　　　▲ 회화나무의 잎

나무의 수형은 아까시나무에 비해 잔가지가 사방으로 갈라지기 때문에 훨씬 예쁜 편이에요. 바쁘지 않으면 여름에 회화나무를 올려다보면서 잔가지가 뻗어나간 것을 관찰해 보세요. 잔가지가 사방으로 뻗어나가면서 공중에 산수화를 그리고 있어요. 붓으로 칠한 듯한 나뭇가지는 힘차고 기하학적으로 보이기까지 하거든요. 2페이지 앞의 회화나무 사진을 자세히 보면 충분히 이해할 것 같아요.

한자로 괴(槐)라고 불리는 회화나무는 약으로도 사용할 수 있어요. 꽃, 잎, 줄기, 수피, 열매를 약으로 달여 먹을 수 있는데 종기, 고혈압, 출혈증에 효능이 있어요. 번식은 종자, 꺾꽂이, 접붙이기로 할 수 있어요.

회화나무를 중국어로 정확하게 표현하면 괴수(槐樹)라고 말해요. 괴(槐)는 회화나무와 연관된 마을이름에도 붙이므로 충청북도 괴산군(槐山郡) 군내에도 잘 찾아보면 회화나무가 많을 것 같네요.

🌸 볼 수 있는 곳

전국의 산에서 볼 수 있고 유서 깊은 한옥집 마당과 서원에서 볼 수 있어요. 그리고 전국의 도립수목원에서도 만날 수 있어요.

벽오동

과명 벽오동과　　**학명** *Firmiana simplex*　　**꽃** 6~7월　　**열매** 8~10월　　**높이** 15~20m

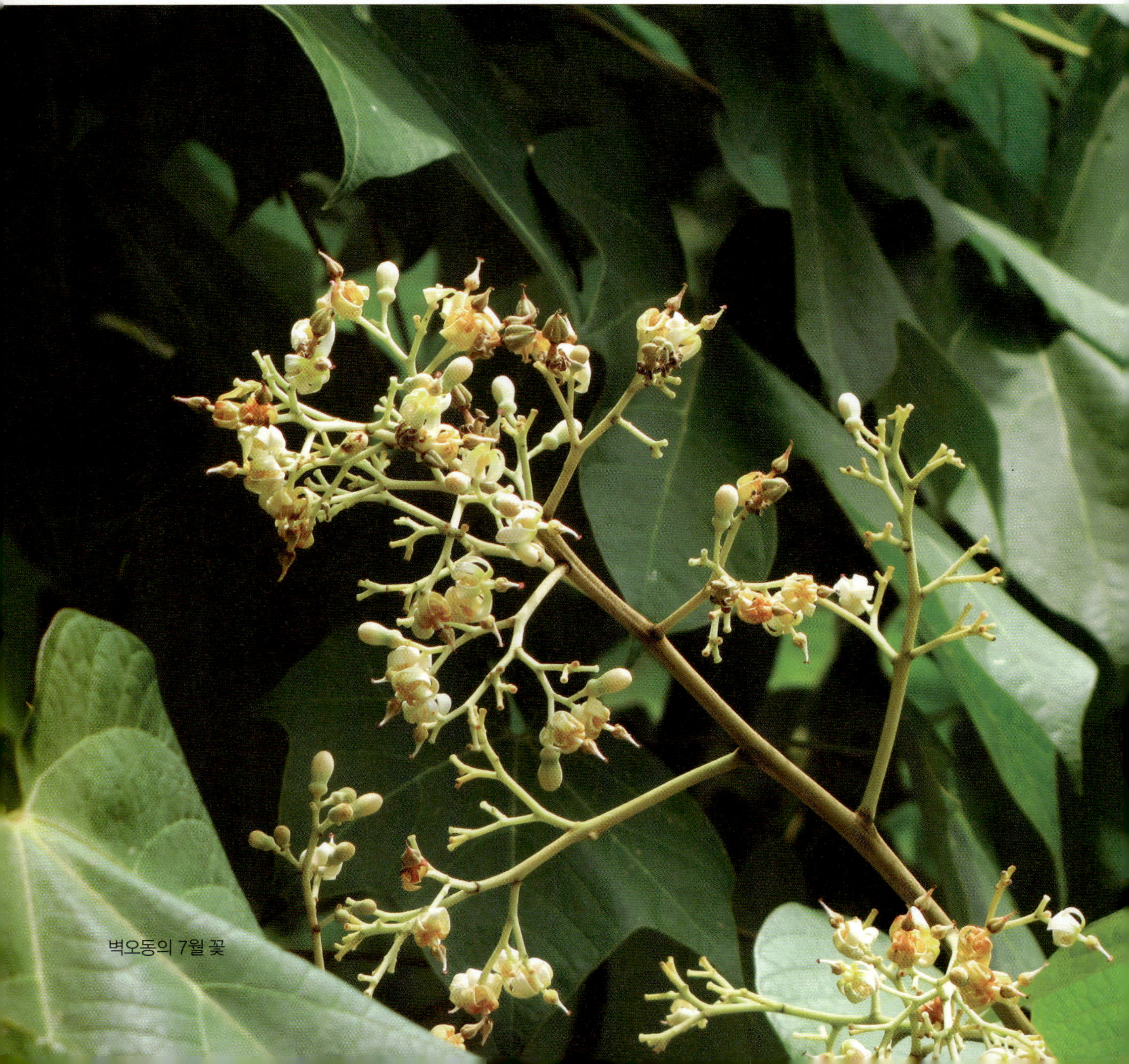

벽오동의 7월 꽃

▲ 왕관처럼 생긴 벽오동의 꽃　　　　　▲ 벽오동의 수형

이제 전설 속 이야기를 하면서 현실세계와 연결해보겠어요. 전설에 의하면 봉황새는 벽오동나무에서 서식한다고 해요. 봉황새는 아침에 일어나 이슬이 만든 샘물을 마시고, 서식은 벽오동나무에서 하고, 열매는 사람들이 생전 본 적 없는 대나무 열매를 먹는다고 해요. 봉황새는 곧왕을 의미하므로, 벽오동나무는 왕이 되고픈 사람들이 키우는 나무로 유명했었죠. 이 때문에수많은 선비들이 벽오동나무를 키우며 출세를 꿈꿨고, 출세를 하지 못해 지친 사람들 사이에서는 지은이를 알 수 없는 벽오동 시가 전해지기도 했어요.

　　벽오동을 심은 이유는 봉황새를 보려고 했던 것인데 내가 심은 탓인지 기다려도 오지 않고,
　　　　한밤중 밝은 달만 벽오동 빈 가지에 걸려있구나. – 작자 미상

벽오동에는 무슨 능력이 있기에 사람들은 벽오동을 심으면 봉황새가 날아올 것이라고 생각했을까요? 그 이유를 현실세계에 연결해보면, 일단 벽오동의 꽃을 자세히 관찰해야 해요.

▲ 벽오동의 수피

▲ 벽오동의 잎

원추화서로 무리지어 피는 꽃 중에서 하나를 가까이서 관찰하면 꽃의 생김새가 왕관처럼 생겼다는 것을 아실 거예요. 아마 중국과 우리나라의 선비들은 왕관처럼 생긴 벽오동 꽃을 보면서 봉황(왕)이 되길 꿈꾸었던 것 같아요. 만일 꽃의 모양이 왕관처럼 생기지 않았다면, 봉황새는 어디에서 서식했을 것인지 궁금하네요. 이 꽃은 6~7월 사이에 볼 수 있는데 대부분 높은 가지에 달려있기 때문에 망원경으로 봐야 해요.

벽오동의 번식은 씨앗을 채취한 뒤 바로 파종하면 되는데 발아가 아주 잘되는 편이에요.

볼 수 있는 곳

중국 원산으로 남부지방에서 심어 기른 나무이므로 주로 남부지방에서 관상수로 심은 벽오동을 볼 수 있어요. 요즘은 중부지방의 아파트단지에서도 벽오동을 관상수로 심는 경우가 많아요. 전국의 도립수목원에서도 벽오동을 만날 수 있어요.

골담초

과명 콩과　학명 *Caragana sinica*　꽃 4~5월　열매 6~9월　높이 1~2m

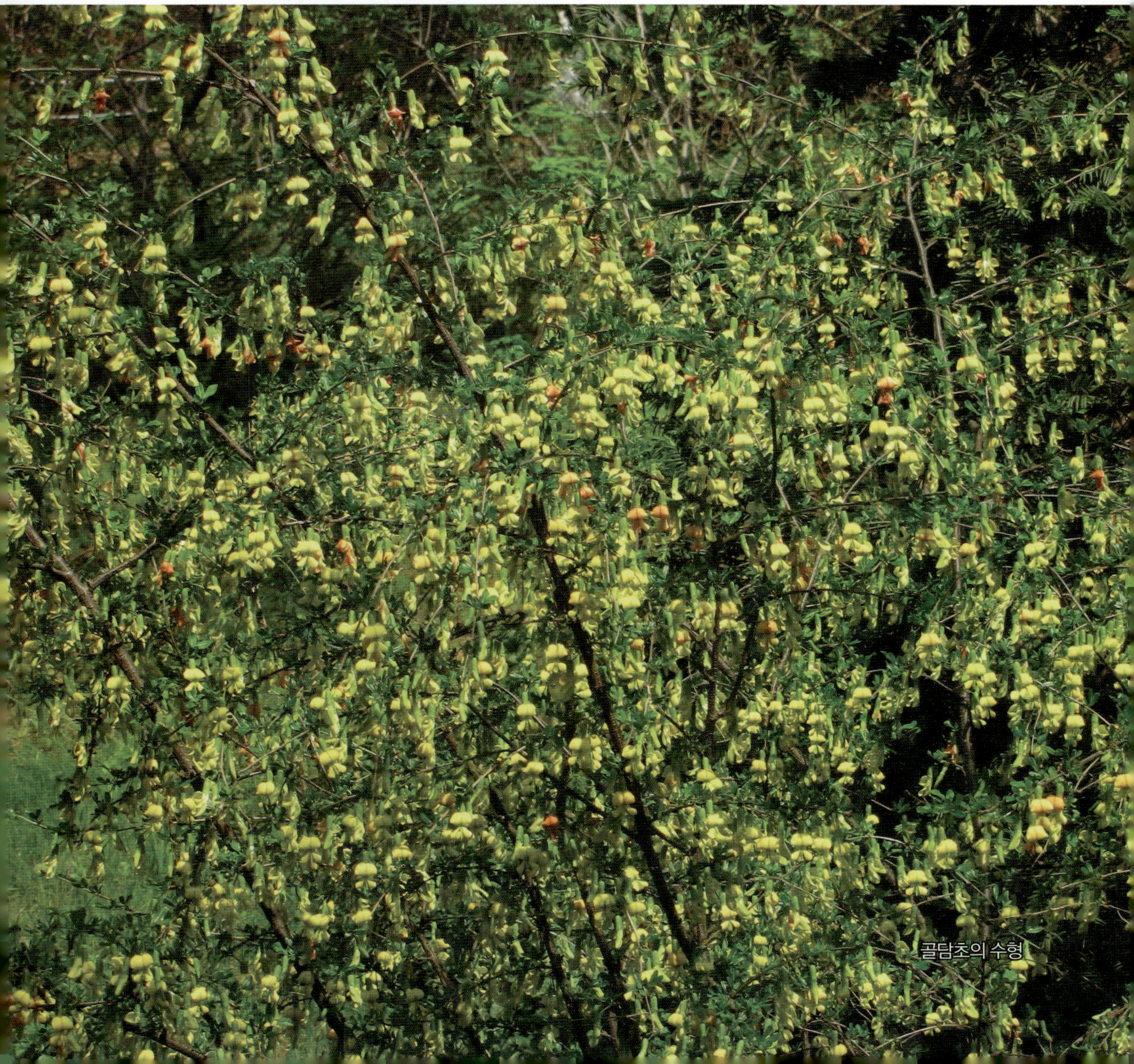

골담초의 수형

▲ 골담초의 잎 　　　　　　　　　　　▲ 골담초의 4월 꽃

먼 옛날 경북 부석사에서 신라 고승 의상대사가 수도를 하고 있었어요. 마침내 깨달음을 얻은 의상대사는 천축국 인도로 떠나면서 자신의 발자취를 남기기 위해 집고 다니던 지팡이를 부석사 조사당 앞마당에 꽂았어요. 그리고는 지팡이를 가리키면서, '이 나무가 죽지 않으면 나도 죽지 않은 것으로 알라'고 하였답니다. 훗날 지팡이에서 잎이 나오고 꽃이 피니 골담초라고 불렀고, 훗날 퇴계 이황이 부석사 조사당의 골담초를 보고는 선비화라고 하였다고 해요. 그 후 골담초는 선비화라는 별명이 붙었다는 것이죠.

콩과식물인 골담초는 5월에 노란색 잎술 모양의 꽃이 개화를 해요. 어긋나는 잎은 2쌍식 작은 잎이 붙어있고 줄기에는 가시가 있어요. 약용성분이 풍부한 뿌리는 관절통 같은 뼈와 관련된 질병에 효능이 좋아 골담초라는 이름이 붙었다고도 해요. 번식은 종자, 꺾꽂이, 뿌리나누기로 할 수 있어요.

🌸 볼 수 있는 곳

중국 원산이지만 전국에서 잘 자라고 가정집에서 관상수로 키우는 경우도 많아요. 전국의 수목원에서도 흔하게 볼 수 있어요.

오늘 만난 나무

쉬나무

과명 운향과　**학명** *Euodia daniellii*　**꽃** 8월　**열매** 9~10월　**높이** 15m

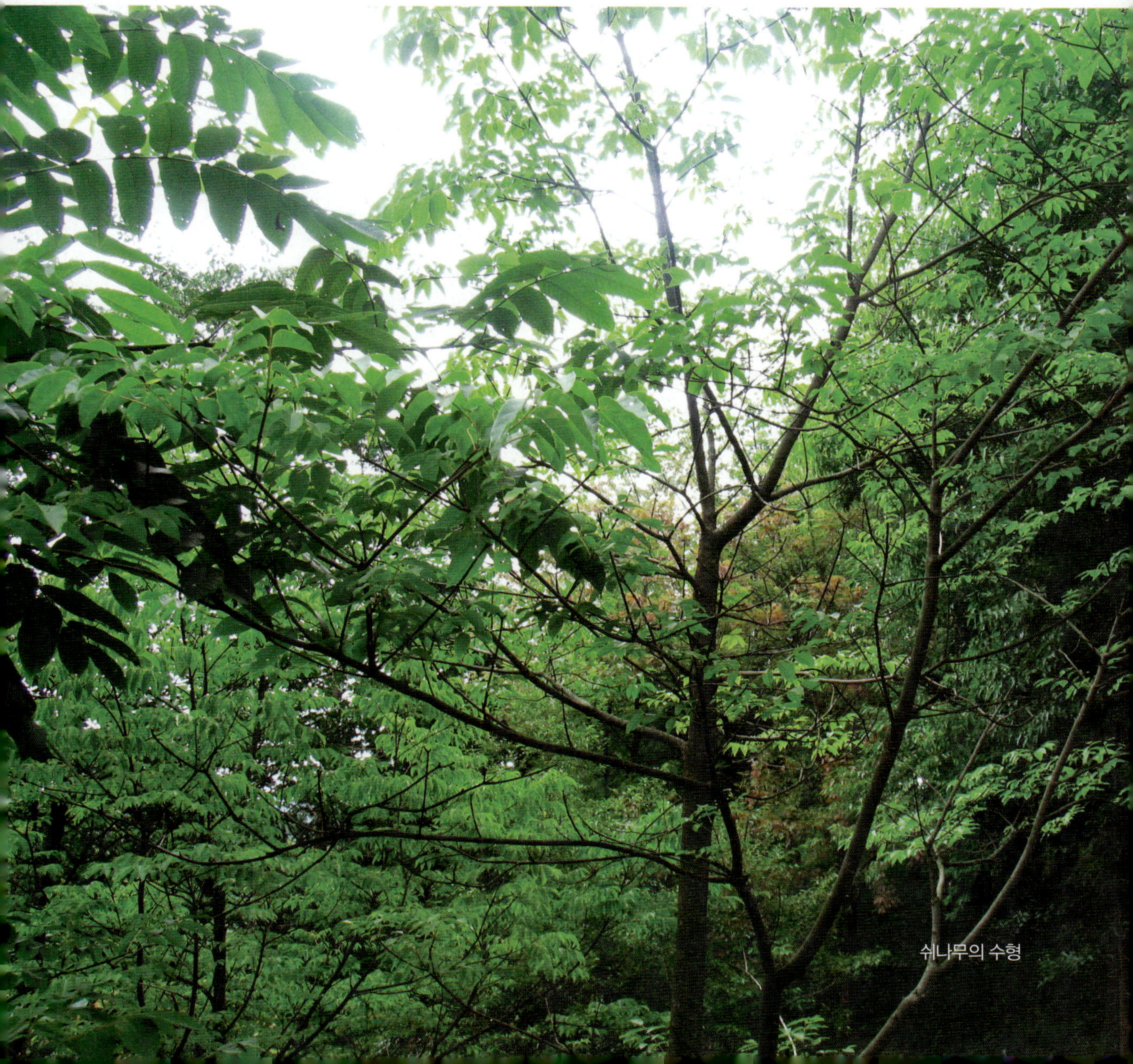

쉬나무의 수형

▲ 쉬나무의 꽃 ▲ 쉬나무의 잎

쉬나무는 공부방의 친구로 키워볼만한 나무라고 할 수 있어요. 왜냐하면 전기가 나갔을 때 쉬나무 열매를 짜서 등잔불로 사용할 수 있기 때문이에요. 실제 과거 공부를 하는 우리나라 선비들이 쉬나무 열매에서 짠 기름을 등잔불로 많이 사용했다고 해요. 당시에는 석유가 없었으니까 어딘가에서 기름을 가져와 등잔불로 사용했을 터인데, 쉬나무도 그 중 하나라고 할 수 있어요. 어떤 식물학자는 이 열매에서 짠 기름으로 자동차를 움직여봤다고도 과장을 하는데, 그 정도 실력이면 식물학자가 아니라 원유학자라고 불러야 할 것 같네요.

꽃은 암수딴그루이거나 암수술이 같이 있고 8월에 개화를 해요. 언뜻 보면 딱총나무 꽃과 비슷한데 더 예쁘고 운향과 식물들이 흔히 그렇듯 귤냄새 비슷한 좋은 향기가 있어요. 그러나 멀리서 보면 매우 지저분한 꽃으로 보이기 때문에 가까이서 돋보기로 관찰해야 예쁘다는 것을 알 수 있어요. 번식은 종자와 접붙이기로 할 수 있는데 종자 번식도 굉장히 잘되는 편이에요.

볼 수 있는 곳

충청이남지방의 산에서 볼 수 있어요. 전국의 도립수목원에서도 흔히 볼 수 있어요.

벼과 식물 중에서 가장 키가 큰

대나무

과명 벼과　**학명** *Phyllostachys bambusoides*　**꽃** 6~7월　**열매** 8월　**높이** 20m

왕죽 대나무

▲ 대나무 죽순

▲ 죽순이 대나무로 자라는 모습

우리가 흔히 보는 대나무는 국내에도 헤아릴 수 없이 많은 품종이 있어요. 그 중에서 가장 크게 자라는 대나무는 흔히 '왕대' 또는 '왕죽'이라고 불리는데 최고 20m 높이까지 자란다고 해요. 대나무 꽃은 100년에 한번 볼까 말까 할 정도로 운이 좋아야 볼 수 있어요. 하지만 몇 년 전 남쪽 어느 지방에서 대나무밭의 대나무들이 모두 꽃을 피운 적이 있었어요. 그래서 길조라고 난리가 났었고 신문에도 기사가 났었죠. 그런데 대나무는 일단 꽃을 피우면 그 대나무는 그 후 고사되는 성질이 있어요. 또한 대나무는 한번 꽃을 피울 때 그 밭에 있는 모든 대나무가 꽃을 피우고 장렬하게 전사를 해요. 그 마을에서 이런 사실을 알았을까 모르겠네요.

대나무 또한 열매가 열리는데 꽃이 열려야 열매도 열리기 때문에 열매 또한 만나기 어려운 편이에요. 따라서 대나무는 뿌리로 번식해야 하는데 뿌리에서 번식을 하기 위해 올라오는 것이 바로 죽순이에요. 죽순은 땅속줄기에서 6월에 올라오지만 맛이 좋기 때문에 사람들이 몰래 따가는 경우가 많아요. 따가지 않고 그대로 둔다면 죽순이 서서히 자라다가 장마철 이후에 별안간 2m씩 쑥쑥 자라기 시작해요.

대나무는 의지, 충절, 강직을 상징하는 식물이기도 해요. 대쪽 같다는 말은 성격이 강직함을 의미하는 말이고, 우후죽순(雨後竹筍)은 비 온 뒤의 대나무가 쑥쑥 자라듯 일시에 많은 일이 벌어지는 것을 말해요. 매란국죽(梅蘭菊竹)은 매화, 난초, 국화, 대나무를 뜻하는데 이를 사군자라고 하며, 사군자는 명예를 중요시하는 선비들이 화선지에 그림을 그릴 때 흔히 그린 그림이에요.

 볼 수 있는 곳

대나무는 우리나라 전국의 산에서 볼 수 있어요. 대부분의 도립수목원에서도 대나무를 만날 수 있어요.

●INDEX●